电工电子技术基础

▶▶ 第三版

刘春梅 陈 琨 主编
陈昌涛 副主编
欧阳波仪 主审

DIANGONG DIANZI
JISHU JICHU

·北京·

内容简介

本书将电工电子知识体系分成9个模块，内容包括直流电路、交流电路、变压器、半导体器件、交流放大电路、集成运算放大器、直流稳压电源、数字逻辑电路等。每个模块设置了实验和典型的习题，学以致用，在实际操作任务中锻炼学生的电路设计、接线、焊接、线路板制作技能，以及常用仪表的测量技能。本书每个模块设置了素质教育内容。为方便教学，配套电子课件、教案、视频微课、习题参考答案等数字资源。

本书可作为高职高专院校机电类专业、机械制造类专业、自动化类专业、电子信息类专业、设备维护类专业、新能源类专业等的教材，也可作为成人教育、电视大学、中职学校、培训班的教材。

图书在版编目（CIP）数据

电工电子技术基础/刘春梅，陈琨主编．—3版．—北京：化学工业出版社，2022.1（2025.6重印）
“十三五”职业教育国家规划教材
ISBN 978-7-122-40726-9

Ⅰ.①电… Ⅱ.①刘… ②陈… Ⅲ.①电工技术-教材②电子技术-教材 Ⅳ.①TM②TN

中国版本图书馆CIP数据核字（2022）第019242号

责任编辑：韩庆利　刘　哲　　装帧设计：史利平
责任校对：宋　玮

出版发行：化学工业出版社（北京市东城区青年湖南街13号　邮政编码100011）
印　　装：河北延风印务有限公司
787mm×1092mm　1/16　印张16½　字数409千字　2025年6月北京第3版第7次印刷

购书咨询：010-64518888　　售后服务：010-64518899
网　　址：http://www.cip.com.cn
凡购买本书，如有缺损质量问题，本社销售中心负责调换。

定　　价：48.00元

第三版前言

根据教育部人才培养要求、人力资源和社会保障部制定的有关国家职业标准及相关的职业技能鉴定规范，按照课程新教学大纲的内容和安排，结合中国学生发展核心素养，以科学性、时代性和民族性为基本原则，以培养“全面发展的人”为核心，我们对《电工电子技术基础》进行了修订。

新版教材深入贯彻党的二十大精神进教材要求，坚持立德树人，弘扬爱国主义精神、工匠精神，注重素质培养。新版教材保持了原教材条理清晰、概念阐述清楚准确、简洁明了的特色。在保留了原教材的基本体系与风格的基础上，新版教材在内容上做了部分调整和修订。具体如下：

（1）在每个模块前设计了知识目标、能力目标和素养目标，让学生在学习上能有的放矢。

（2）在每个模块中增加了必要的素质教育内容。

（3）在交流电路模块中增加安全用电常识，加强学生安全用电常识，强调生命安全的重要性。

（4）以“必需、够用”为度，从高职高专人才培养的目标出发，降低理论难度，同时考虑到触发器和时序逻辑电路在以后的专业课程中会学到，删除了模块十。

（5）电工电子技术是一门实践性较强的课程，为了学生更好地掌握技能，此次又加大了部分模块的习题训练力度，习题从简单到复杂，从理解到运用，逐渐加强学生对弱电的认识。习题答案可扫相应二维码查看。

（6）配套电子课件、教案、视频微课等数字资源。电子课件、教案可登录化学工业出版社教学资源网下载（网址：www.cipedu.com.cn），视频微课可扫描书中二维码观看学习。

本书由湖南汽车工程职业学院刘春梅、陈琨主编，泸州职业技术学院陈昌涛副主编，湖南汽车工程职业学院欧阳波仪主审。具体编写分工如下：绪论、模块一、模块二、模块六、模块八、模块九由刘春梅编写；模块三、模块四由刘春梅、陈昌涛编写；模块五由陈琨编写；模块七由湖南汽车工程职业学院的李二喜编写。本书在编写的过程中得到了刘海渔、唐利平两位教授的关心与帮助，在此表示衷心感谢。

本书可作为高职高专院校机电类专业、机械制造类专业、汽车大类专业、自动化类专业、电子信息类专业、设备维护类专业、新能源类专业等的教材，也可作为应用型本科、成人教育、电视大学、函授学院、中职学校、培训班的教材以及企业工程技术人员的自学参考书。

由于编者水平有限，本书难免存在不妥之处，敬请广大读者提出宝贵意见！

编　者

目　录

绪 论

一、电能的应用与特点

现代人无法想象，如果没有电，世界将是什么样子！

1785 年，库仑发现了电荷间的相互作用；1820 年，奥斯特发现了电流周围存在磁场；1831 年，法拉第发现了电磁感应定律，并创造了世界上第一台感应电动机，从此人类进入了一个高速发展的伟大的电气时代。科学的发展是没有止境的。人类经过 100 多年的不懈努力，已使电技术得到了巨大的发展，并继续向更高新、更尖端的技术迈进。电技术的发展水平和电气化的程度，在一定意义上已成为衡量一个国家是否发达的主要标志。

电技术的发展使电能得到了极其广泛的应用，现代工业、农业、交通运输、通信、国防、科研及日常生活的各方面，无一不在应用电能。电能之所以得到如此广泛的应用，是因为它具有如下一些突出的优点。

(1) 转换容易　水能、热能、原子能等通过发电设备可转换为电能。如利用水轮发电机和汽轮发电机可分别把水能和热能转换成电能。电能也很容易转换成机械能、热能、光能及化学能等。通过电动机械把电能转换成机械能，如工业生产中的机床、起重机、轧钢机、各种风机、泵，农业生产中的电力排灌设备、粮食和饲料加工设备，交通运输中的电力机车、电车，家用电器中的风扇、洗衣机、冰箱、空调器等，都是用电动机作动力的。通过电炉和电灯，可把电能分别转换成热能和光能，这更是人所共知的。

(2) 输送经济　利用高压输电线路可以很方便地将电能输向远方；若是热能，则需经管道传送蒸汽或长途运送燃料。前者较之后者，不但传输设备简单，而且传输效率高，有利于节约资源。现在，我国已建有 50 万伏的超高压输电线路，输电距离达数千公里。

电能较之其他形式的能量还具有容易分配的特点，通过高低压输电线，可方便地将电能输入每个工矿企业和千家万户，送到每个需电的角落。

(3) 控制方便　电气设备的动作非常迅速，而各种电量和非电量的转换与检测比较容易，电气控制又不受距离的限制，这一切均为采用电技术来实现生产过程的自动化创造了有利条件。尤其是电子计算机的飞速发展和大量应用，使电能控制的方便灵活性变得更为显著。

我国人口众多，电能仍是一种紧缺能源，特别是由于社会生产的发展与人民生活水平的提高，对电能的需求越来越大，因此需要大力发展。

二、课程的性质、任务与内容

电工电子技术是研究电磁现象及电子技术在工程技术中应用的一门技术基础课。它包括电工技术与电子技术两大部分，涉及的范围比较广泛，是工程技术人员处理生产问题必须具备的基础知识。本课程是工科非电专业的一门技术基础课。

本课程的任务是使学生掌握电磁现象的基本规律和电子技术的基本理论知识在工程中应用的基本方法。学习本课程还为学习后续课程及有关的科学打下必要的基础。同时，结合本课程的特点，培养学生动手能力、观察能力、分析和解决实际问题的能力，巩固、加深理论知识。学生通过本课程学习，应达到下列要求：

① 掌握交、直流电路的基本理论和基本知识，并能应用这些理论对一般的电路进行分析计算；

② 了解常用电机、电气设备的基本工作原理、性能和应用，能看懂简单的继电器、接触器控制线路的电气原理图；

③ 了解本大纲所列的各种电子器件的基本工作原理和应用；

④ 能理解和分析电子电路的几种基本环节；

⑤ 通过电工电子实验技能的训练，能独立完成大纲所规定的实验，会用示波器等常用电子仪器，独立完成大纲所规定的实验，培养严谨的工作作风；

⑥ 具有进一步自学电工电子技术理论的能力。

三、学习本课程应注意的问题

本课程内容广泛，既有系统理论，又有实际应用，且对物理、数学知识有较高的要求，但“世上无难事，只怕有心人”，只要踏踏实实、刻苦认真地学，一定会获得优异的成绩。关于学习方法，应在学习过程中不断地归纳总结，找到一套最适合自身特点的方法。

应该注意的是，除把握住预习、听课、复习、作业等学习环节外，还要特别重视阅读教材，培养自学能力。读教材不要太快，一定要循序渐进，必要时可用一两本主要的参考书帮助阅读（但必须以教材为主体）。电路的元、器件符号作为工程语言必须记下来，才能使阅读顺利。

另外，电工电子技术是一门实践性很强的课程，实验是一个重要的教学环节。通过实践，不但可以巩固、加深理论知识，而且可以训练基本技能，懂得一般的电工操作技术，因此，要充分重视实验课。实验课前要认真地阅读实验内容，搞懂实验原理，拟出实验电路与具体的操作步骤，到了实验室现场才能做到“胸有成竹”。对一些常用电工仪表、电子仪器，一定要学会熟练操作。

模块一 直流电路

知识目标

1. 掌握电路的组成及功能。
2. 掌握电流、电压、电位和电动势的概念及单位。
3. 熟悉电压、电流的参考方向和关联参考方向的概念。
4. 掌握电功率及电能的概念及计算。
5. 掌握欧姆定律。
6. 熟悉电阻元件、电感元件、电容元件的特点及其电压电流关系。
7. 熟悉电池、电阻、电感和电容的连接。

能力目标

1. 能对基本元器件进行识别与检测。
2. 会使用电压表测量电压。
3. 能使用电流表测量电流。
4. 会识读简单的电路图。

素养目标

1. 根据电路设计要求，对器件材料合理选择，使学生具有节约成本的意识。
2. 通过元器件的检查、电路的连接，使学生具有提高产品质量的意识。
3. 通过科学家安培、欧姆的故事，激发学生的好奇心和想象力，培养学生对专业探究的精神。
4. 通过励志小故事，让学生能正确认识和理解学习的价值，掌握适合自身的学习方法；能自主学习，培养学生乐学善学的品质。

学习单元一　电路的基本概念

一、电路的组成及功能

1. 电路的概念

在电工电子技术中，为了方便地分析和研究问题，可以将实际电路中的元器件抽象成理想化的模型，即在一定条件下突出其主要的电磁性质而忽略其次要因素。这种用理想电路元器件来代替实际电路元器件构成的电路，称为电路模型，简称为电路。电路的转换如图 1-1 所示。

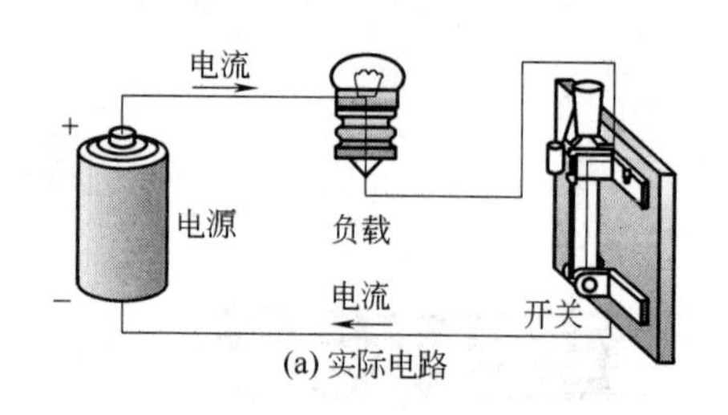

(a) 实际电路

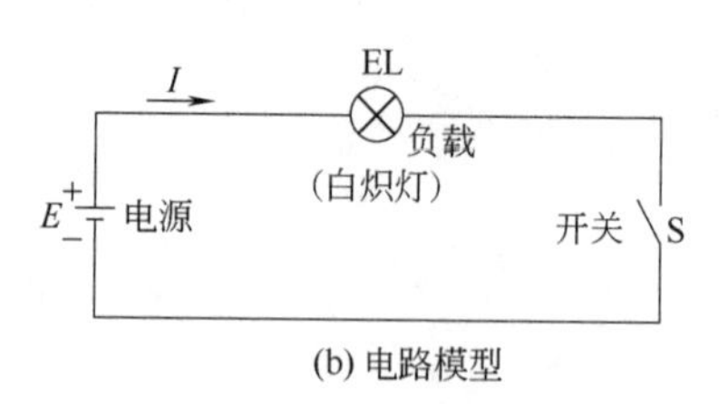

(b) 电路模型

图 1-1 电路的转换

电路的组成及功能

2. 电路组成

人们在日常生活或生产和科研中，广泛地使用着各种电路，如照明电路、收音机电路、电视机中的放大电路、各种控制电路等。电路提供了电流流通的路径。复杂电路呈网状，因此也把电路称为网络，是用一些电气设备或元件，按其所要完成的功能，以一定方式连接成的电流通路。电路一般由电源、负载和传输控制器件（中间环节）三部分组成。

（1）电源 产生电能的设备，如发电机、电池等。

（2）负载 取用电能的设备，如电动机、电灯、电炉等。

（3）传输控制器件 导线或开关等。

素质教育案例1-勇于探究

3. 电路的功能

（1）实现电能的传输和转换 如电力系统电路就是这样的典型例子，发电机组将其他形式的能量转换成电能，经变压器、输电线传输到负载。

（2）实现信号的处理 如收音机和电视机中的调谐及放大电路。

二、电路的基本物理量

1. 电流、电压及其参考方向

笔记

（1）电流 电荷的定向移动形成了电流，规定正电荷移动的方向为电流的方向。

电流强度：单位时间内通过导体截面的电荷量。如果电流随时间变化，用小写字母 i 表示：

$$i=\frac{dq}{dt} \tag{1-1}$$

式中，dq 为导体横截面在 dt 时间内通过的电荷量。电荷量的单位为库仑（C），时间 dt 的单位为秒（s）。

如果电流的大小和方向不随时间变化，称直流电。用大写字母 I 表示，即

$$I=\frac{q}{t} \tag{1-2}$$

在国际单位制（SI）中，电流的单位为安培（A）。常用的还有千安（kA）、毫安（mA）、微安（μA）等单位。

$$1\text{kA}=10^3\text{A} \qquad 1\text{A}=10^3\text{mA}=10^6\mu\text{A}$$

电流的方向可用箭头表示，如图 1-2 所示。也可用字母顺序表示，用字母的双下标表示时为 I_{AB}。

（2）电压 一般用电压来反映电场力做功的能力。电场力把单位正电荷从 A 点移动到

B点所做的功，称为A点到B点间的电压，用 u_{AB} 表示，即

$$u_{AB}=\frac{dW_{AB}}{dq} \qquad (1\text{-}3)$$

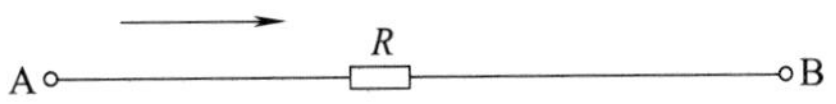

A　R　B

图 1-2　电流方向的表示

式中，dW_{AB} 表示电场力将 dq 的正电荷从A点移动到B点所做的功，单位为焦耳（J）。

在国际单位制（SI）中，电压单位为伏特（V），还有千伏（kV）、毫伏（mV）、微伏（μV）等单位。

电路的基本物理量

$$1kV=10^3V \quad 1V=10^3mV=10^6\mu V$$

大小和方向不随时间变化的电压，称为直流电压，用大写字母 U 表示；大小和方向随时间变化的电压，称为交流电压，用小写字母 u 表示。

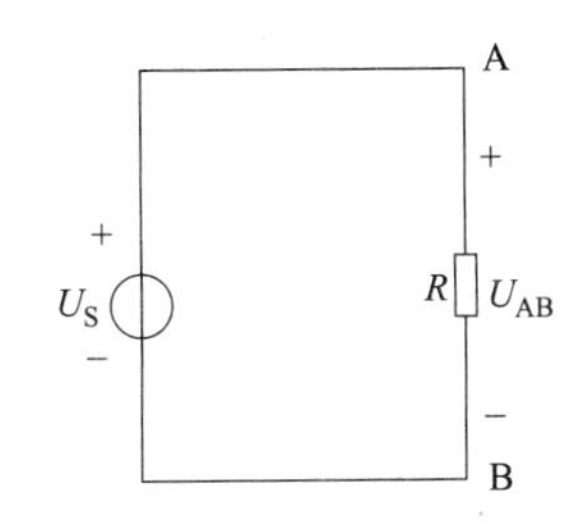

图 1-3　电压的表示

电压也是有方向的，习惯上把电压降低的方向作为电压的实际方向。可用“+”“−”符号表示，也可用字母的双下标表示，如图 1-3 所示。

（3）参考方向　在分析电路时，对复杂电路中某一元件或某一电路部分电流的实际方向有时很难确定，因此引入了电流参考方向的概念。

在分析一段电路或一个电路元件之前，任意选定一个方向，这个选定的电流方向就叫做电流的参考方向。参考方向一经选定，在电路分析和计算过程中，不能随意更改。所选定的电流参考方向并不一定就是电流的实际方向。

将电流用一个代数量来表示，若 $i>0$，则表明电流的实际方向与参考方向是一致的，如图 1-4（a）所示，若 $i<0$，则表明电流的实际方向与参考方向不一致，如图 1-4（b）所示。

电流参考方向的表示：

① 用实线箭头表示；

② 用双下标表示，如 i_{AB}，其参考方向是由A指向B。

笔记

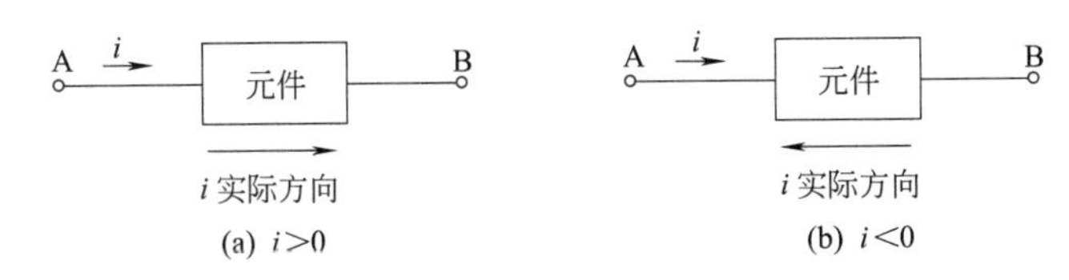

图 1-4　电流参考方向与实际方向的关系

【例 1-1】 如图 1-5 所示电路中，电流参考方向已选定。已知 $I_1=3A$，$I_2=-5A$，试指出电流的实际方向。

解： $I_1>0$，I_1 的实际方向与参考方向相同，电流 I_1 由A流向B，大小为3A。

$I_2<0$，I_2 的实际方向与参考方向相反，电流 I_1 由B流向A，大小为5A。

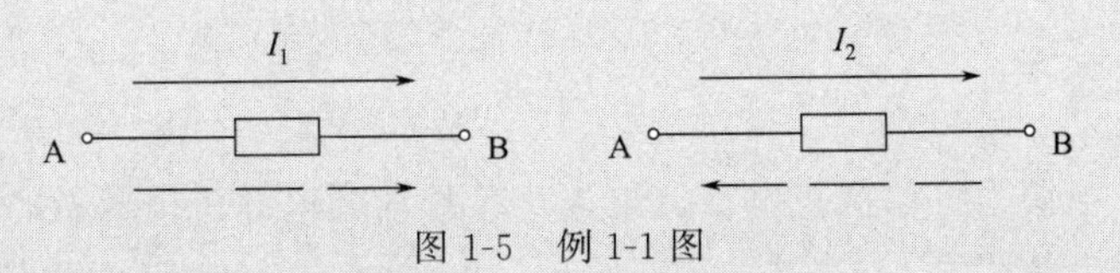

图 1-5　例 1-1 图

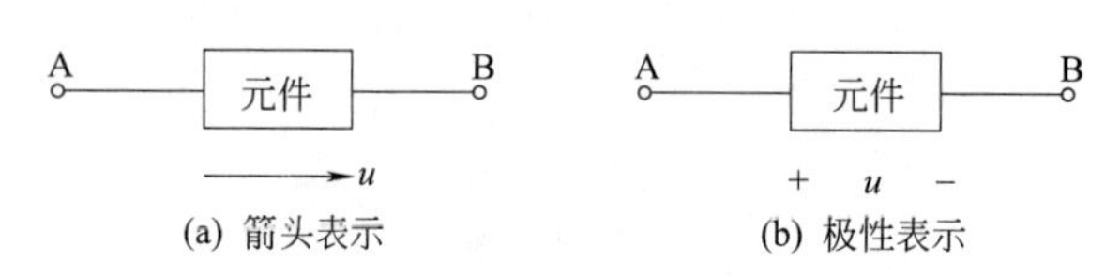

图 1-6 电压参考方向

电压的参考方向可以用一个箭头表示，也可以用正（+）、负（−）极表示，如图 1-6 所示。

电路分析中，先标定参考方向，根据参考方向列写有关方程，计算结果的正负值与标定的参考方向就可反映出它们的实际方向。

（4）关联的参考方向　在进行电路分析时，电压和电流的参考方向原则上是任意选择的。但是为了方便，通常假定电流的参考方向从电压的参考方向的高电位端流向低电位端［图 1-7（a）］，称其为关联的参考方向；反之，称为非关联参考方向，如图 1-7（b）所示。

图 1-7 关联参考方向和非关联参考方向

2. 电位

在电路中任选一点 O 作为参考点，某一点 A 到参考点的电压就叫做 A 点的电位。A 点的电位用大写字母 V_A 表示。

① 参考点的电位为零，即 $V_O=0$，比该点高的电位为正，比该点低的电位为负。如图 1-8（a）所示的电路中，选取 O 点为电位参考点，则 A 点的电位为正，B 点的电位为负。

② 其他各点的电位为该点与参考点之间的电位差。如图 1-8（a）中 A、B 两点的电位分别为

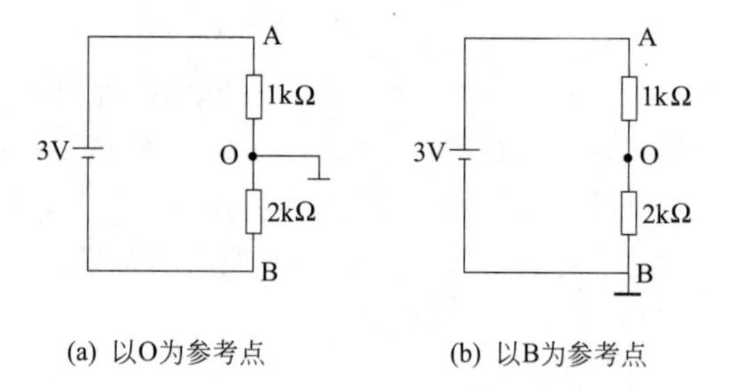

图 1-8 电位的计算示例

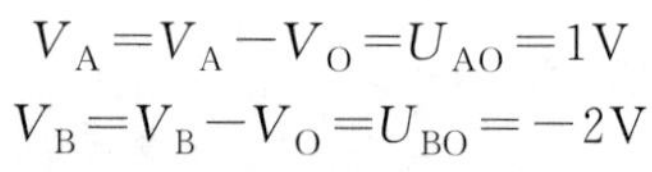

$$V_A=V_A-V_O=U_{AO}=1\text{V}$$
$$V_B=V_B-V_O=U_{BO}=-2\text{V}$$

参考点可以任意选定，用符号“⊥”表示，如图 1-8（b）所示。

在研究同一电路系统时，只能选取一个电位参考点。图 1-9 所示是电路的一般画法与电子线路的习惯画法示例。

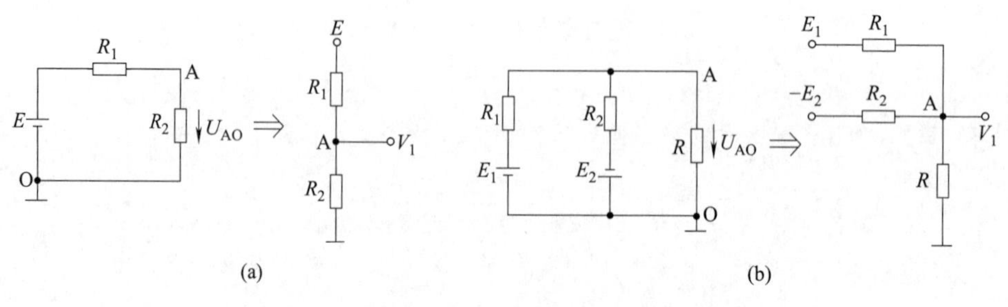

图 1-9 电路的一般画法与电子线路的习惯画法

3. 电动势

在电源内部，电源力将单位正电荷从电源负极移动到电源正极所做的功，称为电源的电动势。电动势只对电源而言。

电动势用 e 表示，电动势的方向从低电位指向高电位。电动势的单位也是伏特（V）。

当选择电动势的参考方向与电压的参考方向相反时，$u=e$；当选择电动势的参考方向与电压的参考方向相同时，$u=-e$。

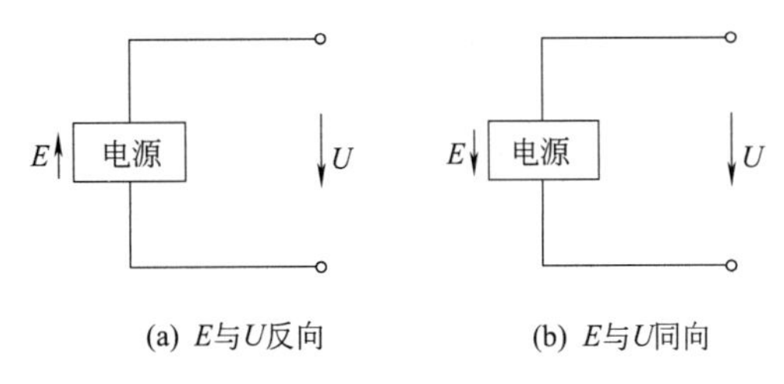

图 1-10　电源的电动势 E 与端电压 U

对于一个电源设备，若其电动势 E 与其端电压 U 的参考方向相反，如图 1-10（a）所示，应有 $U=E$；若参考方向相同，如图 1-10（b）所示，则 $U=-E$。本书在以后论及电源时，一般用其端电压 U 来表示。

4. 功率

（1）功率概述　电场力在单位时间内所做的功称为电功率，简称功率，用符号 $p(P)$ 表示，即

$$p=\frac{\mathrm{d}W}{\mathrm{d}t} \tag{1-4}$$

在国际单位制（SI）中，功率的单位为瓦特（W），常用的单位还有 kW、mW。其换算关系为

$$1\mathrm{W}=10^{-3}\mathrm{kW}=10^{3}\mathrm{mW}$$

根据功率的定义，某段电路在时间 t 内吸收或放出的电能为

$$W=pt \tag{1-5}$$

在国际单位制（SI）中，电能的单位是焦耳（J），常用单位有千瓦时（kW·h），平时所说的 1 度电即为 1kW·h，有

$$1\mathrm{kW\cdot h}=1\times10^{3}\times3600=3.6\times10^{6}(\mathrm{J})$$

（2）功率的吸收与发出　以往学过的电源和负载，一个是提供能量的器件，而另一个是消耗能量的器件。而接在复杂电路中的电源，在一定条件下也可能是负载。例如，在给蓄电池充电时，它就不是电源而是负载。在分析电路时，不仅要计算功率的大小，还要判断它是吸收功率还是发出功率。

对于直流电路，元件上的电压和电流为关联参考方向时有 $P=UI$，非关联参考方向时有 $P=-UI$。经过计算，若 $P>0$，则元件吸收功率，起负载作用；若 $P<0$，则元件发出功率，起电源作用。

【例 1-2】　判断图 1-11 中的元件是发出功率还是吸收功率。

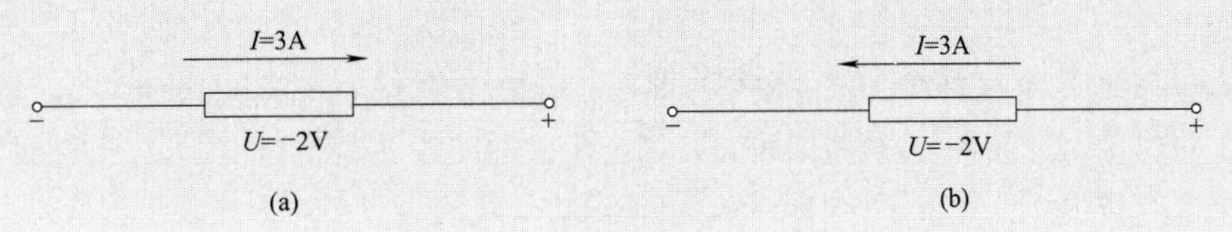

图 1-11　例 1-2 图

解：在图 1-11（a）中，因为电压和电流为非关联参考方向，所以 $P=-UI=-(-2)\times3=6\mathrm{W}>0$，元件是吸收功率。

在图 1-11（b）中，因为电压和电流为关联参考方向，所以 $P=UI=(-2)\times3=-6\mathrm{W}<0$，元件是发出功率。

三、电路的基本状态

电路的基本状态

电源与负载相连接，根据所接负载的情况，电路有三种状态：开路（空载）、短路、有载。现以图 1-12 所示简单直流电路为例来分析电路的各种状态，图中电动势 E 和内阻 R_0 串联，组成电压源，U_1 是电源端电压，U_2 是负载端电压，R_L 是负载等效电阻。

1. 有载状态

（1）电路的有载工作状态　如图 1-12（a）所示，当开关 S 闭合时，电路中有电流流过，电源输出功率，负载取用功率，这种状态称为电路的有载工作状态。此时电路有下列特征：

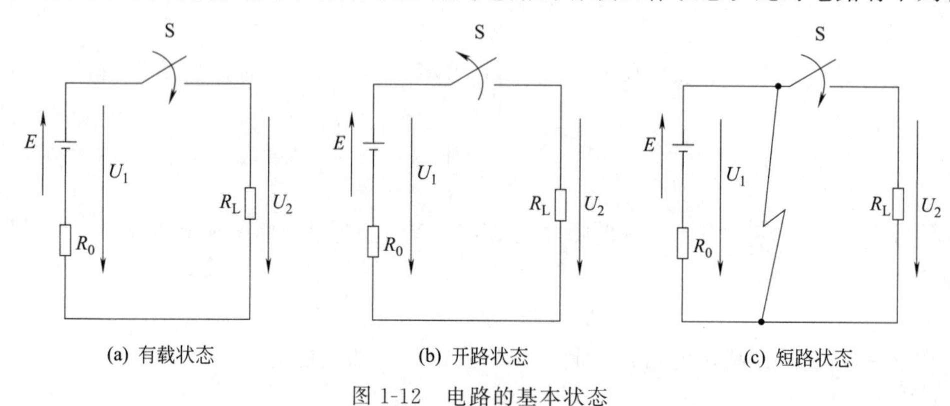

图 1-12　电路的基本状态

① 电路中的电流，当 E 和 R_0 一定时，电流由负载电阻 R_L 的大小决定，即

$$I=\frac{E}{R_0+R_L} \tag{1-6}$$

② 电源的端电压为

$$U_1=E-R_0 I \tag{1-7}$$

忽略线路上的压降，则负载的端电压等于电源的端电压，即

$$U_1=U_2$$

笔记

（2）负载的额定工作状态　使负载工作于额定状态，是电路有载工作的一种状态，也是使电路技术性、经济性最好的一种状态。

① 任何电气设备都有一定的电压、电流和功率的限额。额定值就是电气设备制造厂对产品规定的使用限额，电气设备（负载）工作在额定值的情况下就称为额定工作状态。

② 电源设备工作时不一定总是输出规定的最大允许电流和功率，输出多大取决于所连接的负载。

③ 要合理使用电气设备，尽可能使设备工作在额定状态（“满载”状态下）。设备超过额定值工作时称“过载”。过载时间较长，则会大大缩短设备的使用寿命，严重的情况下甚至会使电气设备损坏。设备工作时电压、电流值比额定值小得多，为欠载工作状态，此时设备未能发挥其应有的效力。

电气设备的最佳状态是工作在额定值附近。

2. 开路状态

开路状态又称断路或空载状态，如图 1-12（b）所示，当开关 S 断开或连接导线折断时，电路就处于开路状态，此时电源和负载未构成通路，外电路所呈现的电阻可视为无穷大。开路状态具有下列特征：

① 电路中电流为零，即 $I=0$；

② 电源的端电压等于电源的电动势，即

$$U_1=E-R_0I=E$$

3. 短路状态

在图 1-12（c）所示电路中，当电源两端的导线由于某种原因直接相连时，电源输出的电流不经过负载，只经连接导线直接流回电源，这种状态称为短路状态，简称短路。短路时外电路所呈现的电阻忽略为零，电路具有下列特征：

$$I_s=\frac{E}{R_0}$$

① 电路中的电流仅由电源的电动势和电源的内阻决定，I_s 称为短路电流。一般情况下，电源的内阻很小，故短路电流很大。

② 电源和负载的端电压均为零，即

$$U_1=E-R_0I_s=0$$

$$U_2=0$$

$$E=R_0I_s$$

上式表明电源的电动势全部落在电源的内阻上，因而无输出电压。

③ 电源的输出功率 P_1 和负载所吸收的功率 P_2 均为零，这时电源电动势发出的功率全部消耗在内阻上。

由于电源电动势发出的功率全部消耗在内阻上，因而会使电源发热以致损坏。通常在电路中接入熔断器等保护装置，以便在发生短路时能迅速切除电路，达到保护电源及电路器件的目的。

数字万用表的使用

实验一　电流的认识及测量

实验目的

① 验证电路中电流的大小。

② 验证电路中电流的方向。

③ 掌握电路的连接。

④ 正确使用电流表、万用表。

⑤ 掌握电流的测量。

笔记

实验原理

（1）电荷的定向移动形成电流　产生电流必须具备两个基本条件：

① 导体内要有可做定向移动的自由电荷，这是形成电流的内因；

② 要有使自由电荷做定向移动的电场，这是形成电流的外因。

（2）电流的方向　正电荷定向运动的方向为电流的方向。

实验设备（表 1-1）

表 1-1　电流的认识及测量实验设备

元器件名称	数量	备注
开关	1	
电位器	1	15kΩ
电流表	1	毫安表

续表

元器件名称	数量	备注
万用表	1	
灯泡	1	4W
直流电源	1	12V
导线	若干	
实验台	1	

实验电路图（图 1-13）

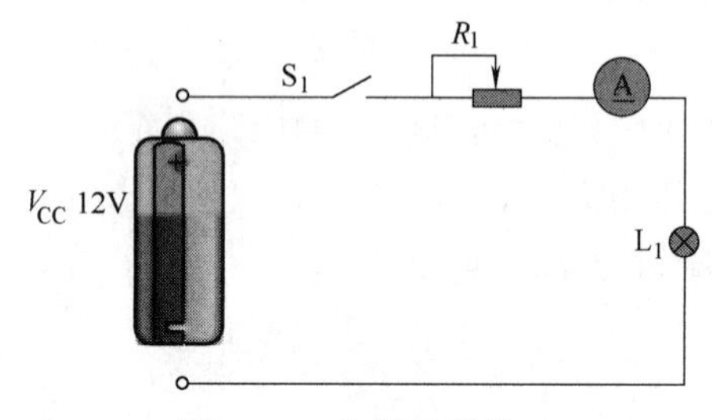

图 1-13 电流的测量

实验内容及步骤

电路的基本元器件

① 按电路图连接线路。

② 将电流表串入电路中。

③ 确认连线正确后再通电，将直流电流表的值记录在表内。

④ 按表 1-2 测量各电流并记录在表中。

表 1-2 电流的测量

调节 R_1	0Ω	1kΩ	1.5kΩ	2kΩ	5kΩ	10kΩ	15kΩ	备注
电流表读数								
灯泡亮暗情况								

笔记

实验数据分析及结论

① 表中测得的电流数据说明什么问题？

② 灯泡的亮暗情况与电路中的电流有什么联系？

③ 完成实验报告。

学习单元二 电路中基本元器件和欧姆定律

一、基本元器件

1. 电阻

金属导体中的自由电子在做定向运动时，要跟金属正离子频繁碰撞，每秒的碰撞次数高达 10^{15} 次，这些碰撞阻碍了自由电子的定向运动。表示这种阻碍作用的物理量，称为电阻。任何物体都有电阻，常见的电阻如图 1-14 所示。

电阻是描述导体对电流阻碍作用的物理量，用 R 表示，单位为 Ω（欧姆）。对于大电阻，计量单位还有千欧（kΩ）、兆欧（MΩ），其换算关系为

电阻的识别

贴片电阻阻值识读

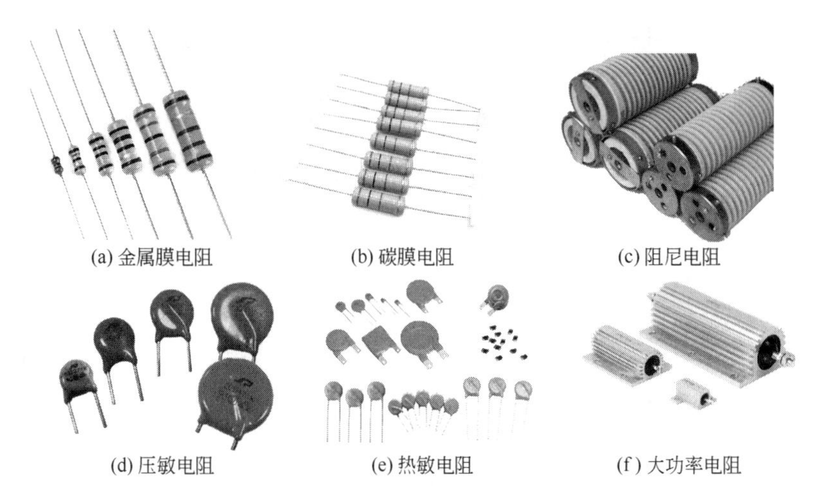
(a) 金属膜电阻 (b) 碳膜电阻 (c) 阻尼电阻
(d) 压敏电阻 (e) 热敏电阻 (f) 大功率电阻

图 1-14 常见的电阻

$$1\Omega = 10^{-3}\text{k}\Omega = 10^{-6}\text{M}\Omega$$

在保持温度（如 20℃）不变的条件下，实验结果表明，电阻值的大小与电阻率、导体的长度、导体的横截面积有关，即

$$R = \rho \frac{l}{S} \tag{1-8}$$

式中，R 为导体的电阻，Ω；ρ 为电阻率，Ω・m；l 为导体的长度，m；S 为导体的横截面积，m^2。

电阻分为线性电阻（伏安特性曲线为直线）和非线性电阻（伏安特性曲线为曲线）。常用的电阻器类型：RX 表示线绕电阻器，RT 表示碳膜电阻器，RJ 表示金属膜电阻器，RS 表示实心电阻器。

2. 电感

电感是电路中的基本元件之一，在电子技术和电力系统中，常常可以看到用导线绕制而成的线圈，如收音机中的调频扼流圈，日光灯电路中的镇流器，电子电路中的扼流圈，电动机中的绕组等。常见的电感如图 1-15 所示。

笔记

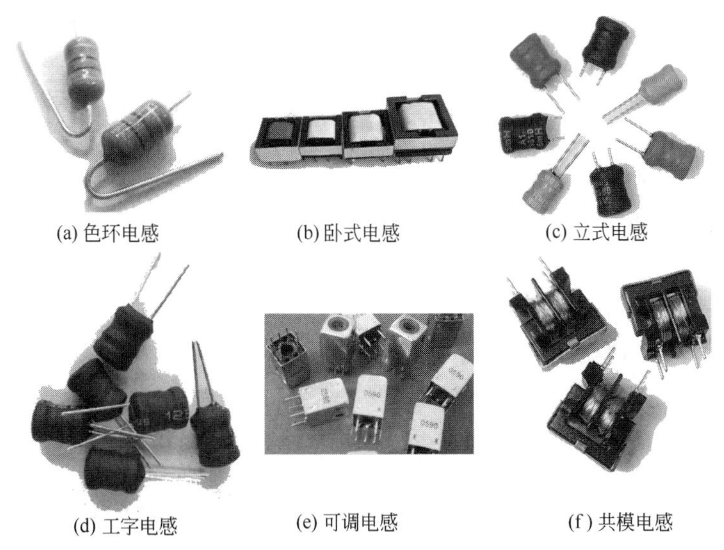
(a) 色环电感 (b) 卧式电感 (c) 立式电感
(d) 工字电感 (e) 可调电感 (f) 共模电感

图 1-15 常见的电感

当电感线圈中有电流通过时，线圈周围就建立了磁场，即有磁力线穿过线圈，形成封闭的磁力线。

磁链与磁通量通常是由通过线圈的电流 i 产生的，当线圈中无铁磁材料时，磁链 Ψ 与电流 i 成正比，其比例系数定义为线圈的电感，比例系数为常数的电感，又称为线性电感，电感可用符号 L 来表示，即

$$L=\frac{\Psi}{i} \text{或} \Psi=Li \tag{1-9}$$

式中，L 为电感，H。

图 1-16 电感元件电路符号

电感元件是实际电感线圈的一种理想化模型，在电路中一般可用图 1-16 所示的符号来表示。

常用的电感单位还有毫亨（mH）和微亨（μH），它们之间的换算关系为：

$$1\text{H}=10^{3}\text{mH}=10^{6}\mu\text{H}$$

电容器的识别

3. 电容

电容也是电路中的基本元件之一，在各种电子产品和电力设备中有着广泛的应用。在电子技术中，电容常用于滤波、移相、选频等电路，还能起到隔直、旁路等作用；在电力系统中，电容可用来提高系统的功率因数。常用的电容如图 1-17 所示。

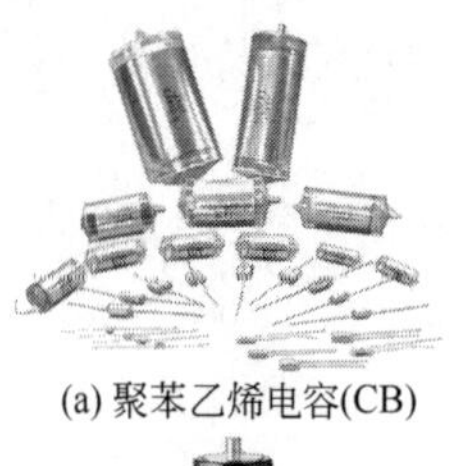
(a) 聚苯乙烯电容(CB)

(b) 云母电容(CY)

(c) 低频瓷介电容(CT)

(d) 铝电解电容

(e) 陶瓷介质微调电容

(f) 薄膜介质可变电容

图 1-17 常见的电容

笔记

将两个金属片（或导体）用绝缘介质隔开，即构成一个能储存电量的电器，称为电容器。用符号 C 表示，其电路符号如图 1-18 所示。对任何一个电容器而言，极板上所聚集的电荷与外加的电压成正比。如果比例系数是一常数，这种电容元件就是线性的，其比例系数就是电容的电容量，简称电容。电容的大小为极板上所聚集的电荷量 Q 与外加的电压 U 的比值，即

图 1-18 电容元件电路符号

$$C=\frac{Q}{U} \tag{1-10}$$

在国际单位制（SI）中，电容的单位为 F（法拉）。由于法拉的单位在工程应用中显得太大，一般常用 μF（微法）和 pF（皮法）等较小的单位。它们的换算关系为

$$1F=10^6\mu F=10^{12}pF$$

电容的电容量是由本身的介质和几何尺寸决定的。介质的介电常数越大，极板正对面积越大，极板间的距离越小，电容的容量越大。

电容的种类很多，根据容量可分为固定电容和可调电容；根据材料可分为电解电容、云母电容、涤纶电容、瓷片电容、钽电容等；根据有无极性可分为无极性电容与有极性电容，如电解电容是有极性的，更换此类型电容时就应注意极性，若极性错误，会导致电容损坏。

二、欧姆定律

欧姆定律、电池和电阻的连接

1. 部分电路的欧姆定律

1826 年，德国物理学家欧姆通过实验总结出，线性电阻 R 两端所加的电压 U 与其通过的电流 I 成正比，如图 1-19 所示，即

$$I=\frac{U}{R} \tag{1-11}$$

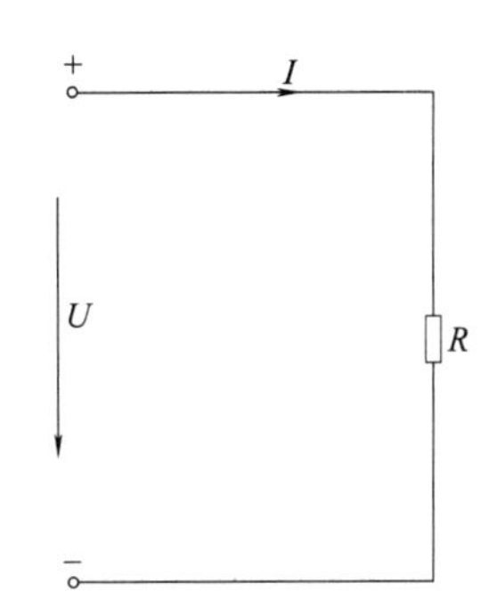

图 1-19 部分电路的欧姆定律

式（1-11）中的电阻是一个与通过它的电流无关的常数，这样的电阻称为线性电阻，线性电阻上的电压、电流的相互关系遵守欧姆定律。当流过电阻上的电流或电阻两端的电压变化时，电阻的阻值也随之改变，这样的电阻称为非线性电阻。

如果在电路的某一支路中不但有电阻元件，而且有电源，如图 1-20 所示，可先设定有关电压、电流的参考方向，再列出 A、B 两点之间的电压方程为

$$U_{AB}=IR_1+E_1+IR_2+E_2$$

经整理后，可得

$$I=\frac{U_{AB}-(E_2+E_1)}{R_1+R_2}$$

如果在电路中含有多个电阻和多个电源，那么，可以写出

$$I=\frac{\pm U\pm E}{\sum R} \tag{1-12}$$

式（1-12）中，当端电压 U 与电流 I 为关联参考方向时，端电压取“+”，反之取“−”；当电动势与电流的参考方向一致时，电动势取“+”，反之取“−”。

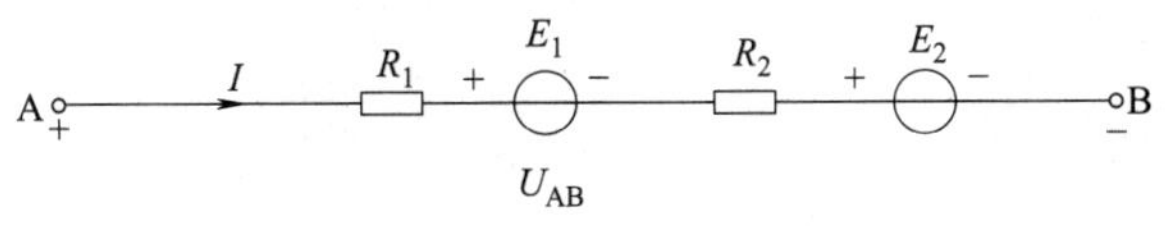

图 1-20 含有电源的支路

2. 全电路欧姆定律

一个包含电源、负载在内的闭合电路，称为全电路。电源的内部一般都是有电阻的，这个电阻称为电源的内电阻（内阻），用 R_0 表示。开关 S 闭合时，负载 R_L 上就有电流通过，如图 1-21 所示，电流的大小为

$$I=\frac{U_s}{R_0+R_L} \tag{1-13}$$

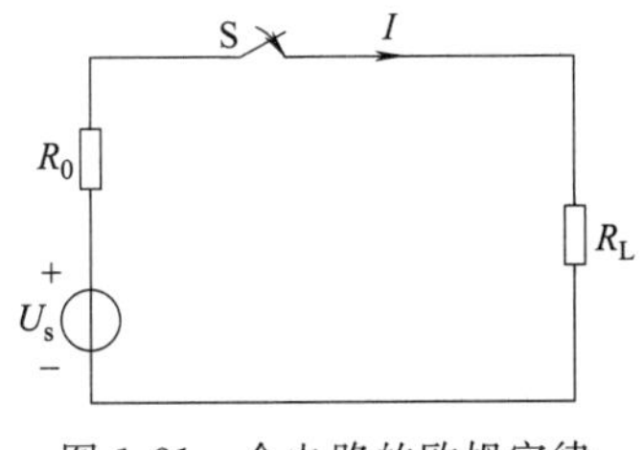

图 1-21 全电路的欧姆定律

笔记

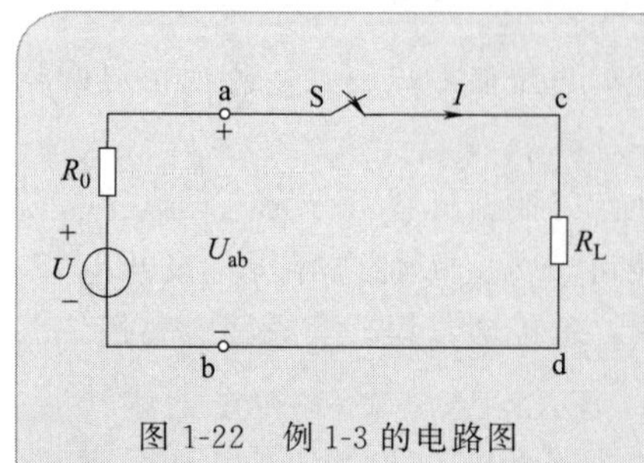

图 1-22 例 1-3 的电路图

【例 1-3】 如图 1-22 所示，已知电源电压 $U=5V$，内阻 $R_0=1\Omega$，外接负载 $R_L=4\Omega$，试计算开关 S 断开与闭合时的电压 U_{ab} 和 U_{cd}。

解：(1) 开关 S 断开时，电流 $I=0$，根据欧姆定律，R_0 和 R_L 上的电压为 0V，可得到

$$U_{ab}=5V，U_{cd}=0V$$

(2) 开关 S 闭合时，根据欧姆定律可得到

$$I=\frac{U}{R_0+R_L}=\frac{5}{1+4}A=1A$$

$$U_{ab}=U_{cd}=IR_L=1\times4V=4V$$

实验二 元器件的认识及测量

实验目的

① 熟悉电阻、电容、电感的不同标注及识读。

② 掌握电阻、电容、电感的测量。

实验原理

① 被测电阻与万用表内的标准电阻串联，测量标准电阻和被测电阻的电压，因两者电流相同，根据标准电阻的阻值换算出被测电阻的阻值。

② 万用表内置一组频率产生器电路，经过处理器程序计算后显示被测试电容的值。

实验电路图（图 1-23）

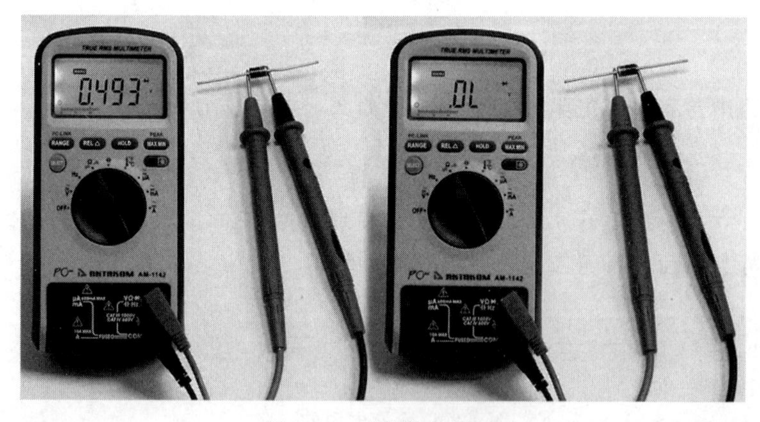

图 1-23 元器件的测量

笔记

实验内容及步骤

1. 电阻的测量

(1) 测量步骤

① 首先红表笔插入 VΩ 孔，黑表笔插入 COM 孔。

② 量程旋钮打到“Ω”测量挡，并选择合适的量程。

③ 分别用红、黑表笔接到电阻两端金属部分。

④ 读出显示屏上显示的数据。

⑤ 将所测结果与标称值进行比较，只要误差在允许偏差内，即为合格电阻。

(2) 测量注意点

① 数字万用表两表笔开路，仪表显示为“1”。

② 数字万用表两表笔短路，仪表显示为“0000”。

③ 量程的选择和转换。量程选小了，显示屏上会显示“1”，此时应换用较大的量程；反之，量程选大了，显示屏上会显示一个接近于“0”的数，此时应换用较小的量程。

④ 显示屏上显示的数字再加上挡位选择的单位，就是该电阻的读数。要提醒的是在“200”挡时单位是“Ω”，在“2k～200k”挡时单位是“kΩ”，在“2M～2000M”挡时单位是“MΩ”。

⑤ 测量时手不能接触到电阻两端金属部分。

(3) 测量记录（表1-3）

表1-3　固定电阻器测量记录

序号	电阻标称值	电阻实测值	误差
1			
2			
3			
4			

2. 电容器的测量

(1) 测量步骤

① 将电容两端短接，对电容进行放电，确保数字万用表的安全。

② 将功能旋转开关打至电容“F”测量挡，并选择合适的量程。

③ 将电容插入万用表CX插孔（有的万用表有表笔测量）。

④ 读出LCD显示屏上数字。

(2) 测量注意点

① 测量前电容需要放电，否则容易损坏万用表。

② 测量后也要放电，避免埋下安全隐患。

③ 仪器本身已对电容挡设置了保护，故在电容测试过程中不用考虑电容极性及电容充放电等情况。

(3) 测量记录（表1-4）

表1-4　固定电容器测量记录

序号	电容标称值	电容实测值	误差
1			
2			
3			
4			

实验数据分析及结论

① 判断一下你所测电阻是否合格（标称误差是多少？计算误差是多少？如果计算误差小于标称误差就合格）。

② 如果万用表的电池电量不足，对测量结果有什么影响？

③ 完成实验报告。

实验三 欧姆定律的验证

实验目的

① 通过实验，探究电流和电压、电阻的定量关系，归纳得出欧姆定律。

② 理解和熟练掌握欧姆定律，并能运用欧姆定律分析解决简单的电路问题。

实验原理

① 导体中的电流 I 和导体两端的电压 U 成正比，和导体的电阻 R 成反比

$$I=\frac{U}{R}$$

② 闭合电路中的电流和电源的电动势成正比，和内、外电路的电阻之和成反比

$$I=\frac{E}{R_0+R_L}$$

实验电路（图 1-24）

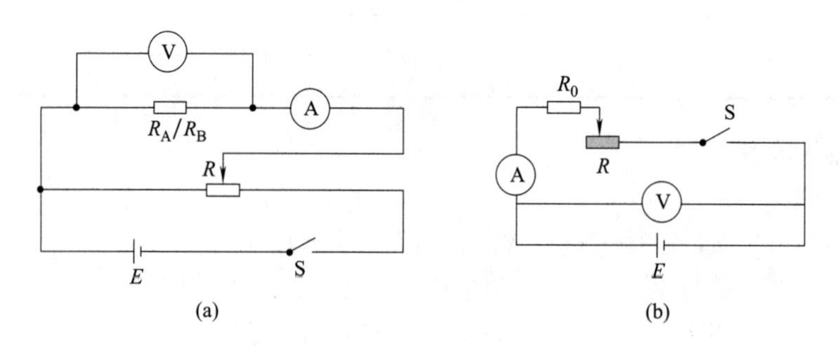

图 1-24 欧姆定律的验证

笔记

实验内容及步骤

1. 部分电路欧姆定律的验证

① 按图 1-24（a）接好线路。

② 按图 1-24（a）接入不同的电阻 R_A、R_B，记录所测得的电压与电流值于表 1-5 中。

表 1-5 部分欧姆定律的验证

序号	U/V	I_A/A	I_B/A
1	0		
2	0.4		
3	0.8		
4	1.2		
5	1.6		
6	2.0		

③ 将实验数据描到坐标系中，观察并分析得出实验结论。

④ 根据坐标系中图像可以发现：

a. U-I 图像有什么特点？

b. 同一电阻（导体），电压与电流的比值是否为定值$\left(R=\frac{U}{I}\right)$。

2. 全电路欧姆定律的验证

① 按图 1-24（b）连接线路。

② 通过改变不同的外电阻，测出不同的路端电压和负载电流，发现它们的关系（参考部分电路欧姆定律验证实验）：R 增大，电流减小，路端电压增大；R 减小，电流增大，路端电压减小。路端电压 $U=E-IR_0$。

③ 根据实验数据作出 U-I 的关系图。

④ 理解图像的含义：

a. 在纵轴上的截距表示电源的电动势 E；

b. 在横轴上的截距表示电源的短路电流 $I_{短}=E/R_0$；

c. 图像斜率的绝对值表示电源的内阻，内阻越大，图线倾斜得越厉害。

实验数据分析及结论

① 判断你所测数据是否与欧姆定律吻合。

② 在全电路欧姆定律的验证实验中，内阻是多少？

③ 完成实验报告。

学习单元三　电路的基本连接

单股导线的连接

一、电池的连接

在实际应用中，常常需要有较高的电压或较大的电流，也就是需要把几个相同的电池连在一起使用。连在一起使用的几个电池，称为电池组。电池的基本接法有串联和并联两种。

1. 电池的串联

把第一个电池的正极和第二个电池的负极相连接，再把第二个电池的正极和第三个电池的负极相连接，依次连接起来，就组成了串联电池组，如图 1-25 所示。第一个电池的正极就是电池组的正极，最后一个电池的负极就是电池组的负极。

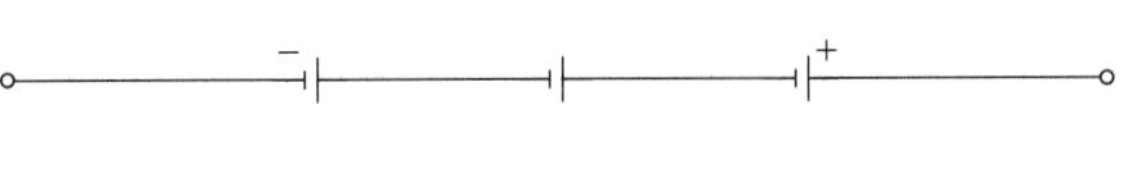

图 1-25　串联电池组

设串联电池组由 n 个电动势都是 E、内电阻都是 R_0 的电池组成，则整个电池组的电动势为

$$E_{串}=nE \tag{1-14}$$

由于电池是串联的，电池的内电阻也是串联的，因此，串联电池组的内电阻为

$$R_{0串}=nR_0 \tag{1-15}$$

所以，串联电池组的电动势等于各个电池电动势之和，其内电阻等于各个电池内电阻之和。

串联电池组的电动势比单个电池的电动势高，因此，当用电器的额定电压高于单个电池的电动势时，可以用串联电池组供电，但是这时全部电流要通过每个电池，所以，用电器的

笔记

额定电流必须小于单个电池允许通过的最大电流。

2. 电池的并联

把电动势相同的电池的正极和正极相连接，负极和负极相连接，就组成了并联电池组，如图 1-26 所示。并联在一起的正极是电池组的正极，并联在一起的负极是电池组的负极。

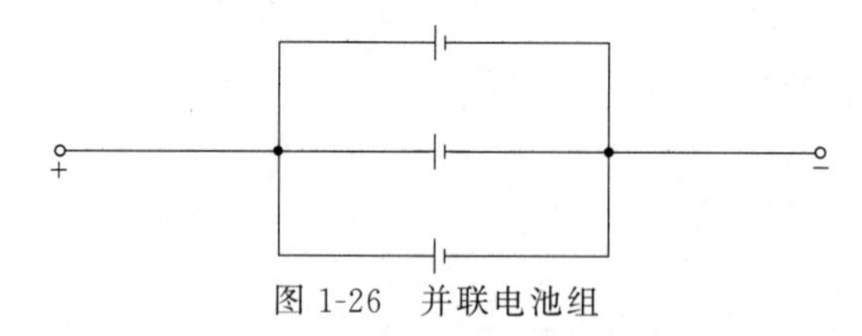

图 1-26 并联电池组

设并联电池组由 n 个电动势都是 E、内电阻都是 R_0 的电池组成，则并联电池组的电动势为

$$E_{并}=E \tag{1-16}$$

由于电池是并联的，电池的内电阻也是并联的，所以，并联电池组的内电阻为

$$R_{0并}=\frac{1}{n}R_0 \tag{1-17}$$

由 n 个电动势和内电阻都相同的电池连成的并联电池组，其电动势等于一个电池的电动势，它的内电阻等于一个电池内电阻的 n 分之一。

并联电池组的电动势虽然不高于单个电池的电动势，但是每个电池中通过的电流只是全部电流的一部分。

二、电阻的连接

1. 电阻的串联

把两个或两个以上的电阻连接成一串，使电流只有一条通路的连接方式，称为电阻的串联。两个电阻构成的串联电路，也可以用一个等效电阻来代替，如图 1-27 所示。串联电阻的特点如下。

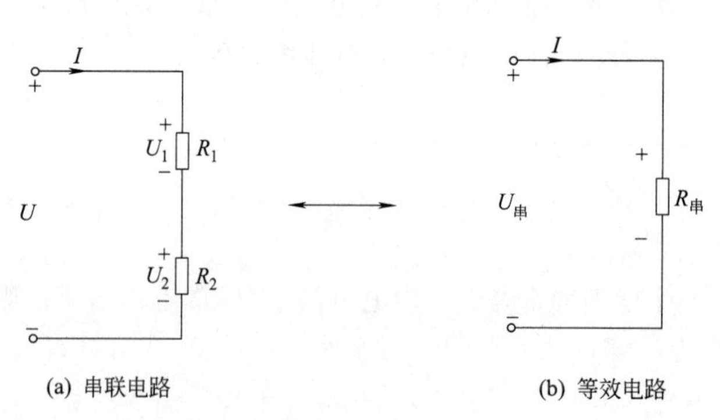

图 1-27 两个电阻的串联电路

① 电路中流过每个串联电阻的电流都相等，即

$$I_{串}=I_1=I_2 \tag{1-18}$$

② 电路两端的总电压等于各电阻两端的电压之和，即

$$U_{串}=U_1+U_2 \tag{1-19}$$

③ 电路中总电阻等于各串联电阻之和，即

$$R_{串}=R_1+R_2 \tag{1-20}$$

④ 电路中各电阻上的电压与各电阻的阻值成正比，即

$$\begin{cases} U_1=\dfrac{R_1}{R_1+R_2}U \\ U_2=\dfrac{R_2}{R_1+R_2}U \end{cases} \Rightarrow \quad \frac{U_1}{U_2}=\frac{R_1}{R_2} \tag{1-21}$$

⑤ 串联电路中，电路的总功率 P 等于消耗在各串联电阻上的功率之和，即

$$P=P_1+P_2 \tag{1-22}$$

电阻串联应用十分广泛，在实际工作中，常常采用几个电阻串联的方法构成分压器，使同一电源能供给几个不同的电压，用小阻值电阻的串联来获得较大阻值的电阻。利用串联电阻的方法，可以限制和调节电器中电流的大小，但分压电阻上有一定的功率损耗，若损耗太大，将不采用这一方法。在电工测量中，常用串联电阻来扩大电压表的量程，以便测量较高的电压。

2. 电阻的并联

把两个或两个以上的电阻并列地连接在两点之间，使每一电阻两端承受相同电压的连接方式，称为电阻的并联。两个电阻构成的并联电路，也可以用一个等效电阻来代替，如图 1-28 所示。并联电阻的特点如下。

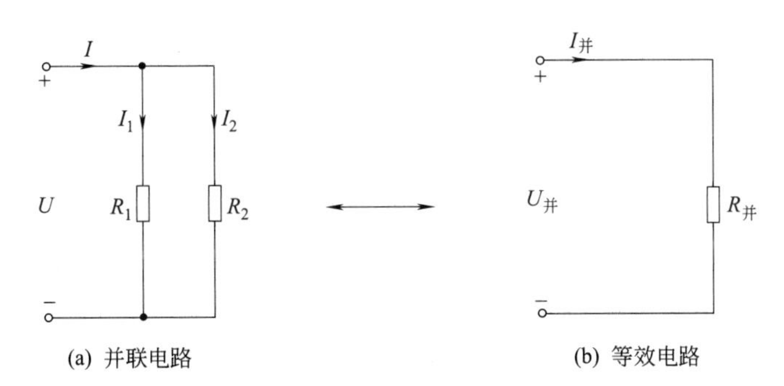

图 1-28　两个电阻的并联电路

笔记

① 电路中的总电流等于流过每个并联电阻的电流之和，即

$$I_{并}=I_1+I_2 \tag{1-23}$$

② 电路中各电阻两端的电压相等，并且等于电路两端的电压，即

$$U_{并}=U_1=U_2 \tag{1-24}$$

③ 电路的总电阻的倒数等于各并联电阻的倒数之和，即

$$\frac{1}{R_{并}}=\frac{1}{R_1}+\frac{1}{R_2} \tag{1-25}$$

总电阻等于总电压除以电流，即

$$R_{并}=\frac{U_{并}}{I_{并}} \tag{1-26}$$

④ 电路中各电阻上的电流与各电阻的阻值成反比，即

$$\begin{cases} I_1=\dfrac{R_2}{R_1+R_2}I \\ I_2=\dfrac{R_1}{R_1+R_2}I \end{cases} \Rightarrow \quad \frac{I_1}{I_2}=\frac{R_2}{R_1} \tag{1-27}$$

⑤ 并联电路中，电路的总功率等于各支路电阻消耗的功率之和，即

$$P=P_1+P_2$$

在并联电路中，各支路电阻上所消耗的功率与电阻值成反比，即电阻越小，消耗的功率越大。

并联电路的应用也是十分广泛的，凡额定电压相同的负载几乎全部采用并联，这样任何一个负载正常工作时都不影响其他负载，实际应用中可根据需要来接通或断开各个负载。

3. 电阻的混联

在实际电路中，既有电阻的串联又有电阻的并联的连接方式，称为混联。对于混联电路的计算，要根据电路的具体结构，按照串联和并联电路的定义和性质，进行电路的等效变换，画出等效电路图，把原电路整理成具有较为直观的串、并联关系的电路，最后再进行计算。

【例 1-4】 如图 1-29（a）所示电路图，已知 $R_1=2\Omega$，$R_2=R_3=R_4=4\Omega$，求 A、B 间的等效电阻。

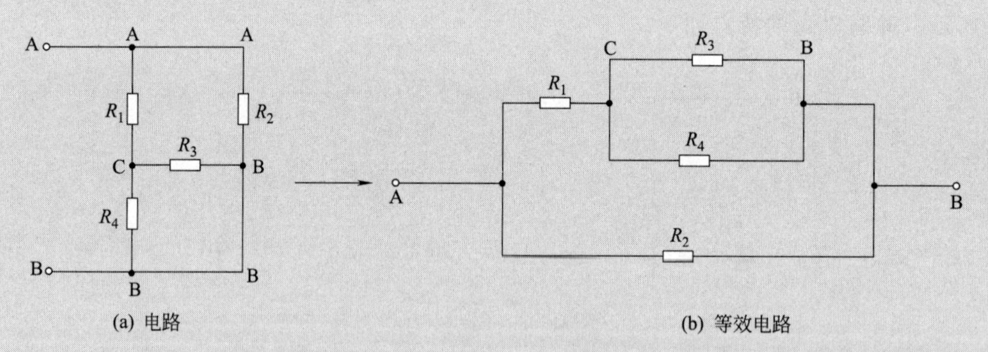

图 1-29 例 1-4 的电路

解： 将图 1-29（a）所示电路进行整理，总电流在 A 点分成两路，一条支路经 R_1 到达 C 点，另一支路经 R_2 到达 B 点，在 C 点又分成两路，一条支路经 R_3 到达 B 点，另一支路经 R_4 也到达 B 点，并在 B 点与电阻 R_2 的电流汇合为总电流。画出等效电路图如图 1-29（b）所示。

然后根据电路中电阻的串、并联关系，计算出电路总的等效电阻：

$$R_{34}=R_3/\!/R_4=2\Omega \qquad R_{134}=R_1+R_{34}=4\Omega$$

$$R_{AB}=R_{1234}=R_{134}/\!/R_2=2\Omega$$

三、电感的连接

1. 电感的串联

把两个或两个以上的电感连接成一串，这种连接方式称为电感的串联，如图 1-30 所示。多个电感构成的串联电路，可以用一个等效电感来代替。

若有两个电感相串联，则其等效电感为

$$L=L_1+L_2 \tag{1-28}$$

2. 电感的并联

把两个或两个以上的电感并列地连接在两点之间，使每一电感两端承受相同电压的连接方式称为电感的并联，如图 1-31 所示。多个电感构成的并联电路，也可以用一个等效电感来代替。

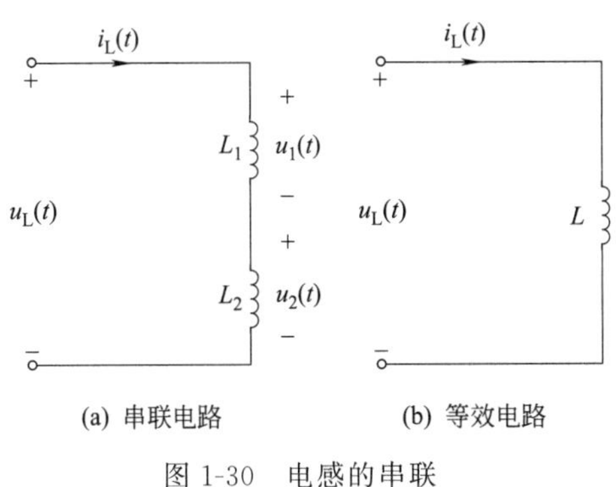

图 1-30 电感的串联

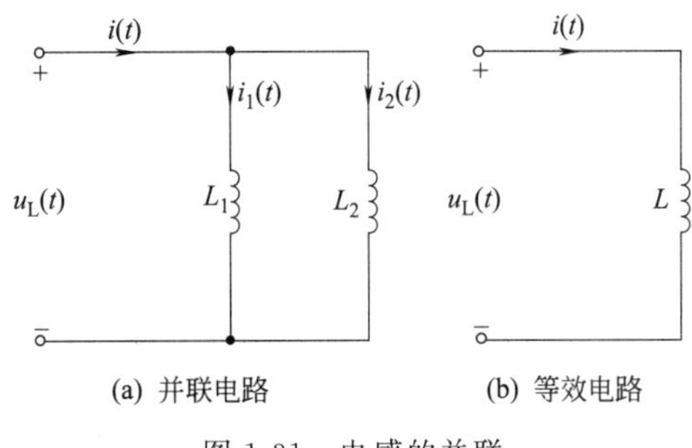

图 1-31 电感的并联

若有两个电感相并联，则其等效电感为

$$\frac{1}{L}=\frac{1}{L_1}+\frac{1}{L_2} \quad \Rightarrow \quad L=\frac{L_1 L_2}{L_1+L_2} \tag{1-29}$$

四、电容的连接

1. 电容的串联

把两个或两个以上的电容连接成一串，使电荷分布到每个电容的极板上，这种连接方式称为电容的串联，如图 1-32 所示。多个电容构成的串联电容，也可以用一个等效电容来代替。

电容串联时，每个电容电荷量相等，但各电容器上两端的电压不等，有

$$Q=Q_1=Q_2=Q_3 \tag{1-30}$$

$$Q=C_1U_1=C_2U_2=C_3U_3 \tag{1-31}$$

可知

$$U=U_1+U_2+U_3=Q\left(\frac{1}{C_1}+\frac{1}{C_2}+\frac{1}{C_3}\right)=\frac{Q}{C} \tag{1-32}$$

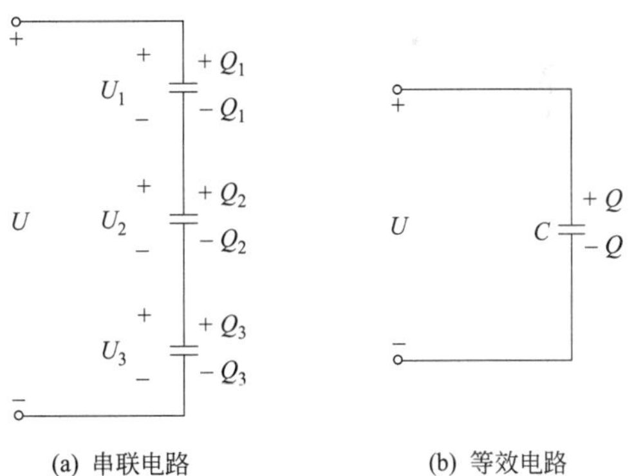

图 1-32 电容的串联

所以，电容串联时总电容量 C 与各电容之间的关系为

$$\frac{1}{C}=\frac{1}{C_1}+\frac{1}{C_2}+\frac{1}{C_3} \tag{1-33}$$

2. 电容的并联

把两个或两个以上的电容并列地连接在两点之间，使每一电容两端承受相同电压的连接方式称为电容的并联，如图 1-33 所示。多个电容构成的并联电容，也可以用一个等效电容来代替。

笔记

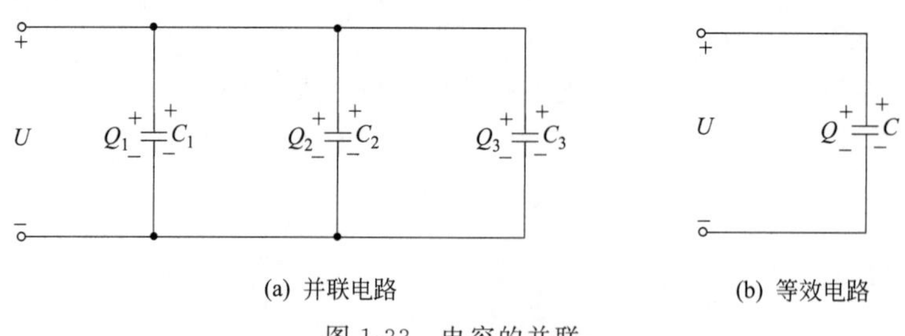

(a) 并联电路　　(b) 等效电路

图 1-33 电容的并联

电容并联时，每个电容上两端的电压相等，各电容所存储的电量不等，它们从电源获得的总电量为

$$Q=Q_1+Q_2+Q_3 \tag{1-34}$$

$$C=\frac{Q}{U}=\frac{Q_1+Q_2+Q_3}{U}=\frac{C_1U_1+C_2U_2+C_3U_3}{U} \tag{1-35}$$

电容并联时的总电容量 C 与各电容之间的关系为

$$C=C_1+C_2+C_3 \tag{1-36}$$

实验四　电阻的串、并联认识及测量

实验目的

① 了解电阻串、并联电路的结构、特点、应用。

② 验证电阻串、并联电路分析计算。

③ 掌握电阻的串、并联电路的连接与测量。

实验原理

① 串联电路中的电流相等，电路两端的总电压等于各电阻上的电压之和；串联电路的总电阻等于各电阻之和，电路中各个电阻两端的电压与它的阻值成正比。

② 并联电路中的各电阻两端的电压相等，电路中的总电流等于流过各电阻的电流之和；并联电路的总电阻的倒数等于各电阻倒数之和。

笔记

实验设备

数字万用表　　1 台；

各类电阻　　若干；

电流表　　3 块；

直流电源　　1 台。

实验电路图（图 1-34）

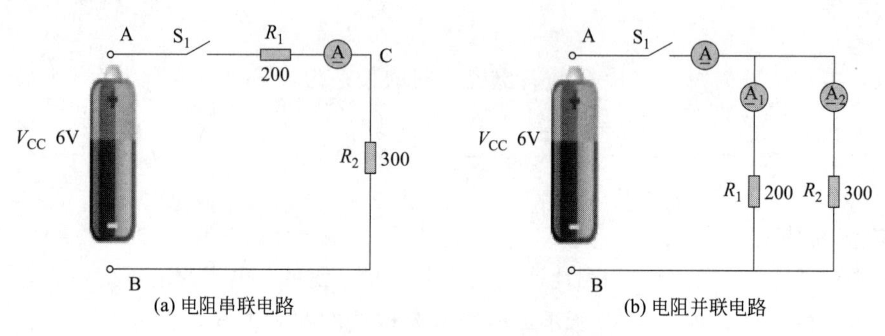

(a) 电阻串联电路　　(b) 电阻并联电路

图 1-34 电阻串、并联的电路图

实验内容及步骤

一、电阻串联电路的测量

1. 测量步骤

① 按图接线，检查无误，通电。

② 正确选取挡位，用万用表测量各待测量，测量值记录到表1-6。

表1-6 电阻串联电路数据记录

待测量	U_{AB}	U_{AC}	U_{CB}	I	R_{AB}	$\frac{U_{AB}}{I}$
测量值						

2. 各物理量测量方法与步骤

(1) 直流电压测量方法与步骤

① 红表笔插入VΩ孔。

② 黑表笔插入COM孔。

③ 量程旋钮打到$\underline{V}$适当位置。

④ 读出显示屏上显示的数据。

(2) 直流电流测量方法与步骤

① 断开电路。

② 黑表笔插入COM端口，红表笔插入mA或者20A端口。

③ 功能旋转开关打至$\underline{A}$(直流)，并选择合适的量程。

④ 将数字万用表串联入被测线路中，被测线路中电流从一端流入红表笔，经万用表黑表笔流出，再流入被测线路中。

⑤ 读出LED显示屏数字。

(3) 电阻测量方法与步骤

① 首先红表笔插入VΩ孔，黑表笔插入COM孔。

② 量程旋钮打到“Ω”测量挡，并选择合适的量程。

③ 分别用红、黑表笔接到电阻两端金属部分。

④ 读出显示屏上显示的数据。

⑤ 将所测结果与标称值进行比较，只要误差在允许偏差内，即为合格电阻。

二、电阻并联电路的测量

1. 测量步骤

① 按图接线，检查无误，通电。

② 正确选取挡位，用万用表测量各待测量，测量值记录到实验表1-7。

表1-7 电阻并联电路数据记录

待测量	U_{AB}	I_1	I_2	I	R_{AB}	$\frac{U_{AB}}{I}$
测量值						

2. 各物理量测量方法与步骤

同串联电路中各物理量测量方法。

笔记

实验数据分析及结论

根据表 1-6 和表 1-7 中所测得的数据，在电阻的串联和并联电路中：

① 各电阻上电压、电流与总电压之间关系是怎样的？

② 电路总电阻与各分电阻之间关系是怎样的？

③ 完成实验报告。

实验五 电阻混联电路的认识及测量

实验目的

① 了解电阻的混联的概念。

② 验证混联电路的分析方法。

③ 掌握混联电路的连接与测量方法。

实验原理

实际工作和生活中，单纯的串联或并联电路是很少见的，最为常见的是电阻混联电路。我们常常利用电流的流向及分合或电路中的各等电位点分析方法，画出其等效电路图，从而分析和计算混联电路，求解相应的物理量。

实验设备

数字万用表　1 台。

各类电阻　若干。

电流表　若干。

实验电路图（图 1-35）

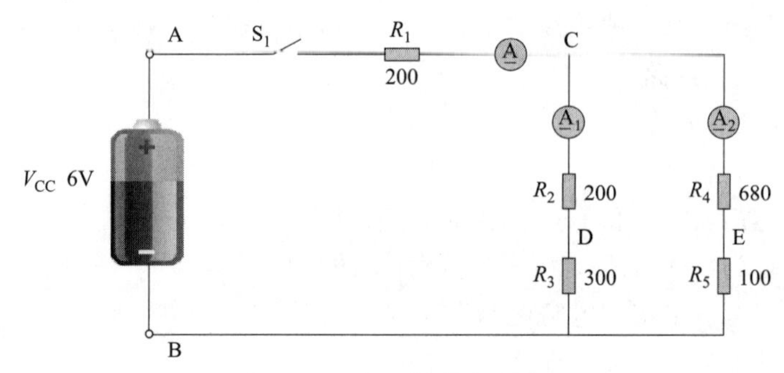

图 1-35 电阻混联电路图

实验内容及步骤

① 按电路图连接线路，检查无误。

② 正确选取挡位，用万用表测量各待测量，测量值记录到表 1-8。

表 1-8 电阻混联电路数据记录

待测量	U_{AB}	U_{AC}	U_{CB}	U_{CD}	U_{CE}	I	I_1	I_2	R_{AB}	$\frac{U_{AB}}{I}$
测量值										

实验数据分析及结论

① 各分电压与总电压之间关系怎样？

② 如何计算总电阻？是否与测量所得阻值相同？

③ 完成实验报告。

模块总结

本模块讨论了电路的基本组成、基本物理量、工作状态、电路基本元件、欧姆定律和电路的连接。

① 电路是电流通过的路径，它是由电源、负载、传输控制器件（中间环节）三部分组成的。电路的主要作用是进行能量的传输、分配与转换以及信号的转换、传递与处理。

② 电流和电压包含瞬时值和恒定值，其方向也是变化的。电流和电压的参考方向是人为假定的，实际方向与参考方向相同，则 $I>0$（或 $U>0$），反之，则 $I<0$（或 $U<0$）。电压和电流的参考方向一致，定为关联参考方向，否则为非关联参考方向。

电路中某电位等于该点到参考点之间的电压，两点之间的电压等于这两点电位之差。电位与参考点的选择有关，电压与参考点的选择无关。

③ 电路的状态包含有载状态、开路状态（正常开路和故障开路）和短路状态。

④ 电路中的基本元件包括电阻、电感和电容。其中电阻为线性元件，电感和电容是储能元件，电路中利用欧姆定律（部分电路欧姆定律和全电路欧姆定律）实现简单的计算。

⑤ 电路的连接分为电源连接（电池组）和负载的连接，电池的连接有串联和并联。负载的连接：电阻有串联、并联和混联；电感有串联和并联；电容也有串联和并联。

模块检测

模块一检测答案

笔记

1. 填空题

（1）电路一般由________、________和________三个部分组成，它的功能有________和________两种。

（2）如图 1-36 所示电路中，________端的电位高于________端电位，电流的实际方向与参考方向________，从________端指向________端。

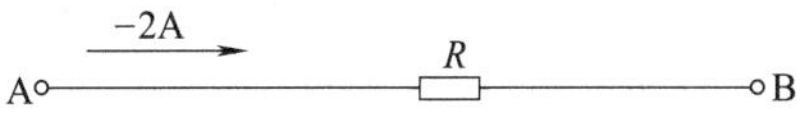

（3）当参考点改变时，电路中各点的电位值将________，任意两点间的电压值将________。

A ——(−2A →)—— R —— B

图 1-36

（4）将电荷量为 $q=2\times10^{-6}$C 的检验电荷从电场中 A 点移到 B 点，电场力做了 2×10^{-4}J 的功，则 A、B 两点间的电压 $U_{AB}=$________。

（5）电路有________、________和________三种状态。

（6）通过某个元件的电压为 12V，电流为 −3A，电压与电流为非关联参考方向，则此元件的功率为________，在电路中是________元件。

（7）电力系统中一般以大地为参考点，参考点的电位为________。

（8）导线的电阻是 10Ω，对折起来作为一根导线用，电阻变为________，若将它均匀拉长为原来的 2 倍，电阻变为________。

（9）电压和电流成正比的电阻称________电阻，电压和电流之间无正比关系的元件称为________元件。

（10）测得某一直流电动机励磁线圈中的电流为 0.5A，励磁线圈两端的电压为 220V，此线圈的等效电阻为________，消耗的功率为________。

（11）已知 $U_{AB}=12$V，若选 A 点为参考点，则 $V_A=$________V，$V_B=$________V。

（12）如图 1-37 所示电路中，$I=$______A，$U=$______V。

（13）如图 1-38 所示电路中已知 $R_1=R$，$R_2=2R$，$R_3=4R$，$U=14$V，$I_3=1$A，则 $I_2=$________A，$U_1=$________V。

（14）如图 1-39 所示电路中，$U_X=$________V，$R_X=$________Ω。

（15）如图 1-40 所示电路中，已知 $I=9$A，$I_1=3$A，$R_1=4\Omega$，$R_2=6\Omega$，则 $R_3=$________Ω，电路总

电阻＝________ Ω。

（16）如图 1-41 所示电路：要使两灯组成串联电路，需闭合的开关是________；要使两灯组成并联电路，需闭合的开关是________、________；当同时闭合开关________时，电源会被短路。

（17）如图 1-42 所示电路，U_{ab}＝________ V，U_{cd}＝________ V，U_{ef}＝________ V。

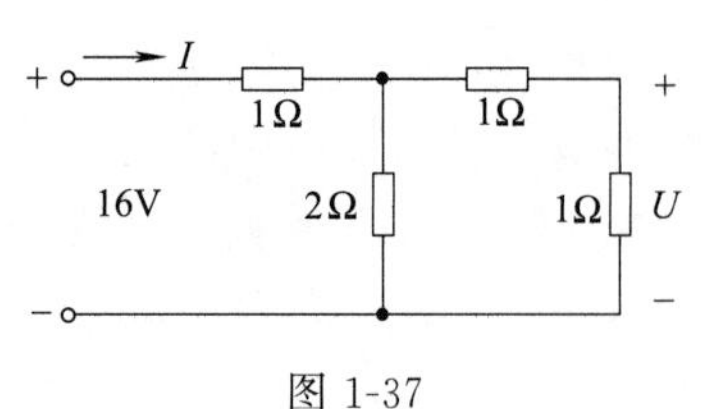

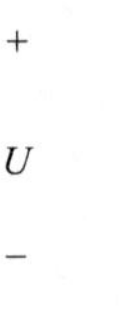

图 1-37

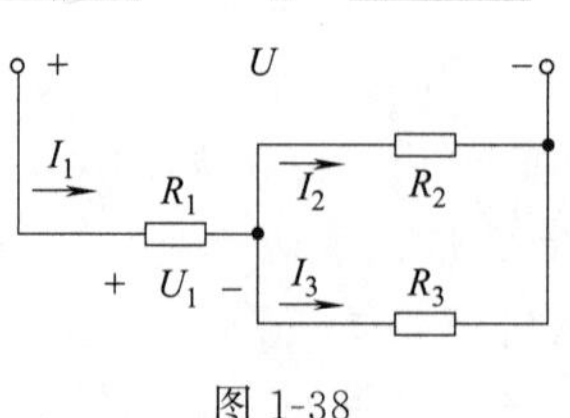

图 1-38

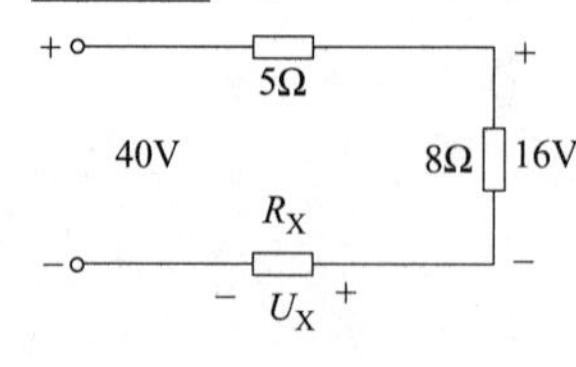

图 1-39

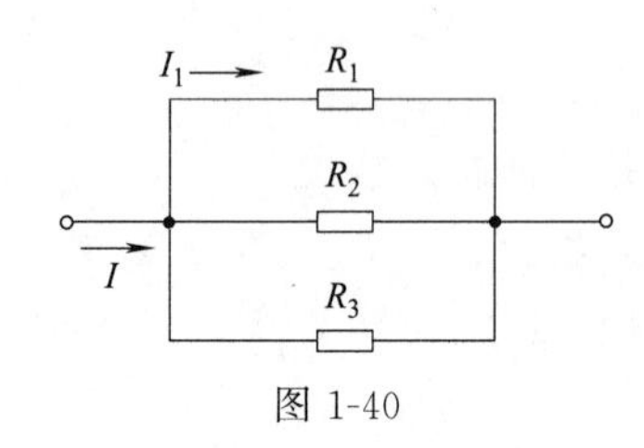

图 1-40

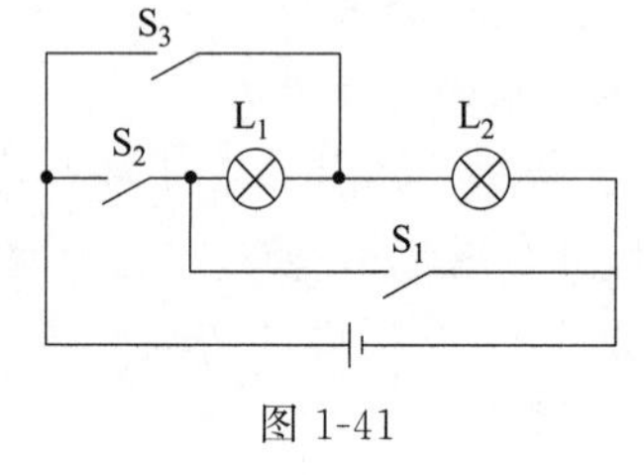

图 1-41

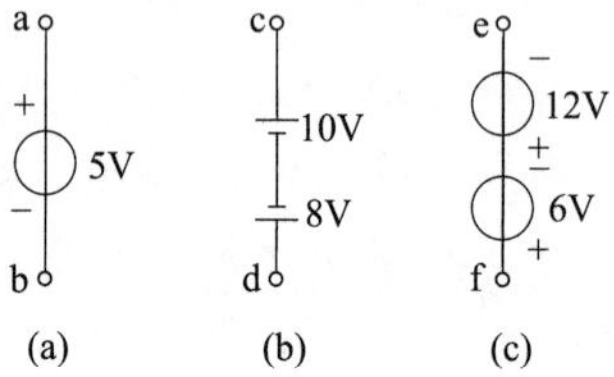

图 1-42

（18）有两个电容元件，$C_1=20\mu F$，$C_2=5\mu F$，则将这两个电容串联后的等效电容为________ μF，并联后等效电容为________ μF。

2. 选择题

（1）电路发生短路时，往往因（ ）过大引起电器和电气线路损坏或火灾。

A. 电压　B. 电阻　C. 功率　D. 电流

（2）（ ）是指大小和方向随时间作周期性变化的电流。

A. 直流电　B. 交流电　C. 脉动交流电　D. 恒流直流电

（3）电位是衡量电荷在电路中某点所具有能量的物理量，电位是（ ）。

A. 相对量　B. 绝对量　C. 可参考　D. 不确定

笔记

（4）关于一段导体的电阻，下列说法中正确的是（ ）。

A. 通过导体的电流越小，说明其电阻越大

B. 在一定的电压下，通过该导体的电流越大，其电阻越小

C. 导体的电阻与加在其上的电压成正比，与通过它的电流成反比

D. 导体的电阻与加在其上的电压和通过的电流及材料的几何尺寸无关，只与导体的材料性质有关

（5）如图 1-43 所示电路，a、b 两点等效电阻为（ ）。

A. 29Ω　B. 5Ω　C. 20Ω　D. 7.1Ω

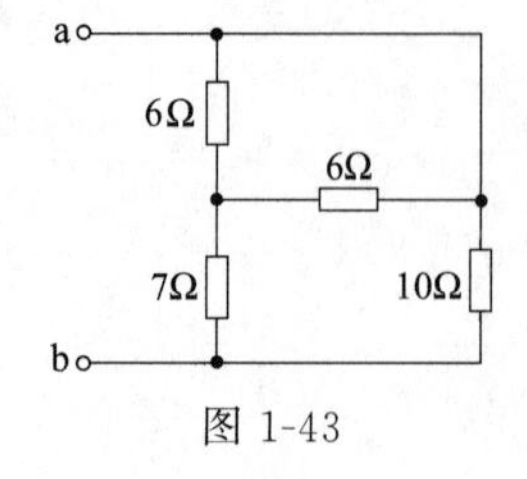

图 1-43

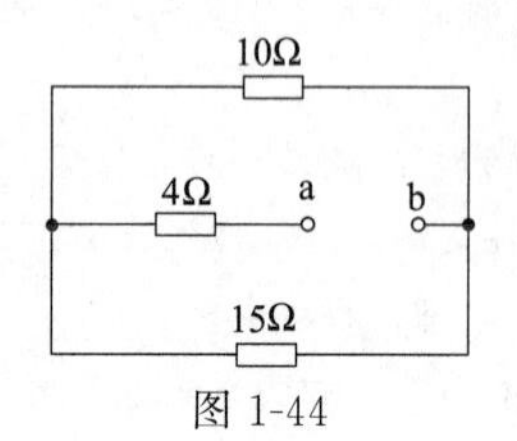

图 1-44

（6）如图 1-44 所示电路，a、b 两点等效电阻为（ ）。

A. 10Ω　B. 2.4Ω　C. 29Ω　D. 17.9Ω

（7）在如图 1-45 所示电路中 $R_2=R_4$，电压表 V_1 示数 8V，V_2 示数 12V，则 U_{AB} 为（ ）。

A. 6V　B. 20V　C. 24V　D. 无法确定

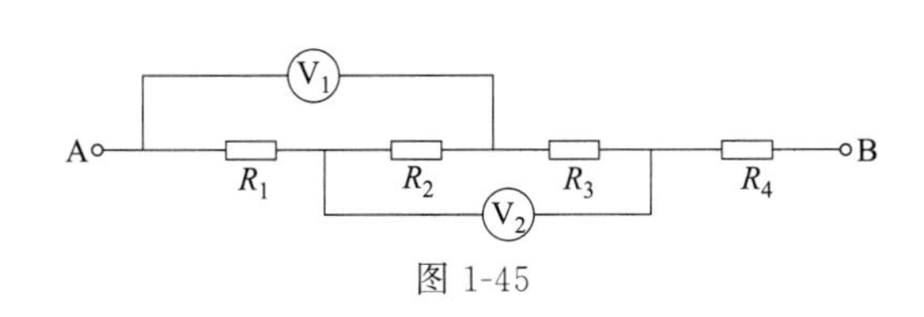

图 1-45

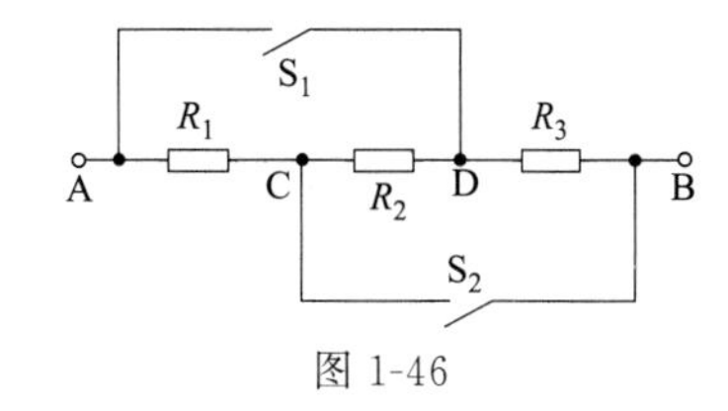

图 1-46

（8）如图 1-46 所示电路，为某电路的一部分，三个电阻的阻值均为 R。若在 AB 间加上恒定电压，欲使 AB 间获得最大功率，应采取的措施是（　　）。

A. S_1、S_2 都断开　　B. S_1、S_2 都闭合

C. S_1 闭合，S_2 断开　　D. S_1 断开，S_2 闭合

3. 判断题

（1）电源是把非电能转换成电能的装置。（　　）

（2）短路是指电流不通过负载直接导通。（　　）

（3）电流大小是衡量电流强度的物理量，等于单位时间内通过导体长度电荷总量。（　　）

（4）电路中的某点电位的大小，与参考点的选择无关。（　　）

（5）电动势是衡量电源内部的推动正电荷从电源的负极到正极，将非电能转换成电能本领大小的物理量。（　　）

（6）导体的电阻与其材料的电阻率和长度成反比。（　　）

（7）当导体温度不变时，通过导体的电流与加在导体两端的电压成反比，而与其电阻成正比。（　　）

（8）电阻串联电路中流过各电阻的电流相等。（　　）

（9）在串联电路中，总电阻总是小于各分电阻。（　　）

（10）电压的分配与电阻成正比，即电阻越大，其分电压也越大。（　　）

（11）在电阻并联电路中的等效电阻的倒数等于各并联电阻的倒数之和。（　　）

（12）在并联电路中，总电阻大于各分电阻。（　　）

（13）电流的分配与支路电阻成正比，即支路电阻越大其分电流越大。（　　）

（14）欧姆定律是电路的基本定律，因此适用于任何电路。（　　）

（15）电路中电流的实际方向与所选的参考方向无关。（　　）

（16）电路中参考点改变，任意两点间的电压也随之改变。（　　）

（17）马路上的路灯总是同时亮同时灭，因此路灯都是串联接入电网的。（　　）

4. 计算题

（1）如图 1-47 所示电路，已知 $E_1=26\text{V}$，$E_2=6\text{V}$，$R_1=20\Omega$，$R_2=10\Omega$，$R_4=5\Omega$，电压表读数为 16V，求电路电流 I 及电阻 R_3 的阻值。

（2）如图 1-48 所示电路 $R_1=6\Omega$，$R_2=R_3=R_4=3\Omega$，$U=15\text{V}$，求在开关 S 断开和闭合两种情况下，分别通过电阻 R_4 的电流。

（3）如图 1-49 所示电路中，已知 $U_s=10\text{V}$，$r=0.1\Omega$，$R=9.9\Omega$，求开关在不同位置 1、2、3 时电流表和电压表的读数。

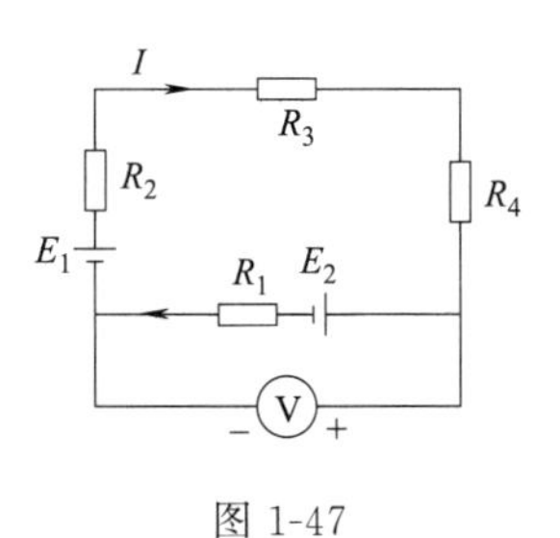

图 1-47

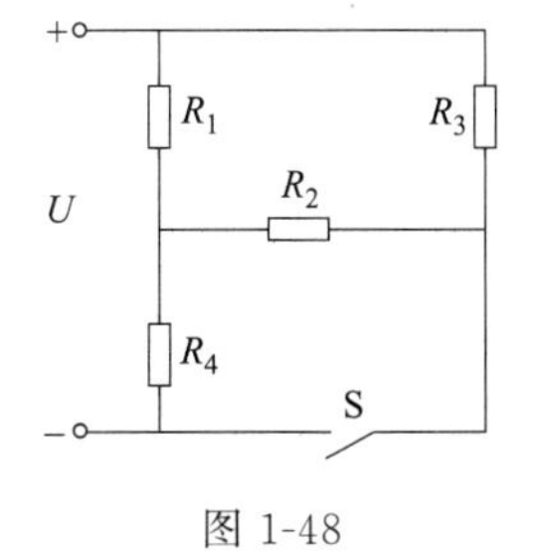

图 1-48

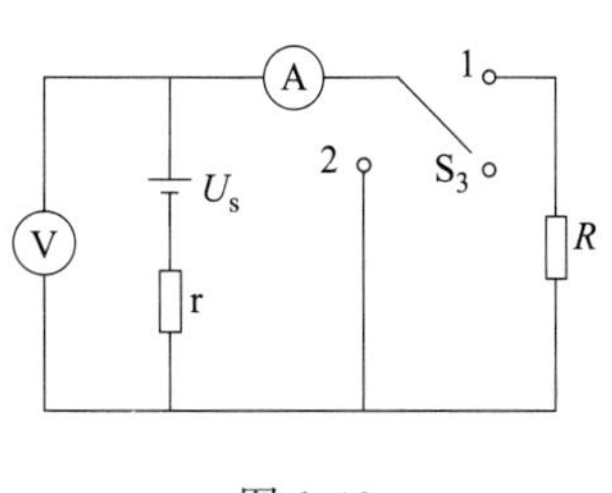

图 1-49

（4）求图 1-50 所示电路各元件的功率，并说明该元件在电路中起什么作用。

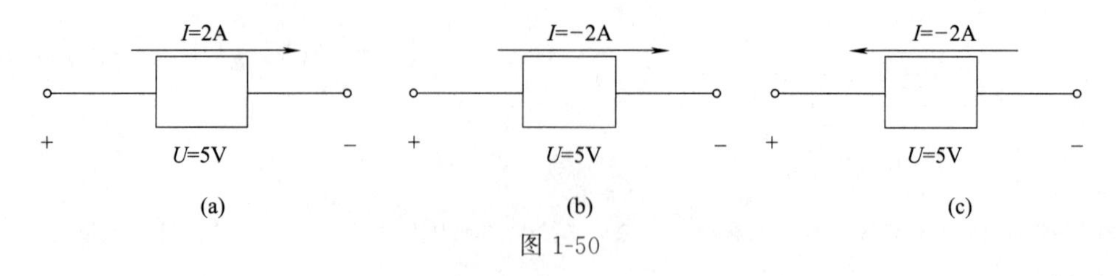

图 1-50

（5）求图 1-51 所示各电路中的电压 U 和电流 I。

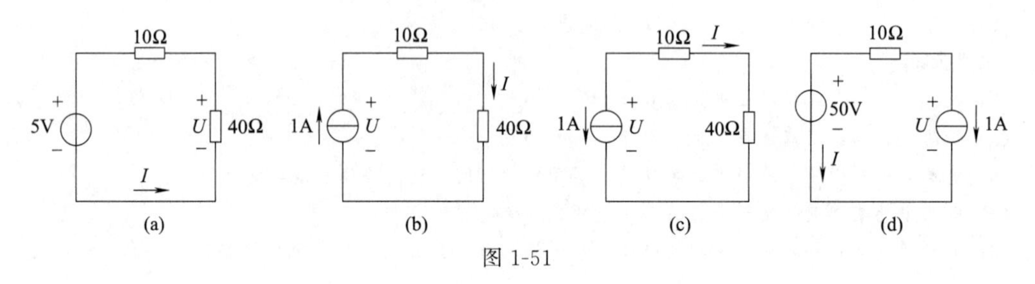

图 1-51

（6）计算图 1-52 所示电路的等效电阻。

（7）如图 1-53 所示，已知 $R_1=R_2=1\Omega$，$R_3=R_4=R_5=R_6=2\Omega$，$R_7=4\Omega$，$R_8=3\Omega$，电路端电压 $U_{AB}=12\text{V}$。试求通过电阻的电流和两端的电压。

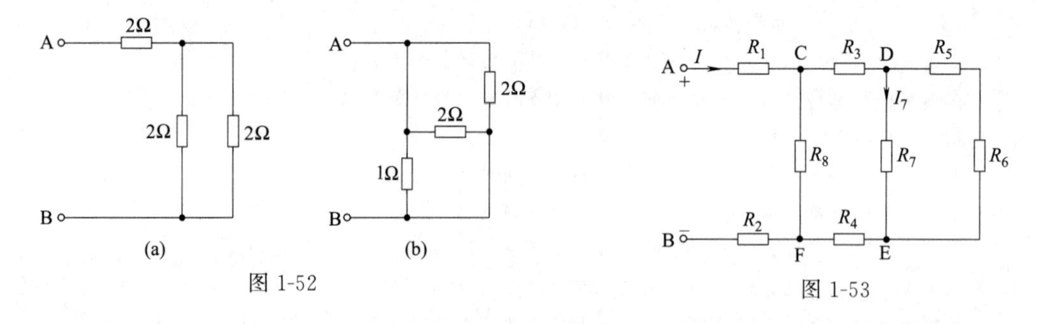

图 1-53

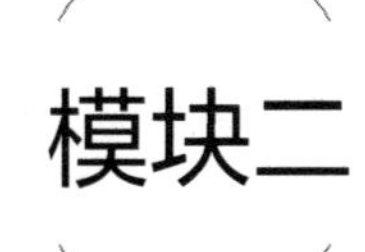

直流电路的分析与计算

知识目标

1. 了解电压源、电流源的特点，掌握两种电源的等效变换。
2. 掌握基尔霍夫定律。
3. 掌握支路电流法的分析与计算方法。
4. 掌握叠加定理、戴维南定理的分析与计算方法。

能力目标

1. 会熟练使用万用表检测元器件。
2. 会识读电路原理图。
3. 能对万用表的基准挡、直流电流挡、直流电压挡等挡位进行调试与校验。
4. 会选择电工仪表测量直流电压、电位和电流。

素养目标

1. 能按照现场管理8S要求（整理、整顿、清扫、清洁、素养、安全、环保、节能）安全文明操作。

2. 通过反复练习元器件的检测、万用表的调试和试验，培养学生爱护工具、细致耐心、吃苦耐劳、精益求精的精神。

3. 通过学习基尔霍夫定律，能理解技术与人类文明的有机联系，具有学习掌握技术的兴趣和意愿；具有工程思维，能将创意和方案转化为有形物品或对已有物品进行改进与优化，培养学生技术应用的能力。

4. 通过学习支路电流法、叠加定理、戴维南定理，培养学生解决问题的能力，进而培养勇于创新、敬业、乐业的作风。

笔记

学习单元一　电压源、电流源及其等效变换

一、电压源

1. 理想电压源

（1）理想电压源　输出电压不受外电路影响，只依照自己固有的随时间变化的规律而变化的电源，称为理想电压源。

（2）理想电压源的符号　如图 2-1 所示。图（a）是理想电压源的一般表示符号，符号

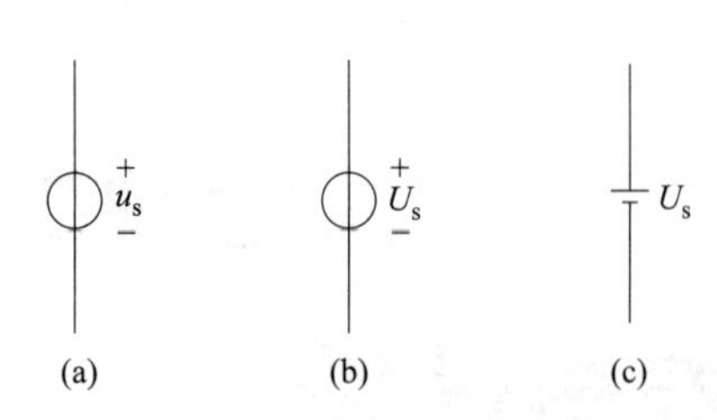

图 2-1 理想电压源符号

“+”“−”表示理想电压源的参考极性。图（b）表示理想直流电压源。理想直流电压源的电压是定值 U_s。图（c）是干电池的图形符号，长线段表示高电位端，短线段表示低电位端。

（3）理想电压源的性质

① 理想电压源的端电压是常数 U_s 或是时间的函数 $u(t)$，与流过它的电流无关。

② 它的电流由它本身及电路的电阻来确定。

2. 实际电压源

理想电压源实际上是不存在的，电源内部总是存在一定的电阻，称之为内阻。实际电压源可用一个理想电压源 U_s 和内阻 R_s 相串联的电路模型来表示。

实际电压源的模型如图 2-2 所示。

实际电压源的端电压 U 低于理想电压源的电压 U_s。实际直流电压源伏安特性曲线如图 2-3 所示。

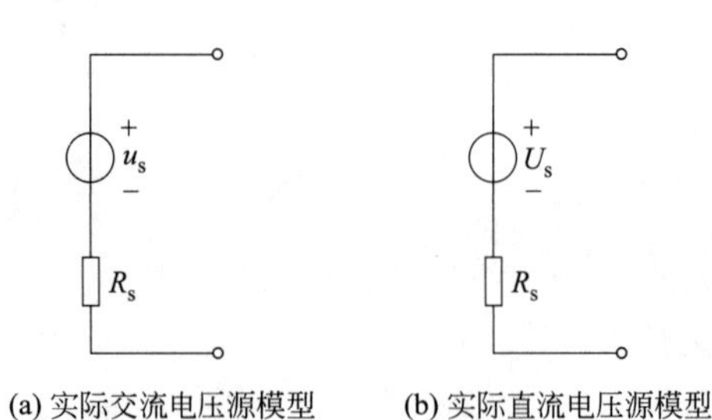

图 2-2 实际电压源模型

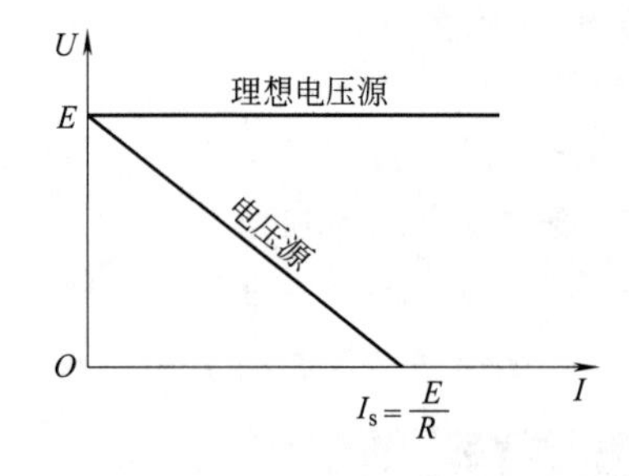

图 2-3 电压源和理想电压源的伏安特性曲线

笔记

二、电流源

1. 理想电流源

电流按照某给定规律变化而与其端电压无关的二端元件，称为理想电流源。理想电流源的符号如图 2-4 所示。

理想电流源的性质：

① 理想电流源的输出电流是常数 I_s 或是时间的函数 $i(t)$，与其端电压无关。

② 理想电流源的端电压取决于外电路。

(a) 理想交流电流源符号 (b) 理想直流电流源符号

图 2-4 理想电流源符号

2. 实际电流源

一个理想电流源和一个电阻并联则为实际电流源，如图 2-5 所示。

实际直流电流源的输出电流为

$$I=I_s-\frac{U}{R_i}$$

实际电流源伏安特性曲线如图 2-6 所示。

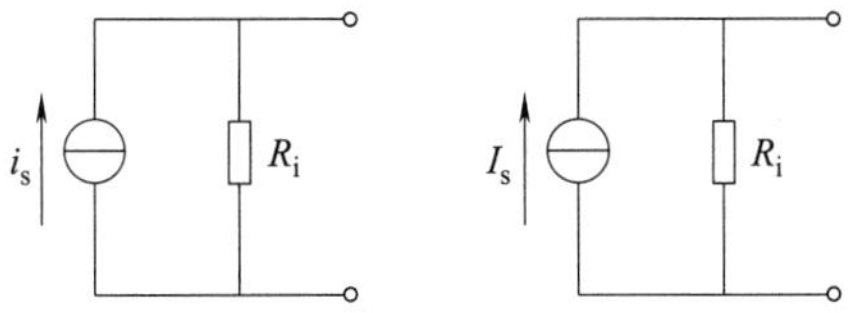

(a) 实际交流电流源模型　(b) 实际直流电流源模型

图 2-5　实际电流源模型

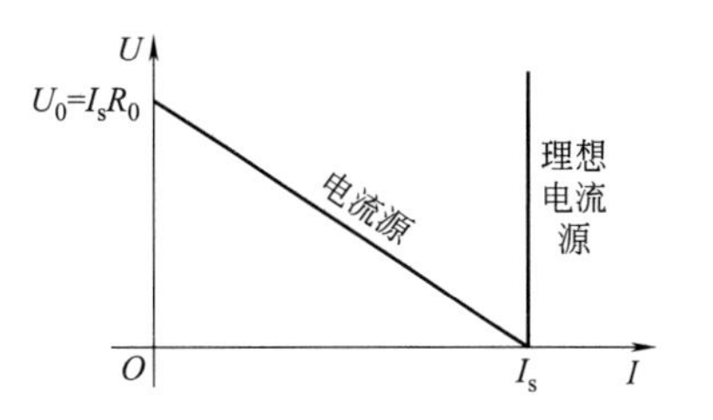

图 2-6　实际电流源伏安特性曲线

【例 2-1】 求图示 2-7（a）中电压源的电流和（b）中电流源的电压。

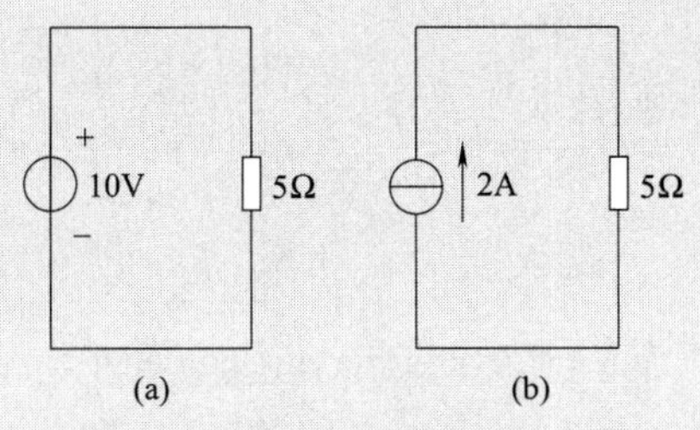

图 2-7　例 2-1 图

解： 图（a）中流过电压源的电流也是流过 5Ω 电阻的电流，所以流过电压源的电流为

$$I=\frac{U_s}{R}=\frac{10}{5}=2(\mathrm{A})$$

图（b）中电流源两端的电压即是加在 5Ω 电阻两端的电压，所以电流源的电压为

$$U=I_sR=2\times5=10(\mathrm{V})$$

【例 2-2】 求图 2-8 所示电路中的电流 I 和电压 U。

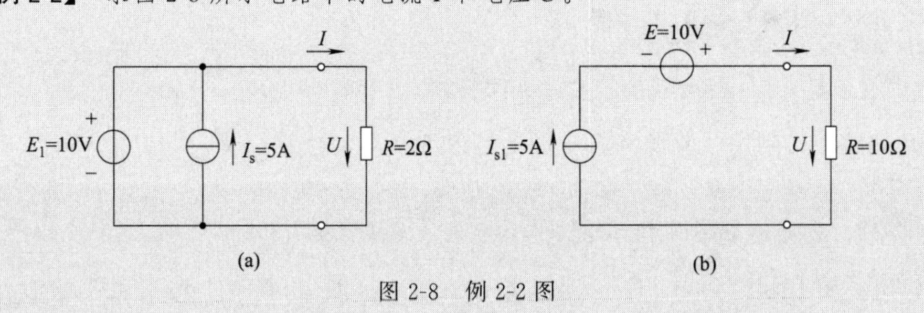

图 2-8　例 2-2 图

解： 在图 2-8（a）所示电路中，E_1 为一理想电压源，而理想电压源的端电压是恒定的，不受电流源 I_s 影响，故电阻 R 上的电压和电流为

$$U=10\mathrm{V},\ I=\frac{U}{R}=\frac{10}{2}=5(\mathrm{A})$$

在图 2-8（b）所示电路中，I_{s1} 为一理想电流源，而理想电流源的输出电流是恒定的，不受电压源 E 的影响，故电阻 R 上的电压和电流为

$$I=5\mathrm{A},\ U=IR=5\times10=50(\mathrm{V})$$

3. 实际电源模型及其等效变换

实际电压源与实际电流源在保持输出电压 U 和输出电流 I 不变的条件下，相互之间可以进行等效变换。其等效变换的条件是内阻 R_0 相等，且 $I_s=\dfrac{E}{R_0}$。

两种电源的等效变换

如图 2-9 所示，已知 E 与 R_0 串联的电压源，可以等效为 I_s 与 R_0 并联的电流源，等效的电流源的电流

$$I_s=\frac{E}{R_0}$$

如果已知 I_s 与 R_0 并联的电流源，可以等效为 E 与 R_0 串联的电压源，等效的电压源的电动势

$$E=R_0 I_s$$

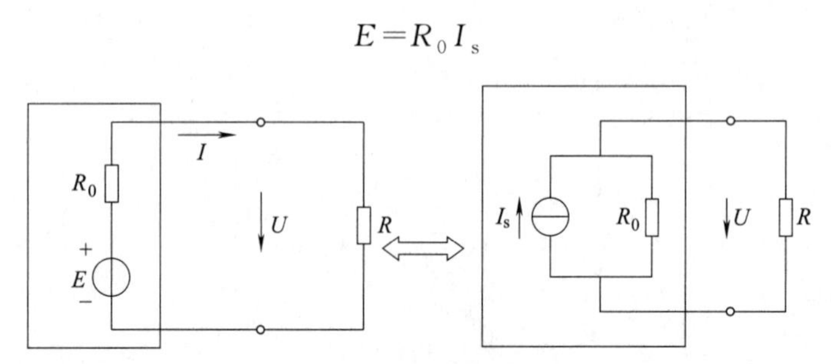

图 2-9 电压源与电流源变换电路图

在电压源与电流源做等效变换时应注意：

① 所谓等效，只是对电源的外电路而言，对电源内部则是不等效的；

② 变换时要注意两种电路模型的极性必须一致，即电流源流出电流的一端与电压源的正极性端相对应；

③ 理想电压源与理想电流源不能相互等效变换；

④ 这种变换关系中，R_0 不限于内阻，可扩展至任一电阻，凡是电动势为 E 的理想电压源与某电阻 R 串联的有源支路，都可以变换成电流为 I_s 的理想电流源与电阻 R 并联的有源支路，反之亦然，相互变换的关系是

$$I_s=\frac{E}{R}$$

在一些电路中，利用电流源和电压源的等效变换可使计算简化。

【例 2-3】 求图 2-10（a）所示电路中的电流 I 和电压 U。

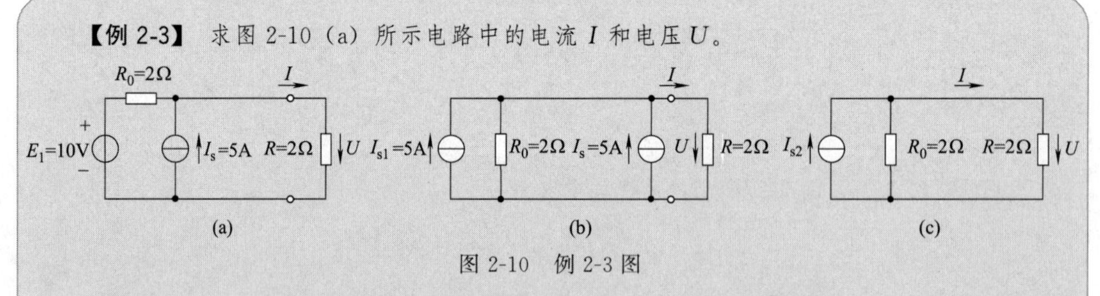

图 2-10 例 2-3 图

解： 根据电压源与电流源相互转换的原理，由 E_1 与 R_0 组成的电压源可以转换为电流源，转换后的电路如图 2-10（b）所示。图 2-10（b）中

$$I_{s1}=\frac{E_1}{R_0}=\frac{10}{2}=5(\text{A})$$

将两个并联的电流源合并成一个等效电流源，如图 2-10（c）所示。图 2-10（c）中，

$$I_{s2}=I_{s1}+I_s=5+5=10(\text{A}) \qquad R_0=2(\Omega)$$

所以 $$I=5\text{A} \qquad U=10\text{V}$$

学习单元二　电路的分析与计算

一、基尔霍夫定律

基尔霍夫定律包括基尔霍夫电流定律和基尔霍夫电压定律。为了便于讨论，先介绍几个名词。

（1）支路　电路中流过同一电流的一个分支称为一条支路。图 2-11 所示的电路中有三条支路，分别为 adb、aeb、acb。

（2）节点　三条或三条以上支路的连接点称为节点。图 2-11 所示的电路中有两个节点，分别为 a 点和 b 点。

（3）回路　电路中任一闭合路径都称为回路。图 2-11 所示的电路中有三个回路，分别为 adbca、adbea、aebca。

（4）网孔　回路平面内不含有其他支路的回路叫做网孔。图 2-11 所示的电路中有两个网孔，分别为 adbea 和 aebca。

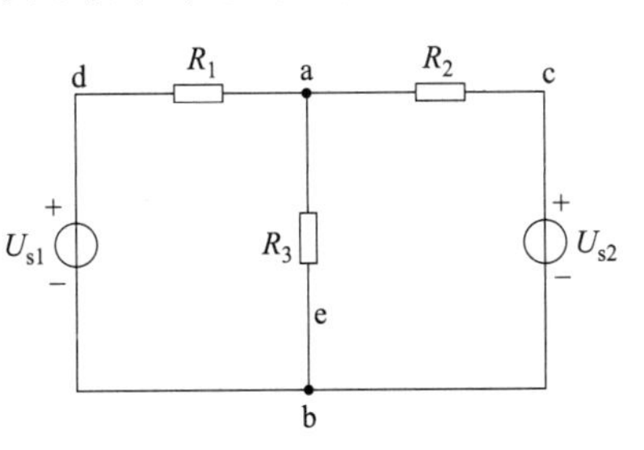

图 2-11　电路举例

1. 基尔霍夫电流定律（KCL）

基尔霍夫电流定律

任何时刻，对于电路中的任一节点，流入该节点的电流的代数和等于流出该节点的电流的代数和，这就是基尔霍夫电流定律，简称 KCL，又称为节点电流定律。其数学表达式为

$$\sum I_{入}=\sum I_{出}$$

若规定流入节点的电流为正，流出节点的电流为负，则电路中任一节点上电流的代数和恒等于零，即$\sum I=0$。

对于图 2-12 所示电路中的节点 a，应用基尔霍夫电流定律可写出 $I_1+I_2-I_3=0$，也可改写为 $I_1+I_2=I_3$。

KCL 也可以推广运用于电路的任一假设的封闭面，如图 2-13 所示，则 $I_1+I_3-I_2=0$。

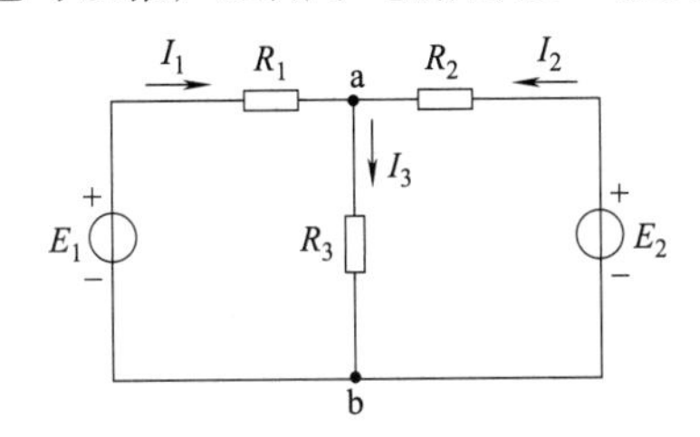

图 2-12　基尔霍夫电流定律示例

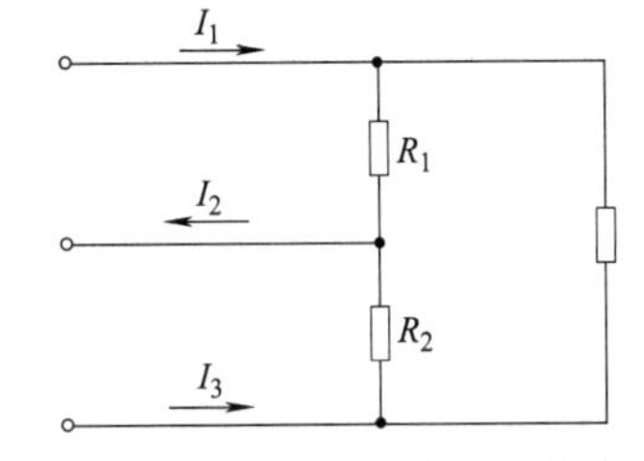

图 2-13　基尔霍夫电流定律的推广应用

笔记

【例 2-4】　图 2-14 电路中，已知 $I_1=1\text{A}$，$I_2=2\text{A}$，$I_5=3\text{A}$，求电路 I_3、I_4、I_6 的值。

解： 由基尔霍夫电流定律，对于节点 a，有

$$I_3=I_1+I_2=1+2=3(\text{A})$$

对于节点 b，有

$$I_5=I_3+I_4$$

$$I_4=I_5-I_3=3-3=0(\text{A})$$

对于节点 c，有

$$I_6=I_2+I_4=2+0=2(\text{A})$$

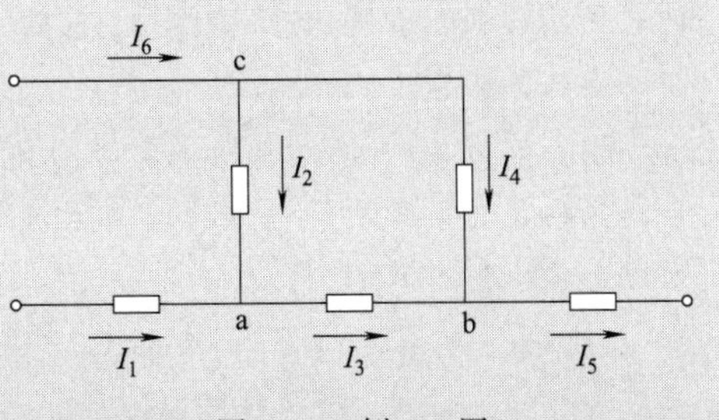

图 2-14　例 2-4 图

基尔霍夫电压定律

2. 基尔霍夫电压定律（KVL）

任何时刻，沿着任一个回路绕行一周，所有支路电压的代数和恒等于零，这就是基尔霍夫电压定律，简写为 KVL，用数学表达式表示

$$\sum U=0$$

用此公式，先要任意规定回路绕行的方向，凡支路电压的参考方向与回路绕行方向一致者，此电压前面取“+”号，支路电压的参考方向与回路绕行方向相反者，则电压前面取“−”号。

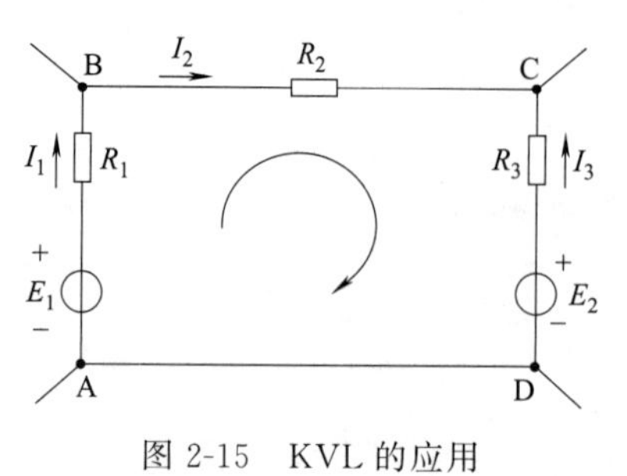

图 2-15 KVL 的应用

图 2-15 是某电路的一部分，各支路电压的参考方向和回路的绕行方向如图所示，应用基尔霍夫电压定律，可以列出

$$U_{AB}+U_{BC}+U_{CD}=-E_1+I_1R_1+I_2R_2+E_2-I_3R_3=0$$

这就是基尔霍夫电压定律的另一种表达形式，可叙述为任一瞬时，电路中的任一回路各电压降的代数和恒等于这个回路内各电动势的代数和。凡电动势 E_j、电流 I_k 与回路绕行方向一致者取“+”号，相反者取“−”号。

【例 2-5】 有一闭合回路如图 2-16 所示，各支路的元件是任意的，已知 $U_{AB}=5V$，$U_{BC}=-4V$，$U_{DA}=-3V$。试求：①U_{CD}；②U_{CA}。

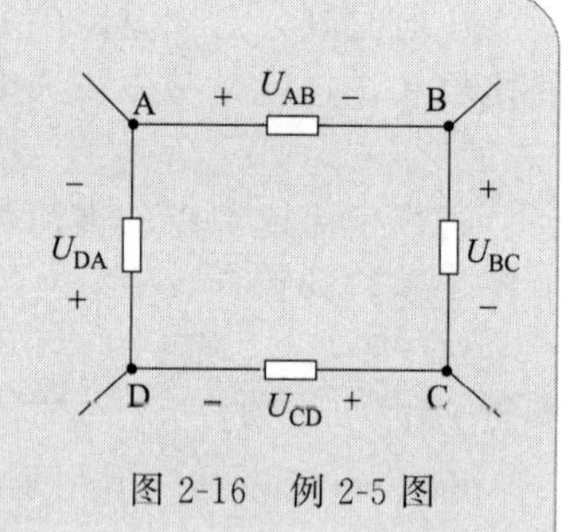

图 2-16 例 2-5 图

解：①由基尔霍夫电压定律可列出

$$U_{AB}+U_{BC}+U_{CD}+U_{DA}=0$$

即 $$5+(-4)+U_{CD}+(-3)=0$$

得 $$U_{CD}=2V$$

② ABCA 不是闭合回路，也可应用基尔霍夫电压定律列出

$$U_{AB}+U_{BC}+U_{CA}=0$$

笔记

即 $$5+(-4)+U_{CA}=0$$

得 $$U_{CA}=-1V$$

不论元件是线性的还是非线性的，电流、电压是直流的还是交流的，KCL 和 KVL 都适用。

【例 2-6】 如图 2-17 所示电路，已知 $U_{s1}=2V$，$U_{s2}=12V$，$U_{s3}=6V$，$R_1=4\Omega$，$R_2=1\Omega$，$R_3=3\Omega$，试求 a、b 两点间的电压 U_{ab}。

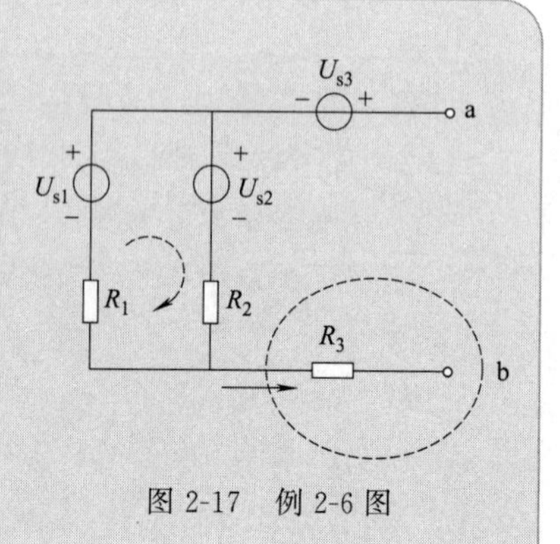

图 2-17 例 2-6 图

解：因为 a、b 两端为开路，所以电路中只有一个闭合的回路，选回路的绕行方向与其电流的参考方向一致，如图所示，则据 KVL 得

$$U_{s2}+IR_2+IR_1-U_{s1}=0$$

$$I=\frac{U_{s1}-U_{s2}}{R_1+R_2}=\frac{2-12}{4+1}=-2(A)$$

$$U_{ab}=U_{s3}+U_{s2}+U_{R2}+U_{R3}=U_{s3}+U_{s2}+IR_2+I_{R3}R_3$$
$$=6+12+(-2)\times1+0=16(V)$$

二、支路电流法

支路电流法

以支路电流为电路变量，通过 KCL、KVL 列方程，解方程求出各支路电流的方法，称为支路电流法。

设电路中有 n 个节点，b 条支路，可以证明，由 KCL 可列出 $n-1$ 个独立的电流方程。由 KVL 可列出 $b-(n-1)$ 个独立的电压方程，联立可得 b 个独立方程。若把 $b-(n-1)$ 个独立的电压方程中的电压用支路电流来表示，则可得 b 个独立的电流方程，然后解方程组就可求出各支路的电流。

例如，电路如图 2-18 所示，电路中有 2 个节点，3 条支路，那么独立的 KCL 方程应该为 1 个。对 2 个节点中节点 a 列方程得

$$I_1+I_2-I_3=0 \tag{2-1}$$

对节点 b 列方程得

$$-I_1-I_2+I_3=0$$

将节点 a 的方程乘以−1，就是节点 b 的方程，因此，节点 a 与节点 b 的方程只有一个是独立的。对于节点电流方程，有如下的结论：若电路有 n 个节点，则可以列出 $n-1$ 个独立的节点电流方程。本例中选取节点 a 的电流方程作为独立方程，将其记作式（2-1）。同样，所列的回路电压方程应该是独立的，为此，选定的每一个回路必须至少包含一条新的支路。为简单起见，通常选择单孔列回路电压方程。

按顺时针方向绕行，对左面的网孔列写 KVL 方程：

$$R_1I_1-R_2I_2=U_{s1}-U_{s2} \tag{2-2}$$

按顺时针方向绕行，对右面的网孔列写 KVL 方程

$$I_2R_2+I_3R_3=U_{s2} \tag{2-3}$$

本例电路中共有 3 条支路，相应地有 3 个待求电流 I_1、I_2 和 I_3，为了求解待求的支路电流，需要 3 个独立的方程。

支路电流法的步骤如下。

先选定 b 条支路的电流参考方向，以它们为电路变量。

① 对 $n-1$ 个节点列写 KCL 方程。

② 对 $b-(n-1)$个独立回路列写 KVL 方程（通常有几个单孔回路，就列出几个回路方程）。

③ 列出 b 个方程，解这些方程，即得各支路电流。

笔记

【例 2-7】 电路如图 2-18 所示，$U_{s1}=130\text{V}$、$R_1=1\Omega$ 为直流发电机的模型，电阻负载 $R_3=24\Omega$，$U_{s2}=117\text{V}$、$R_2=0.6\Omega$ 为蓄电池组的模型。试求各支路电流。

解： 以支路电流为变量，应用 KCL、KVL 列出下式：

$$\left.\begin{aligned}&-I_1-I_2+I_3=0\\&I_1-0.6I_2=130-117\\&0.6I_2+24I_3=117\end{aligned}\right\}$$

解得 $I_1=10\text{A}$，$I_2=-5\text{A}$，$I_3=5\text{A}$。

I_2 为负值，表明它的实际方向与所选参考方向相反，这个电池组在充电时是负载。

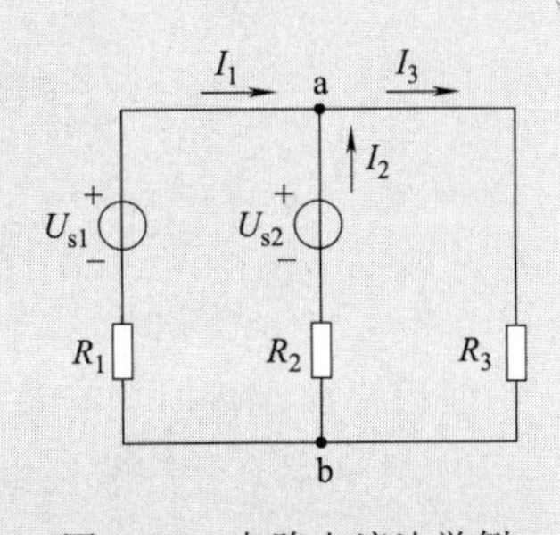

图 2-18　支路电流法举例

叠加定理

三、叠加定理

对于无源元件来讲，如果它的参数不随其端电压或通过的电流而变化，则称这种元件为线性元件。比如电阻，如果服从欧姆定律 $U=IR$，则 $R=\dfrac{U}{I}$ 为常数，这种电阻就称为线性电阻。由线性元件所组成的电路，称为线性电路。

在线性电路中，多个电源（电压源或电流源）共同作用在任一支路所产生的响应（电压或电流），等于这些电源分别单独作用在该支路所产生响应的代数和。

素质教育案例2-人文情怀

在应用叠加定理考虑某个电源的单独作用时，应保持电路结构不变，将电路中的其他理想电源视为零值，亦即理想电压源短路，电动势为零；理想电流源开路，电流为零。下面通过实例说明应用叠加定理分析电路的方法，电路如图 2-19 所示。

$$U_{10}=\frac{\dfrac{U_s}{R_1}-I_s}{\dfrac{1}{R_1}+\dfrac{1}{R_2}}=\frac{R_2U_s-R_1R_2I_s}{R_1+R_2}$$

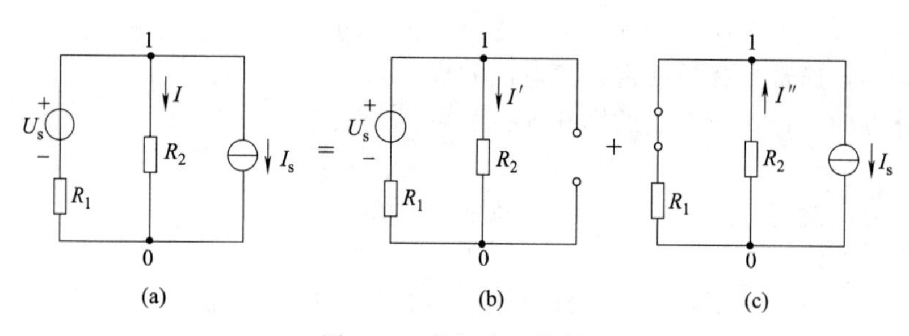

图 2-19 叠加定理举例

笔记

R_2 支路的电流

$$I=\frac{U_{10}}{R_2}=\frac{U_s-R_1I_s}{R_1+R_2}=\frac{U_s}{R_1+R_2}-\frac{R_1}{R_1+R_2}I_s$$

$$I'=\frac{U_s}{R_1+R_2}$$

$$I''=\frac{R_1}{R_1+R_2}I_s$$

$$I'-I''=\frac{U_s}{R_1+R_2}-\frac{R_1}{R_1+R_2}I_s=I$$

使用叠加定理时，应注意以下几点：

① 只能用来计算线性电路的电流和电压，对非线性电路，叠加定理不适用；

② 叠加时要注意电流和电压的参考方向，求其代数和；

③ 化为几个单独电源的电路来进行计算时，所谓电压源不作用，就是在该电压源处用短路代替，电流源不作用，就是在该电流源处用开路代替；

④ 不能用叠加定理直接计算功率。

【例 2-8】 电路如图 2-20（a）所示，桥形电路中 $R_1=2\Omega$，$R_2=1\Omega$，$R_3=3\Omega$，$R_4=0.5\Omega$，$U_s=4.5V$，$I_s=1A$。试用叠加定理求电压源的电流 I。

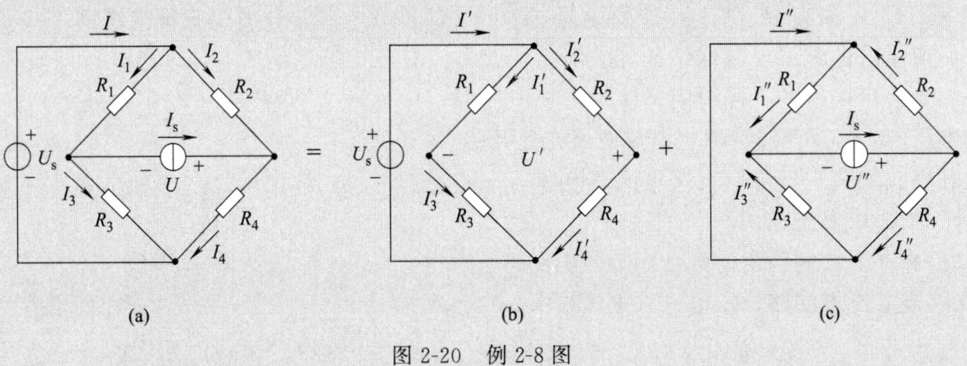

图 2-20　例 2-8 图

解：①当电压源单独作用时，电流源开路，如图 2-20（b）所示，各支路电流分别为

$$I_1'=I_3'=\frac{U_s}{R_1+R_3}=\frac{4.5}{2+3}=0.9(A)$$

$$I_2'=I_4'=\frac{U_s}{R_2+R_4}=\frac{4.5}{1+0.5}=3(A)$$

$$I'=I_1'+I_2'=0.9+3=3.9(A)$$

②当电流源单独作用时，电压源短路，如图 2-20（c）所示，则各支路电流为

$$I_1''=\frac{R_3}{R_1+R_3}I_s=\frac{3}{2+3}\times1=0.6(A)$$

$$I_2''=\frac{R_4}{R_2+R_4}I_s=\frac{0.5}{1+0.5}\times1=0.333(A)$$

$$I''=I_1''-I_2''=0.6-0.333=0.267(A)$$

③ 两个独立源共同作用时，电压源的电流为

$$I=I'+I''=3.9+0.267=4.167(A)$$

笔记

四、戴维南定理

1. 概述

具有两个端钮的电路，称为二端网络，如图 2-21 所示。根据网络内部是否含有独立电源，二端网络又可分为有源二端网络和无源二端网络。二端网络内部含有独立电源则称为有源二端网络，二端网络内部不含独立电源则称为无源二端网络。

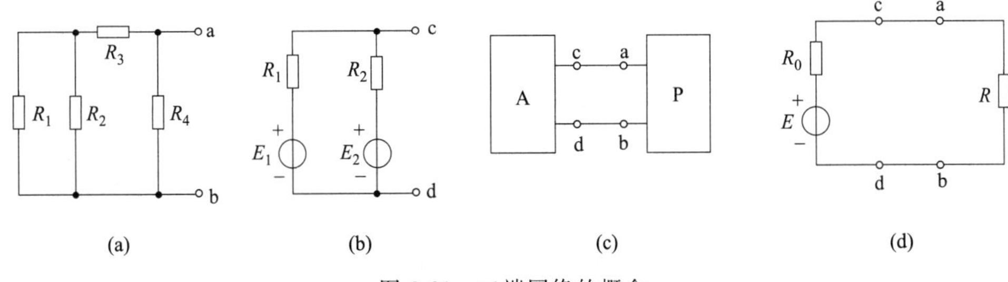

图 2-21　二端网络的概念

戴维南定理

2. 戴维南定理

任一线性有源二端网络，对其外部电路来说，都可用一个电动势为 E 的理想电压源和内阻 R_0 相串联的有源支路来等效代替。这个有源支路的理想电压源的电动势 E 等于网络的开路电压 U_o，内阻 R_0 等于相应的无源二端网络的等效电阻，这就是戴维南定理。

所谓相应的无源二端网络的等效电阻，就是原有源二端网络所有的理想电压源及理想电流源均除去后网络的入端电阻。除去理想电压源，即 $E=0$，理想电压源所在处短路；除去理想电流源，即 $I_s=0$，理想电流源所在处开路。

利用戴维南定理求解支路电流（电压）：

① 断开待求支路；

② 求有源二端网络的戴维南等效电路；

③ 接上待求支路，求电流（电压）。

【例 2-9】 图 2-22（a）所示为一不平衡电桥电路，试求检流计的电流 I。

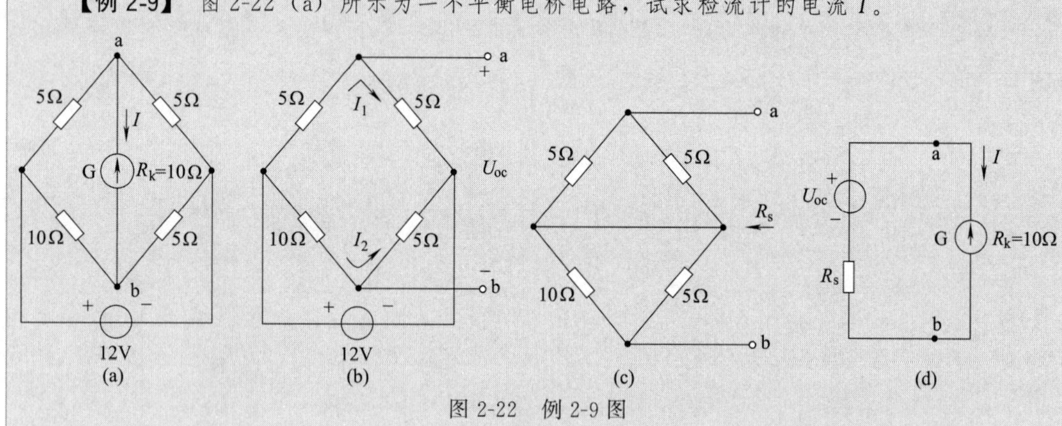

图 2-22 例 2-9 图

解：根据戴维南定理对电路进行化简，如图 2-22（b）、（c）、（d）所示，可得

$$U_{oc}=5I_1-5I_2=5\times\frac{12}{5+5}-5\times\frac{12}{10+5}=2(\mathrm{V})$$

$$R_s=\frac{5\times5}{5+5}+\frac{10\times5}{10+5}=5.83(\Omega)$$

$$I=\frac{U_{oc}}{R_s+R_k}=\frac{2}{5.83+10}=0.126(\mathrm{A})$$

【例 2-10】 求图 2-23(a)所示电路的戴维南等效电路。

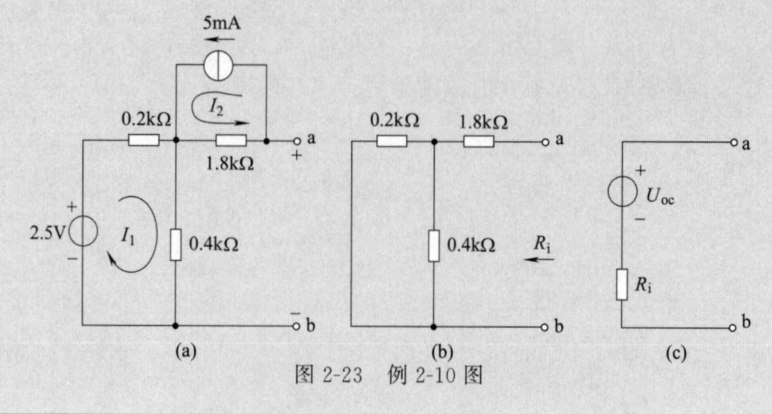

图 2-23 例 2-10 图

笔记

解：先求开路电压 U_{ab} [图 2-23 (a)]

$$I_1=\frac{2.5}{0.2+0.4}=4.2(\text{mA})$$

$$I_2=5(\text{mA})$$

$$U_{ab}=-1.8I_2+0.4I_1=-1.8\times5+0.4\times4.2=-7.32(\text{V})$$

然后求等效电阻 R_i [图 2-23 (b)、(c)]

$$R_i=1.8+\frac{0.2\times0.4}{0.2+0.4}=1.93(\text{k}\Omega)$$

即

$$U_{ab}=-7.32\text{V},\ R_i=1.93\text{k}\Omega$$

五、电路中电位

电路中各点电位的计算

在电路中任选一点为参考点，则某点到参考点的电压就叫做这一点（相对于参考点）的电位。参考点在电路图中用符号“⊥”表示。

注意：① 电路中各点的电位值与参考点的选择有关，当所选的参考点变动时，各点的电位值将随之变化；

② 习惯上规定参考点的电位为零，即 $V_0=0$；

③ 在电子线路中一般选择元件的汇集处，而且常常是电源的一个极作为参考点，在工程技术中常选择大地作为参考点。

【例 2-11】 图 2-24 所示电路中，已知 $U_1=5\text{V}$，$U_{ab}=2\text{V}$，试求：① U_{ac}；②分别以 a 点和 c 点作参考点时，b 点的电位和 bc 两点之间的电压 U_{bc}。

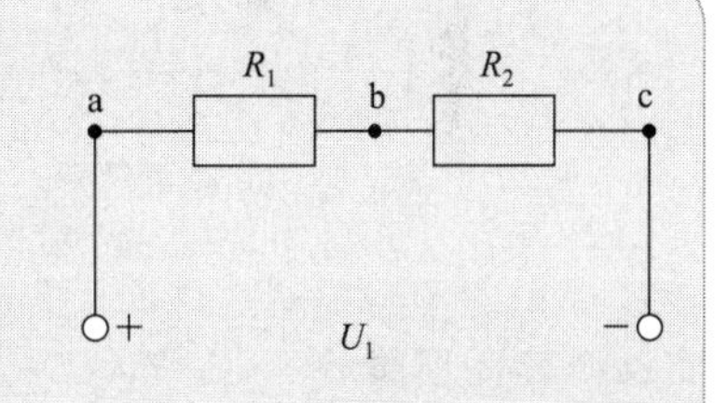

图 2-24 例 2-11 图

解：① $U_{ac}=U_1=5\text{V}$

② 以 a 点为参考点，则 $V_a=0$，因为 $U_{ab}=V_a-V_b$，所以

$$V_b=V_a-U_{ab}=0-2=-2(\text{V})$$

$$V_c=V_a-U_{ac}=0-5=-5(\text{V})$$

$$U_{bc}=V_b-V_c=-2-(-5)=3(\text{V})$$

③ 若以 c 点为参考点，则 $V_c=0\text{V}$，因为 $U_{ac}=V_a-V_c$，所以

$$V_a=V_c+U_{ac}=0+5=5(\text{V})$$

$$V_b=V_a-U_{ab}=5-2=3(\text{V})$$

$$U_{bc}=V_b-V_c=3-0=3(\text{V})$$

由以上计算可以看出，当以 a 点为参考点时，$V_b=-2\text{V}$；当以 c 点为参考点时，$V_b=3\text{V}$；但 b、c 两点间的电压 U_{bc} 始终是 3V。这说明电路中各点的电位值与参考点的选择有关，而任意两点间的电压与参考点的选择无关。

笔记

实验六 基尔霍夫电流定律的认识与验证

基尔霍夫电流定律及 multisim 仿真

实验目的

① 学会使用电流表（万用表）测电流。

② 学会验证基尔霍夫电流定律。

③ 加深对电流参考方向的理解。

实验原理

任一时刻，任一节点电流的代数和恒等于零（流入节点的电流之和等于流出该节点的电流之和）。表达式：

$$\sum I=0 \text{ 或 } \sum I_{\text{入}}=\sum I_{\text{出}}$$

实验设备

数字万用表　　1 台。

各类电阻　　若干。

电流表　　3 块。

直流电源　　1 台。

实验电路图（图 2-25）

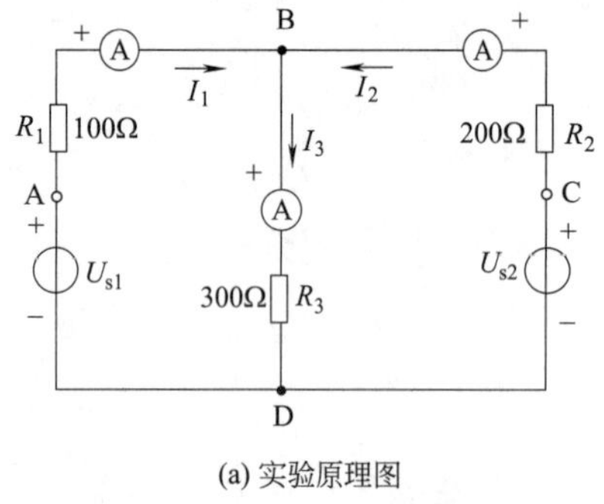

(a) 实验原理图

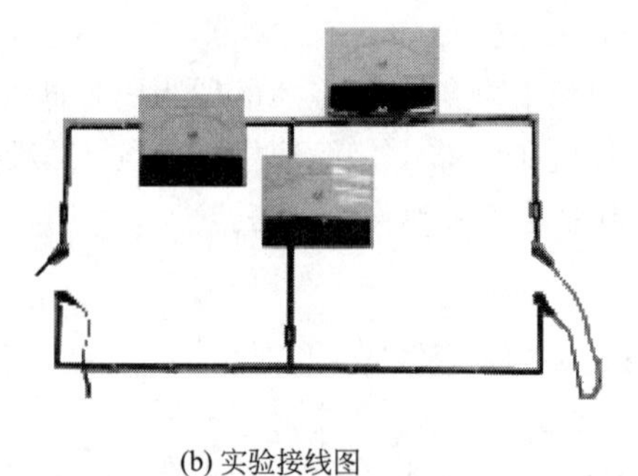

(b) 实验接线图

图 2-25　实验电路图

笔记

实验内容及步骤

① 调节稳压电源使 $U_{s1}=12V$，$U_{s2}=12V$。

② 按接线图连接，检查无误接通电源。

③ 读取电流表数值 I_1、I_2、I_3，记录于表 2-1 中（电流值的正、负根据电流表“+”“−”端连接判断）。

④ 调节稳压电源使 $U_{s1}=6V$，$U_{s2}=12V$，重复步骤②、③。

⑤ 验证基尔霍夫电流定律。

表 2-1　基尔霍夫电流定律数据记录

U_{s1}/V	U_{s2}/V	I_1/mA	I_2/mA	I_3/mA
12	12			
6	12			

实验数据分析及结论

根据表格中所测数据：

① I 为“—”说明什么？

② I_1、I_2、I_3 之间关系是怎样的？

③ 完成实验报告。

实验七 基尔霍夫电压定律的认识与验证

基尔霍夫电压定律及 multisim 仿真

实验目的

① 学会使用电压表（万用表）测电压。

② 学会验证基尔霍夫电压定律。

③ 加深对电压参考方向的理解。

实验原理

任一时刻，任一回路，从一点出发绕回路一周回到该点时，各段电压的代数和恒等于零。表达式：

$$\sum U=0$$

实验设备

数字万用表　　1 台。

各类电阻　　　若干。

电压表　　　　3 块（或万用表 1 块）。

直流电源　　　1 台。

实验电路图（图 2-26）

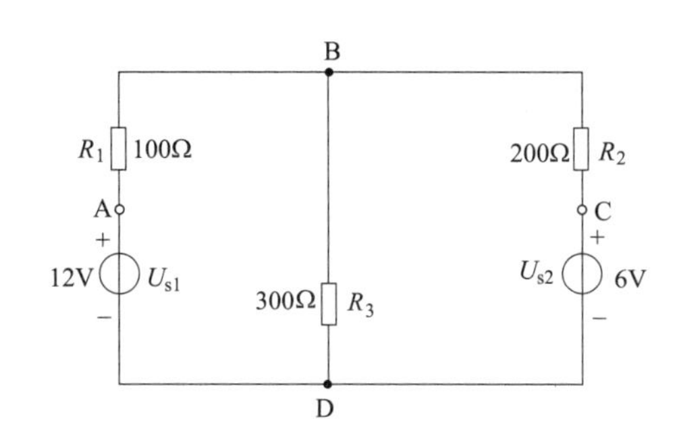

图 2-26　实验电路图

实验内容及步骤

① 调节稳压电源使 $U_{s1}=12V$，$U_{s2}=12V$。

② 按电路图连接，检查无误接通电源。

③ 读取电压表数值 U_{AB}、U_{BD}、U_{CB}，记入表 2-2 中（电压值的正、负根据电压表“+”“—”端连接判断）。

④ 调节稳压电源使 $U_{s1}=6V$，$U_{s2}=12V$，重复步骤②、③。

⑤ 验证基尔霍夫电压定律。

表 2-2 基尔霍夫电压定律数据记录

U_{s1}/V	U_{s2}/V	U_{AB}/V	U_{BD}/V	U_{CB}/V
12	12			
6	12			

实验数据分析及结论

根据表中所测数据：

① U 为“－”说明什么？

② $U_{AB}+U_{BD}-U_{s1}=?$ $U_{CB}+U_{BD}-U_{s2}=?$

③ 完成实验报告。

模块总结

① 实际电源有两种模型：一种是理想电压源与电阻串联组合；一种是理想电流源与电阻并联组合。

② 为电路提供一定电压的电源称为电压源。如果电压源内阻为零，电源将提供一个恒定电压，称为理想电压源。为电路提供一定电流的电源称为电流源。如果电流源内阻为无穷大，电源将提供一个恒定不变的电流，称为理想电流源。

③ 两种电源模型之间等效变换的条件是 $U_s=I_sR_0$ 或 $I_s=\dfrac{U_s}{R_0}$。这种等效变换仅对外电路等效，对电源内部是不等效的，且在等效变换时 U_s 与 I_s 的方向应该一致。

模块二
检测答案

④ 基尔霍夫电流定律，数学表达式为 $\sum I_{入}=\sum I_{出}$。也可表示为：在任一节点上，各电流的代数和等于零，数学表达式为 $\sum I=0$，流入电流为正，流出电流为负。

⑤ 基尔霍夫电压定律，数学表达式为 $\sum U=0$，也可表示为 $\sum IR=\sum E$。

⑥ 叠加定理是线性电路中普遍使用的一个基本定理。只能叠加线性电路的电压与电流，不能叠加功率。

笔记

模块检测

1. 填空题

(1) 两种电源模型之间等效变换的条件是________，且等效变换仅对________等效，而电源内部是________的。

(2) 对于电流源，若其内阻趋于无穷大，则电流源的输出电流为________，这样的电流源称为________。

(3) 对于电压源 U_s，若其内阻趋于零，则电压源输出的电压恒等于________，这样的电压源称为________。

(4) 基尔霍夫第一定律（KCL）也称为________定律，其数学表达式为________，若注入节点 A 的电流为 5A 和－6A，则流出节点的电流 $I=$________。基尔霍夫第二定律（KVL）也称________定律，其数学表达式为________。

(5) 一个具有 b 条支路，n 个节点（$b>n$）的复杂电路，用支路电流法求解时，需列出________个方程式来联立求解，其中________个为节点电流方程式，________个为回路电压方程式。

(6) 在应用叠加定理考虑某个电源的单独作用时，应保持电路结构不变，将电路中的其他理想电源视为零值，亦即理想电压源________，电动势为________；理想电流源________，电流为________。

(7) 叠加定理只适用于________和________的计算，而不能用于________的叠加计算，因为________和电流的平方成正比，不是线性关系。

(8) 一个有源二端网络，测得其开路电压为 4V，短路电流为 2A，则等效电压源为 $U_s=$________，$R_0=$________。

(9) 如图 2-27 所示电路中，电流 $I_1=$________ A，$I_2=$________ A。

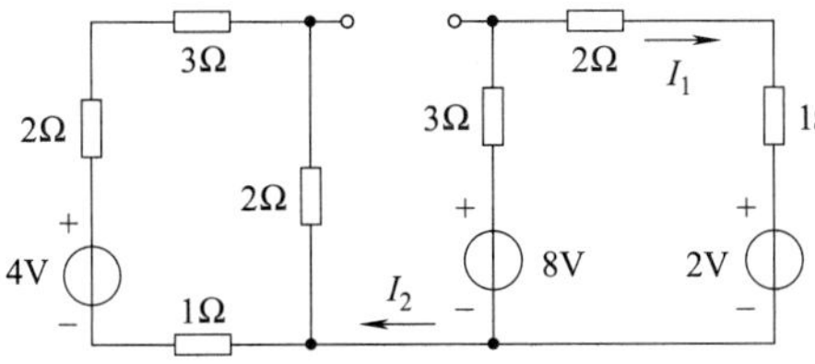

图 2-27

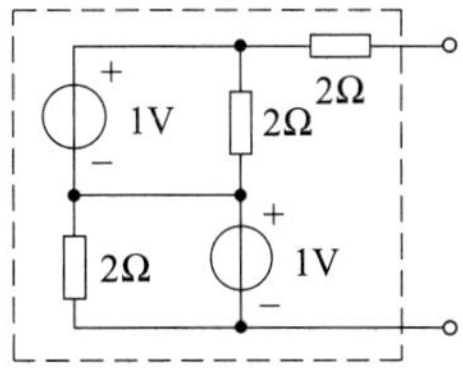

图 2-28

(10) 利用戴维南定理可将图 2-28 中虚线框内的有源二端网络等效成 $U_{OC}=$______ V，$R_0=$________ Ω 的电压源。

(11) 将如图 2-29 电路等效为电压源时，其电压源电压 $U_{AB}=$________ V，内阻 $R_i=$________ Ω。

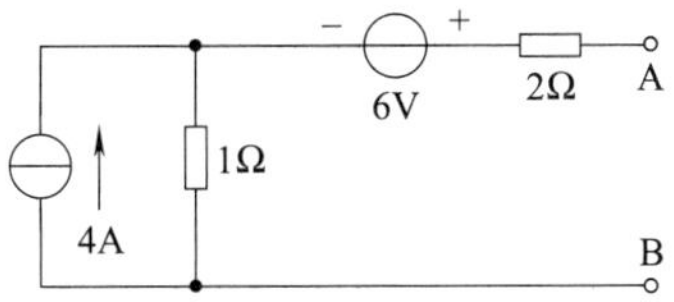

图 2-29

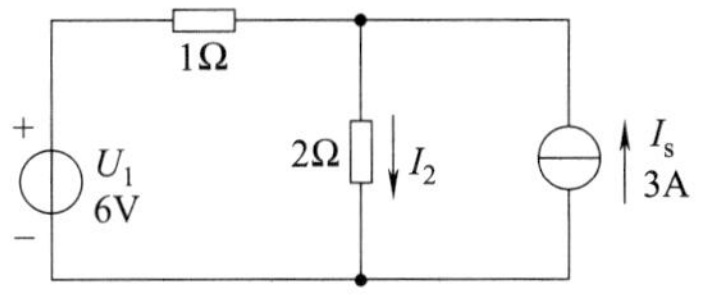

图 2-30

(12) 用叠加定理求解图 2-30 所示电路中的 I_2。当 U_1 单独作用时 $I_2'=$________，当 I_s 单独作用时 $I_2''=$________，两电源共同作用时 $I_2=$________。

(13) 将图 2-31 电路等效为电压源时，其电压源电压 $U_{OC}=$________，内阻 $R_i=$________。

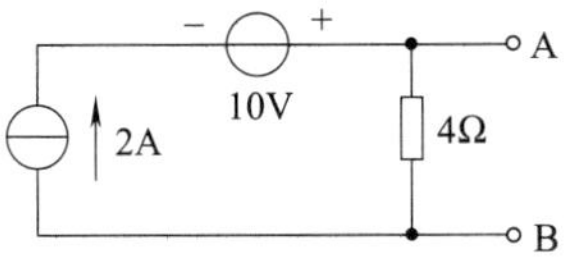

图 2-31

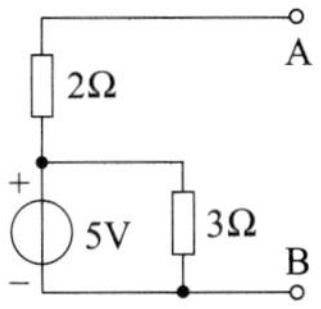

图 2-32

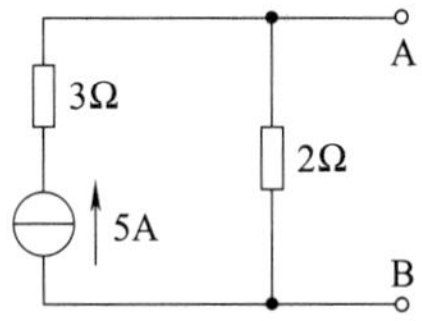

图 2-33

(14) 将图 2-32 电路等效为电压源时，其电压源电压 $U_{OC}=$________，内阻 $R_i=$________。

(15) 将图 2-33 电路等效为电压源时，其电压源电压 $U_{OC}=$________，内阻 $R_i=$________。

(16) 运用戴维南定理将一个有源两端网络等效成一个电压源，则等效电压源的电压 U_s 为有源两端网络________时的端电压 U_{OC}，其内电阻 R_i 为有源两端网络内电源为________时的等效电阻。

2. 判断题

(1) 理想电压源的输出电流和电压都是恒定的，是不随负载变化而变化的。(　　)

(2) 电流源与电压源等效互换后，其内部电路消耗功率仍然相等。(　　)

(3) 理想电压源和理想电流源也能等效变换。(　　)

(4) 对负载而言，只要加在它上面的电压和流过它的电流符合要求即可，因此理想电压源和理想电流源可以等效变换。(　　)

(5) 将图 2-34 所示电路简化为等效电流源后，$I_s=3$A，$R_0=2\Omega$。(　　)

(6) 图 2-35 所示电路中，因无电流流出节点 A，所以基尔霍夫第一定律不适用。(　　)

笔记

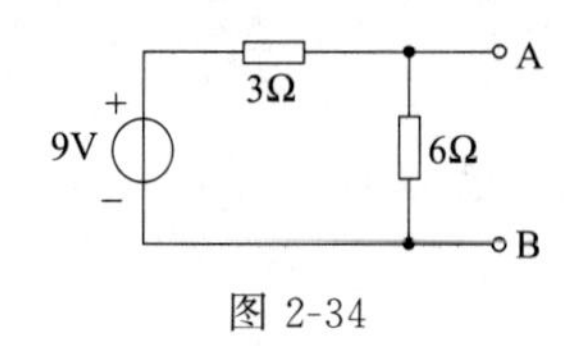

图 2-34

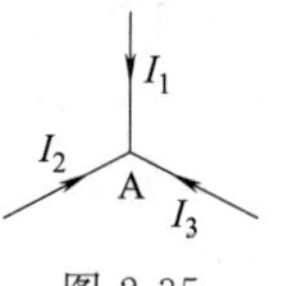

图 2-35

（7）基尔霍夫电流定律表述为：对于电路中任意节点，流入节点的电流之和等于流出节点的电流之和。（　　）

（8）运用基尔霍夫电流定律列方程时，各支路电流的参考方向不能均设为流进节点，否则将只有流入节点的电流，而无流出节点的电流。（　　）

（9）在列出某一节点的电流方程时，均以电流的参考方向来判断电流是“流入”还是“流出”节点。（　　）

（10）在含有两个电源的线性电路中，当 U_1 单独作用时，某电阻消耗功率为 P_1；当 U_2 单独作用时消耗功率为 P_2，当 U_1、U_2 共同作用时，该电阻消耗功率为 P_1+P_2。（　　）

（11）叠加定理仅适用于线性电路，对非线性电路则不适用。（　　）

（12）叠加定理不仅能叠加线性电路中的电压与电流，也能对功率进行叠加。（　　）

（13）在应用叠加定理时，考虑某一电源单独作用而其余电源不作用时，应把其余电压源短路，电流源开路。（　　）

（14）应用叠加定理时，对暂不作用的电压源应将其开路。（　　）

（15）应用叠加定理求解电路时，对暂不考虑的电源应将其作短路处理。（　　）

（16）任何一个有源二端网络，都可以用一个电压源模型来等效代替。（　　）

（17）用戴维南定理对线性二端网络进行等效替代时，对电路都是等效的。（　　）

（18）运用戴维南定理求解有源两端网络的等效内电阻时，应将有源两端网络中所有的电源都开路后再求解。（　　）

3. 选择题

（1）图 2-36 为某电路的一部分，已知 $U_{ab}=0$，则 I 为（　　）。

A. 0A　　B. 1.6A　　C. 2A　　D. 4A

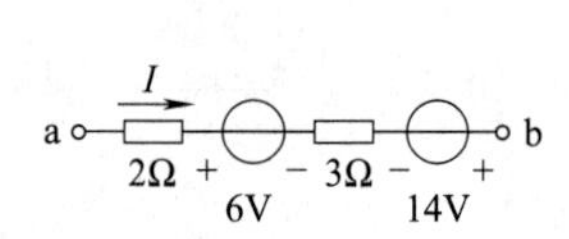

图 2-36

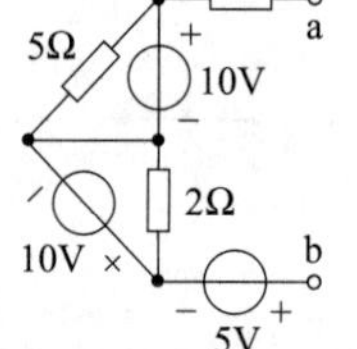

图 2-37

（2）图 2-37 中，a、b 两点开路电压 U_{ab} 为（　　）。

A. 5V　　B. −5V　　C. 25V　　D. 15V

（3）基尔霍夫电流定律的数学表达式为（　　）。

A. $\sum I_{入}=\sum I_{出}$　　B. $\sum E=\sum IR$　　C. $U=IR$　　D. $E=I(R+r)$

（4）基尔霍夫电压定律的数学表达式为（　　）。

A. $\sum I_{入}=\sum I_{出}$　　B. $\sum E=\sum IR$　　C. $U=IR$　　D. $E=I(R+r)$

（5）将图 2-38 所示电路化为电压源模型，其电压 U_s 和电阻 R_0 为（　　）。

A. 2V，1Ω　　B. 1V，2Ω　　C. 2V，2Ω　　D. 4V，2Ω

（6）用叠加定理计算图 2-39 中的电流 I 为（　　）。

A. 0A　　B. 1A　　C. 2A　　D. 3A

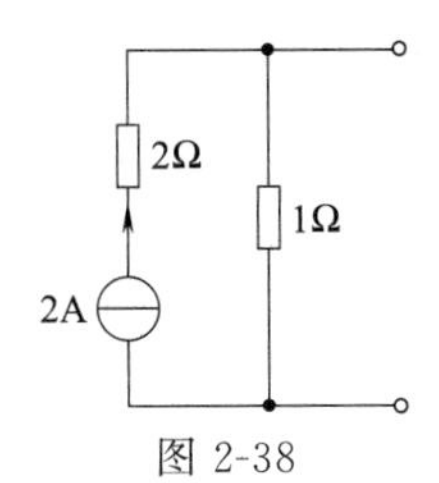

图 2-38

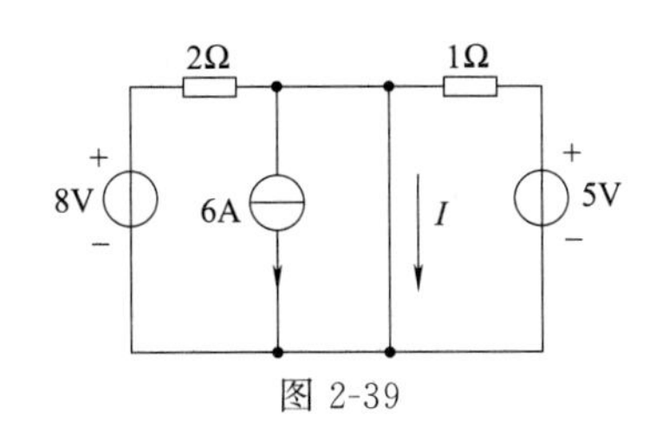

图 2-39

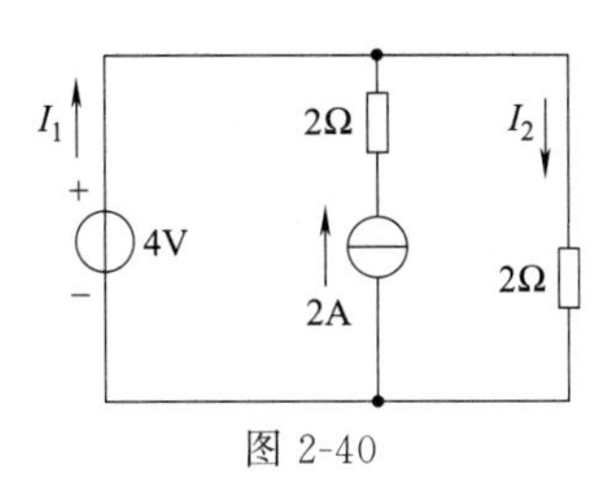

图 2-40

(7) 如图 2-40 所示电路中，通过 4V 电源的电流 I_1 为（ ）。

A. 0A B. 2A C. −2A D. 4A

(8) 如图 2-41 所示电路中，a、b 两点开路电压 U_{ab} 为（ ）。

A. 6V B. 4V C. 14V D. 12V

(9) 如图 2-42 所示电路中，电流 I 和电压 U_{AB} 的值分别为（ ）。

A. $I=2A$，$U_{AB}=0$ B. $I=3A$，$U_{AB}=-2V$

C. $I=-3A$，$U_{AB}=10V$ D. $I=-3A$，$U_{AB}=0$

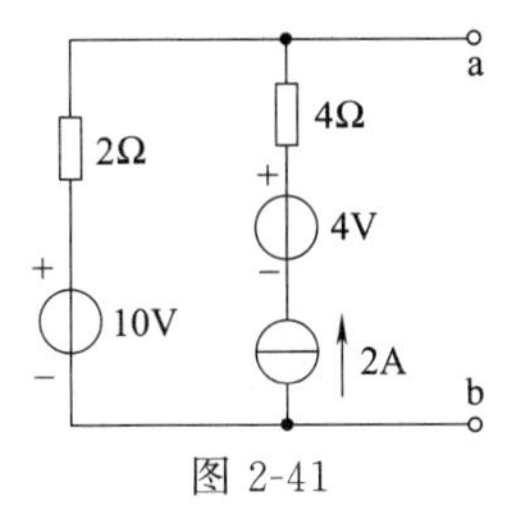

图 2-41

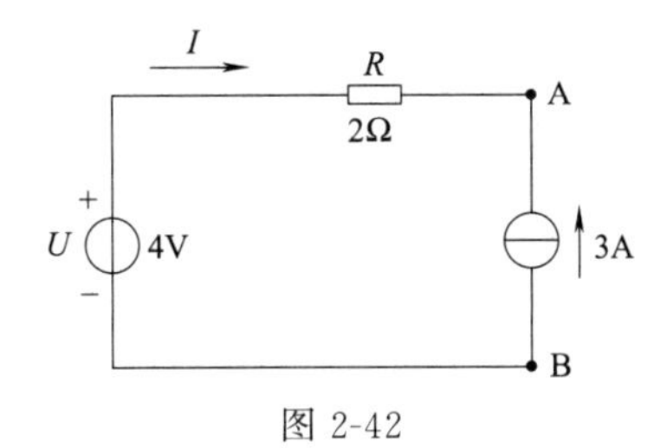

图 2-42

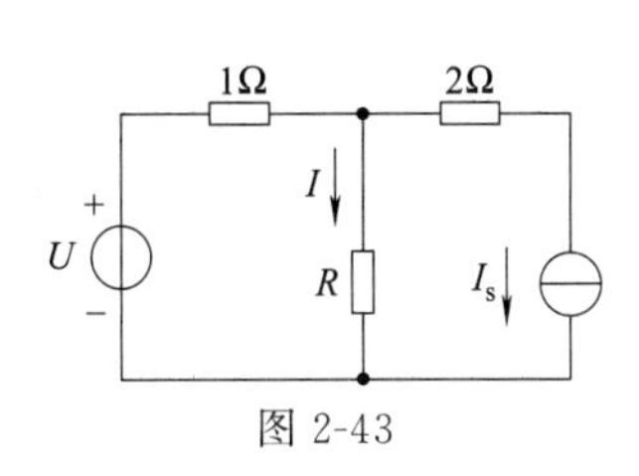

图 2-43

(10) 如图 2-43 所示，$U=6V$，$R=2Ω$，$I=1A$ 时，则 I_s 为（ ）。

A. 1.5A B. 3A C. −3A D. 6A

(11) 如图 2-43 所示，$U=6V$，$I_s=3A$，$I=0.5A$，则 R 为（ ）。

A. 1Ω B. 2Ω C. 4Ω D. 5Ω

(12) 将图 2-44 所示有源两端网络等效为电压源后，U_{OC} 和 R_i 分别为（ ）。

A. 0V，4Ω B. 2V，4Ω C. 4V，2Ω D. 2V，2Ω

(13) 将图 2-45 所示电路等效为电压源后，U_{OC} 和 R_i 为（ ）。

A. 12V、4Ω B. 2V、4/3Ω C. 12V、4/3Ω D. 2V、6Ω

(14) 如图 2-46 所示，用戴维南定理计算电阻 R 的电流 I 时，则其等效电压源内阻 R_i 为（ ）。

A. $R_1 // R_2$ B. R_1 C. $(R_2 // R_3)+R_1$ D. R_3

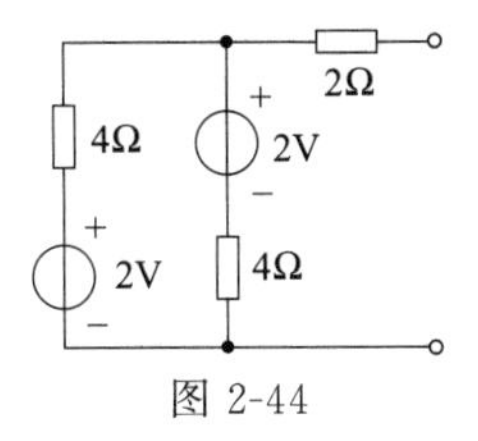

图 2-44

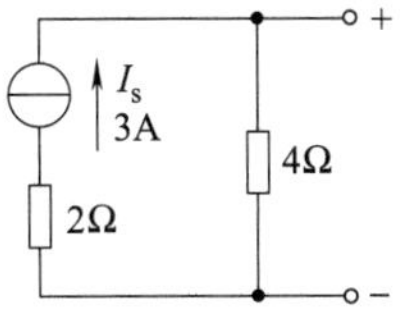

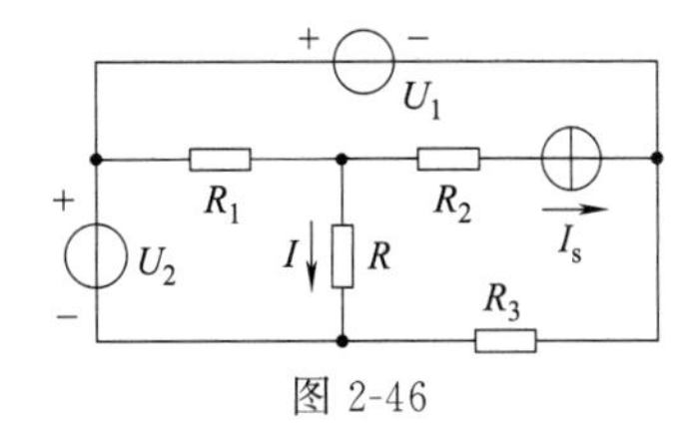

图 2-45

图 2-46

(15) 将图 2-47 所示电路化简为戴维南等效电路后，U_{OC} 和 R_i 为（ ）。

A. 7V、1Ω B. 9V、6Ω C. 18V、3Ω D. 39V、9Ω

(16) 把图 2-48 电路化简为戴维南等效电路后，U_{OC} 和 R_i 为（ ）。

A. 8V，11Ω B. 24V，4Ω C. 66V，11Ω D. 16V，4Ω

(17) 图 2-49 所示电路中，U 单独作用时，AB 两点开路电压 U_{AB} 为（ ）。

A. 3V B. 1V C. 0.5V D. 2/3V

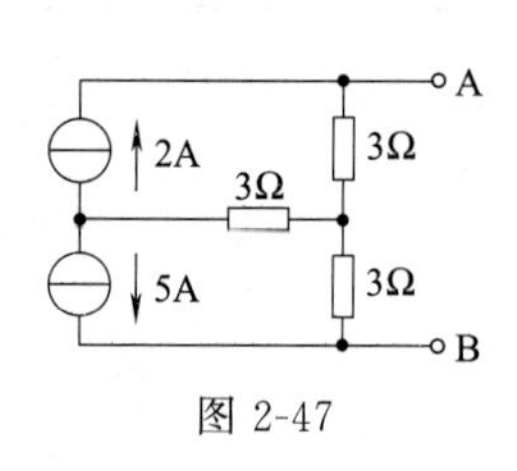

图 2-47

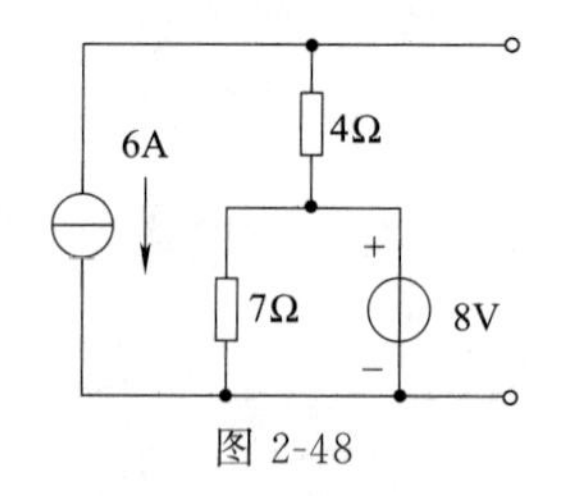

图 2-48

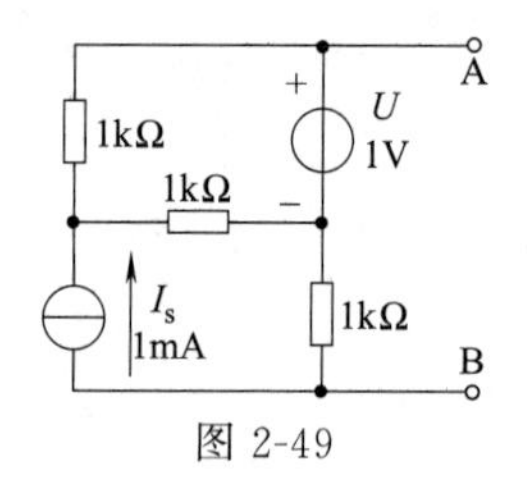

图 2-49

（18）在直流电路中运用叠加定理时，不作用的电压源应（　　）。

A. 短路处理　　B. 开路处理　　C. 保留

4. **计算题**

（1）将图 2-50 中所示电路化成等值电流源电路。

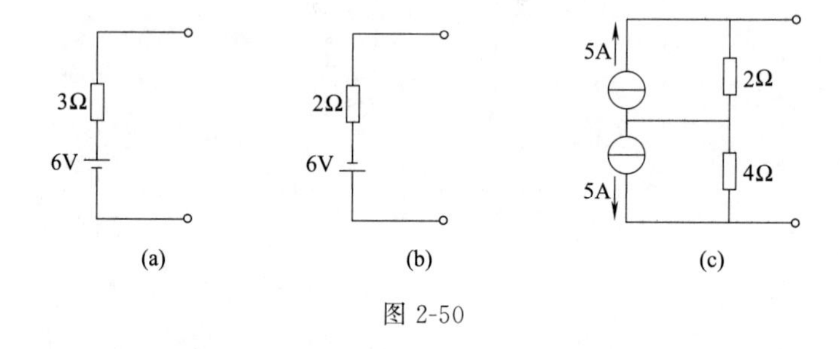

图 2-50

（2）将图 2-51 所示电路化成等值电压源电路。

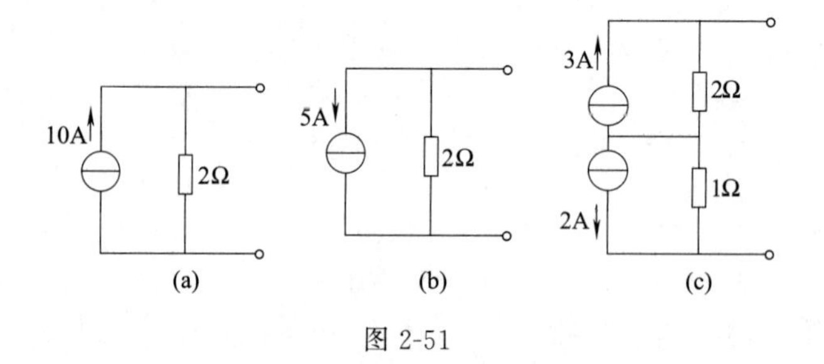

图 2-51

（3）图 2-52 所示回路中已标明各支路电流的参考方向，试用基尔霍夫电压定律写出回路的电压方程。

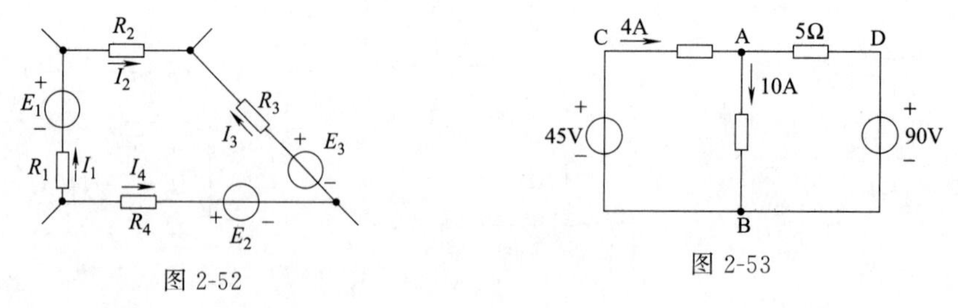

图 2-52　　图 2-53

（4）图 2-53 所示电路中，若以 B 为参考点，求 A、C、D 三点的电位及 U_{AC}、U_{AD}、U_{CD}。若改 C 点为参考点，再求 A、C、D 三点的电位及 U_{AC}、U_{AD}、U_{CD}。

（5）求图 2-54 所示电路中的电压 U_{AB}。

（6）试将图 2-55 用等效电流源来代替，再变换成等效电压源。

（7）试用支路电流法求图 2-56 所示网络中通过电阻 R_3 支路的电流 I_3 及理想电流源的端电压 U。已知 $I_s=2A$，$E=2V$，$R_1=3\Omega$，$R_2=R_3=2\Omega$。

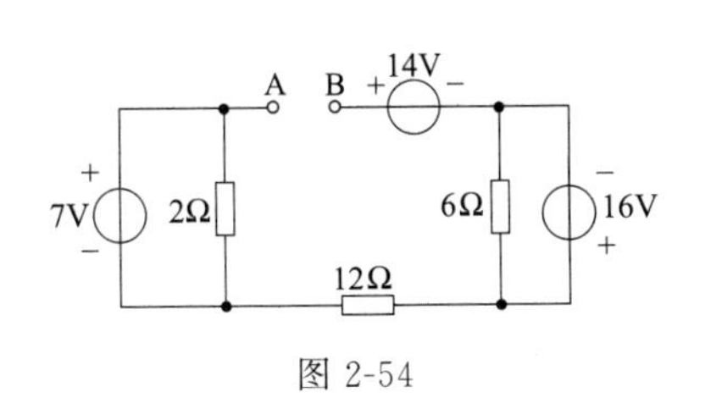

图 2-54

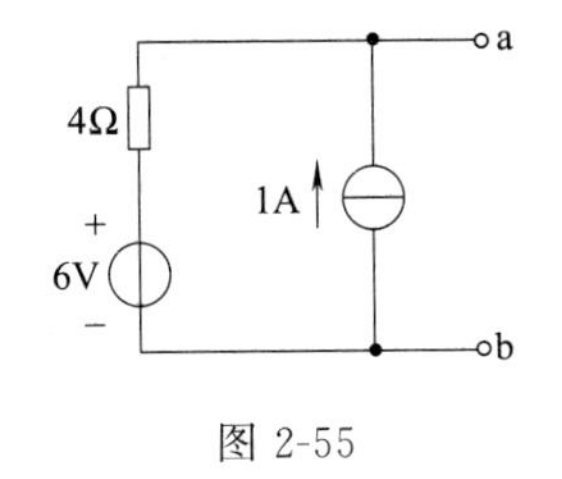

图 2-55

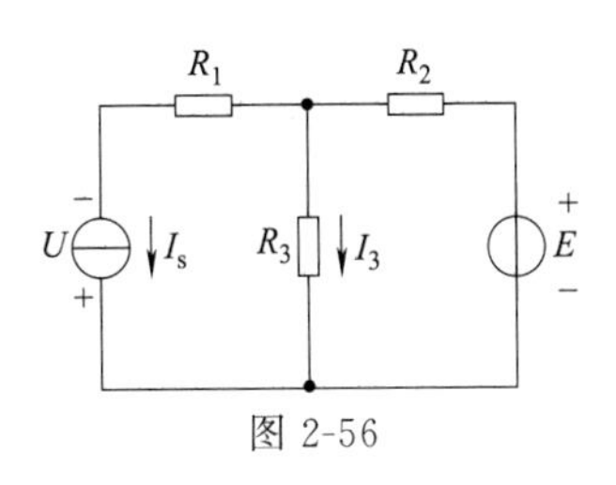

图 2-56

(8) 试求图 2-57 所示电路中的电压 U。

(9) 电路如图 2-58 所示，$I=1\text{A}$，试求电动势 E。

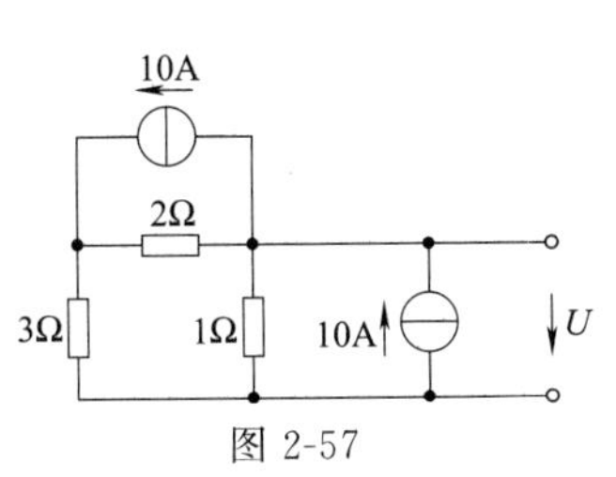

图 2-57

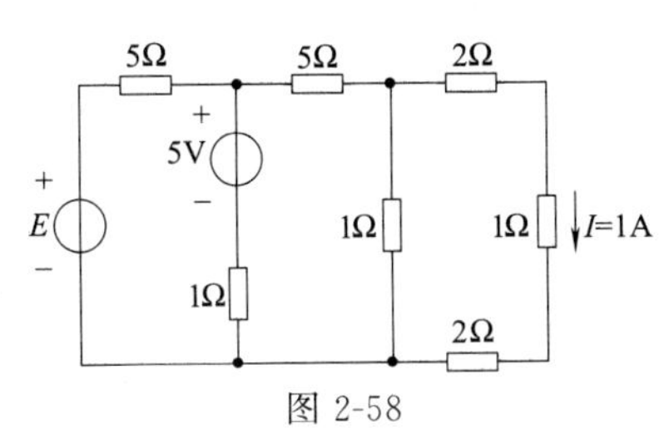

图 2-58

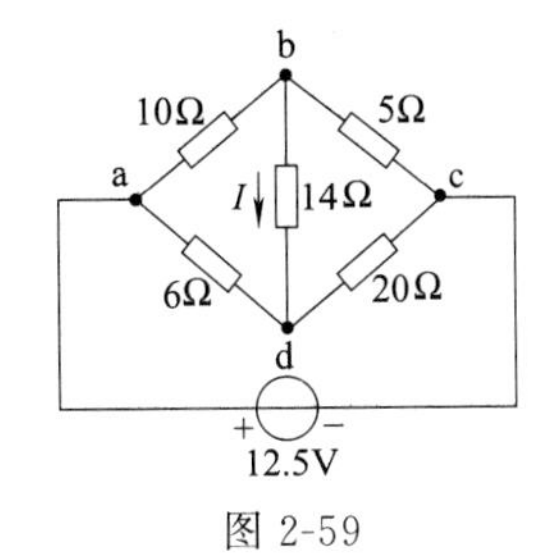

图 2-59

(10) 图 2-59 所示为一电桥电路，试用戴维南定理求通过对角线 bd 支路的电流 I。

(11) 在图 2-60 所示电路中，已知电阻 $R_1=R_2=2\Omega$，$R_3=50\Omega$，$R_4=5\Omega$，电压 $U_{s1}=6\text{V}$，$U_{s3}=10\text{V}$，$I_{s4}=1\text{A}$，求戴维南等效电路。

(12) 已知如图 2-61，求 R_3 的电流。

(13) 已知如图 2-62，求 R_4 支路的电流。

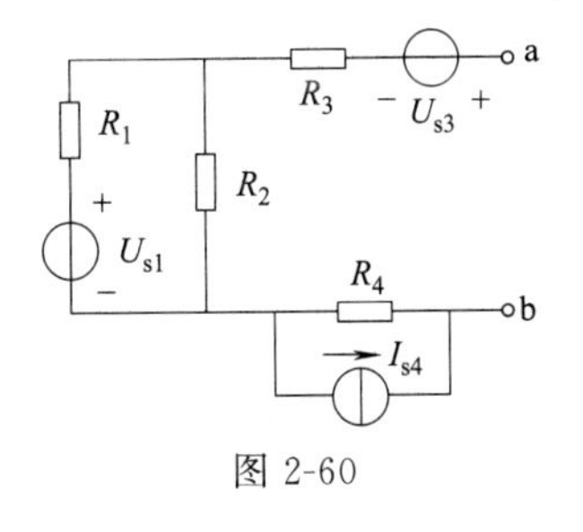

图 2-60

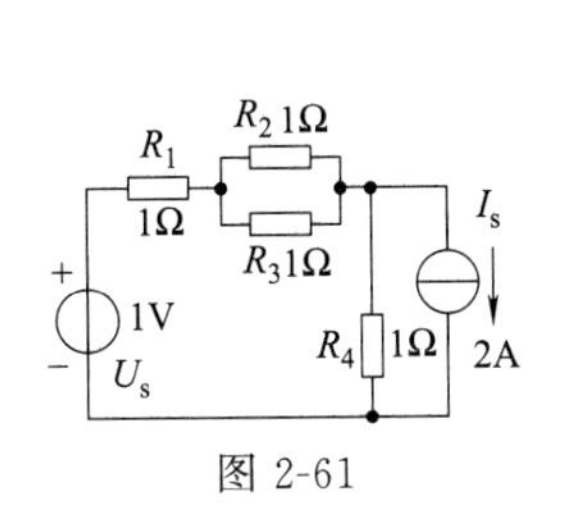

图 2-61

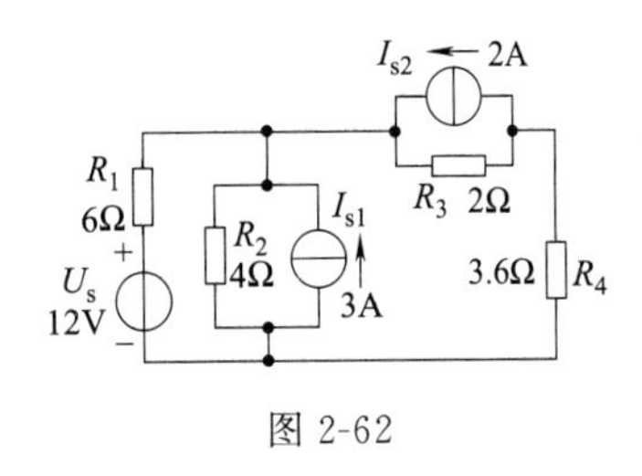

图 2-62

(14) 如图 2-63 所示，已知 $R_1=10\Omega$，$R_2=R_4=4\Omega$，$R_3=8\Omega$，求电路中电流表 A 的读数。

(15) 如图 2-64 所示电路中，已知 $E_1=40\text{V}$，$E_2=5\text{V}$，$E_3=25\text{V}$，$R_1=5\Omega$，$R_2=R_3=10\Omega$，试用支路电流法求各支路电流。

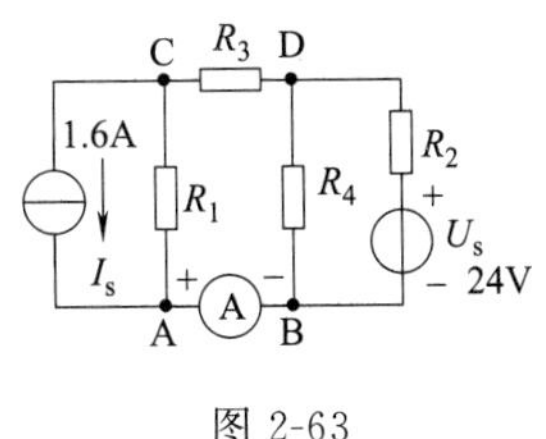

图 2-63

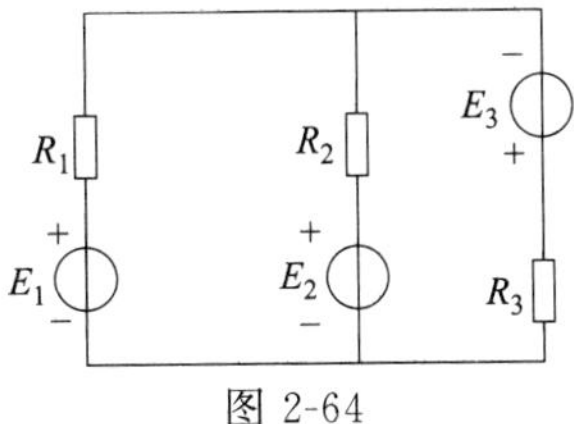

图 2-64

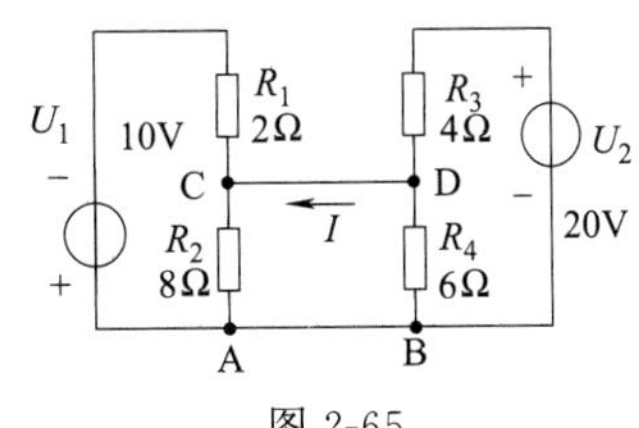

图 2-65

(16) 已知如图 2-65，求：(1) I 的值。(2) 若 AB 之间的线断开时，I 的值。

(17) 电路如图 2-66 所示。已知 $E_1=12\text{V}$、$E_2=9\text{V}$、$R_1=6\Omega$、$R_2=3\Omega$、$R=8\Omega$，试用戴维南定理求 R 的电流 I。

(18) 电路如图 2-66 所示。已知 $E_1=140\text{V}$、$E_2=90\text{V}$、$R_1=20\Omega$、$R_2=5\Omega$、$R=6\Omega$，试用戴维南定

理求 R 的电流 I。

（19）在图 2-67 所示电路中，已知电阻 $R_1=R_2=2\Omega$，$R_3=50\Omega$，$R_4=5\Omega$，$R_5=24\Omega$，电压 $U_{s1}=6V$，$U_{s3}=10V$，电流 $I_{s4}=1A$，利用戴维南定理求解电路中的电流 I。

（20）用电源的叠加定理求图 2 68 所示电路中的电流 I。

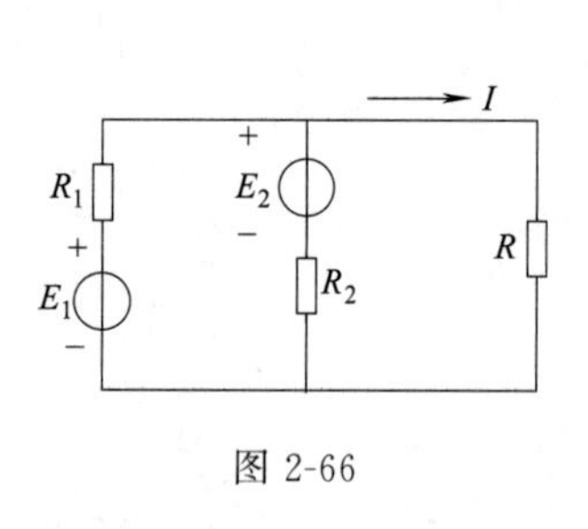

图 2-66

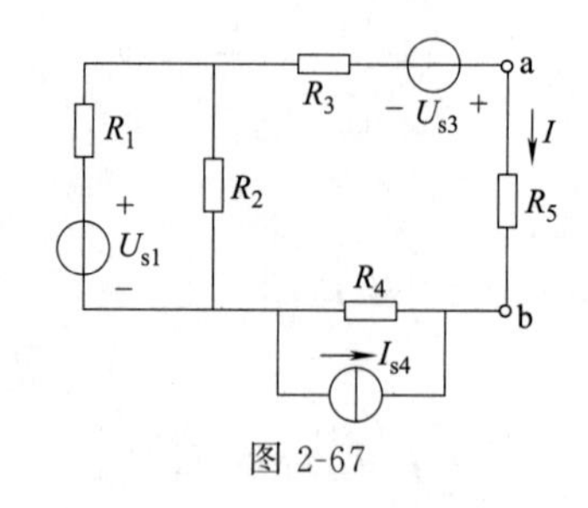

图 2-67

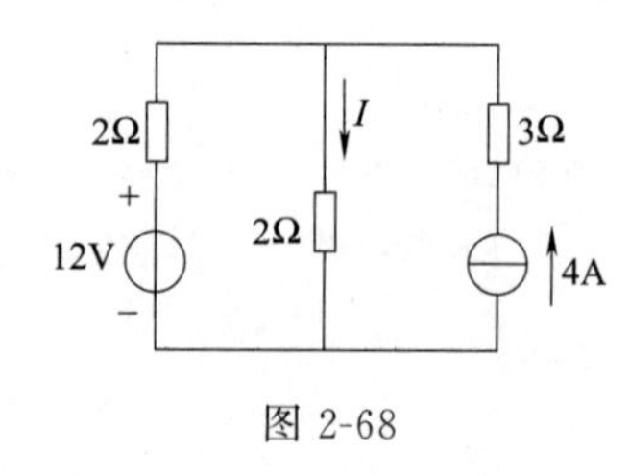

图 2-68

笔记

模块三

交流电路

知识目标

1. 了解交流电的定义和基本特征，掌握正弦量的三要素。

2. 掌握正弦交流电的表示方法及运算；理解电路基本定律的相量形式和相量图。

3. 掌握用相量法对电阻、电容、电感电路进行分析与计算。

4. 掌握正弦交流电电路的视在功率、有功功率和无功功率的概念；了解功率因数的概念以及提高功率因数的意义和方法。

5. 了解电路中谐振的发生条件及其电路特征。

6. 掌握三相交流电源与负载的连接方法。

7. 掌握三相对称电路和非对称电路，会计算三相电路的功率。

8. 了解安全用电常识。

能力目标

1. 会识读照明线路原理图，能够根据照明线路的原理图和安装图严格按照工艺要求正确安装照明电路。

2. 会使用交流电压表、交流电流表、万用表、单相电能表和单相功率表测量交流电压、交流电流、电能、功率和功率因数。

3. 熟练掌握照明元器件的安装和接线工艺。

4. 能熟练检测和排除照明线路的故障。

5. 会用相量法分析正弦交流电路和三相交流电路。

素养目标

1. 养成谨慎使用电气设备的职业习惯，避免因误操作而引起系统故障、设备损毁等后果。

2. 通过器件选型、布线工艺的训练，培养学生节约成本的经济意识和走线美观的审美素养。

3. 通过介绍车载毫米波的应用，培养学生的数字化生存能力，主动适应“互联网＋”等社会信息化发展趋势。

4. 通过解释国家电力部门规定企业功率因数的值必须在0.9以上的原因，培养学生节约能源的意识。

5. 观看触电应急演练宣传片，理解生命意义和人生价值，具有安全意识与自我保护能力，珍爱生命！

学习单元一 正弦交流电的基本概念

一、正弦量的三要素

正弦交流电的基本概念

实际工程技术中所遇到的电压、电流，在许多情况下，其大小和方向是随时间的变化而变化的，这类电量为交流电。在选定参考方向后，可以用带正、负号的数值来表示交流量在每个瞬间的大小和方向，这样的数值称为交流量的瞬时值。一般用小写字母表示交流量，例如用 u、i 分别表示交流电压和交流电流。

表示交流量瞬时值随时间变化的数学表达式，称为交流量的瞬时表达式，也称解析式。表示交流量瞬时值随时间变化的图形，称为波形图。

交流量中，有很多是按照一定的时间间隔循环变化的，这样的交流量称为周期性交流量，简称周期量。随时间按正弦规律变化的周期量，称为正弦交流量，简称正弦量。

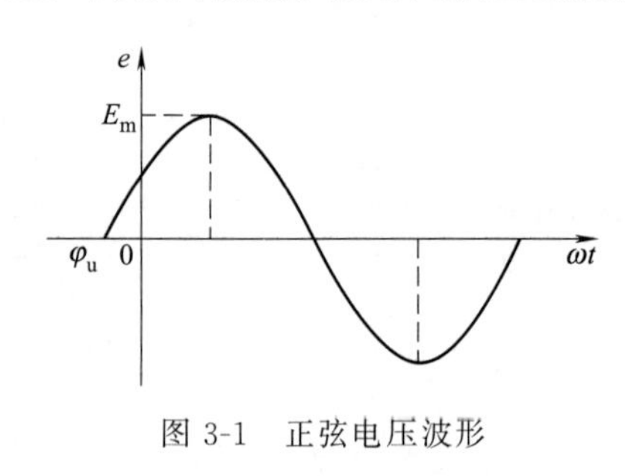

图 3-1 正弦电压波形

正弦交流电易于进行电压的变换，便于远距离传输。交流电气设备与直流电气设备相比，具有结构简单、便于使用和维修等优点，所以正弦交流电在实践中得到广泛的应用。工程中一般所说的交流电（AC），通常都指正弦交流电。

下面以正弦交流电压为例介绍交流电的有关概念。图 3-1 所示的电压波形为正弦波，其瞬时表达式

$$e=E_{m}\sin(\omega t+\varphi_{u}) \tag{3-1}$$

式中，ω、E_m、φ_u 是正弦量之间进行比较和区分的依据，称为正弦量的三要素。

笔记

1. 正弦量的特征量

（1）周期　正弦交流电完成一次全变化所需的时间叫周期，用字母 T 表示，单位为秒（s）。

（2）频率　单位时间（即 1s）内正弦交流电完成全变化的次数称为频率，用字母 f 表示，单位为赫兹（Hz）。

周期与频率互为倒数，即

$$f=\frac{1}{T} \quad 或 \quad T=\frac{1}{f} \tag{3-2}$$

我国和大多数国家都采用 50Hz 作为电力标准频率，有些国家（如美国、日本等）采用 60Hz。这种频率在工业上应用广泛，习惯上也称为工频。通常的交流电动机和照明负载都用这种频率。

（3）角频率　单位时间（即 1s）内正弦交流电变化的电角度叫做角频率，用符号 ω 表示，单位为弧度每秒（rad/s）。

周期、频率、角频率三者之间关系（图 3-2）：

$$\omega=\frac{2\pi}{T}=2\pi f$$

2. 正弦量的有效值

（1）最大值　即交流电中瞬时值的最大值。

正弦交流电动势、正弦交流电压、正弦交流电流的最大值分别用字母 E_m、U_m 和 I_m 表示。正弦量的瞬时值大小是随时间变化的，为了更准确描述出正弦量的大小，常用有效值表示。

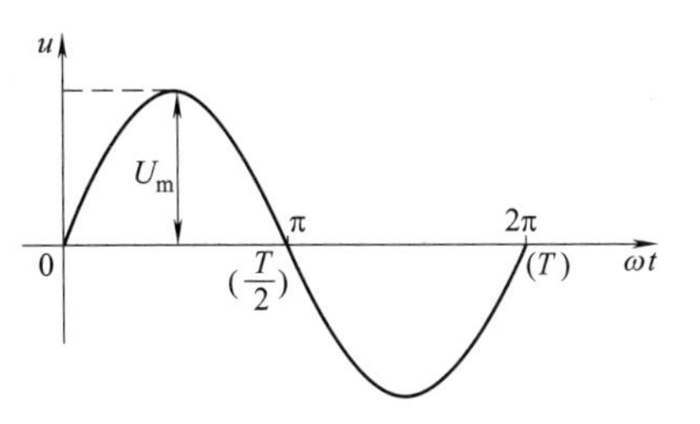

图 3-2　交流电的波形

（2）有效值　若交流电流 i 通过电阻 R 在一个周期 T 内所做的功，与直流电流 I 在相同时间内流过相同电阻时所做的功相等，则直流电流 I 称为交流电流 i 的有效值。在电工技术中，常用有效值来衡量周期电流和电压的大小。电流、电压的有效值分别用大写字母 I、U 表示。

交流电流的有效值是根据电流的热效应原理来规定的。在数值相同的电阻 R 上分别通以周期电流 i 和直流电流 I。当周期电流流过电阻时，该电阻在一个周期 T 内所消耗的电能为

$$\int_0^T p(t)\mathrm{d}t=\int_0^T i^2(t)R\mathrm{d}t=R\int_0^T i^2(t)\mathrm{d}t$$

当直流电流流过电阻 R 时，在相同时间 T 内所消耗的电能为 $PT=I^2RT$。如果在周期电流一个周期 T 的时间内，这两个电阻所消耗的电能相等，则把这一等效的直流电流 I 称为交流电流 i 的有效值，即

$$I^2RT=R\int_0^T i^2(t)\mathrm{d}t$$

$$I=\sqrt{\frac{1}{T}\int_0^T i^2(t)\mathrm{d}t} \tag{3-3}$$

由式（3-3）可知，周期电流的有效值等于电流瞬时值的平方在一个周期内的平均值再开方，因此，有效值又称为均方根值。同理，可得周期电压 U 的有效值为

$$U=\sqrt{\frac{1}{T}\int_0^T u^2(t)\mathrm{d}t} \tag{3-4}$$

正弦交流电流 $i(t)=I_m\sin(\omega t+\varphi_i)$ 的有效值为

$$I=\sqrt{\frac{1}{T}\int_0^T i^2(t)\mathrm{d}t}=\sqrt{\frac{1}{T}\int_0^T I_m^2\sin^2(\omega t+\varphi_i)\mathrm{d}t}$$

$$=\sqrt{\frac{I_m^2}{2}\times\frac{1}{T}\int_0^T[1-\cos^2(\omega t+\varphi_i)]\mathrm{d}t}=\frac{I_m}{\sqrt{2}} \tag{3-5}$$

同理，可得正弦交流电压的有效值为

$$U=\frac{U_m}{\sqrt{2}} \tag{3-6}$$

$$E=\frac{E_m}{\sqrt{2}} \tag{3-7}$$

通常所说的交流电的值都是指其有效值。如用某些交流电表测量出来的数值是指其有效

值，一般电气设备铭牌上所标注的电压、电流值同样是其有效值。以后凡涉及交流电的数值，只要没有特别声明，都指其有效值。

3. 正弦量的相位差

两个同频率正弦量的相位之差，称为相位差，用字母“φ”表示。在正弦电流电路的分析中，经常要比较同频率正弦量的相位差。设任意两个同频率的正弦量

$$i_1(t)=I_{1m}\sin(\omega t+\varphi_1) \qquad i_2(t)=I_{2m}\sin(\omega t+\varphi_2)$$

它们之间的相位差

$$\varphi=(\omega t+\varphi_1)-(\omega t+\varphi_2)=\varphi_1-\varphi_2 \tag{3-8}$$

【例 3-1】 如图 3-3 所示，若 $\varphi>0$，表明 i_1 超前 i_2，称 i_1 超前 i_2 一个相位角 φ，或者说 i_2 滞后 i_1 一个相位角 φ。若 $\varphi=0$，表明 i_1 与 i_2 同时达到最大值，则它们是同相位的，简称同相。若 $\varphi=\pm180°$，称它们的相位相反，简称反相。若 $\varphi<0$，表明 i_1 滞后 i_2 一个相位角 φ。

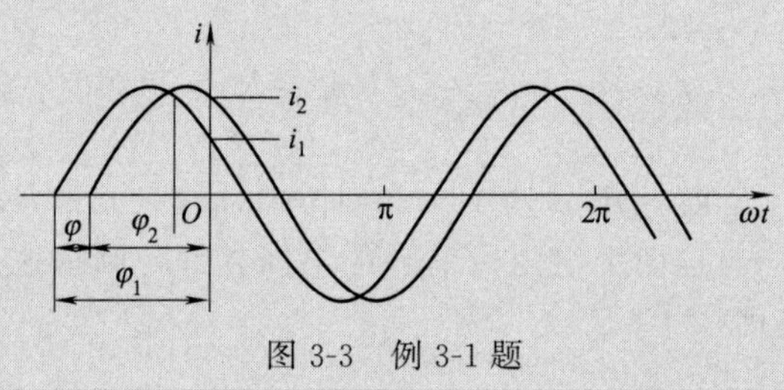

图 3-3 例 3-1 题

两个同频率的正弦量，可能相位和初相角不同，但它们之间的相位差不变。

【例 3-2】 已知正弦电压 u 和电流 i 的瞬时值表达式分别为 $u=310\sin(\omega t-45°)\text{V}$，$i=141\sin(\omega t-30°)\text{A}$，求电压 u 与电流 i 的相位差。

解：电压 u 与电流 i 的相位差

$$\varphi=\varphi_u-\varphi_i=(-45°)-(-30°)=-15°$$

【例 3-3】 在选定的参考方向下，已知两正弦量的解析式为 $u=200\sin(1000t+200°)\text{V}$，$i=-5\sin(314t+30°)\text{A}$，试求两个正弦量的三要素。

解：(1) $u=200\sin(1000t+200°)\text{V}=200\sin(1000t-160°)\text{V}$

所以电压的振幅值 $U_m=200\text{V}$，角频率 $\omega=1000\text{rad/s}$，初相 $\varphi_u=-160°$。

(2) $i=-5\sin(314t+30°)\text{A}=5\sin(314t+30°+180°)\text{A}=5\sin(314t-150°)\text{A}$

所以电流的振幅值 $I_m=5\text{A}$，角频率 $\omega=314\text{rad/s}$，初相 $\varphi_i=-150°$。

【例 3-4】 已知选定参考方向下正弦量的波形图如图 3-4 所示，试写出正弦量的解析式。

解：

$$u_1=200\sin\left(\omega t+\frac{\pi}{3}\right)\text{V}$$

$$u_2=250\sin\left(\omega t-\frac{\pi}{6}\right)\text{V}$$

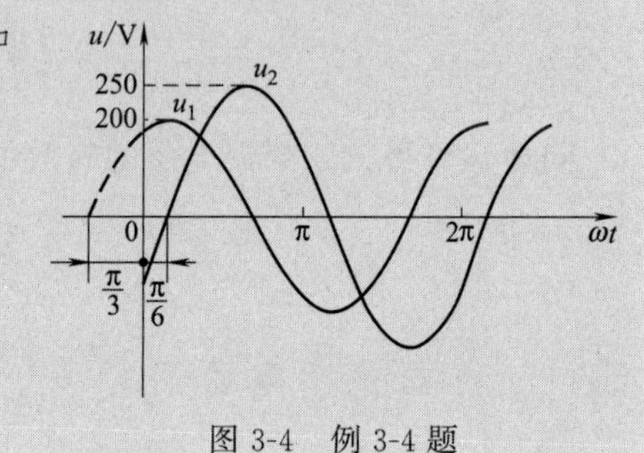

图 3-4 例 3-4 题

笔记

二、正弦量的相量表示法

正弦量的相量表示法

正弦交流电用三角函数式及其波形图表示很直观，但不便于计算。对电路进行分析与计算时经常采用相量表示法，即用复数式与相量图来表示正弦交流电。

1. 相量

求解一个正弦量必须先求得它的三要素，但在分析正弦交流电路时，由于电路中所有的电压、电流都是同一频率的正弦量，而且它们的频率与正弦电源的频率相同，因此我们只要分析另外两个要素——幅值（或有效值）及初相位就可以了。正弦量的相量表示就是用一个复数来表示正弦量，这样的复数称为相量。由欧拉公式可知

$$e^{j(\omega t+\varphi)}=\cos(\omega t+\varphi)+j\sin(\omega t+\varphi) \tag{3-9}$$

式（3-9）把一个实变数的复指数函数和两个实变数 t 的正弦函数联系了起来。

$$\cos(\omega t+\varphi)=\mathrm{Re}[e^{j(\omega t+\varphi)}] \tag{3-10}$$

$$\sin(\omega t+\varphi)=\mathrm{Im}[e^{j(\omega t+\varphi)}] \tag{3-11}$$

式中，Re 表示对复数函数取实部，Im 表示对复数函数取虚部。

这样 $i(t)=I_m\sin(\omega t+\varphi_i)$ 可以写为

$$i(t)=\mathrm{Im}[I_m e^{j(\omega t+\varphi_i)}]=\mathrm{Im}[I_m e^{j\varphi_i}e^{j\omega t}]$$

$$=\mathrm{Im}[\dot{I}_m e^{j\omega t}]=\mathrm{Im}[\sqrt{2}\dot{I}e^{j\omega t}]$$

相量在正弦稳态电路的分析和计算中起着重要作用。在线性电路中，正弦激励的稳态响应与激励是同频率的正弦量。在分析正弦稳态响应时，只要求出正弦量的振幅和初相位就可以了，而相量恰好反映了这两个量。因此，引入相量后，可以用比较简便的复数运算来代替正弦量的三角运算。具体表示方法是：用相量的模表示正弦量的有效值（或最大值）；用相量的幅角表示正弦量的初相位。

笔记

如某正弦交流电流

$$i=I_m\sin(\omega t+\varphi_i)$$

则其相量表示为

$$\dot{I}=\frac{I_m}{\sqrt{2}}\angle\varphi_i=I\angle\varphi_i=Ie^{j\varphi_i}$$

正弦交流电流的最大值相量

$$\dot{I}_m=I_m\angle\varphi_i=I_m e^{j\varphi_i}$$

有效值相量

$$\dot{I}=I\angle\varphi_i=Ie^{j\varphi_i}$$

说明：凡未做特别说明，本书中的相量均指有效值相量。需要注意的是，相量是一种被用来表示正弦交流量的特殊复数，不等于正弦量，只是一种运算工具，即

$$i=\sqrt{2}I\sin(\omega t+\varphi_{\mathrm{i}})\neq\dot{I}=I\angle\varphi_{\mathrm{i}}=I\mathrm{e}^{\mathrm{j}\varphi_{\mathrm{i}}}$$

$$i=\sqrt{2}I\sin(\omega t+\varphi_{\mathrm{i}})\Longleftrightarrow\dot{I}=I\angle\varphi_{\mathrm{i}}=I\mathrm{e}^{\mathrm{j}\varphi_{\mathrm{i}}}$$

电压相量与电动势相量可以用相同的方式来定义。

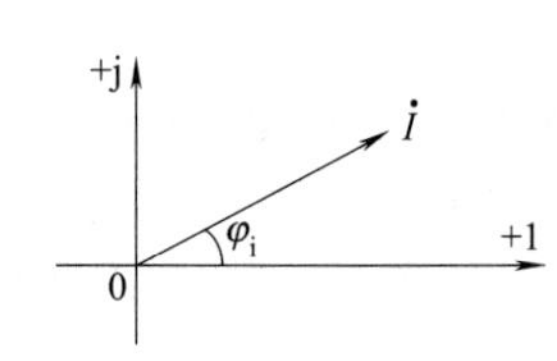

图 3-5 电流相量图

2. 相量图

相量在复平面上可以用有向线段表示。按照各个正弦量的大小和相位关系画出的相量图形称为相量图。如

$$i=\sqrt{2}I\sin(\omega t+\varphi_{\mathrm{i}})\Longleftrightarrow\dot{I}=I\angle\varphi_{\mathrm{i}}=I\mathrm{e}^{\mathrm{j}\varphi_{\mathrm{i}}}$$

的相量图如图 3-5 所示。

注意，复数与正弦量之间不能画等号，即复数不是正弦量，只是用复数对应表示一个正弦量，相量只能表示正弦量的两个要素，角频率需另外说明，因此只有同频率的正弦量其相量才能画在同一复平面上，画在同一复平面上的表示相量的图称相量图。

【例 3-5】 已知 $i_1=3\sqrt{2}\sin(\omega t+60°)\mathrm{A}$，$i_2=4\sqrt{2}\sin(\omega t-30°)\mathrm{A}$，求总电流 $i=i_1+i_2$。

解： 如图 3-6 所示，i_1、i_2 的有效值相量分别为

$$\dot{I}_1=3\angle60°(\mathrm{A})$$

$$\dot{I}_2=4\angle-30°(\mathrm{A})$$

所以

$$\dot{I}=\dot{I}_1+\dot{I}_2=3\angle60°+4\angle-30°$$
$$=1.5+\mathrm{j}2.6+3.46-\mathrm{j}2$$
$$=4.96+\mathrm{j}0.6$$
$$=5\angle6.9°(\mathrm{A})$$

总电流 $i=i_1+i_2=5\sqrt{2}\sin(\omega t+6.9°)\mathrm{A}$

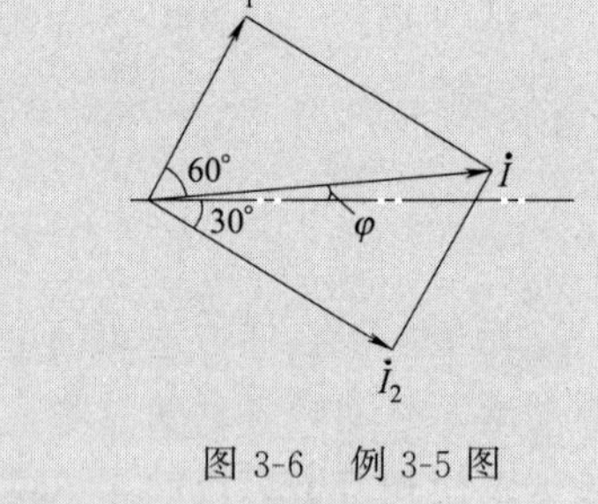

图 3-6 例 3-5 图

学习单元二 正弦交流电路

正弦交流电路是含有正弦交流电源的线性电路。由于正弦交流电路是线性电路，所以线性电路的分析方法、定律、定理都适用于正弦交流电路。只是这些定律、定理应用于正弦交流电路时，是以相量模型的形式出现。

一、电阻、电感、电容单一的交流电路

1. 电阻电路

（1）电阻元件上电流和电压之间关系 正弦电路中电阻元件上电压与电流的关系如图 3-7 所示。

① 电阻元件上电流和电压之间的瞬时关系

$$u_{\mathrm{R}}=U_{\mathrm{Rm}}\sin(\omega t+\theta)$$

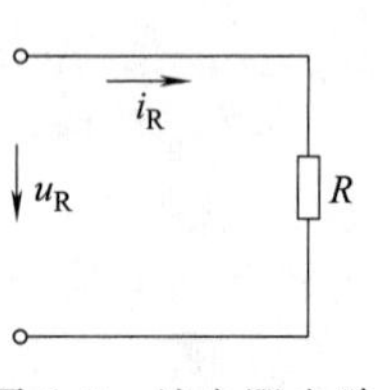

图 3-7 纯电阻电路

电阻、电感和电容的交流电路

$$i_R=\frac{u_R}{R}=\frac{U_{Rm}}{R}\sin(\omega t+\theta)=I_{Rm}\sin(\omega t+\theta)$$

② 电阻元件上电流和电压之间的大小关系

$$I_{Rm}=\frac{U_{Rm}}{R}\quad 或\quad U_{Rm}=I_{Rm}R$$

$$I_R=\frac{U_R}{R}$$

③ 电阻元件上电流和电压之间的相位关系，如图 3-8 所示。

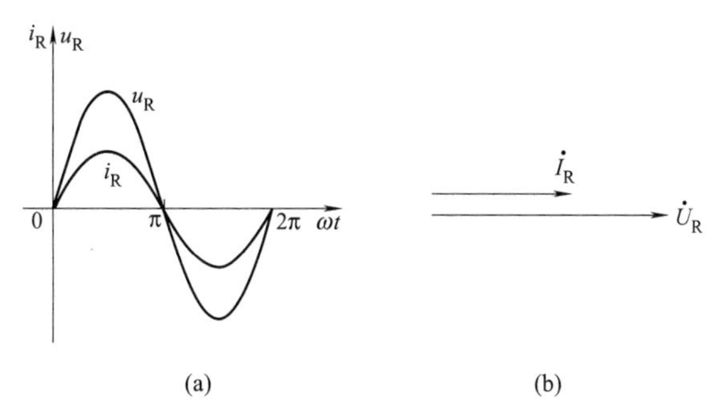

图 3-8　电阻元件上电流与电压之间的相位关系

④ 电阻元件上电压与电流的相量关系

$$i_R=I_{Rm}\sin(\omega t+\theta)$$

$$\dot{I}_R=I_R\angle\theta$$

$$u_R=U_{Rm}\sin(\omega t+\theta)$$

$$\dot{U}_R=U_R\angle\theta=I_RR\angle\theta$$

$$\dot{U}_R=\dot{I}_RR$$

笔记

（2）电阻元件的功率　交流电路中，任一瞬间，元件上电压的瞬时值与电流的瞬时值的乘积叫做该元件的瞬时功率，用小写字母 p 表示，即

$$p=ui$$

$$p_R=u_Ri_R=U_{Rm}\sin\omega t\times I_{Rm}\sin\omega t$$

$$=U_{Rm}I_{Rm}\sin^2\omega t=\frac{U_{Rm}I_{Rm}}{2}(1-\cos2\omega t)$$

$$=U_RI_R(1-\cos2\omega t)$$

工程上都是计算瞬时功率的平均值，即平均功率。瞬时功率在一个周期内的平均值叫做平均功率，用大写字母 P 表示。即

$$P=\frac{1}{T}\int_0^T p\,\mathrm{d}t=\frac{1}{T}\int_0^T U_R I_R(1-\cos2\omega t)\mathrm{d}t$$

$$=\frac{U_R I_R}{T}\left(\int_0^T 1\mathrm{d}t-\int_0^T \cos2\omega t\,\mathrm{d}t\right)$$

$$=\frac{U_R I_R}{T}(T-0)=U_R I_R$$

$$P=U_R I_R=I_R^2 R=\frac{U_R^2}{R}$$

式中 U_R——电阻两端的电压有效值，V；

I——流过电阻的电流有效值，A；

R——电阻元件的阻值，Ω；

P——电阻上的平均功率，W。

由于平均功率是电阻元件实际消耗的功率，所以又称为有功功率或电阻上消耗的功率。习惯上把“平均”“有功”或“消耗”两字省略，简称功率。

功率的单位为瓦（W），工程上也常用千瓦（kW）作为功率的单位。

$$1\text{kW}=1000\text{W}$$

【例 3-6】 电阻 $R=5\Omega$ 接在电压 $u=220\sqrt{2}\sin(\omega t+45°)$ 电源上。求：①流过电阻电流的瞬时值表达式；②写出电压及电流的相量形式并绘出相量图；③求电阻上消耗的功率 P。

解： ① 电流的瞬时值表达式

$$i=\frac{u}{R}=\frac{220\sqrt{2}\sin(\omega t+45°)}{5}=44\sqrt{2}\sin(\omega t+45°)$$

② 电压及电流的相量形式分别为：

$$\dot{U}=220\angle 45°$$

$$\dot{I}=44\angle 45°$$

相量图如下图所示

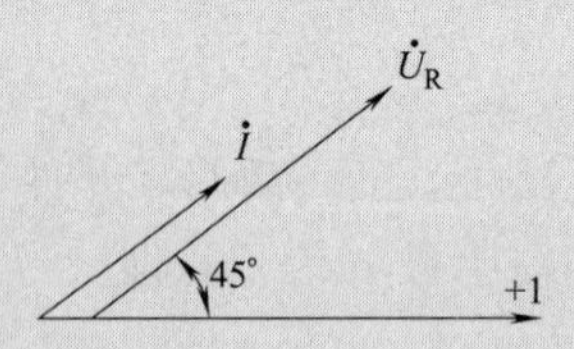

③ 电阻消耗的功率

$$P=UI=220\times44=9680(\text{W})$$

【例 3-7】 一只额定电压为 220V、功率为 100W 的电烙铁，误接在 380V 的交流电源上，问此时它吸收的功率为多少？是否安全？若接到 110V 的交流电源上，它的功率又为多少？

解： 由电烙铁的额定值可得

$$R=\frac{U_R^2}{P}=\frac{220^2}{100}=484(\Omega)$$

当电源电压为 380V 时，电烙铁的功率为

$$P_1=\frac{U_R^2}{P}=\frac{380^2}{484}=298(\mathrm{W})>100(\mathrm{W})$$

此时不安全，电烙铁将被烧坏。

当接到 110V 的交流电源上，此时电烙铁的功率为

$$P_2=\frac{U_R^2}{R}=\frac{110^2}{484}=25(\mathrm{W})<100(\mathrm{W})$$

此时电烙铁达不到正常的使用温度。

2. 电感电路

(1) 电感元件上电压与电流间的关系　如图 3-9 所示。

设通过电感 L 的电流为

$$i=\sqrt{2}I\sin(\omega t+\varphi_i)$$

其相量为

$$\dot{I}=I\angle\varphi_i$$

则电感两端的电压为：

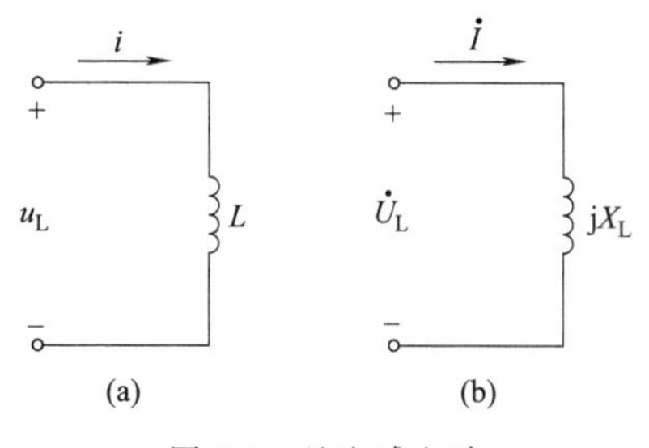

图 3-9　纯电感电路

$$u_L=L\frac{\mathrm{d}i}{\mathrm{d}t}=L\frac{\mathrm{d}}{\mathrm{d}t}[\sqrt{2}I\sin(\omega t+\varphi_i)]$$

$$=\sqrt{2}I\omega L\cos(\omega t+\varphi_i)=\sqrt{2}IX_L\sin\left(\omega t+\varphi_i+\frac{\pi}{2}\right)$$

$$=\sqrt{2}IX_L\sin(\omega t+\varphi_u)$$

电压相量形式可表示为：

$$\dot{U}_L=IX_L\angle\varphi_u=IX_L\angle\left(\varphi_i+\frac{\pi}{2}\right)=\mathrm{j}IX_L\angle\varphi_i=\mathrm{j}\dot{I}X_L$$

$$=U_L\angle\varphi_u$$

可以看出，电感元件上电压 u_L 与电流 i 之间有以下关系。

① 数值关系　u、i 的幅值关系为：

$$U_m=\omega LI_m$$

u、i 的有效值关系为：

$$U=\omega LI=IX_L$$

式中，X_L 称为感抗，Ω；且 $X_L=\omega L=2\pi fL$，即

$$U_L=IX_L$$

感抗 X_L 反映了电感线圈对电流的阻碍作用，它与电感线圈的电感量 L 及电源频率 f 成正比。对于频率 f 高的交流电，感抗 X_L 大，线圈对电流的阻碍作用大；对于频率 f 低的交流电，感抗 X_L 小，线圈对电流的阻碍作用小。特别是当电源频率 $f=0$ 时（相当于直流电），$X_L=\omega L=2\pi fL=0$，线圈对直流电没有阻碍作用，相当于短路。

② 频率关系　电压与电流同频率。

③ 相位关系　电压超前电流$\frac{\pi}{2}$，即

$$\varphi_u=\varphi_i+\frac{\pi}{2}$$

（2）电感元件的功率

① 瞬时功率 p 设 $i=\sqrt{2}I\sin(\omega t+\varphi_i)$，则：

$$u_L=\sqrt{2}U_L\sin\left(\omega t+\varphi_i+\frac{\pi}{2}\right)$$

$$\begin{aligned}p_L&=iu_L\\&=\sqrt{2}I\sin(\omega t+\varphi_i)\times\sqrt{2}U_L\sin\left(\omega t+\varphi_i+\frac{\pi}{2}\right)\\&=2IU_L\sin(\omega t+\varphi_i)\cos(\omega t+\varphi_i)\\&=U_LI\sin(2\omega t+\varphi_i)\end{aligned}$$

②平均功率 P（有功功率）

$$P=\frac{1}{T}\int_0^T p\,\mathrm{d}t=\frac{1}{T}\int_0^T U_LI\sin(2\omega t+\varphi_i)\,\mathrm{d}t=0$$

电感元件的平均功率为零，说明在交流电的一个周期内电感元件吸收和释放的能量一样多，故称电感为储能元件，它本身不消耗能量，只是与电源之间不断地进行着能量的互换，这种能量互换的规模，用无功功率 Q_L 来衡量。

③ 无功功率 Q_L 规定无功功率 Q_L 等于瞬时功率的 p_L 的幅值。即

$$Q_L=U_LI=I^2X_L=\frac{U_L^2}{X_L}$$

单位为乏（var）或千乏（kvar）。

【例 3-8】 已知一个电感线圈，电感 $L=0.5\text{H}$，电阻可略去不计，接在 50Hz、220V 的电源上，试求：① 该电感的感抗 X_L；② 电路中的电流 I 及其与电压的相位差 φ；③ 电感占用的无功功率 Q_L。

笔记

解： ① 感抗为

$$X_L=2\pi fL=2\pi\times50\times0.5=157(\Omega)$$

② 选电压 $\dot{U}$ 为参考相量，即 $\dot{U}=220\angle0°\text{V}$，则

$$\dot{I}=\frac{\dot{U}}{\text{j}X_L}=\frac{220\angle0°}{\text{j}157}=1.4\angle-90°(\text{A})$$

即电流的有效值 $I=1.4\text{A}$，相位滞后于电压 90°。

③ 无功功率为

$$Q_L=I^2X_L=1.4^2\times1.57=308(\text{var})$$

或

$$Q_L=U_LI=220\times1.4=308(\text{var})$$

3. 电容电路

（1）电容元件上电压与电流间的关系 如图 3-10 所示。

设加在电容两端的正弦交流电压为

$$u_C=\sqrt{2}U_C\sin(\omega t+\varphi_u)$$

其相量为

$$\dot{U}_C = U_C \angle \varphi_u$$

则流过电容元件的电流为

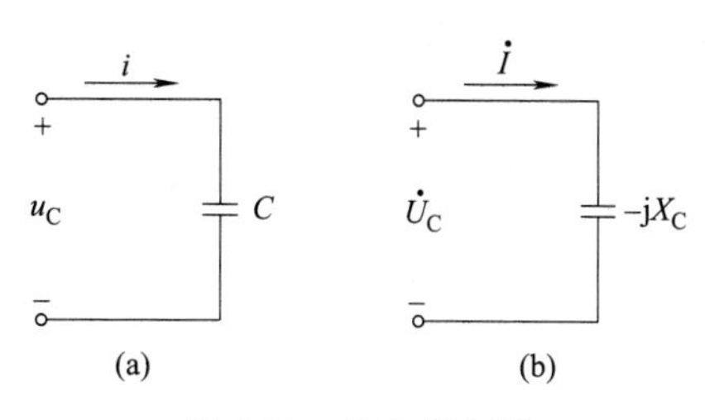

图 3-10　纯电容电路

$$\begin{aligned} i &= C\frac{du_C}{dt} \\ &= C\frac{d}{dt}[\sqrt{2}U_C(\sin\omega t+\varphi_u)] \\ &= \sqrt{2}\frac{U_C}{X_C}\sin\left(\omega t+\varphi_u+\frac{\pi}{2}\right) \\ &= \sqrt{2}U_C\omega C\cos(\omega t+\varphi_u) \\ &= \sqrt{2}\frac{U_C}{X_C}\sin(\omega t+\varphi_i) \end{aligned}$$

式中，X_C 称为容抗，Ω；且电容元件上电压 u_C 与电流 i 之间有以下关系。

① 数值关系

$$U_C = IX_C$$

且

$$X_C = \frac{1}{\omega C} = \frac{1}{2\pi fC} \tag{3-12}$$

式（3-12）表明，对一定容量的电容器，通入不同频率的交流电时，电容会表现出不同的容抗，频率越高，容抗越小。在极端情况下，若 $f\rightarrow\infty$，则 $X_C\rightarrow 0$，此时电容可视为短路；若 $f=0$（直流），则 $X_C=\infty$，此时电容可视为开路。这说明电容元件的“隔直通交”作用。

② 频率关系　电压与电流同频率。

③ 相位关系

$$\varphi_i = \varphi_u + \frac{\pi}{2}$$

电流超前于电压$\frac{\pi}{2}$。

④ 相量关系

$$\dot{U}_C = -j\dot{I}X_C$$

（2）电容元件的功率

① 瞬时功率 p　设 $u_C=\sqrt{2}U_C\sin(\omega t+\varphi_u)$，则

$$i=\sqrt{2}I\sin\left(\omega t+\varphi_u+\frac{\pi}{2}\right)$$

$$\begin{aligned} p &= u_C i = \sqrt{2}U_C\sin(\omega t+\varphi_u)\times\sqrt{2}I\sin\left(\omega t+\varphi_u+\frac{\pi}{2}\right) \\ &= U_C I\sin(2\omega t+\varphi_u) \end{aligned}$$

在交流电的一个周期内，电容器先后两次充电（储存电场能量），又两次放电（将电场能量还给电源），所以电容器在交流电路中不消耗能量，只是不断地储存与释放能量。

② 平均功率 P（有功功率）

$$P = \frac{1}{T}\int_0^T p\,dt = \frac{1}{T}\int_0^T U_C I\sin(2\omega t+\varphi_u)dt = 0$$

电容元件的平均功率为零，说明在交流电的一个周期内，电容元件吸收和释放的能量一样多，故称电容为储能元件，它本身不消耗能量，只是与电源之间不断地进行着能量的互换，平均功率为零，表明电容器不是耗能元件，而是一个储能元件。

③ 无功功率 与电感相似，电容与电源功率交换的最大值也称为无功功率，用 Q_C 表示，有

$$Q_C=U_C I=I^2 X_C=\frac{U_C{}^2}{X_C}$$

Q_C 的单位为乏（var）或千乏（kvar）。

【例 3-9】 一个 10μF 的电容元件，接到频率为 50Hz、电压有效值为 12V 的正弦电源上，求电流 I。若电压有效值不变，而电源频率改为 1000Hz，试重新计算电流 I。

解： ① 当频率 $f=50\text{Hz}$ 时，容抗为

$$X_C=\frac{1}{\omega C}=\frac{1}{2\pi fC}=\frac{1}{2\times3.14\times50\times10\times10^{-6}}=318.5(\Omega)$$

电流为
$$I=\frac{U_C}{X_C}=\frac{12}{318.5}=0.0377(\text{A})=37.7(\text{mA})$$

RLC 串联电路（一）

② 当频率 $f=1000\text{Hz}$ 时，容抗为

$$X_C=\frac{1}{\omega C}=\frac{1}{2\pi fC}=\frac{1}{2\times3.14\times1000\times10\times10^{-6}}=15.9(\Omega)$$

电流为

$$I=\frac{U_C}{X_C}=\frac{12}{15.9}=0.754(\text{A})=754(\text{mA})$$

RLC 串联电路（二）

笔记

二、电阻、电感、电容串联的电路

在分析实际电路时，一般将复杂电路抽象为由若干理想电路元件串、并联组成的典型电路模型进行简化处理。本节讨论的 R、L、C 串联电路就是一种典型电路，从中引出的一些概念与结论可用于各种复杂的交流电路，而单一参数电路、RL 串联电路、RC 串联电路则可看成是它的特例。

设有正弦电流 $i=I_m\sin\omega t$ 通过 R、L、C 串联电路，根据上一节的分析，该电流在电阻、电感和电容上的电压降分别为

$$u_R=U_{Rm}\sin\omega t$$

$$u_L=U_{Lm}\sin(\omega t+90°)$$

$$u_C=U_{Cm}\sin(\omega t-90°)$$

根据基尔霍夫电压定律，总电压为

$$u=u_R+u_L+u_C$$

$$\dot{U}_R=\dot{I}R$$

$$\dot{U}_L=\dot{I}\text{j}X_L$$

$$\dot{U}_C=-\dot{I}\text{j}X_C$$

$$\dot{U}=\dot{U}_R+\dot{U}_L+\dot{U}_C=\dot{I}R+\dot{I}\text{j}X_L-\dot{I}\text{j}X_C=\dot{I}[R+\text{j}(X_L-X_C)]$$

$$\dot{U}=\dot{I}(R+\mathrm{j}X)=\dot{I}Z$$

上式称为欧姆定律的相量形式。

$$Z=R+\mathrm{j}X=R+\mathrm{j}(X_L-X_C)$$

Z 叫做复阻抗。Z 反映了 RLC 串联电路对电流的阻碍作用。复阻抗是一个复数，实部为电阻 R，虚部 $X=X_L-X_C$，X 称为电抗。复阻抗不是用来表示正弦量的复数，所以它不是相量，故复阻抗的表示符号与相量是有所区别的，它常用大写字母“Z”来表示（字母上面没有点）。

复阻抗 Z 的极坐标形式为

$$|Z|=\sqrt{R^2+X^2}$$

$|Z|$ 称为复阻抗的模，又称为阻抗。

例如，以电流 i 的向量作为参考向量，则 $\dot{I}=I\angle 0°$。画出 R、L、C 电压向量图如图 3-11 所示，$Z=|Z|\angle\varphi$。

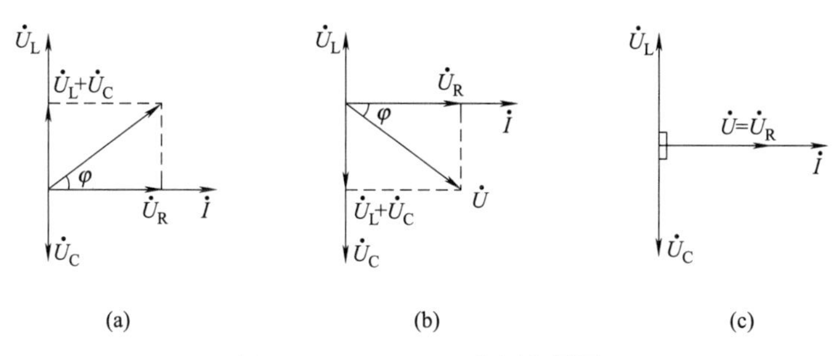

图 3-11　R、L、C 电压向量图

由图 3-11 得

$$U=\sqrt{U_R^2+(U_L-U_C)^2} \tag{3-13}$$

将 $U_R=RI$，$U_L=X_LI$，$U_C=X_CI$ 代入式（3-13），得

$$U=\sqrt{(RI)^2+(X_LI-X_CI)^2}=I\sqrt{R^2+(X_L-X_C)^2}$$

由于以电流为参考相量，$\varphi_i=0$，所以 u、i 的相位差 $\varphi=\varphi_u-\varphi_i=\varphi_u$，由电压三角形可知

$$\varphi=\arctan\frac{U_L-U_C}{U_R}=\arctan\frac{X_L-X_C}{R}$$

电路的性质如下。

电感性电路：$X_L>X_C$，此时 $X>0$，$U_L>U_C$，阻抗角 $\varphi>0$。

电容性电路：$X_L<X_C$，此时 $X<0$，$U_L<U_C$，阻抗角 $\varphi<0$。

电阻性电路：$X_L=X_C$，此时 $X=0$，$U_L=U_C$，阻抗角 $\varphi=0$。

笔记

三、阻抗的串联与并联

1. 复阻抗

把电路中所有元件对电流的阻碍作用用一复数形式体现，称之为复阻抗。复阻抗定义为

$$Z=\frac{\dot{U}}{\dot{I}}$$

复阻抗的单位为欧姆（Ω）。

由于 Z 为复数，因此它可写成代数式和极坐标式，即 $Z=R+\mathrm{j}X=|Z|\angle\varphi$。那么电阻 R、电抗 X、阻抗 $|Z|$ 和阻抗角 φ 之间的关系为

$$R=|Z|\cos\varphi$$

$$X=|Z|\sin\varphi$$

$$|Z|=\sqrt{R^2+X^2}$$

$$\varphi=\arctan\frac{X}{R}$$

2. 阻抗串联电路的分析

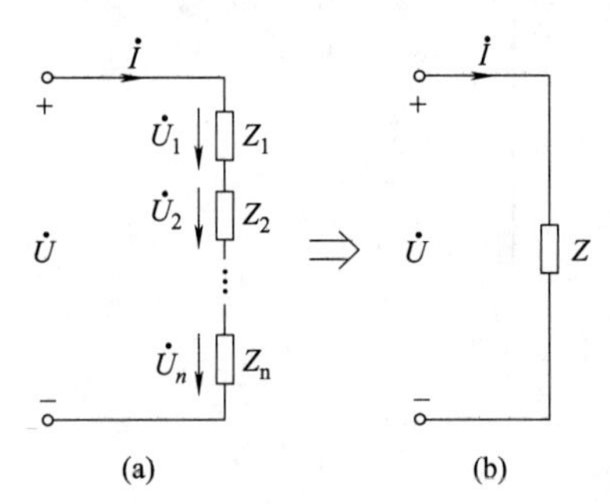

图 3-12　复阻抗串联及其等效电路

图 3-12（a）所示的多阻抗串联电路中，有

$$\dot{U}_1=\dot{I}Z_1=\dot{I}(R_1+\mathrm{j}X_1)$$

$$\dot{U}_2=\dot{I}Z_2=\dot{I}(R_2+\mathrm{j}X_2)$$

$$\vdots$$

$$\dot{U}_n=\dot{I}Z_n=\dot{I}(R_n+\mathrm{j}X_n)$$

$$\dot{U}=\dot{U}_1+\dot{U}_2+\cdots+\dot{U}_n=\dot{I}(Z_1+Z_2+\cdots+Z_n)=\dot{I}Z$$

式中，Z 为串联电路的等效复阻抗，原电路可等效为图 3-12（b）所示的电路，则 $Z=R+\mathrm{j}X=|Z|\angle\varphi$，其中，$R=R_1+R_2+\cdots+R_n$ 为串联电路的等效电阻；$X=X_1+X_2+\cdots+X_n$ 为串联电路的等效电抗；$\varphi=\arctan\dfrac{X}{R}$ 为串联电路的阻抗角。

笔记

3. 阻抗并联电路的分析

用阻抗法分析并联电路，一般适应于两个支路并联的电路，而每个支路都可以用复阻抗表示。如图 3-13 所示的电路中，有

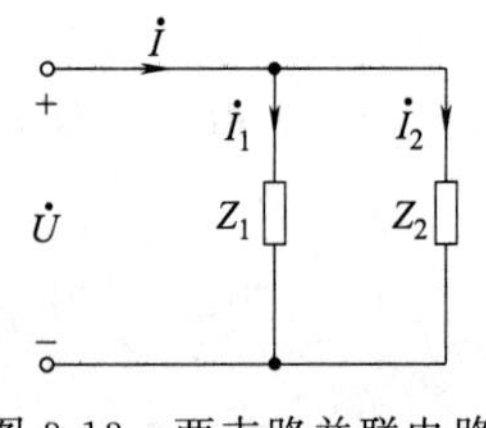

图 3-13　两支路并联电路

$$Z_1=R_1+\mathrm{j}X_1$$

$$Z_2=R_2+\mathrm{j}X_2$$

各支路电流为

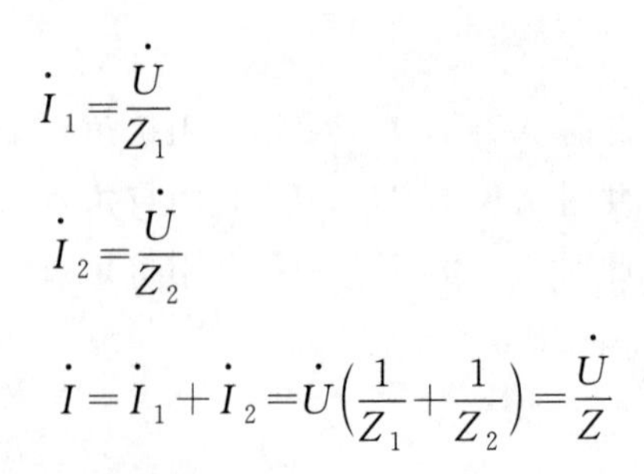

$$\dot{I}_1=\frac{\dot{U}}{Z_1}$$

$$\dot{I}_2=\frac{\dot{U}}{Z_2}$$

$$\dot{I}=\dot{I}_1+\dot{I}_2=\dot{U}\left(\frac{1}{Z_1}+\frac{1}{Z_2}\right)=\frac{\dot{U}}{Z}$$

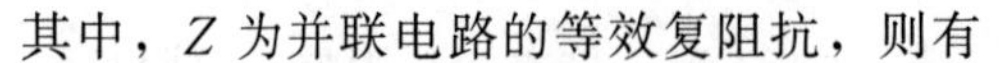

其中，Z 为并联电路的等效复阻抗，则有

$$\frac{1}{Z}=\frac{1}{Z_1}+\frac{1}{Z_2} \qquad Z=\frac{Z_1Z_2}{Z_1+Z_2}$$

对于有多个支路的并联电路，其等效复阻抗为

$$\frac{1}{Z}=\frac{1}{Z_1}+\frac{1}{Z_2}+\cdots+\frac{1}{Z_n}$$

四、电路谐振

素质教育案例3-信息意识

1. 串联电路的谐振

（1）谐振的概念　在含有电阻、电感和电容的二端网络中，取端口电压与电流参考方向一致时，若端口电压与电流同相，则这种现象称为谐振。谐振时，电路中感抗作用与容抗作用相互抵消，电路呈纯电阻性。

谐振现象是正弦交流电路的一种特定工作状态，在电子技术中得到了广泛的应用，但有时谐振现象有可能破坏系统的正常工作，必须加以避免。

（2）串联谐振的条件　如图 3-14 所示的 RLC 串联电路中，有

$$Z=R+\mathrm{j}X=R+\mathrm{j}(X_L-X_C)$$

$$\dot{U}_s=\dot{I}Z$$

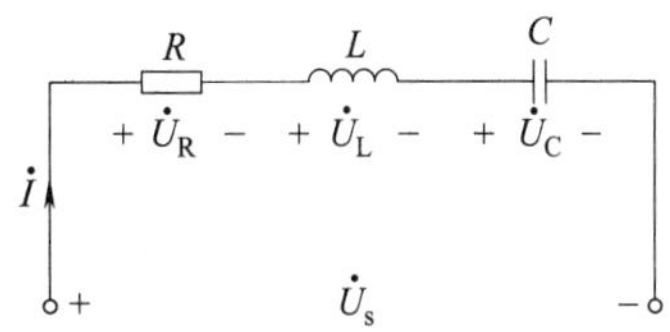

图 3-14　RLC 串联电路

由谐振的概念可知，若使串联电路发生谐振，则 $Z=R$，即 $X=0$。

所以 RLC 串联电路谐振的条件为

$$X_L=X_C \qquad 或 \qquad \omega L=\frac{1}{\omega C} \tag{3-14}$$

调整 ω、L、C 任意一个量，均可使电路发生谐振。当电感、电容固定不变时，可调整电源频率使电路达到谐振。

由式（3-14）可知，谐振时电源的频率一定为

$$\left.\begin{aligned}\omega_0&=\frac{1}{\sqrt{LC}}\\ f_0&=\frac{1}{2\pi\sqrt{LC}}\end{aligned}\right\} \tag{3-15}$$

式（3-15）中，ω_0 和 f_0 只和电路的固有参数 L、C 有关，因此它们又分别称为电路的固有角频率和固有频率。也就是说，只有当电源频率等于电路的固有频率时，才能发生谐振。

当电源频率一定，而 L 或 C 可调时，可通过调整 L 或 C 值使电路发生谐振：

$$L=\frac{1}{\omega_0^2C},\quad C=\frac{1}{\omega_0^2L}$$

这个过程称之为调谐。例如无线电收音机的接收回路，就是用改变电容 C 的办法，使之对某一电台发射的频率信号发生谐振，从而达到选择此电台的目的；而电视机通常是通过调整电感 L 来达到选台的目的。

【例 3-10】 某收音机的输入回路可简化为如图 3-15 所示，$L=300\mu H$。今欲接收频率范围为 525～1605kHz 的中波段信号，试选择 C 的变化范围。

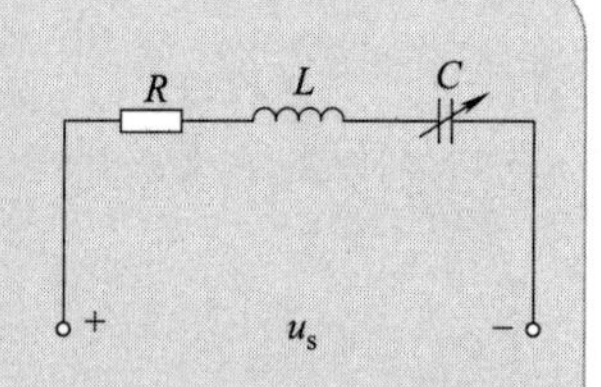

图 3-15 例 3-10 图

解：

$$C_1=\frac{1}{\omega^2 L}=\frac{1}{(2\pi f)^2 L}=\frac{10^6}{(2\pi\times 525\times 10^3)^2\times 300}=306(\text{pF})$$

$$C_2=\frac{1}{\omega^2 L}=\frac{1}{(2\pi f)^2 L}=\frac{10^6}{(2\pi\times 1605\times 10^3)^2\times 300}=32.7(\text{pF})$$

所以 C 的变化范围是 32.7～306pF。

（3）串联谐振的基本特征

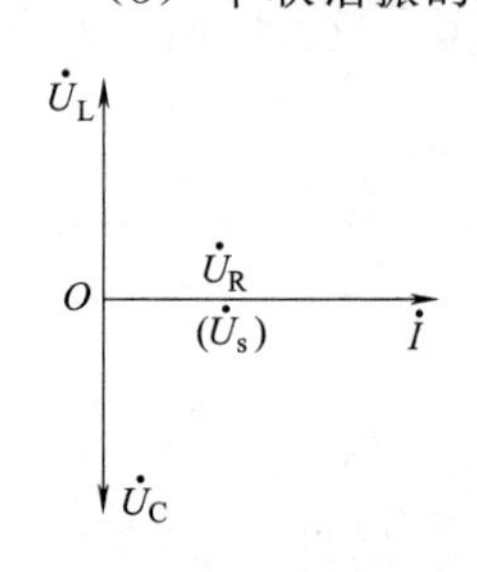

图 3-16 串联谐振相量图

① 谐振时，阻抗最小，$X=X_L-X_C=0$，所以 $|Z|=R$ 为最小值。此时复阻抗 $Z=R+jX=R$，电路性质为纯电阻性，向量图如图 3-16 所示。

② 当回路端电压保持不变时，电流最大，且与外加电压同相。由于谐振时

$$I=\frac{U_s}{|Z|}=\frac{U_s}{R}=I_0$$

$$\varphi=\arctan\frac{X}{R}=\arctan\frac{0}{R}=0°$$

$|Z|$ 此时最小，故 I 最大。

③ 谐振时，感抗与容抗相等，且等于电路的特性阻抗。由谐振条件可知

$$X_L=X_C=\omega_0 L=\frac{L}{\sqrt{LC}}=\sqrt{\frac{L}{C}}=\rho$$

ρ 是一个仅与电路固有参数有关的量，称为电路的特性阻抗，单位为欧姆（Ω）。

④ 谐振时，电感和电容上要产生大小相等、相位相反的过电压，且该电压的大小是电源电压的 Q 倍。此时电阻两端的电压等于电源电压。

⑤ 谐振时，电源仅供给电阻消耗的能量，电源与电路不发生能量交换；而电感与电容之间，则以恒定的总能量进行着磁能与电能的转换。

2. 并联电路的谐振

谐振也可以发生在并联电路中，下面以图 3-17 所示的电感线圈与电容器并联的电路为例来讨论并联谐振。

在图 3-17 所示电路中，当电路参数选取适当时，可使总电流 I 与外加电压 U 同相位，这时称电路发生了并联谐振。此时 R、L 支路中的电流

$$\dot{I}_1=\frac{\dot{U}}{R+jX_L}=\frac{\dot{U}}{R+j\omega L}$$

$$\dot{I}_C=\frac{\dot{U}}{-jX_C}=\frac{\dot{U}}{-j\frac{1}{\omega C}}=j\omega C\dot{U}$$

总电流

$$\dot{I}=\dot{I}_1+\dot{I}_C=\frac{\dot{U}}{R+\mathrm{j}\omega L}+\mathrm{j}\omega C\dot{U}=\left[\frac{R-\mathrm{j}\omega L}{R^2+(\omega L)^2}+\mathrm{j}\omega C\right]\dot{U}$$

$$=\left[\frac{R}{R^2+(\omega L)^2}+\mathrm{j}\omega C-\mathrm{j}\frac{\omega L}{R^2+(\omega L)^2}\right]\dot{U}$$

若总电流 $\dot{I}$ 与外加电压 $\dot{U}$ 同相位，则上式虚部应为零，即

$$\omega C=\frac{\omega L}{R^2+(\omega L)^2}$$

$$R^2+(\omega L)^2=\frac{\omega L}{\omega C}=\frac{L}{C}$$

一般情况下，线圈的电阻 R 很小，故

$$\omega C=\frac{\omega L}{R^2+(\omega L)^2}\approx\frac{1}{\omega L}$$

$$\omega_0=\sqrt{\frac{1}{LC}-\left(\frac{R}{L}\right)^2}\approx\frac{1}{\sqrt{LC}}$$

$$f_0\approx\frac{1}{2\pi\sqrt{LC}}$$

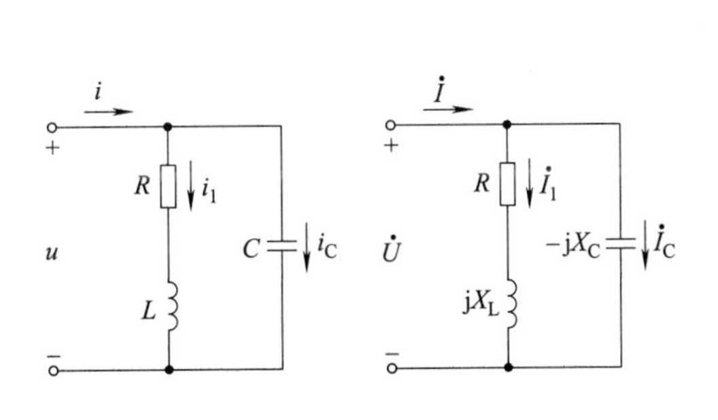

图 3-17　并联谐振

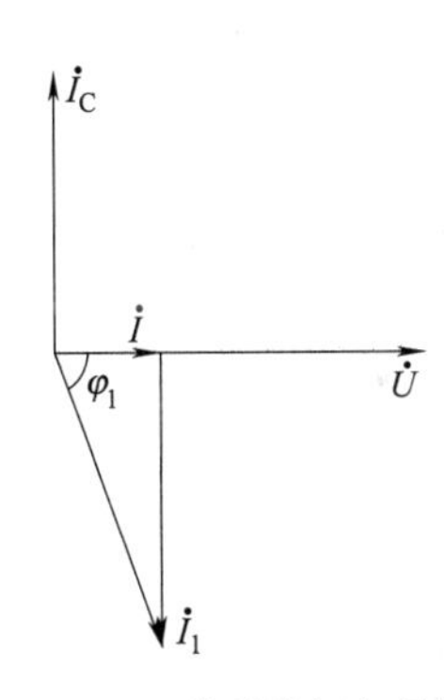

图 3-18　并联谐振相量图

这说明并联谐振的条件与串联谐振的条件基本相同。并联谐振相量图如图 3-18 所示。并联谐振有以下特征。

① 电流与电压同相位，电路呈电阻性。

② 电路的阻抗最大，电流最小。

谐振时的电流

$$\dot{I}_0=\frac{R}{R^2+(\omega_0 L)^2}\dot{U}=\frac{\dot{U}}{\dfrac{R^2+(\omega_0 L)^2}{R}}=\frac{\dot{U}}{Z}$$

式中

$$Z=\frac{R^2+(\omega_0 L)^2}{R}=\frac{L}{RC}\approx\frac{(\omega_0 L)^2}{R}$$

因电阻 R 很小，故并联谐振呈高阻抗特性。若 $R\to 0$，则 $Z\to\infty$，即电路不允许频率为 f_0 的电流通过。因而并联谐振电路也有选频特性，但要求流过并联谐振电路的信号源为恒

流源，以便从高阻抗上取出高的输出电压。当一个含有多个不同频率信号的信号源与并联电路连接时，并联电路如对其中某一个频率的信号发生谐振，对其呈现出最大的阻抗，就可以在信号源两端得到最高的电压，而对其他频率的信号则呈现小阻抗，电压很低，从而将所需频率的信号放大取出，将其他频率的信号抑制掉，达到选频的目的。

③ 电感电流与电容电流近乎大小相等，相位相反。

④ 电感或电容支路的电流有可能大大超过总电流。并联谐振的品质因数为电感或电容支路的电流与总电流之比，即：

$$Q=\frac{I_1}{1}=\frac{\dfrac{U}{\omega_0 L}}{\dfrac{U}{|Z_0|}}=\frac{|Z_0|}{\omega_0 L}=\frac{\dfrac{(\omega_0 L)^2}{R}}{\omega_0 L}=\frac{\omega_0 L}{R}$$

即 $I_1=I_C=QI$。因为这两支路的电流是电源供给电流的 Q 倍，所以当电路的品质因数 Q 较大时，必然出现电感或电容支路的电流大大超过总电流的情况。同串联谐振一样，并联谐振在电子线路设计中是十分有用的，但在电力系统中应避免出现并联谐振，以防因此带来的电力系统过电流。

五、功率因数的提高

1. 使电源设备得到充分利用

电源设备的额定容量 S_N 是指设备可能发出的最大功率。实际运行中设备发出的功率 P 还要取决于 $\cos\varphi$，功率因数越高，发出的功率越接近于额定功率，电源设备的能力就越能得到充分发挥。

2. 降低线路损耗和线路压降

输电线上的损耗为 $P_1=I^2R_1$，其中 R_1 为线路电阻，线路压降为 $U_1=IR_1$，而线路电流 $I=\dfrac{P}{U\cos\varphi}$，由此可见，当电源电压 U 及输出有功功率 P 一定时，提高功率因数可以使线路电流减小，从而降低传输线上的损耗，提高供电质量。提高功率因数，还可在相同线路损耗的情况下节约用铜，因为功率因数提高，电流减小，在 P_1 一定时，线路电阻可以增大，故传输导线可以做细一些，这样就节约了铜材。

笔记

3. 提高功率因数的方法

实际负载大多数是感性的，如工业中大量使用的感应电动机、照明日光灯等，这些感性负载的功率因数大都较低，为了提高电网的经济运行水平，充分发挥设备的潜力，减少线路功率损失和提高供电质量，有必要采取措施提高电路的功率因数。并联电容是提高功率因数的主要方法之一。一般将功率因数提高到 0.9～0.95 即可，负载可按此要求来计算所并联电容器的容量。

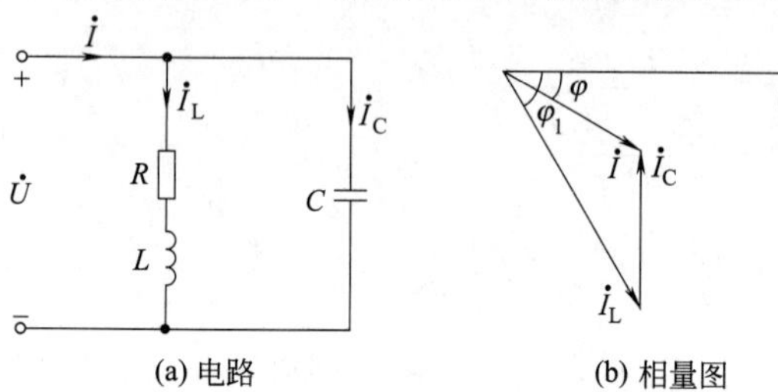

图 3-19 提高感性负载的功率因数

对感性负载提高功率因数的电路如图 3-19（a）所示。

由图 3-19（b）还可以看出，并联电容后，电容电流补偿了一部分感性负载电流的无功分量 $I_L\sin\varphi_1$，因而减小了线路中电流的无功分量。显然，并入电容支路的电

流有效值为 $I_C=I_L\sin\varphi_1-I\sin\varphi$，因为 $I_C=\frac{U}{X_C}=U\omega C$，所以，要使电路的功率因数由原来的 $\cos\varphi_2$ 提高到 $\cos\varphi$，需要并联的电容器的电容量为 $C=\frac{I_L\sin\varphi_1-I\sin\varphi}{\omega U}$。

感性负载并联电容后，实质上是用电容消耗的无功功率补偿了一部分感性负载消耗的无功功率，它们进行了一部分能量交换，减少了电源供给的无功功率，从而提高了整个电路的功率因数。因此，并联电容的无功功率为

$$-Q_C=Q_L-Q=P(\tan\varphi_1-\tan\varphi) \tag{3-16}$$

其中，P 为感性负载的有功功率。

$$Q_C=-\frac{U_C^2}{X_C}=-\omega CU^2$$

$$C=\frac{P}{\omega U^2}(\tan\varphi_1-\tan\varphi)$$

式（3-16）就是提高功率因数所需电容的计算公式。应当注意，在外施电压 U 不变的情况下，感性负载并联电容后消耗的有功功率 P 没有发生变化，这是因为有功功率 P 只由电阻消耗产生，并联电容后电阻上的电压、电流有效值没有改变，因而有功功率 P 没有发生变化。提高功率因数在电力系统中很重要，在实际生产中，并不要求功率因数提高到 1，这是因为此时要求并联的电容太大，需要增加设备的投资，从经济效益来看反而不经济了。因此，功率因数达到多大为宜，要比较具体的经济技术等指标后才能确定。

【例 3-11】 一个 220V、40W 的日光灯，功率因数 $\cos\varphi_1=0.5$，接入频率 $f=50\text{Hz}$、电压 $U=220\text{V}$ 的正弦交流电源，要求把功率因数提高到 $\cos\varphi=0.95$，试计算所需并联电容的电容值。

解：因为 $\cos\varphi_1=0.5$，$\cos\varphi=0.95$，所以 $\tan\varphi_1=1.732$，$\tan\varphi=0.329$。

$$Q_C=P(\tan\varphi_1-\tan\varphi)=40\times(1.732-0.329)=56.12\ (\text{var})$$

$$C=\frac{Q_C}{\omega U^2}=\frac{56.12}{314\times 220^2}=3.69\ (\mu\text{F})$$

笔记

实验八 单相交流电路的认识及测量

实验目的

① 学会使用交流电压表（万用表）测电压。

② 加深对 RL 串联电路的理解。

实验原理

RL 串联电路的特点

$$U=\sqrt{U_R{}^2+U_L{}^2}$$

函数信号发生器

数字交流毫伏表的使用

实验设备（表 3-1）

表 3-1 单相交流电路的测量元件

元器件名称	数量	备注
开关	1	
电阻	1	5.1kΩ
交流电流表	1	毫安表
万用表	1	
电感	1	180mH
交流电源	1	1kHz,300mV
导线	若干	
试验台	1	

实验电路图（图 3-20）

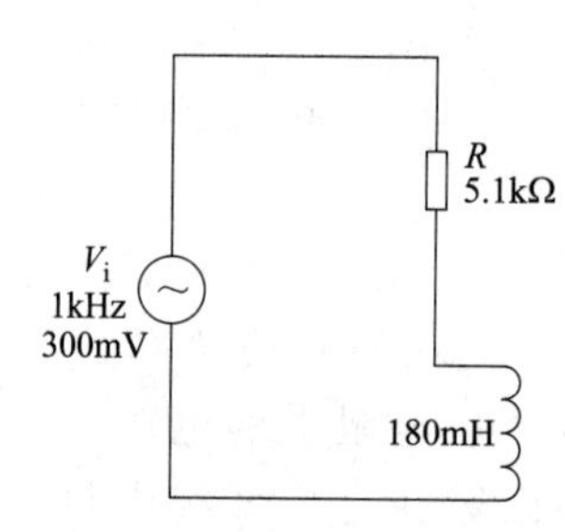

图 3-20 单相交流

实验内容及步骤

① 按图 3-20 连接电路。

② 按表 3-2 测量各电压并记录。

笔记

表 3-2 单相交流电路数据记录表

调节电源频率	1kHz	2kHz	3kHz	4kHz	5kHz	6kHz	7kHz	备注
电压表 U_R 读数								
电压表 U_L 读数								
电压表 U 读数								
$U=\sqrt{U_R^2+U_L^2}$								

实验数据分析及结论

① 感抗与频率之间有什么关系？

② 总电压与各元件电压之间有什么关系？

学习单元三 三相交流电路

电力系统所采用的供电方式绝大多数采用三相制，即采用三个频率相同而相位不同的电压源（或电动势）向用电设备供电。

三相电源一般是由 3 个同频率、同幅值、初始相位依次相差 120°的正弦电压源按一定方式连接而成的对称电源。工程中，三相电路中负载的连接主要有两种形式：星形连接和三角形连接。本章主要介绍这两种负载连接三相电路的分析与计算。和前面一样，主要分析电路中电压和电流之间的关系，讨论功率的问题。

三相电源的连接

一、三相交流电源

三相交流电一般是由交流发电机产生的，图 3-21（a）为三相交流发电机的示意图。在发电机定子中嵌有 3 组相同的线圈 U_1U_2、V_1V_2、W_1W_2，分别为 U 相、V 相、W 相绕组，它们在空间相隔 120°。当转子磁极匀速转动时，在各绕组中都将产生正弦感应电动势，这些电动势的幅值相等，频率相同，相位互差 120°，相当于 3 个独立的交流电压源，如图 3-21（b）、（c）所示。这样的三相电动势称为对称三相电动势，它们的瞬时值分别为

$$\left.\begin{aligned} e_U &= E_m \sin\omega t \\ e_V &= E_m \sin(\omega t - 120^\circ) \\ e_W &= E_m \sin(\omega t - 240^\circ) = E_m \sin(\omega t + 120^\circ) \end{aligned}\right\} \tag{3-17}$$

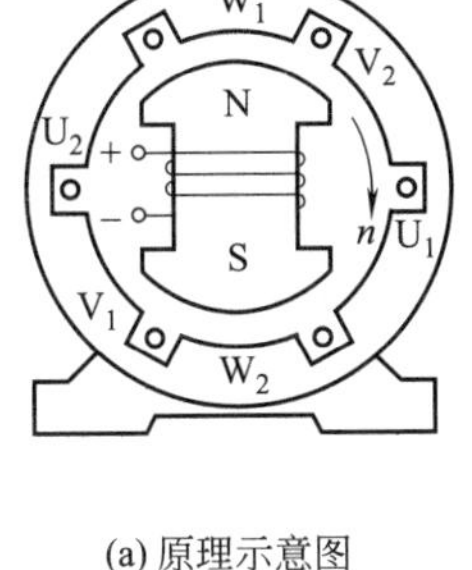

(a) 原理示意图

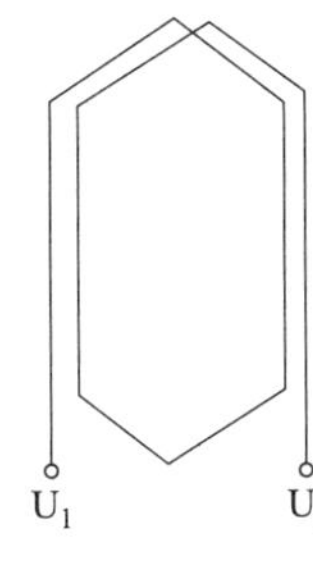

(b) 一相绕组

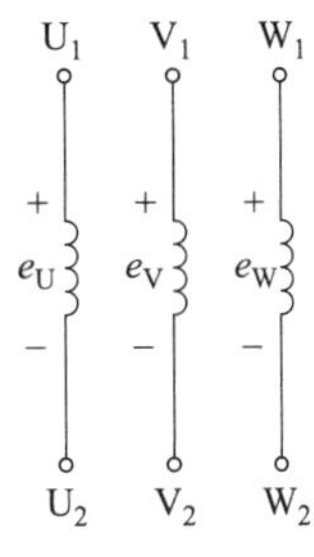

(c) 三相绕组

图 3-21 三相发电机示意图

若以相量形式来表示，则

$$\left.\begin{aligned} \dot{E}_U &= E\angle 0^\circ \\ \dot{E}_V &= E\angle -120^\circ \\ \dot{E}_W &= E\angle -240^\circ = E\angle 120^\circ \end{aligned}\right\} \tag{3-18}$$

笔记

它们的波形图和相量图如图 3-22 所示。

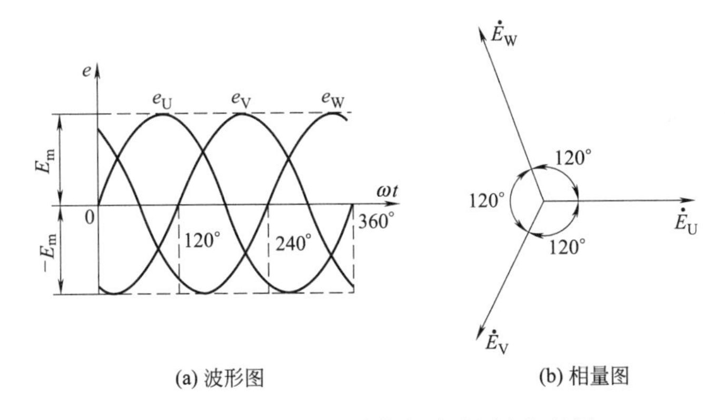

图 3-22 三相对称电动势的波形图和相量图

三相交流电在相位上的先后次序称为相序。如上述的三相电动势 e_U、e_V、e_W 依次滞后 120°，其相序为 U→V→W。

通常把对称的三相电源连接成星形（Y）或三角形（△）两种形式。

1. 三相电源的星形（Y）连接

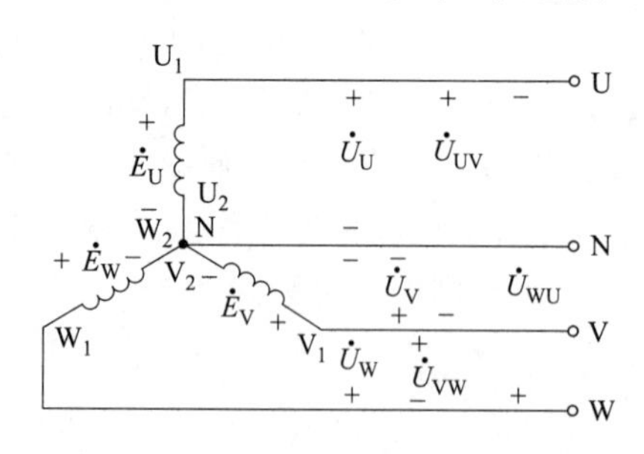

图 3-23 三相四线制电源

通常把发电机三相绕组的末端 U_2、V_2、W_2 连成一点 N，而把始端 U_1、V_1、W_1 作为与外电路相连接的端点。这种连接方式称为电源的星形连接，如图 3-23 所示。N 点称为中性点，从中性点引出的导线称为中性线，其裸导线可涂淡蓝色标志。从始端 U_1、V_1、W_1 引出的三根导线称为相线或端线，俗称火线，常用 L_1、L_2、L_3 表示，其裸线可分别涂黄、绿、红三种颜色标志。

由三根相线和中性线构成的供电系统称为三相四线制供电系统。通常低压供电网都采用三相四线制。日常生活中见到的只有两根导线的单相供电电路，则是其中的一相由一根相线和中线组成。

三相四线制供电系统可输送两种电压：一种是相线与中性线之间的电压 u_U、u_V、u_W（开路时，分别等于 e_U、e_V、e_W），称为相电压；另一种是相线和相线之间的电压 u_{UV}、u_{VW}、u_{WU}，称为线电压。

由图 3-23 可知各线电压与相电压之间的相量关系为

$$\left.\begin{aligned}\dot{U}_{UV}&=\dot{U}_U-\dot{U}_V\\ \dot{U}_{VW}&=\dot{U}_V-\dot{U}_W\\ \dot{U}_{WU}&=\dot{U}_W-\dot{U}_U\end{aligned}\right\}\tag{3-19}$$

笔记

它们的相量如图 3-24 所示。

由于三相电动势是对称的，故相电压也是对称的。作向量图时，可先作出 $\dot{U}_U$、$\dot{U}_V$、$\dot{U}_W$，然后根据式（3-19）分别作出 $\dot{U}_{UV}$、$\dot{U}_{VW}$、$\dot{U}_{WU}$。由向量图可知，线电压也是对称的，在相位上比相应的相电压超前 30°。

线电压的有效值用 U_L 表示，相电压的有效值用 U_P 表示。由相量图可知它们的关系为：

$$U_L=\sqrt{3}U_P\tag{3-20}$$

2. 三相电源的三角形（△）连接

在图 3-25 中，还可以将电源的三相绕组一相的末端与相应的另一相的始端依次相连，拼成△形，并从连接点引出三条相线 L_1、L_2、L_3 给用户供电。

每相的始末端（正负端）不能接错，如果接错，$\dot{U}_{12}+\dot{U}_{23}+\dot{U}_{31}\neq0$，会引起环流，损坏电源。这点要引起注意。在三角形连接中，线电压等于电源的相电压。

一般低压供电的线电压是 380V，它的相电压是 $\frac{380\text{V}}{\sqrt{3}}=220\text{V}$。负载可根据额定电压决定其接法。

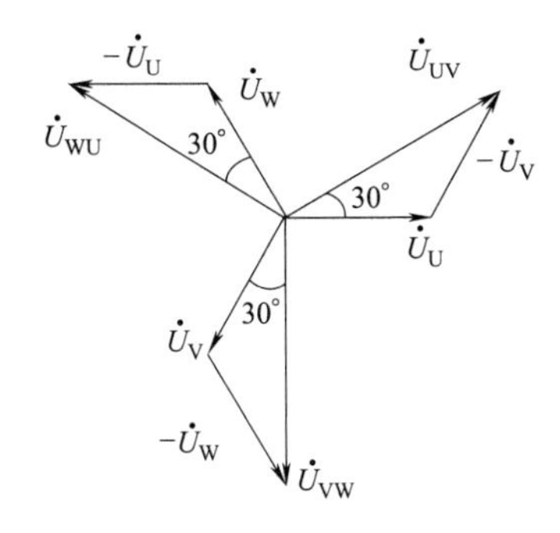

图 3-24 三相电源各电压相量关系

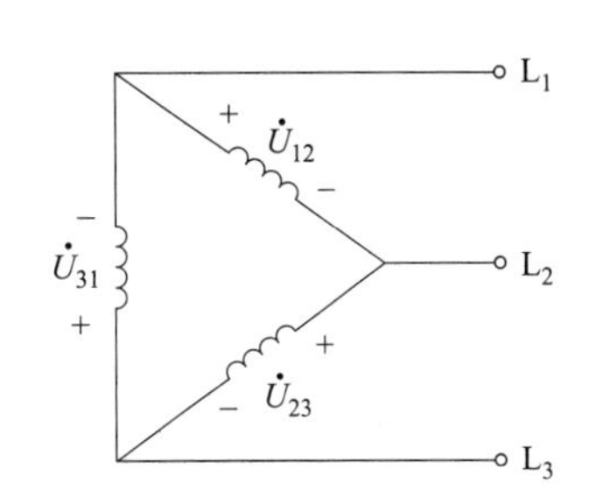

图 3-25 三相电源的三角形连接

二、三相负载的连接

三相负载的连接

各种照明灯具、家用电器一般都采用 220V，而单相变压器、电磁铁等既有 220V 的也有 380V 的。这类电气设备只需单相电源就能正常工作，统称为单相负载。单相负载若额定电压是 380V，就接在两根相线之间；若额定电压是 220V，就接在相线与中性线之间。另一类电气设备必须接到三相电源上才能正常工作，例如三相交流电动机、大功率的三相电炉等，称为三相负载。这些三相负载各相阻抗总是相等的，是一种对称的三相负载。而大批量的单相负载对于三相电源来说，在总体上也可看成是三相负载，但这种三相负载一般是不对称的。三相负载的连接方式有两种：星形连接和三角形连接，采用哪种连接方式要根据负载的额定电压和电源电压来决定，下面将分别讨论这两种连接方式。

1. 负载的星形连接

图 3-26 是三相四线制供电系统中常见的照明电路和动力电路，包括大批量的单相负载（例如照明灯）和对称的三相负载（例如三相电动机）。为了使三相电源的负载比较均衡，大批量的单相负载一般分成三组，分别接于电源的 L_1-N、L_2-N 和 L_3-N 之间，各称为 U 相负载、V 相负载和 W 相负载，组成不对称的三相负载，如图 3-26（a）所示，这种连接方式属于负载的星形（Y 形）连接。

笔记

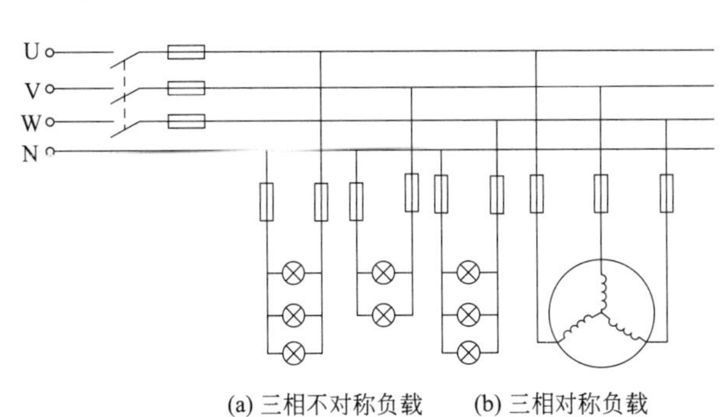

(a) 三相不对称负载 (b) 三相对称负载

图 3-26 负载的星形连接

设 U 相负载的阻抗为 Z_U，V 相负载的阻抗为 Z_V，W 相负载的阻抗为 Z_W，则负载星形连接的三相四线制电路一般可用图 3-27 所示的电路表示。

负载星形连接时，电路有以下基本关系。

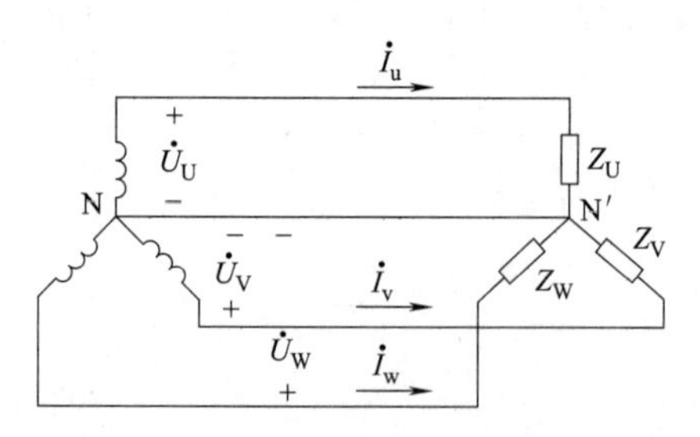

图 3-27 负载星形连接的三相四线制电路

（1）每相负载电压等于电源相电压 在图 3-27 所示电路中，若不计中性线阻抗，则电源中性点 N 与负载中性点 N′等电位。如果相线阻抗也可忽略，则每相负载的电压等于电源相电压。即

$$\dot{U}_u=\dot{U}_U \qquad \dot{U}_v=\dot{U}_V \qquad \dot{U}_w=\dot{U}_W$$

（2）相电流等于相应的线电流 从图 3-27 所示电路中可以看出，U 相电流等于线电流 $\dot{I}_U$；V 相电流等于线电流 $\dot{I}_V$；W 相电流等于线电流 $\dot{I}_W$。一般可写成

$$I_P=I_L$$

（3）各相电流可分成三个单相电路分别计算 即

$$\left.\begin{aligned}\dot{I}_u=\dot{I}_U=\frac{\dot{U}_U}{Z_U}=\frac{\dot{U}_U}{|Z_U|\angle\varphi_U}=\frac{\dot{U}_U}{|Z_U|}\angle-\varphi_U\\ \dot{I}_v=\dot{I}_V=\frac{\dot{U}_V}{Z_V}=\frac{\dot{U}_V}{|Z_V|}\angle-\varphi_V\\ \dot{I}_w=\dot{I}_W=\frac{\dot{U}_W}{Z_W}=\frac{\dot{U}_W}{|Z_W|}\angle-\varphi_W\end{aligned}\right\}\tag{3-21}$$

式中

$$\left.\begin{aligned}\varphi_U=\arctan\frac{X_U}{R_U}\\ \varphi_V=\arctan\frac{X_V}{R_V}\\ \varphi_W=\arctan\frac{X_W}{R_W}\end{aligned}\right\}\tag{3-22}$$

其电压、电流相量图如图 3-28 所示。

若三相负载对称，即 $Z_U=Z_V=Z_W=Z$ 时，则有

$$\left.\begin{aligned}\dot{I}_u=\dot{I}_U=\frac{\dot{U}_U}{Z}=\frac{\dot{U}_U}{|Z|}\angle-\varphi\\ \dot{I}_v=\dot{I}_V=\frac{\dot{U}_V}{Z}=\frac{\dot{U}_V}{|Z|}\angle-\varphi\\ \dot{I}_w=\dot{I}_W=\frac{\dot{U}_W}{Z}=\frac{\dot{U}_W}{|Z|}\angle-\varphi\end{aligned}\right\}$$

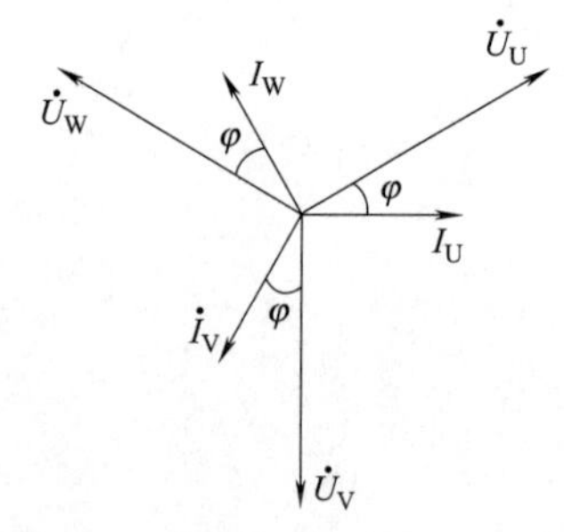

图 3-28 负载星形连接时的相量图

故三相电流也是对称的，这时只需算出任一相电流，便可知另外两相的电流。

（4）中性线电流等于三相电流之和 根据基尔霍夫电流定律，由图 3-27 电路可得

$$\dot{I}_N=\dot{I}_U+\dot{I}_V+\dot{I}_W \tag{3-23}$$

若三相负载对称，则

$$\dot{I}_{N}=\dot{I}_{U}+\dot{I}_{V}+\dot{I}_{W}=0 \tag{3-24}$$

可见，在对称的三相四线制电路中，中性线电流等于零，即中性线不起作用，故可将中性线除去，成为三相三线制系统。常用的三相电动机、三相电炉等负载，在正常情况下是对称的，都可用三相三线制供电，如图 3-26（b）所示。但如果三相负载不对称，中性线就会有电流通过，则中性线不能除去，否则会造成负载上三相电压不对称，使用电设备不能正常工作。

2. 负载的三角形连接

如果单相负载的额定电压等于三相电源的线电压，则必须把负载接于两根相线之间。把这类负载分为三组，分别接于电源的 L_1-L_2、L_2-L_3、L_3-L_1 之间，就构成了负载的三角形连接，如图 3-29（a）所示。这类由若干单相负载组成的三相负载一般是不对称的。另有一类对称的三相负载，通常将它们首尾相连，再将三个连接点与三相电源相线 L_1、L_2、L_3 相接，即构成负载的三角连接，如图 3-29（b）所示。负载的三角形连接是用不到电源中性线的，只需三相三线制供电便可。

设 U、V、W 三相负载的复阻抗分别为 Z_{UV}、Z_{VW}、Z_{WU}，则负载三角形连接的三相三线制电路可用图 3-30 所示的电路表示。若忽略相线阻抗（$Z_i=0$），则电路具有以下基本关系。

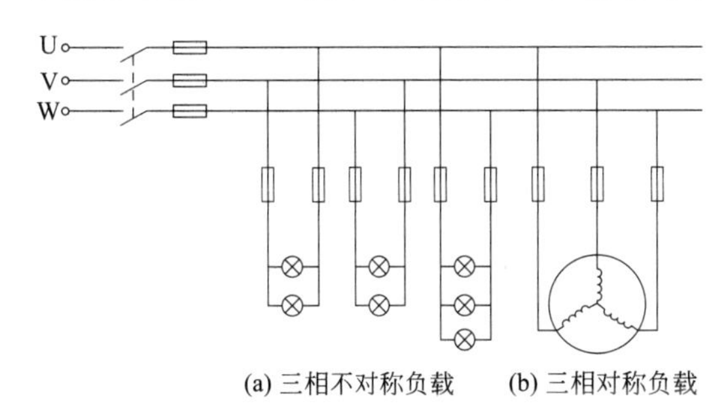

图 3-29　负载的三角形连接图

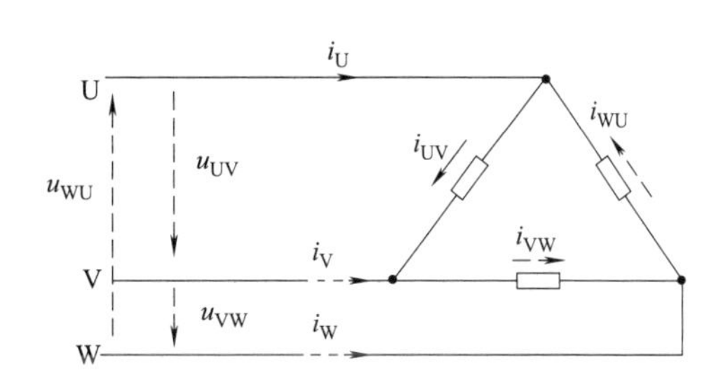

图 3-30　负载三角形连接的电路

（1）每相负载承受电源线电压　即

$$\dot{U}_{uv}=\dot{U}_{UV} \qquad \dot{U}_{vw}=\dot{U}_{VW} \qquad \dot{U}_{wu}=\dot{U}_{WU} \tag{3-25}$$

有效值关系为

$$U_P=U_L$$

（2）各相电流　可分为 3 个单相电路分别计算：

$$\left.\begin{aligned}\dot{I}_{uv}=\dot{I}_{UV}=\frac{\dot{U}_{UV}}{Z_{UV}}=\frac{\dot{U}_{UV}}{|Z_{UV}|\angle\varphi_{UV}}=\frac{\dot{U}_{UV}}{|Z_{UV}|}\angle-\varphi_{UV}\\ \dot{I}_{vw}=\dot{I}_{VW}=\frac{\dot{U}_{VW}}{Z_{VW}}=\frac{\dot{U}_{VW}}{|Z_{VW}|}\angle-\varphi_{VW}\\ \dot{I}_{wu}=\dot{I}_{WU}=\frac{\dot{U}_{WU}}{Z_{WU}}=\frac{\dot{U}_{WU}}{|Z_{WU}|}\angle-\varphi_{WU}\end{aligned}\right\} \tag{3-26}$$

式中

$$\left.\begin{aligned}\varphi_{UV}=\arctan\frac{X_{UV}}{R_{UV}}\\ \varphi_{VW}=\arctan\frac{X_{VW}}{R_{VW}}\\ \varphi_{WU}=\arctan\frac{X_{WU}}{R_{WU}}\end{aligned}\right\} \tag{3-27}$$

笔记

其电压、电流的相量图如图 3-31 所示。

(3) 各线电流由两相邻电流决定　在对称条件下，线电流是相电流的$\sqrt{3}$倍，且滞后于相应的相电流 30°。

由图 3-30 可知，各线电流分别为

$$\left.\begin{aligned}\dot{I}_U &= \dot{I}_{UV} - \dot{I}_{WU} \\ \dot{I}_V &= \dot{I}_{VW} - \dot{I}_{UV} \\ \dot{I}_W &= \dot{I}_{WU} - \dot{I}_{VW}\end{aligned}\right\} \tag{3-28}$$

负载对称时，由式 (3-28) 可作相量如图 3-32 所示。从图中不难得出

$$\frac{1}{2}I_L = I_P\cos30° = \frac{\sqrt{3}}{2}I_P$$

故
$$I_L = \sqrt{3}I_P \tag{3-29}$$

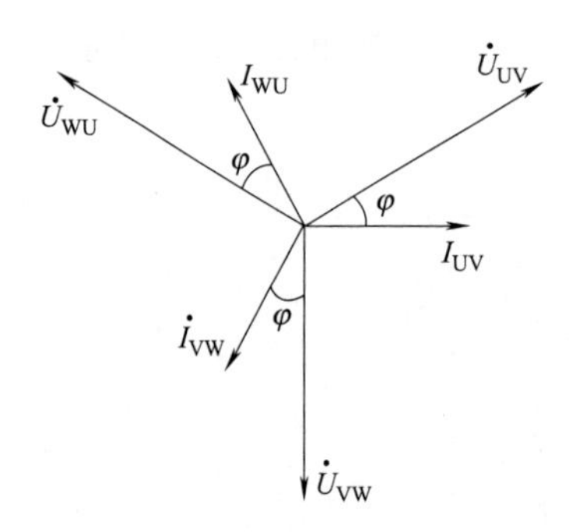

图 3-31　负载三角形连接时的相量图

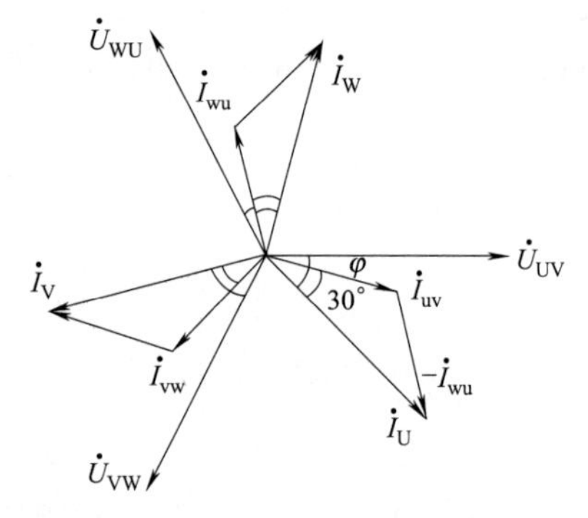

图 3-32　对称负载三角形连接时线电流与相电流的关系

由上述可知，在负载作三角形连接时，相电压对称，若某一相负载断开，并不影响其他两相的工作。如 UV 相负载断开时，VW 相和 WU 相负载承受的电压仍为线电压，接在该两相上的单相负载仍正常工作。

笔记

综上所述，在对称的三相电路中，有如下结论：

在星形 (Y) 连接的情况下，$U_L = \sqrt{3}U_P$，$I_L = I_P$，线电压超前对应的相电压 30°。

在三角形 (△) 连接的情况下，$U_L = U_P$，$I_L = \sqrt{3}I_P$，线电流滞后对应的相电流 30°。

【例 3-12】 如图 3-30 所示的三相三线制电路，各相负载的复阻抗 $Z=(6+j8)\Omega$，外加线电压 $U_L=380V$，试求正常工作时负载的相电流与线电流。

解： 由于正常工作时是对称电路，故可归结到一相来计算。其相电流为

$$I_P = \frac{U_L}{|Z|} = \frac{380}{10} = 38(A)$$

$$|Z| = \sqrt{R^2+X^2} = \sqrt{6^2+8^2} = 10(\Omega)$$

故线电流
$$I_L = \sqrt{3}I_P = \sqrt{3}\times38 = 65.8(A)$$

相电压与相电流的相位差

$$\varphi = \arctan\frac{X}{R} = \arctan\frac{8}{6} = 53°$$

三、三相电路的功率

三相电流的总功率（有功功率）等于三相功率之和。当负载为星形连接时，总功率为

$$\begin{aligned}P&=P_U+P_V+P_W\\&=U_UI_U\cos\varphi_U+U_VI_V\cos\varphi_V+U_WI_W\cos\varphi_W\end{aligned}\tag{3-30}$$

式中，φ_U、φ_V、φ_W 分别是所在相的相电压与相电流的相位差。在对称电路中，则有

$$P=3U_PI_P\cos\varphi\tag{3-31}$$

其中，φ 是相电压与相电流的相位差，亦即每相负载的阻抗角或功率因数角。

由于在三相电路中，线电压和线电流的测量往往比较方便，故功率公式常用线电压和线电流来表示。星形连接时，$U_P=\dfrac{U_L}{\sqrt{3}}$，$I_P=I_L$，于是

$$P=3\frac{U_L}{\sqrt{3}}I_L\cos\varphi=\sqrt{3}U_LI_L\cos\varphi\tag{3-32}$$

当负载为三角形连接时，其总功率为

$$P=U_{UV}I_{UV}\cos\varphi_{UV}+U_{VW}I_{VW}\cos\varphi_{VW}+U_{WU}I_{WU}\cos\varphi_{WU}\tag{3-33}$$

在对称电路中

$$P=3U_PI_P\cos\varphi$$

又因 $U_P=U_L$，$I_P=\dfrac{I_L}{\sqrt{3}}$，于是

$$P=3U_L\frac{I_L}{\sqrt{3}}\cos\varphi=\sqrt{3}U_LI_L\cos\varphi\tag{3-34}$$

比较式（3-32）和式（3-34）可知：在对称电路中，无论负载是星形连接还是三角形连接，三相电路的总功率均可由式 $P=\sqrt{3}U_LI_L\cos\varphi$ 来表达。

注意：式中的 φ 角均是相电压与相电流的相位差。

同理，三相电路的无功功率，也等于三相无功功率之和。在对称电路中，三相无功功率为

$$Q=3U_PI_P\sin\varphi=\sqrt{3}U_LI_L\sin\varphi\tag{3-35}$$

而三相视在功率为

$$S=\sqrt{P^2+Q^2}\tag{3-36}$$

一般情况下，三相负载的视在功率不等于各相视在功率之和，只有当负载对称时，三相视在功率才等于各相视在功率之和。对称三相负载的视在功率为

$$S=3U_PI_P=\sqrt{3}U_LI_L\tag{3-37}$$

笔记

【例 3-13】 三相负载 $Z=(6+j8)\Omega$，接于 380V 线电压上，试求分别用星形（Y）接法和三角形（△）接法时三相电路的总功率。

解： 由每相阻抗 $Z=(6+j8)\Omega=10\angle 53^\circ$，Y 接法电流 $I_L=22A$，故总功率为

$$P_Y=\sqrt{3}U_LI_L\cos\varphi=\sqrt{3}\times 380\times 22\cos 53^\circ=8.68(\text{kW})$$

由例 3-12 可知，△接法线电流 $I_L=65.8A$，故三相总功率为

$$P_\triangle=\sqrt{3}U_LI_L\cos\varphi=\sqrt{3}\times 380\times 65.8\cos 53^\circ=26.0(\text{kW})$$

计算表明，在电源电压不变时，同一负载由星形连接改为三角形连接时，功率增加到原来的 3 倍。若要使负载正常工作，则负载的接法必须正确。若正常工作是星形连接的负载，误接成三角形时，将因功率过大而烧毁；若正常工作是三角形连接的负载，误接成星形时，则因功率过小而不能正常工作。

安全用电

四、安全用电

随着社会的发展和科学技术的进步，无论是机械制造类行业，还是工农业生产和日常生活，电与人们的关系日益密切，必须重视和掌握安全用电常识与安全用电措施，正确使用各种电气设备，始终坚持“安全第一，预防为主”的方针。

1. 触电

当电流流过人体时，对人体产生生理和病理伤害的现象称为触电。根据电流对人体的伤害分为电击和电伤。

电击是由于电流通过人体而造成的内部器官在生理上的反应和病变，绝大部分触电死亡事故都是由电击造成的。电击分为直接电击和间接电击两种。当人体直接触及正常运行的带电体所发生的电击，称为直接电击；间接电击则是指电气设备发生故障后，人体触及意外带电部分所发生的电击。

电伤是电流的热效应、化学效应、光效应或机械效应对人体外表造成的伤害，常常与电击同时发生，电伤会在人体上留下明显伤痕。最常见的有电灼伤、电烙印和皮肤金属化三种类型。

电击和电伤的特征与危害如表 3-3 所示。

表 3-3　电击和电伤的特征与危害

笔记

名称		特征	危害
电击		常会给身体留下较明显的特征：电纹、电流斑	电击是触电事故中最危险的一种。例如，致使人体产生痉挛、刺痛、灼热感、昏迷、心室颤动、呼吸困难、心跳停止等现象
电伤	电灼伤	接触灼伤：发生高压触电事故时，电流通过人体皮肤造成的灼伤 电弧灼伤：发生在误操作或过分接近高压带电体时，当其产生电弧发电时，出现高温电弧	高温电弧会把皮肤烧伤，致使皮肤发红、起泡或烧焦和组织破坏；电弧还会使眼睛受到严重伤害
	电烙印	由电流的化学效应和机械效应引起，通常在人体与带电体有良好接触的情况下发生。电烙印有时在触电后并不立即出现，而是相隔一段时间后才出现	皮肤表面将留下与被接触带电体形状相似的肿块痕迹。电烙印一般不发炎或化脓，但往往造成局部麻木和失去知觉
	皮肤金属化	由于极高的电弧温度使周围的金属熔化、蒸发并飞溅到皮肤表层，令皮肤表面变得粗糙坚硬，其色泽与金属种类有关，如灰黄色（铅）、绿色（紫铜）、蓝绿色（黄铜）等	金属化后的皮肤经过一段时间后会自行脱落，一般不会留下不良后果

2. 影响人体触电伤害程度的因素

（1）电流的大小　通过人体的电流越大，人体的生理反应亦越大。根据人体反应，可将电流划分为三级：感知电流、摆脱电流和致命电流（表 3-4）。

表 3-4　对人体作用电流的类型

类型	定义	交流电（工频）		直流电（平均值）
		成年男性	成年女性	
感知电流	引起人的感觉的最小电流	$I<1.1$mA	$I<0.7$mA	$I<5$mA
摆脱电流	人体触电后能自主摆脱电源的最大电流	1.1mA$\leqslant I\leqslant$16mA	0.7mA$\leqslant I\leqslant$10mA	5mA$\leqslant I\leqslant$50mA
致命电流	在较短时间内，危及人体生命的最小电流	$I\geqslant$16mA	$I\geqslant$10mA	$I\geqslant$50mA

（2）触电时间　人体触电时间越长，对人体的伤害程度就越严重。人的心脏在每次收缩扩张周期中的时间称为易损伤期，当电流在这一瞬间通过时，引起心室颤动的可能性最大，危险性也最大。不同电流值和时间对人体的影响如表 3-5 所示。

表 3-5　不同电流值和时间对人体的影响

电流/mA	通电时间	人体反应	
		交流电（工频）	直流电
0～0.5	连续通电	没有感觉	没有感觉
0.5～5	连续通电	有痛觉，无痉挛	没有感觉
5～10	数分钟内	痉挛，剧痛，可摆脱电源	有灼热感和刺痛
10～30	数分钟内	迅速麻痹，呼吸困难，血压升高，不能摆脱电源	刺痛，灼热感增强，肌肉开始痉挛
30～50	数秒至数分钟	心跳不规则，昏迷，血压升高，强烈痉挛	强烈灼痛，手肌肉痉挛，呼吸困难
50～数百	低于心脏搏动周期	受强烈冲击，但未发生心室颤动	剧痛，强烈痉挛，呼吸困难
	超过心脏搏动周期	昏迷，心室颤动，呼吸麻痹，心跳停止	
500 以上	1s 以上	有死亡危险	呼吸麻痹，心室颤动，心跳停止

（3）电流的途径　电流通过心脏、呼吸系统和中枢神经系统，危险性最大。电流通过心脏会引起心室颤动，甚至心脏停止跳动；电流通过中枢神经系统的呼吸控制中心，可使呼吸停止；电流通过大脑，会对大脑造成严重损伤。电流从人体的手到脚，是最危险的一条路径，因为通过的重要器官最多。

（4）电流的频率　资料表明，25～300Hz 的交流电对人体的伤害程度最为严重。低于 20Hz 时，危险性相对减小；在高频情况下，人体能够承受更大的电流作用，死亡危险性降低。

（5）人体电阻　人体电阻的大小是影响触电后果的另一因素，而影响人体电阻的因素很多。当人体的皮肤处于干燥、清洁和无损的情况下，人体电阻可达 4～10kΩ；当处于潮湿、受到损伤或沾有金属或其他导电粉尘时，人体电阻只有 1kΩ。另外，人体电阻也随电源频率的增大而降低。从人身安全的角度考虑，人体电阻可按 1～2kΩ 考虑。

（6）人体状况　人体不同，对电流的敏感程度也不一样。一般来讲，儿童较成年人敏感，女性较男性敏感。患有心脏病、精神病或酗酒的人，触电后果更为严重。

3. 安全电压

国家标准 GB/T 3805—2008《特低电压（ELV）限值》规定，我国安全电压额定值的等级为 42V、36V、24V、12V 和 6V，应根据作业场所、操作人员条件、使用方式、供电方式、线路状况等因素，选用相应等级的安全电压，是防止发生触电伤亡事故的根本性措施。例如，在干燥而触电危险性较大的环境下，安全电压规定为 36V；对于潮湿而触电危险性较大的环境，则安全电压规定为 12V。汽车电源用电为 24V 或 12V。

4. 触电形式

按照人体触及带电体的方式和电流流过人体的途径，触电形式大致分为单相触电、双相触电和跨步电压触电。

（1）单相触电　单相触电指人站在地面上，身体的某一部位触及一相带电体，电流通过人体流入大地的触电方式。这种情况出现的可能性较大。单相触电分为中性点接地系统的单相触电和中性点不接地系统的单相触电，如图 3-33 所示。

(a) 中性点接地系统的单相触电

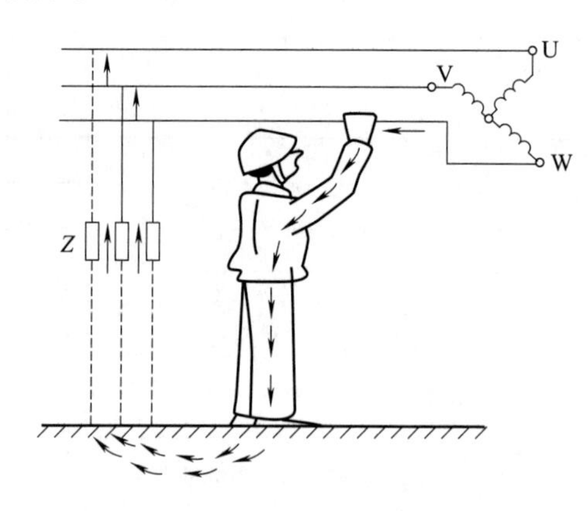

(b) 中性点不接地系统的单相触电

图 3-33　单相触电

对于高压带电体，如果人与带电体之间的距离小于安全距离，高电压会对人体放电，也属于单相触电。

为防止发生单相触电，应穿专用的绝缘胶鞋或站在专用的绝缘橡胶垫上，普通的胶底鞋或塑料底鞋是不可靠的。

（2）双相触电　人体的不同部位同时触及两相带电体而发生的触电事故，称为双相触电。电流从一相导体通过人体流入另一相导体，人体所承受的电压是线电压，其危险性是最大的，如图 3-34 所示。

（3）跨步电压触电　若输电线断线落地，或运行中的电气设备因绝缘损坏漏电，则电流经过接地体向大地流散，在地面上形成电位分布，电场强度随离断线落地点距离的增加而减小。当人在接地体附近行走时，其两脚之间的电位差称为跨步电压。跨步电压触电时，电流从人的一只脚经下身通过另一只脚流入大地形成回路，如图 3-35 所示。跨步电压的大小与跨步大小有关，跨步大小一般按 0.8m 考虑。

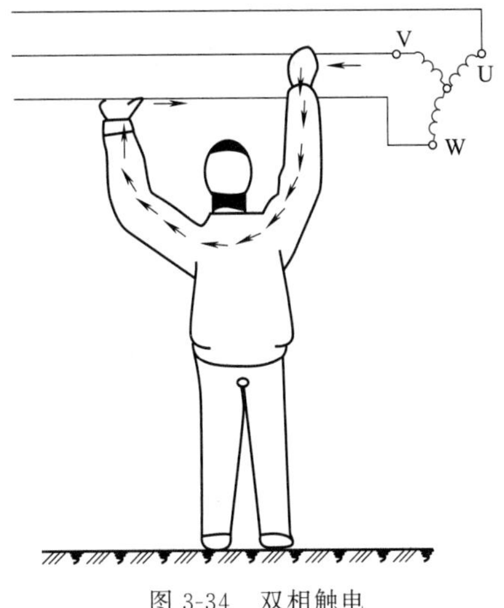

图 3-34　双相触电

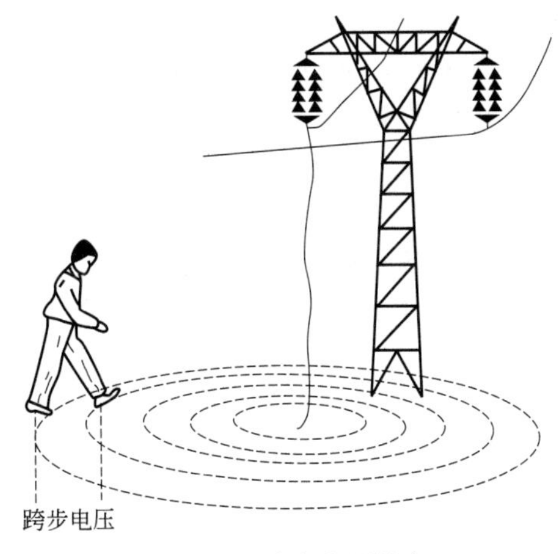

图 3-35　跨步电压触电

5. 触电急救

触电急救的要点是抢救迅速和救护得法。一旦发生人身触电，周围人员首先要在确保安全的情况下，迅速使触电者脱离电源，如迅速关掉电源；用绝缘良好的电工钳剪断电源线（注意一次只能剪一相）；用绝缘工具、干燥的木棒等将电线挑开。抢救者可戴上手套或手上包缠干燥的衣服等绝缘物品拖拽触电者，也可采用站在干燥的木板、橡胶垫等绝缘物品上，用一只手将触电者拖拽开来等方法。脱离电源后，应将触电者迅速抬到宽敞、空气流通的地方，使其仰开，平卧在硬板床上，松开衣服和裤带，检查瞳孔是否放大，以及呼吸和心跳是否存在，同时通知医务人员。

急救人员应采取相应的措施。对“有心跳而呼吸停止”的触电者，应采用“口对口人工呼吸法”进行急救，每 5s 吹气一次；对“有呼吸而心跳停止”的触电者，应采用“胸外心脏按压法”进行急救，以每分钟 80 次左右为宜；对“呼吸和心跳都停止”的触电者，应同时采用“口对口人工呼吸法”和“胸外心脏按压法”进行急救。切忌随意注射肾上腺素等强心针或用冷水浇淋。

笔记

即使在送医院的途中或车内，仍要耐心抢救，直到触电者苏醒，或经过医生确定停止抢救为止。据统计，触电 1min 后开始急救，90%能得到良好的效果，因为低压触电通常都是假死，采用科学的方法急救是必要的。

6. 安全用电措施

安全第一、预防为主、综合治理，是我国安全生产的基本方针。触电场合不同，引起触电的原因不同，但组织措施与技术措施配合不当是造成事故的根本原因。所以应尽量做到以下两点：

第一，建立健全各种安全操作规程，配备管理机构和管理人员，加强员工安全教育，定期进行安全检查，组织事故分析，吸取教训等；

第二，为防止电气设备的金属外壳带电，常用的保护措施是保护接地和保护接零。

（1）保护接地　将电气设备不带电的金属外壳或构架，通过接地装置与大地连接起来，称为保护接地，如图 3-36 所示。

若图 3-36 所示电动机机壳没有接地，某一相电源线绝缘皮老化使机壳带电，由于线路和大地之间存在分布电容，人体一旦触及机壳，就会形成回路，造成触电事故。当电动机有了接地保护时，便形成人体电阻 R_r 和接地电阻 R_b 两条并联支路，接地电阻按规定要小于 4Ω，所以，$R_r \gg R_b$，单相接地电流流经人体的电流很小，绝大部分通过接地体流入大地。

保护接地适用于中性点不接地的低压配电网络中。但通常在低压电网中，单相接地电流并不是一个很大的电流值，一般不会引起断路器迅速跳闸，所以设备外壳继续带电。保护接地只是通过接地体的小阻值与人体阻值形成并联电路，减小流过人体的电流，所以保护接地只能有效地降低触电伤害而不能完全避免触电伤害。

（2）保护接零　将电气设备不带电的金属外壳或构架与零线连接起来，称为保护接零，如图 3-37 所示。

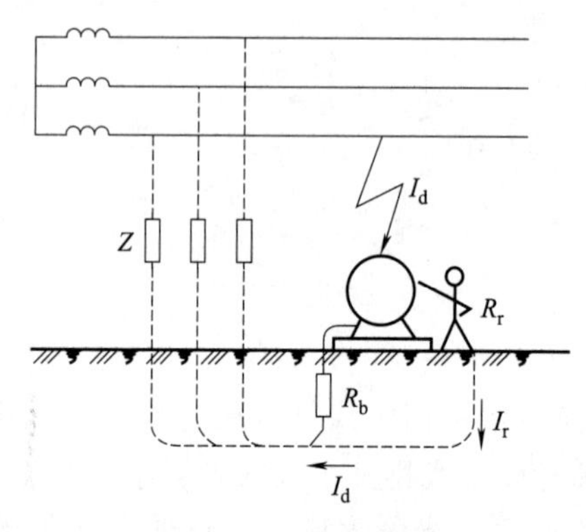

图 3-36　保护接地

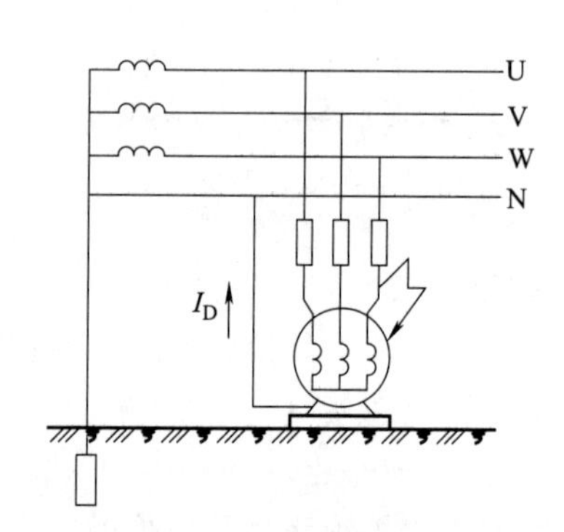

图 3-37　保护接零

当发生某一相线碰壳事故时，该相线通过机壳与零线相连，会产生很大的相零短路电流，使保护装置迅速动作，切断故障设备的电源，防止触电事故发生。为保证保护接零系统的正常运行，要求当相线截面积不大于 $16mm^2$ 时，零线截面积与相线截面积相等；当相线截面积不小于 $25mm^2$ 时，零线截面积为相线截面积的一半。

笔记

保护接零适用于三相四线制低压配电网，其线既是零线又是保护线，所以只适合用在三相负载平衡的电路中。当三相负载严重不平衡时，N 线将有较大电流流过，就会产生压降，形成电位漂移，接到零线的其他设备外壳也会带电，所以可将保护线与零线分开单独敷设，形成三相五线制中性点接地低压配电网，即 TN-S 系统，如图 3-38 所示。

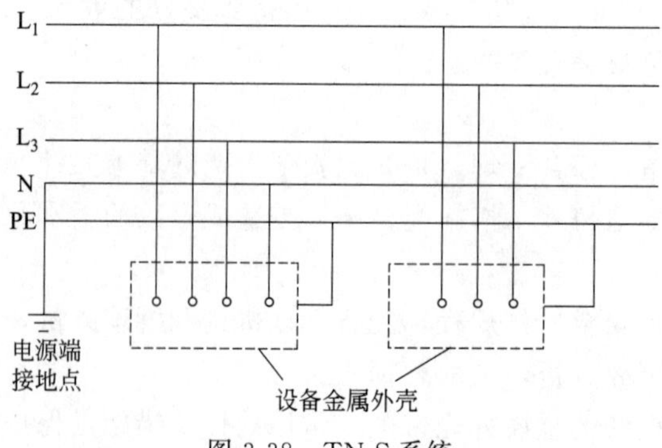

图 3-38　TN-S 系统

（3）重复接地　在中性点接地系统中，除电源中性点进行工作接地外，在其他处再把 PE 线进行接地（图 3-39），是为防止断线或短路点距离电源太远造成线路电阻过大。重复接地在保证接零系统的安全运行中有着重要作用。

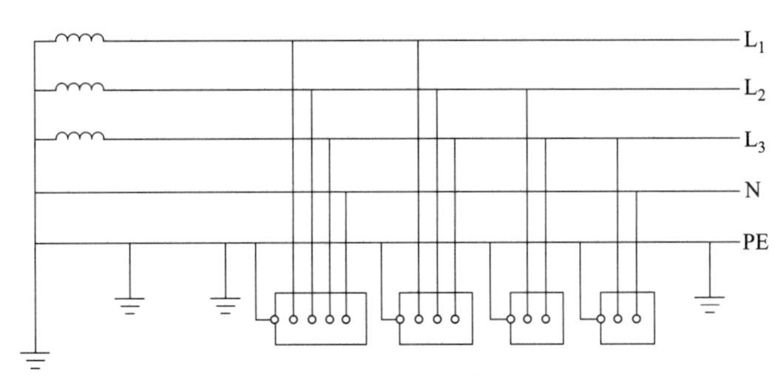

图 3-39 重复接地图示

(4) 安装漏电保护器 电气设备(或线路)发生漏电或接地故障时,漏电保护器能在人尚未触及之前就把电源切断。如当人体触及带电体时,能在 0.1s 内切断电源,从而保护人身安全。还可以防止漏电引起的火灾事故。

7. 防雷保护

雷击引起的电力系统事故也比较多。雷电对地放电的电流值可达到数百千安,电压值可达几千到上万千伏甚至更高。雷电的"过电压"危害主要通过直击雷或感应雷两种形式实现。为避免输电线路、变压器等电气设备遭受雷击侵害,常用的防雷措施有装设避雷针、避雷线、避雷器、避雷网等。

8. 电气火灾

电气事故引起的火灾爆炸所造成的后果与损失不堪设想。引起电气火灾和爆炸的主要原因:电气装置的过度发热,造成过度发热的原因有设备过载、线路短路、开关接触不良、设备散热不良、漏电等;电火花及电弧引起的火灾或爆炸,电弧温度可达 6000℃;正常发热设备因不正确使用引起的火灾或爆炸。电气火灾或爆炸的防护必须采用综合性措施,合理选用和正确安装电气设备及电气线路,保持电气设备和线路的正常运行,保证必要的防火间距,保持良好的通风,装设良好的保护装置等。

为了防范电气火灾的发生,在制造和安装电气设备、电气线路时,应减少易燃物,选用具有一定阻燃能力的材料,减少电气火源。一定要按防火要求设计和选用电气产品,严格按照额定值规定条件使用电气产品,按防火的要求提高电气安装和维修水平,主要从减少明火、降低温度、减少易燃物三个方面入手。另外还要配备灭火器具。

电气火灾一旦发生,首先要切断电源,进行扑救。带电灭火时,切忌用水和泡沫灭火剂,应使用不导电的灭火剂,如二氧化碳灭火器、干粉灭火器、四氯化碳灭火器、卤代烷灭火器、1211(二氟一氯一溴甲烷)灭火器等。

实验九 三相负载的连接及测量

实验目的

① 掌握三相负载作星形连接、三角形连接的方法,验证在这两种接法下线电压和相电压、线电流和相电流之间的关系。

② 比较三相供电方式中三线制和四线制的特点。

③ 进一步提高分析、判断和查找故障的能力。

实验设备

① 电路实验箱。

② 万用表。

③ 交流电流表。

实验内容

（1）三相负载星形连接（三相四线制）

按图 3-40 电路图接线，三相电源接线电压 380V，负载电阻 $R=1800\Omega$。在做不对称负载实验时，在 W 相并一个电阻，如图中虚线所示。分别测量接入对称负载和不对称负载时电路的线电压、相电压、线电流，填入表 3-6 中。

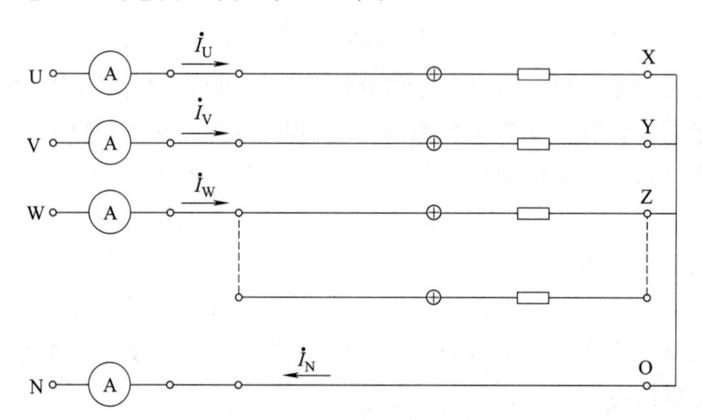

图 3-40 星形连接电路接线图

表 3-6 三相负载星形连接数据记录表

待测数据		U_{UV}/V	U_{UW}/V	U_{VW}/V	U_{UX}/V	U_{VY}/V	U_{WZ}/V	U_{ON}/V	I_U/A	I_V/A	I_W/A	I_N/A
对称	有中线											
	无中线											
不对称	有中线											
	无中线											

（2）负载三角形连接（三相三线制）

按图 3-41 电路图接线。三相电源接线电压 220V，负载电阻 $R=1800\Omega$。在做不对称负载实验时，在 W 相并一个电阻，如图中虚线所示。分别测量接入对称负载和不对称负载时电路的线电压、相电压、线电流，填入表 3-7 中。

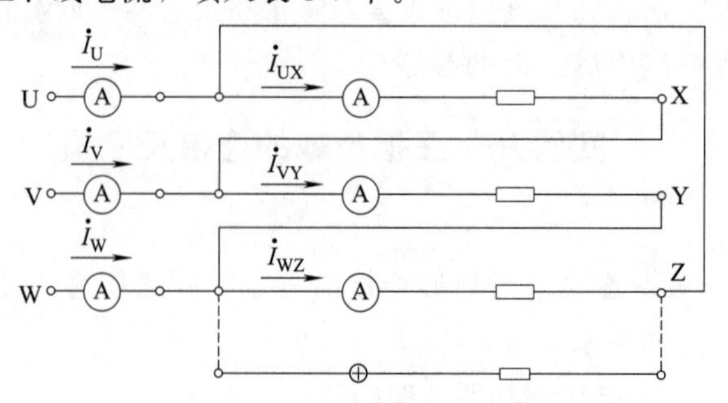

图 3-41 三角形连接电路接线图

表 3-7 负载三角形连接数据记录表

负载情况	U_{UX}/V	U_{VY}/V	U_{WZ}/V	I_U/A	I_V/A	I_W/A	I_{UX}/A	I_{VY}/A	I_{WZ}/A
对　称									
不对称									

实验报告

① 用实验测得的数据验证对称三相电路中的关系。

② 不对称三角形连接的负载能否正常工作？实验是否能证明这一点？

模块总结

① 设正弦电流为 $i=I_m\sin(\omega t+\varphi_i)$，把 I_m、ω、φ_i 称为正弦量的三要素。

因为正弦电流还可以表示为 $i=\sqrt{2}I\sin(\omega t+\varphi_i)$，式中 $\omega=\frac{2\pi}{T}=2\pi$。同样，把 I、f、φ_i 称为正弦量的三要素。

② 相位差 φ 是两个同频率正弦量的初相之差，经常表示为电压和电流之间的初相之差，$\varphi=\varphi_u-\varphi_i$。

③ 正弦量与相量之间是相互对应的关系，不是相等的关系。正弦量的运算可转换成相应的相量代数运算。在相量的运算中，可借助相量图分析，以简化计算。

④ R、L、C 元件伏安关系的相量总结见表 3-8（电压与电流取关联参考方向）。

表 3-8 R、L、C 元件及串联电路相量形式伏安关系

元件	相量形式	复阻抗	相量图
电阻元件	$\dot{U}=R\dot{I}_R$	$Z_R=\frac{\dot{U}_R}{\dot{I}_R}=R$	$\dot{I}_R$，$\dot{U}_R$，$\varphi=0$
电感元件	$\dot{U}=\mathrm{j}\omega L\dot{I}_L$	$Z_L=\frac{\dot{U}_L}{\dot{I}_L}=\mathrm{j}X_L$ $X_L=\omega L$	$\dot{U}_L$，O，$\dot{I}_L$，$\varphi=\frac{\pi}{2}$
电容元件	$\dot{U}=-\mathrm{j}\frac{1}{\omega C}\dot{I}_C$	$Z_C=\frac{\dot{U}_C}{\dot{I}_C}=-\mathrm{j}X_C$ $X_C=\frac{1}{\omega C}$	$\dot{I}_C$，O，$\dot{U}_C$，$\varphi=-\frac{\pi}{2}$
RLC 串联电路	$\dot{U}=R+\mathrm{j}\left(\omega L-\frac{1}{\omega C}\right)\dot{I}$	$Z=R+\mathrm{j}(X_L-X_C)$ $=R+\mathrm{j}\left(\omega L-\frac{1}{\omega C}\right)$	$\dot{U}$，O，φ，$\dot{I}$，$\varphi>0$

⑤ 串联电路谐振条件、特征

谐振条件(谐振时复阻抗虚部为零) $\omega_0 L=\frac{1}{\omega_0 C}$

谐振频率 $\omega_0=\frac{1}{\sqrt{LC}}$ $f_0=\frac{1}{2\pi\sqrt{LC}}$

特征：谐振时电路阻抗最小，$Z=R$，如果外加电压不变，电流最大，$\dot{I}=\frac{\dot{U}}{R}$，电压、电流同相位，$\varphi=0$。电容及电感的电压在 $Q\gg1$ 的条件下可能远大于电源电压。

⑥ 正弦交流电的功率

有功功率 $P=UI\cos\varphi$

有功功率是指电路实际消耗的功率，即电路中所有电阻消耗的功率之和。

无功功率 $Q=UI\sin\varphi$

视在功率 $S=UI$

有功功率、无功功率、视在功率的关系：

$$S^2=P^2+Q^2$$

⑦ 由对称三相电源、对称三相负载、相等端线阻抗组成的三相电路，称为对称三相电路。

⑧ 由于在日常生活中经常遇到三相负载不对称的情况，为了保证负载能正常工作，在低压配电系统中，通常采用三相四线制（3 根相线，1 根中性线，共 4 根输电线）。为了保证每相负载正常工作，中性线不能断开，所以中性线是不允许接入开关或熔断器的。

模块三
检测答案

⑨ 对称三相电源连接的特点

星形（Y）连接 $U_L=\sqrt{3}U_P$，线电压超前对应的相电压 30°。

三角形（△）连接 $U_L=U_P$

⑩ 对称三相负载连接的特点

星形（Y）连接 $U_L=\sqrt{3}U_P$ $I_L=I_P$

三角形△连接 $U_L=U_P$ $I_L=\sqrt{3}I_P$，线电流滞后对应的相电流 30°。

笔记

⑪ 常见的触电方式有单相触电、双相触电和跨步电压触电三种。

⑫ 防止触电的方法有接地保护和接零保护。

⑬ 触电急救方法有人工呼吸法和胸外挤压法。

⑭ 生产过程中一定要防范电气火灾的发生，要具备一定的火灾扑救常识。

模块检测

1. 填空题

(1) 正弦交流电路是含有正弦交流电源的________电路。

(2) 频率为 50Hz 的正弦交流电，角频率为________，在 1/80s 时的相位角为________。(设初相角为零)

(3) 正弦交流电的三要素为________、________和________。

(4) 周期为 0.02s 的正弦交流电，工频为________ Hz，角频率为________ rad/s。

(5) 灯泡上标出的电压 220V，是交流电的________值。该灯泡接在交流电源上额定工作时，承受电压的最大值为______。

(6) 将________和________随时间按正弦规律变化的电压、电流、电动势统称为“正弦交流电”。

(7) 正弦交流电可用________、________及________来表示，它们都能完整地描述出正弦交流电随时间变化的规律。

(8) 如图 3-42 所示为交流电的波形。若 $\varphi=60^\circ$，$U_m=5V$，$f=50Hz$，则当 $t=0$ 时，$u=$________，$t=5ms$ 时，$u=$________。

(9) 如图 3-43，i_1、i_2 角频率均为 314rad/s，则两者的相位差为________，相位关系为 i_1 比 i_2________。

(10) 如图 3-44，u 的初相角为________，i 的初相角为________，则 u 比 i 超前________。

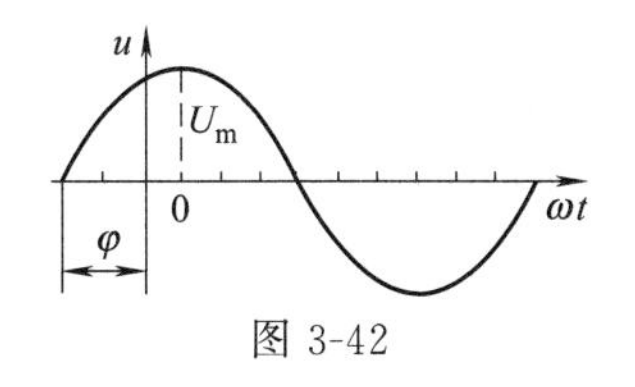

图 3-42

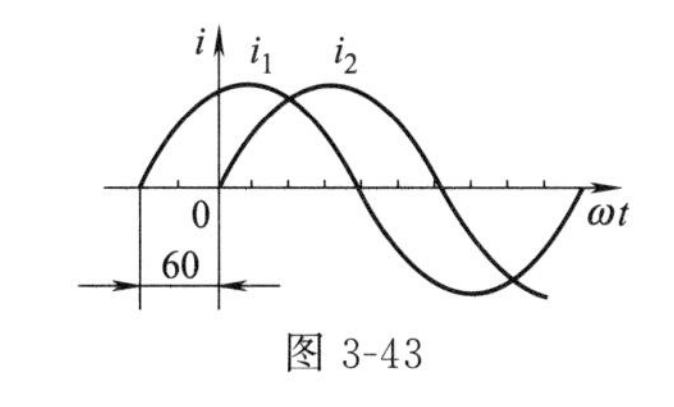

图 3-43

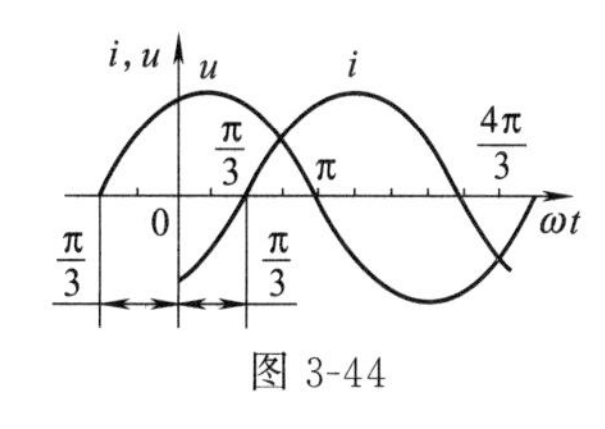

图 3-44

(11) 如图 3-45 所示，已知 $I_{1m}=10A$，$I_{2m}=16A$，$I_{3m}=12A$，周期均为 0.02s，则三个电流的解析式分别为：$i_1=$____________，$i_2=$____________，$i_3=$____________。

(12) 已知三个同频率正弦交流电流 i_1、i_2 和 i_3，它们的最大值分别为 4A、3A 和 5A；i_1 比 i_2 超前 30°，i_2 比 i_3 超前 15°，i_1 初相角为零，则 $i_1=$____________，$i_2=$____________，$i_3=$____________。

(13) 一个工频正弦交流电动势的最大值为 537V，初始值为 268.5V。则它的瞬时值解析式为____________。有效值为____________。

(14) 已知一正弦交流电流 $i=30\sin(314t+30^\circ)A$，则它有效值 $I=$____________A，角频率 $\omega=$____________rad/s，初相角为____________。

(15) 某正弦交流电流 $i=5\sqrt{2}\sin(314t+20^\circ)A$，则最大值 I_m 是________，有效值 I 是________，频率 f 是________，周期 T 是________，角频率 ω 是________，初相 φ 是________。

(16) 某正弦交流电压 $u=110\sqrt{2}\sin(314t+70^\circ)V$，则最大值 U_m 是________V，有效值 U 是________，频率 f 是________，周期 T 是________，角频率 ω 是________，初相 φ 是________。

(17) 如图 3-46，已知 $I_{1m}=I_{2m}=I_{3m}$，i_1 初相角为零，$i_1=$________，$i_2=$________，$i_3=$________。

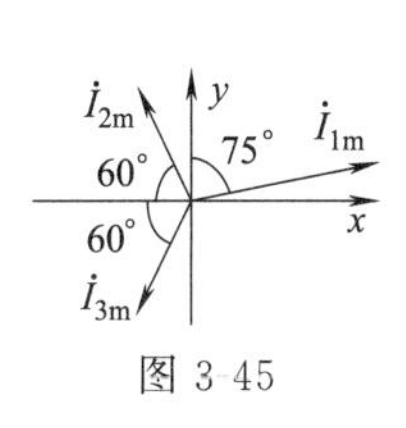

图 3-45

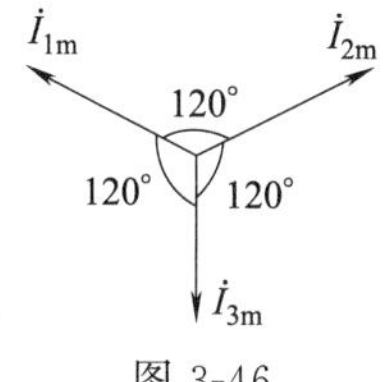

图 3-46

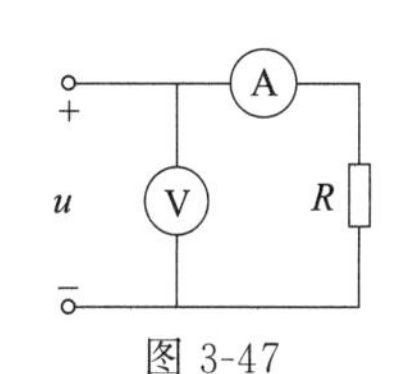

图 3-47

(18) 如图 3-47，电压表读数为 220V，$R=2.4k\Omega$（电流表内阻忽略），则电流表的读数为________，该交流电压的最大值为________。

(19) 电感的特性是通________流阻________流，通________频阻________频。

(20) 电容的特性是通________流阻________流，通________频阻________频。

(21) 已知 $C=0.1\mu F$ 的电容器接于 $f=400Hz$ 的电源上，$I=10mA$，则电容器两端的电压 $U=$________，角频率 $\omega=$________。

(22) 给某一电路施加 $u=100\sin(100\pi t+30^\circ)V$ 的电压，得到的电 $i=5\sin(100\pi t+120^\circ)A$，则该元件的性质为________，有功功率为________，无功功率为________。

(23) 图 3-48 为单一参数交流电路的电压、电流波形图，从波形图可看出该电路元件是________性质的，有功功率是________。

(24) 如图 3-49，交流电源端电压有效值等于直流电源端电压，并且所接的灯泡规格也完全相同，则图________电路中的灯泡最亮，图________电路中的灯泡最暗。

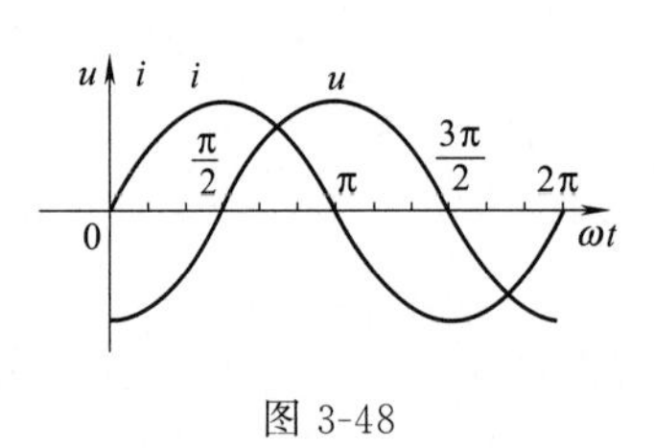

图 3-48

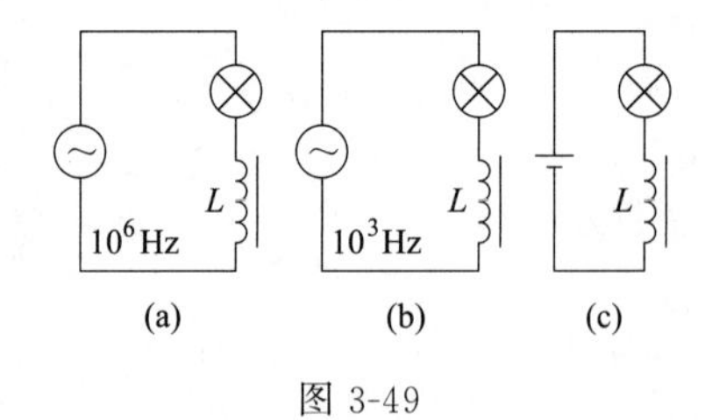

图 3-49

(25) 复阻抗 $Z=R+j(X_L-X_C)$，R 称为________，X_L 称为________，X_C 称为________。

(26) 在 RLC 串联电路中，已知 $R=3\Omega$，$X_L=5\Omega$，$X_C=8\Omega$，则电路的性质为________性，复阻 Z =________。

(27) RLC 串联谐振的条件是________，其谐振频率为 $\dfrac{1}{2\pi\sqrt{LC}}$。此时阻抗最________，电流最________。

(28) 在 RLC 串联电路中，f_0 为谐振频率。当 $f=f_0$ 时，电路呈________性，当 $f>f_0$ 时，电路呈________性。

(29) 由于电压三角形是________三角形，所以作图时三角形的三个边必须带____________的有向线段且方向要正确。

(30) 电力工业为了提高功率因数，通常在广泛应用的感性电路中，并入________负载。

(31) 在图 3-50 所示电路中，已知 V_1、V_2 的读数都是 100V，则电压表 V 的读数是________。

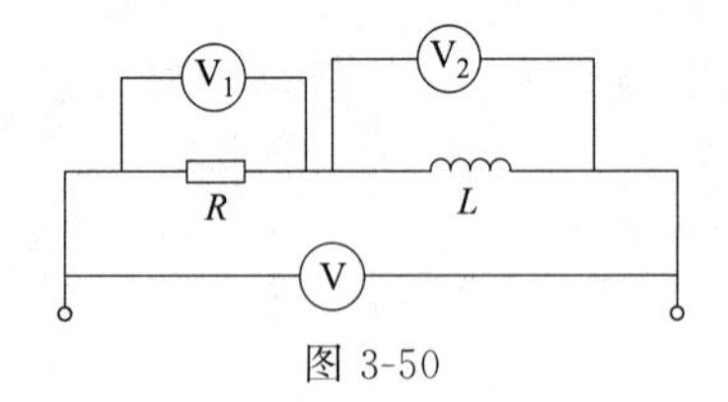

图 3-50

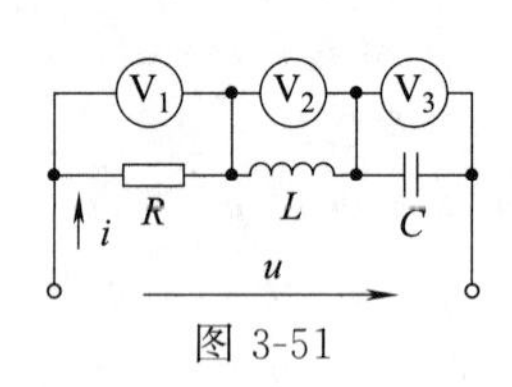

图 3-51

(32) 如图 3-51 所示电路中，已知 $R=20\Omega$，$X_L=X_C=10\Omega$，$U=220$V，则 V_1 的读数为________，V_2 读数为________，V_3 读数为________。

笔记

(33) 在感性负载两端并联上合适的电容器以后，线路上的总电流将________，功率因数将________。

(34) 三相对称电源具有__________、__________和__________三大特点。

(35) 在对称的三相电路中，若负载采用三角形（△）形连接，线电压是相电压的______倍，线电流是相电流的______倍；线电流________（填“超前”或“滞后”）对应的相电流________。

(36) 在对称的三相电路中，若负载采用星形（Y）形连接，线电压是相电压的________倍，线电压________（填“超前”或“滞后”）对应的相电压________。线电流是相电流的________倍。

(37) 三相对称负载连成三角形，接到线电压为 380V 的电源上。有功功率为 5.28kW，功率因数为 0.8，则负载的相电流为________A，线电流为________A。

(38) 如果对称三相交流电路的 U 相电压 $u_U=220\sqrt{2}\sin(314t+30°)$V，那么其余两相电压分别为 u_V =________V，u_W =________________V。

(39) 已知三相电源的线电压为 380V，而三相负载的额定相电压为 220V，则此负载应作________连接，若三相负载的额定相电压 380V，则此负载应作________连接。

(40) 三相四线制电源相电压为 200V，三相负载作星形连接，$Z=3+j4\Omega$，则负载两端的相电压 U_P =________V，流过负载的相电流 I_P =________A，线电流 I_L =________A。

(41) 三相照明负载照明电路必须采用________制。

(42) 三相对称负载连成三角形接于线电压为 380V 的三相电源上，若 U 相电源线因故发生断路，则 U

相负载的电压为________V，V 相负载的电压为 380V，W 相负载的电压为 380V。

(43) 我国安全用电额定值的等级为________、________、________、________和________。

(44) 防火要求提高电气安装和维修水平，主要从________、________、________三个方面入手。

2. 判断题

(1) 大小随时间作周期性变化的交变电动势、交变电压、交变电流统称为交流电。(　　)

(2) 若一个正弦交流电的周期为 0.04s，则它的频率为 25Hz。(　　)

(3) 正弦交流电的最大值和有效值随时间作周期性变化。(　　)

(4) 用交流电表测出的交流电的数值都是平均值。(　　)

(5) 有两个频率和初相角都不同的正弦交流电压 u_1 和 u_2，若它们的有效值相同，则最大值也相同。(　　)

(6) 一个电炉分别通以 10A 直流电流和最大值为 $10\sqrt{2}$ A 的工频交流电流，在相同时间内，该电炉的发热量相同。(　　)

(7) 已知 $i_1=15\sin(100\pi t+45°)$A，$i_2=15\sin(200\pi t-30°)$A，则 i_1 比 i_2 超前 75°。(　　)

(8) 某元件的电压和电流分别为 $u=10\sin(1000t+45°)$V，$i=0.1\sin(1000t-45°)$A，则该元件是纯电感性元件。(　　)

(9) 在纯电阻电路中，电压和电流瞬时值符合欧姆定律。(　　)

(10) 在纯电感电路中，对于直流电路因 $f=0$，纯电感线圈相当于开路。(　　)

(11) 在纯电容电路中，对于直流电路因 $f=0$，纯电容相当于开路。(　　)

(12) 在纯电容电路，f 越高，X_C 越小，电流越小。(　　)

(13) 三相电动势或电流最大值出现的次序成为相序。(　　)

(14) 把三相绕组的末端 X、Y、Z 连到一起，从首端引出连续负载的导线，称为星形连接。(　　)

(15) 一相绕组的末端与相邻一相绕组的首端依次连接，再从三首端引出三根端线，称为三角形连接。(　　)

(16) 当三相负载阻抗的大小和性质相同时，也不可省去中线。(　　)

(17) 对三相四线制供电系统，规程规定在中性干线上不允许安装熔断器和开关设备。(　　)

(18) 在相同的线电压下，负载作三角形连接时的有功功率是星形连接时有功功率的 3 倍。(　　)

(19) 正弦交流电的表示方法包括交流电的瞬时值表达式、正弦交流电波形图和相量图。(　　)

(20) 由于正弦交流电路是线性电路，所以线性电路的分析方法、定律、定理都适用于正弦交流电路。(　　)

(21) 两个同频率的正弦交流电相位之差为 180°，这两个正弦交流电的相位关系称为反相。(　　)

(22) 串联谐振时，电路中的电流最大。(　　)

(23) 两相触电危险性较单相触电大。(　　)

(24) 对人体伤害程度主要与电流大小有关，与通电时间无关。(　　)

(25) 工频电压 220V 作用下的人体电阻只有 50V 时的一半。(　　)

(26) 电流从左手到双脚会引起心室颤动的机会减小。(　　)

(27) 工频 50～60Hz 的电流危险性最大。(　　)

(28) 如图 3-52，电压表 V 的读数为 42.42V。(　　)

(29) 如图 3-53，已知电压表 V_1、V_2 的读数均为 10V，则电压表 V 的读数为 14.14V。(　　)

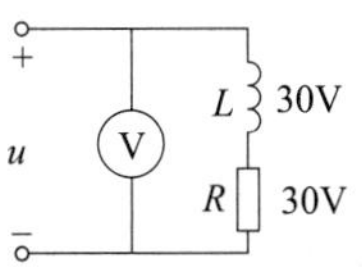

+ u − V L 30V R 30V

图 3-52

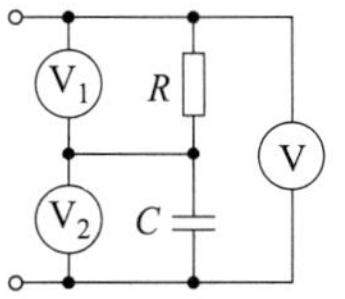

V1 R V2 C V

图 3-53

笔记

(30) 人触电后，心跳和呼吸停止了，则可以判定触电者已经死亡。(　　)

(31) 统计资料表明，触电 6min 后才开始抢救，则 80%救活不了。(　　)

(32) 如图 3-54，已知电压表 V_1、V_2、V_4 的读数分别为 100V、100V、40V，则电压表 V_3 的读数应为 40V。(　　)

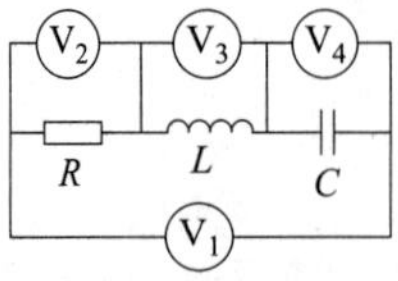

图 3-54

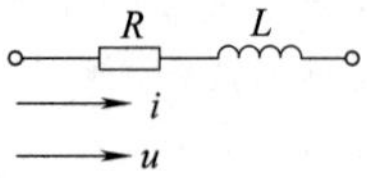

图 3-55

(33) 如图 3-55，u 比 i 超前 30°，电路为感性。(　　)

(34) 发现有人触电后，应立即通知医院派车来抢救。(　　)

(35) 三相交流母线涂漆的颜色为：U 相为黄色；V 相为绿色；W 相为红色。(　　)

3. 选择题

(1) 我国工农业生产及日常生活中使用的工频交流电的周期和频率为(　　)。

A. 0.02s、50Hz　　B. 0.2s、50Hz　　C. 0.02s、60Hz　　D. 5s、0.02Hz

(2) (　　) 角频率和初相角是确定正弦量的三大要素。

A. 瞬间值　　B. 有效值　　C. 额定值　　D. 最大值

(3) 正弦交流电的有效值是最大值的(　　)倍。

A. $\sqrt{3}$　　B. $\frac{1}{\sqrt{3}}$　　C. $\sqrt{2}$　　D. $\frac{1}{\sqrt{2}}$

(4) 电阻与电感串联的交流电路中，当电阻与电感相等时，电源电压与电源电流的相位差(　　)。

A. 电压超前$\frac{\pi}{2}$　　B. 电压超前$\frac{\pi}{3}$　　C. 电压超前$\frac{\pi}{4}$　　D. 电压滞后$\frac{\pi}{4}$

(5) 纯电容电路两端电压超前电流(　　)。

A. 90°　　B. −90°　　C. 45°　　D. 180°

(6) 纯电容电路的功率是(　　)。

A. 视在功率　　B. 无功功率　　C. 有功功率　　D. 额定功率

笔记

(7) 通常所说的交流电压 220V、380V，是指交流电压的(　　)。

A. 平均值　　B. 最大值　　C. 瞬时值　　D. 有效值

(8) 三个交流电压的解析式分别为 $u_1=20\sin(100t+30°)$V，$u_2=30\sin(100t+90°)$V，$u_3=50\sin(100t+150°)$V。下列答案中正确的是(　　)。

A. u_1 比 u_2 滞后 60°　　B. u_1 比 u_2 超前 60°

C. u_2 比 u_3 超前 20°　　D. u_3 比 u_1 滞后 150°

(9) 两个交流电压的矢量如图 3-56 所示，则 u_1 与 u_2 的相位关系为(　　)。

A. u_1 比 u_2 滞后 105°　　B. u_1 比 u_2 超前 105°

C. u_1 比 u_2 超前 225°　　D. u_1 比 u_2 超前 60°

图 3-56

(10) 如图 3-57，两个电动势串联。$e_1=100\sin(314t+90°)$V，$e_2=100\sin(314t-90°)$V，则总电动势 e 的有效值为(　　)。

A. 0　　B. 100V　　C. 200V　　D. $100\sqrt{2}$V

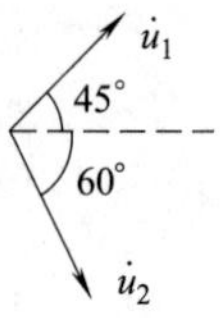

(11) 已知 $i=4\sqrt{2}\sin(314t-\pi/4)$A，通过 $R=20\Omega$ 的电阻时，消耗的功率为(　　)。

A. 160W　　B. 250W　　C. 80W　　D. 320W

(12) 在纯电感电路中，若已知电流的初相角为−30°，则电压的初相角应为(　　)。

A. 90°　　B. 120°　　C. 60°　　D. 30°

(13) 如图 3-58，电压表 V 的读数为（ ）。

A. 10V　　B. 14.14V　　C. 20V　　D. 0V

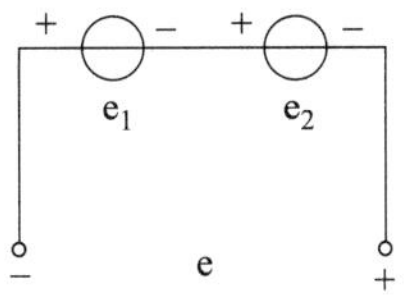

图 3-57

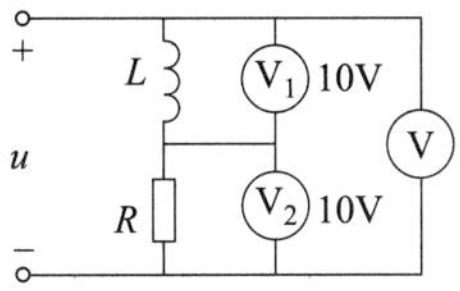

图 3-58

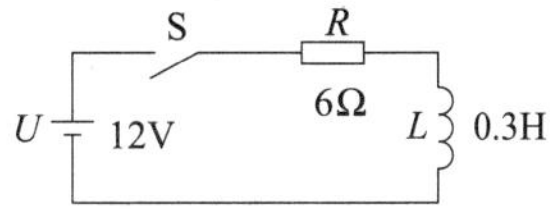

图 3-59

(14) 如图 3-59，当 S 闭合后，电路中的电流为（　　）。

A. 0A　　B. 5/6A　　C. 2A　　D. 3A

(15)（　　）相等角频率相同，相位互差 120°的三个交动势称为三相对称电动势。

A. 瞬时值　　B. 有效值　　C. 幅值　　D. 额定值

(16) 三相四线供电系统中，线电压指的是（　　）。

A. 两相线间的电压　　B. 中性线对地的电压

C. 相线与中性线的电压　　D. 相线对地电压

(17) 当三相交流电的负载作星形连接时，线电压等于（　　）相电压。

A. 1　　B. $\sqrt{3}$　　C. $\frac{2}{\sqrt{2}}$　　D. $\frac{2}{\sqrt{3}}$

(18) 当三相交流电的负载作星形连接时，线电流等于（　　）倍相电流。

A. 1　　B. $\sqrt{3}$　　C. $\frac{2}{\sqrt{2}}$　　D. $\frac{2}{\sqrt{3}}$

(19) 正弦交流电的功率如果用功率三角形表示，则斜边表示（　　）。

A. W　　B. S　　C. Q　　D. P

(20) 作为正弦交流电的负载，它的功率因数（　　）。

A. 越低越好　　B. 是 0.5 最好　　C. 越接近于 1 越好　　D. 是 0.75 最好

(21) 对称三相交流负载作三角形连接时（　　）。

A. 线电流等于相电流　　B. 线电压等于相电压

C. 每一相的有功功率等于该相无功功率　　D. 中性线电流等于 0

(22) 在三相四线制电路的中线上，不准安装开关和熔丝的原因是（　　）。

A. 中线上没有电流

B. 开关接通或断开对电路无影响

C. 安装开关和熔丝会降低中线的机械强度

D. 开关断开或熔丝熔断后，三相不对称负载承受三相不对称电压的作用，无法正常工作，严重时会烧毁负载

(23) 在相同线电压作用下，同一台三相交流电动机作三角形连接所产生的功率是作星形连接所产生功率的（　　）倍。

A. $\sqrt{3}$　　B. 1/3　　C. $\frac{1}{\sqrt{3}}$　　D. 3

(24) 当有人触电时，应首先（　　）。

A. 切断电源　　B. 拉出触电者

C. 对触电者人工呼吸　　D. 送医院

(25) 一般来说电击比电伤的伤害程度要（　　）。

A. 轻　　B. 严重得多　　C. 轻微一些　　D. 好一些

(26) 一般来说直接电击比间接电击的伤害（　　）。

笔记

A. 轻　　B. 重　　C. 一样　　D. 更隐蔽

(27) 交流电的摆脱电流比直流电的摆脱电流（　　）。

A. 大　　B. 小　　C. 一样　　D. 强

(28) 造成触电的主要原因是（　　）。

A. 设备安装不合格 B. 设备绝缘不合格　　C. 违章作业　　D. 管理混乱

4. 综合题

(1) 一个正弦电流的最大值 $I_m=15\text{A}$，频率 $f=50\text{Hz}$，初相位为 $42°$，试求当 $t=0.001\text{s}$ 时电流的相位及瞬时值。

(2) 已知正弦交流电压的有效值 $U=220\text{V}$，初相位 $\varphi=-30°$，正弦交流电的有效值 $I=2.2\text{A}$，并且电流的相位超前于电压 $60°$，请写出它们的三角函数表达式。

(3) 已知 $i_1=20\sqrt{2}\sin(314t-30°)\text{A}$，$i_2=20\sqrt{2}\sin314t\text{A}$。(1) 试求两正弦的幅值、有效值、初相、角频率、周期及它们的相位差；(2) 画出它们的相量图，并写出其相量式。

(4) 已知 $i_1=20\sqrt{2}\sin\omega t\text{A}$，$i_1=20\sqrt{2}\sin(\omega t+90°)\text{A}$，求 (1) 总电流 $i=i_1+i_2$；(2) 各电流相量；(3) 画出各电流的相量图。

(5) 在电压为 220V，工频为 50Hz 电力网内，接入电感 $L=0127\text{H}$ 的电感线圈，求电感线圈的感抗．电感线圈中电流的有效值及无功功率。

(6) 电路中只有电容 $X_C=2\Omega$，正弦电压 $u=10\sin(314t-60°)\text{V}$。(1) 写出通过电容的电流的瞬时值表达式；(2) 求有功功率和无功功率。

(7) 在 RLC 串联电路中，已知 $R=30\Omega$，$X_L=10\Omega$，$X_C=40\Omega$。电源电压 $u=60\sin(314t-30°)\text{V}$。求此电路的电流和各元件电压的相量，并画出相量图。

(8) 在 RLC 串联电路中，已知 $R=30\Omega$，$X_L=80\Omega$，$X_C=40\Omega$。电路中电流 $i=5\sqrt{2}\sin(314+30°)\text{A}$。求此电路的总电压和各元件电压的相量，并画出相量图。

(9) 一星形连接的三相电路如图 3-60 所示，电源电压对称。设电源线电压 $u_{12}=380\sqrt{2}\sin(314t+30°)$ V。负载为电灯组，若 $R_1=R_2=R_3=5\Omega$，求线电流及中性线电流 I_N；若 $R_1=5\Omega$，$R_2=10\Omega$，$R_3=20\Omega$，求线电流及中性线电流 I_N。

(10) 电路如图 3-61 所示，①中性线未断时，L_1 相短路，求各相负载电压；中性线断开时，L_2 相短路，求各相负载电压。

笔记

②L_1 相短路，中性线未断时，求各相负载电压；L_1 相断路，中性线断开时，求各相负载电压。

(11) 星形连接的对称三相负载，每相的电阻 $R=24\Omega$，感抗 $X_L=32\Omega$，接到线电压为 380V 的三相电源上，求相电压 U_P、相电流 I_P、线电流 I_L。

(12) 如图 3-62，在线电压为 380V 三相四线制电源上，接入三组单相负载。灯泡电阻 $R=22\Omega$；线圈 $X_L=110\Omega$，电容 $X_C=110\Omega$，试求：①各线电流 I_U、I_V、I_W；②三相总有功功率；③中线电流 I_N。

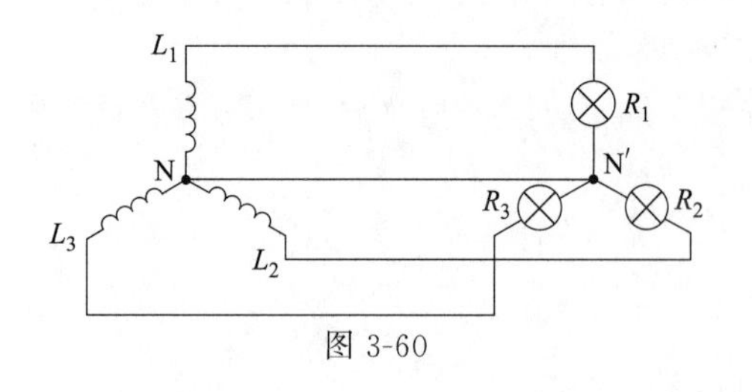

图 3-60

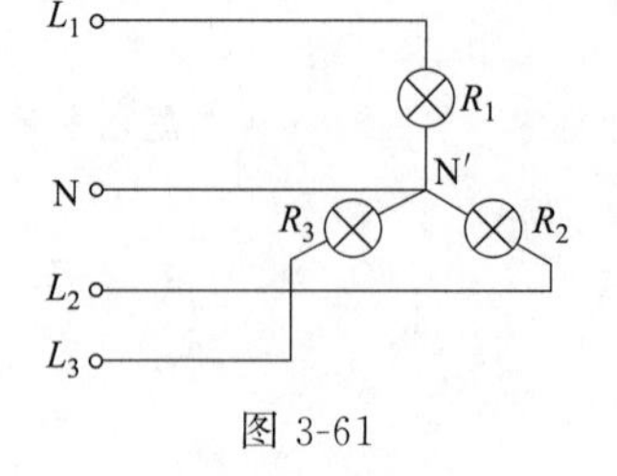

图 3-61

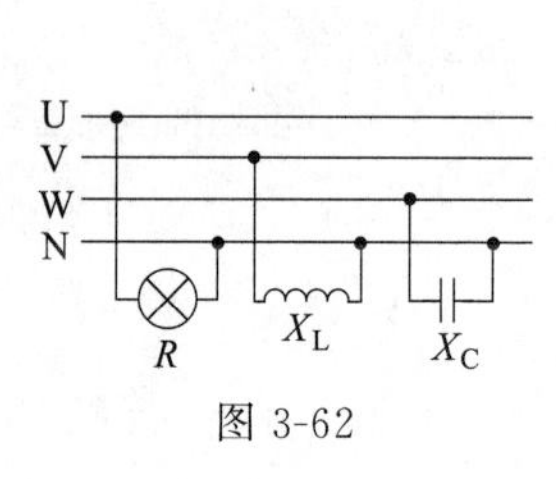

图 3-62

模块四

变压器

知识目标

1. 了解磁路中各物理量的含义，了解磁性材料的磁性能。

2. 了解电磁感应的现象，掌握变压器的工作原理。

3. 了解变压器的结构、作用和种类，熟悉变压器的应用。

能力目标

1. 会分析电磁电路的工作原理。

2. 会判别变压器绕组的同名端。

3. 会检测变压器质量的好坏。

4. 会识别常用的变压器。

素养目标

1. 通过单相变压器的检测技能操作项目，能举一反三地学习电气设备的检测。

2. 分享法拉第、特斯拉的故事，总结出学习需要强大的愿望、兴趣和能力，让学生对科学知识的追求要有持之以恒，不放弃、锲而不舍的探索精神。

3. 介绍中国电磁炮技术，扬我军威等案例，通过观看震撼的视频，激发学生的认同感、责任感、民族自豪感，树立民族自信。

笔记

学习单元一　磁路的基本物理量

一、磁路系统简介

磁铁的周围存在着磁场，磁场对处于其中的载流导体和磁针有一定的作用力，即磁场有力的效应。磁场可吸引铁类物质，使其移动做功，也就是说磁场有能量效应，因此磁场是物质的一种形态。

磁场的方向是这样规定的：将小磁针放在磁场的某一点，当磁针静止时，其 N 极所指的方向就是该点磁场方向。

为了形象地描述磁场，引入磁力线的概念。磁力线是无始终、互不相交的闭合曲线，磁力线每一点的切线方向代表该点的磁场方向，磁力线的疏密表示磁场的强弱。图 4-1 为永久磁铁的磁场。

磁场是由运动的电荷产生的，磁铁的磁场是由“分子环流”产生的。通电直导体的周围存在着磁场，它的磁力线是垂直于导线平面以导线为圆心的同心圆。图 4-2 所示为通电直导体的磁场。

磁场方向与电流方向可用右手螺旋定则判断。右手紧握，拇指伸直，若拇指指向电流方向，则四指指磁场方向，如图 4-3 所示。若四指指电流方向，则拇指指磁场方向，如图 4-4 所示。

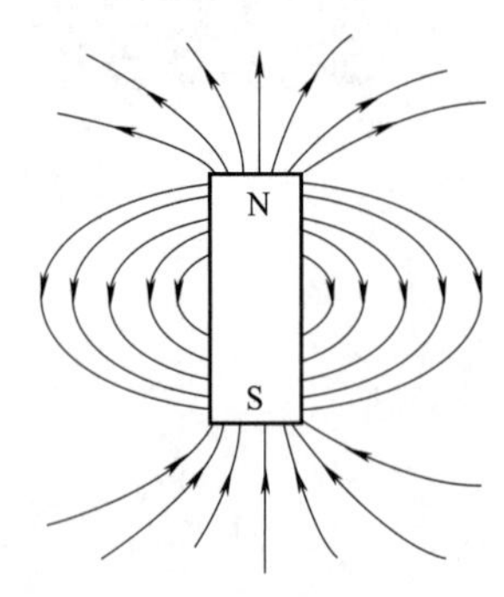

图 4-1 永久磁铁的磁场

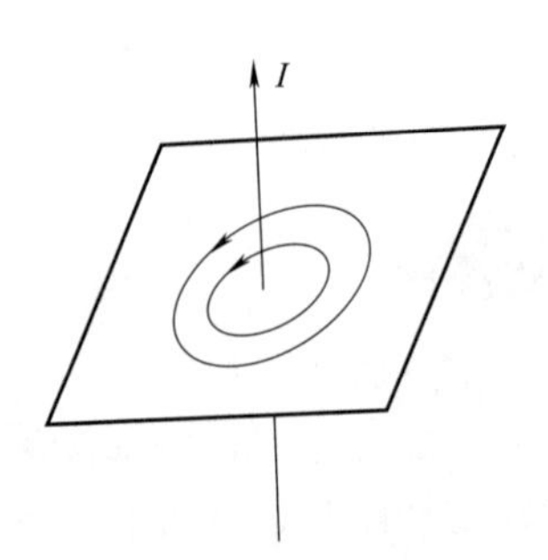

图 4-2 通电直导体的磁场

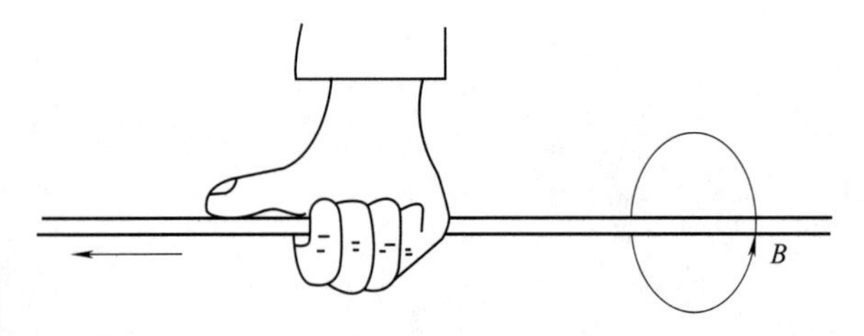

图 4-3 右手螺旋定则（一）

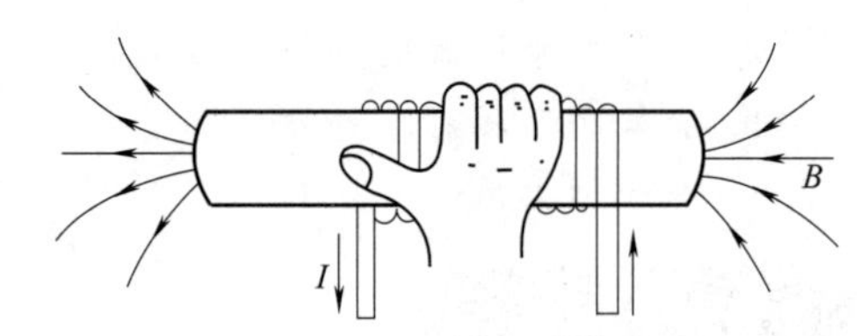

图 4-4 右手螺旋定则（二）

磁路的基本物理量

笔记

1. 磁路的基本物理量

（1）磁感应强度 B 磁感应强度是表示磁场中某一点放置一小段导线 dl（称线元），导线与磁场垂直，其通过的电流为 I，所受磁场力为 ΔF，则该点的磁感应强度为

$$B=\frac{\Delta F}{I\Delta L} \tag{4-1}$$

如图 4-5 所示。磁感应强度 B 是矢量，其方向是该点磁场的方向。

在国际单位制（SI）中，磁感应强度的单位为特斯拉，简称特，符号为 T。

$$1\text{T}=\frac{1\text{N}}{1\text{A}\times 1\text{m}}=1\text{N}/(\text{A}\cdot\text{m})$$

工程上还常用 Gs（高斯），$1\text{T}=10^4\text{Gs}$。

地球的磁感应强度约为 0.5Gs（5×10^{-5}T）。电磁系仪表磁铁和圆柱铁芯间空气隙中的 B 约为 0.2～0.3T。电动机和变压器的约为 0.8～1T。

在某区域内，若各点的磁感应强度相同，则这部分磁场称为匀强磁场。

（2）磁通 Φ 磁感应强度 B（如果不是匀强磁场，则取 B 的平均值）与垂直于磁场方向的面积 S 的乘积，称通过该面积的磁通，用 Φ 表示。即

$$\Phi=BS \quad 或 \quad B=\frac{\Phi}{S} \tag{4-2}$$

由式（4-2）可知，磁感应强度 $\Phi=BS$ 在数值上等于与磁场方向垂直的单位面积所通过的磁通，因此 B 又称为磁通密度。

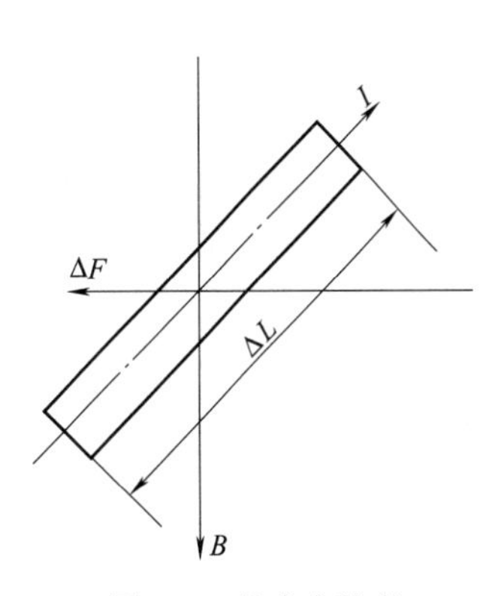

图 4-5　磁感应强度

根据电磁感应定律 $e=-N\dfrac{d\Phi}{dl}$，在国际单位制（SI）中，Φ 的单位为 V·s（伏·秒），通常称为韦伯，用 Wb 表示。在工程上有时用 Mx（麦克斯韦）表示，$1\text{Wb}=10^8\text{Mx}$。

（3）磁导率 μ　不同的介质，其导磁能力不同。磁导率 μ 是描述磁场介质导磁能力的物理量。

如图 4-6 所示，线圈通电后，在其周围产生磁场。磁场强弱与通过线圈的电流 I 和线圈的匝数 N 的乘积成正比。线圈内部 x 处各点的磁感应强度可表示为

$$B_x=\mu\frac{NI}{l_x}=\mu\frac{NI}{2\pi x} \tag{4-3}$$

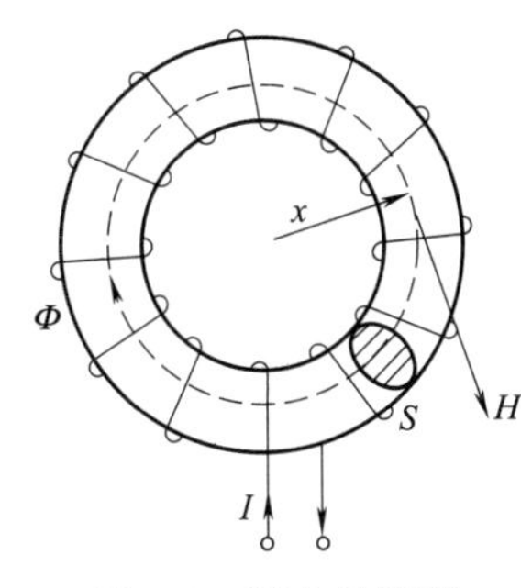

图 4-6　通电的线圈

式中，l_x 表示 x 点处的磁力线的长度。可见，某点磁感应强度 B 的大小与磁导体介质（μ）、流过电流大小、线圈的匝数及该点的位置有关。磁导率的单位是亨/米（H/m）。

（4）磁场强度 H　因为磁感应强度 B 是一个与磁场介质有关的物理量，为了便于对磁路进行分析，引入一个既能描述磁场性质，又与介质无关的物理量。磁场强度矢量 H 是仅与产生该磁场的电流大小及它的载流导体分布情况有关的物理量。它的方向就是磁场的方向。磁场强度矢量 H 与电流之间的关系是由安培环路定律（又称全电流定律）来描述的。即

$$\int H\,dl=\sum I \tag{4-4}$$

磁场强度沿任一闭合路径的线积分等于闭合路径所包围的电流的代数和。电流的正负是这样规定的：凡是电流方向与闭合路径循行方向符合右手螺旋定则的，电流取正，否则为负。

【例 4-1】 一个通电环形线圈，如图 4-6 所示，其内部为均匀介质，应用式（4-4）计算线圈内各点 H。

解： 以磁通作为闭合路径，以其方向作为循行方向，则

$$\int H\,dl=H2\pi x$$

$$\sum I=NI$$

$$H=\frac{NI}{2\pi x}\text{A/m}$$

在国际单位制（SI）中，H 的单位是 A/m（安/米）。

2. 磁性材料的磁性能

磁性材料很多，常用的主要有铁、镍、钴及其合金材料。磁性材料都有很强的导磁性能，磁性能主要表现为磁饱和性和磁滞性两个特点。

（1）磁材料的磁化过程　在铁磁材料的内部，由分子电流产生分子磁场。又由于铁磁物质分子间的特殊作用力，可以使分子磁场自发整齐排列起来，产生一个个小磁性区域，称为磁畴。在没有外磁场作用时，各个磁畴排列混乱，磁场互相抵消，对外不显磁性，如图 4-7 所示。在外磁场作用下，磁畴顺外磁场方向排列，产生一个很强的与外磁场方向相同的磁化磁场，如图 4-8 所示。

磁性材料的这一特性，被广泛用于电气设备中，例如电动机、变压器及各种铁磁性元件的线圈中都放有铁芯。这种铁芯线圈通过较小的电流，就可以产生足够大的磁通和磁感应强度，解决了既要磁感应强度大，又要励磁电流小的矛盾。

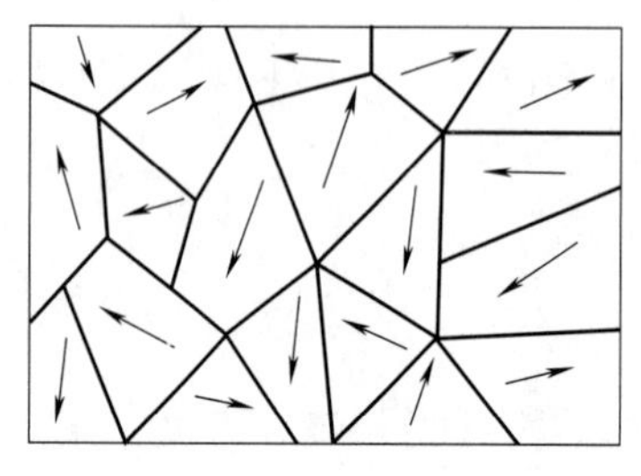

图 4-7　磁畴排列混乱不显磁性

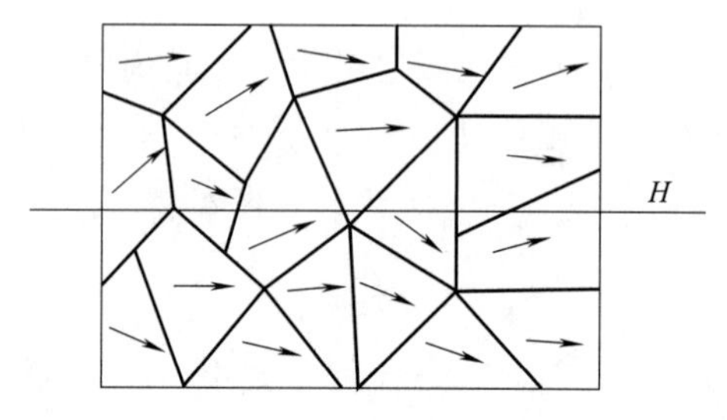

图 4-8　磁畴的磁化磁场

可以通过实验得出各种磁性材料的磁化曲线。图 4-9 为磁性材料的初始磁化曲线。

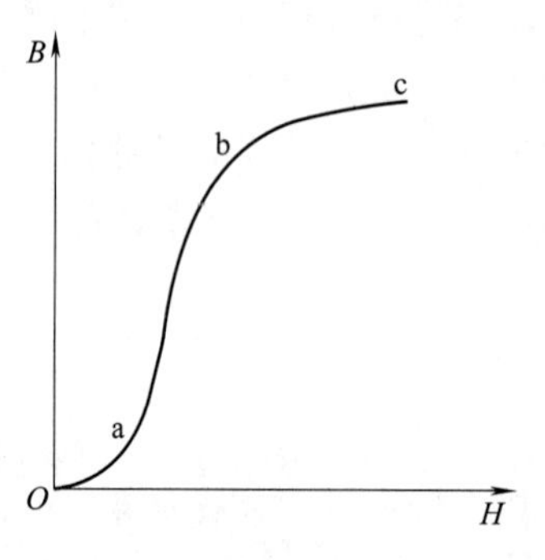

图 4-9　磁性材料的初始磁化曲线

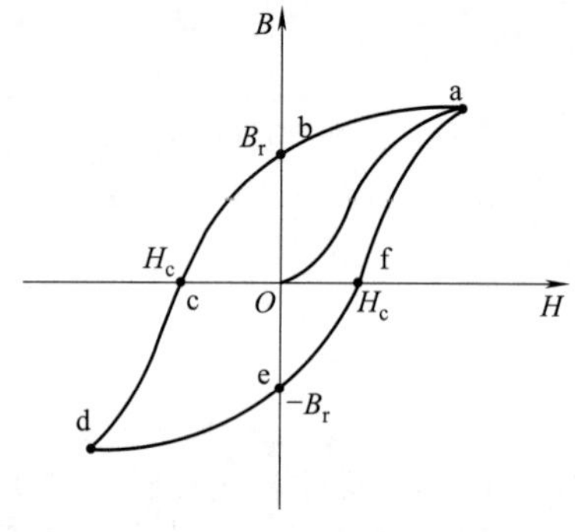

图 4-10　磁滞回线

Oa 段：因为外磁场弱，多数磁畴不能顺外磁场方向排列，磁化磁场不强。

ab 段：随外磁场增强，多数磁畴迅速顺外磁场方向排列，使磁化磁场迅速增强。

bc 段：外磁场增加到一定数值后，因为多数磁畴已经顺外磁场方向排列，H 增加很少（磁饱和）。

（2）磁滞回线　当外磁场方向和大小反复变化时，由实验可得磁性材料的反复磁化曲线——磁滞回线，如图 4-10 所示。由磁滞回线可知：外磁场 $H=0$ 时，磁性材料的磁感应强度 $B=B_r$，称剩磁。若要去掉剩磁，需要加反向磁场 H_c（称矫顽力），B 要滞后 H 的变化，这种现象称为磁滞现象，所以 B-H 回线称磁滞回线。磁滞回线显示 B-H 是非单值关系。对于相同的 H 值，磁化过程中的 B 与去磁过程中的 B 值是不同的。磁滞回线还显示，磁性材料因磁化过程的不可逆性要产生能量损失，称磁滞损耗。它与磁滞回线包围的面积有关。磁滞回线包围面积越大，磁滞损耗越大。

（3）基本磁化曲线　磁滞回线族中，各条磁滞回线的顶点连成的曲线称基本磁化曲线（又称平均磁化曲线）。图 4-11Oa段为基本磁化曲线。各种材料的基本磁化曲线由实验测得，图 4-12 是铸铁、铸钢、硅钢片的基本磁化曲线，其他材料的磁化曲线可查有关手册。

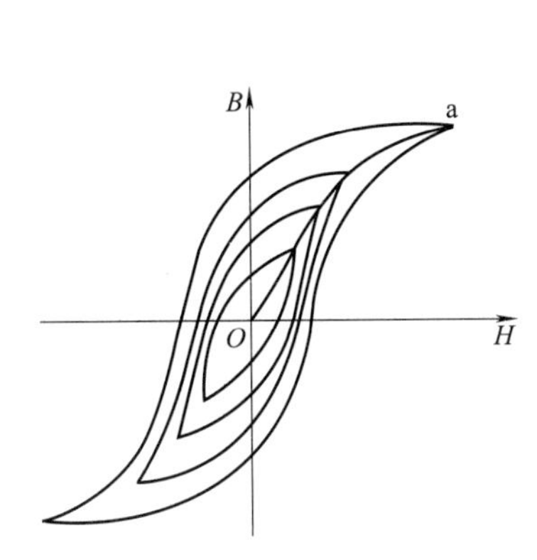

图 4-11　磁滞回线族及基本磁化曲线

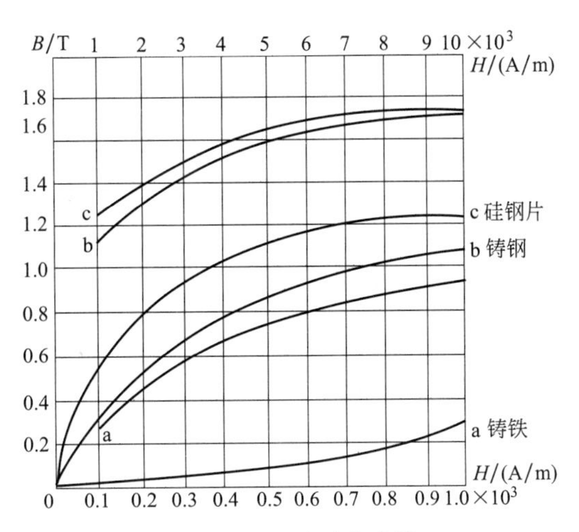

图 4-12　基本磁化曲线

磁性材料按磁性能可分为三种类型。

① 软磁性材料　磁滞回线狭长，剩磁 B_r 和矫顽力 H_c 均小，磁滞损耗小，如图 4-13（a）所示，一般用于电机、变压器等电气设备中。常用的软磁性材料有铁、硅钢、坡莫合金等。

② 硬磁性材料（永久磁性材料）　磁滞回线较宽，B_r、H_c 均大，如图 4-13（b）所示，一般用于制造永久性磁铁。常用的硬磁性材料有碳钢、钴钢、镍铬合金等。

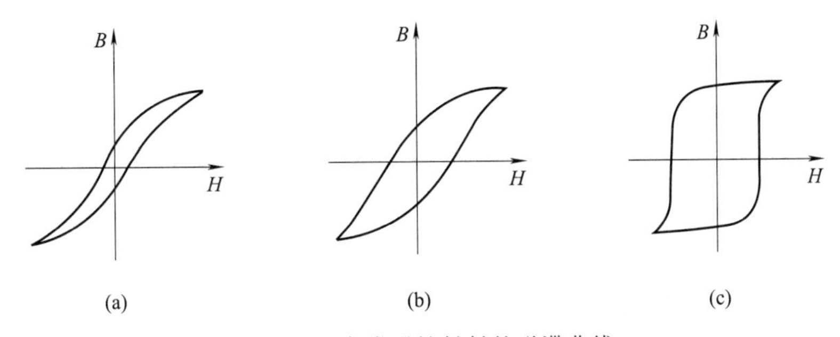

图 4-13　各类磁性材料的磁滞曲线

③ 矩形磁性材料　磁滞回线接近矩形，B_r、H_c 均很大，如图 4-13（c）所示，一般用于计算机系统的“记忆”元件，如磁带、磁盘等。常用的矩形磁性材料有镁锰铁氧体、锂锰铁氧体、稀土铁硼等。

3. 磁路及其基本定律

（1）磁路　磁通通过的路径称磁路。在具有铁芯的电气设备中，由于铁芯导磁性能好，磁场基本集中在铁芯内，磁力线通过铁芯形成闭合曲线。图 4-14 表示了几种电气设备的磁路。

（2）磁路欧姆定律　磁路和电路有很多相似之处，可以仿效电路分析方法对磁路进行分析。表 4-1 是磁路与电路对照表。

笔记

磁路的基本定律

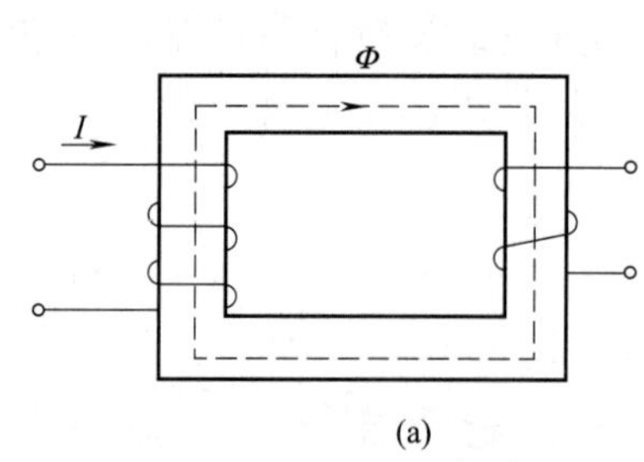

(a)

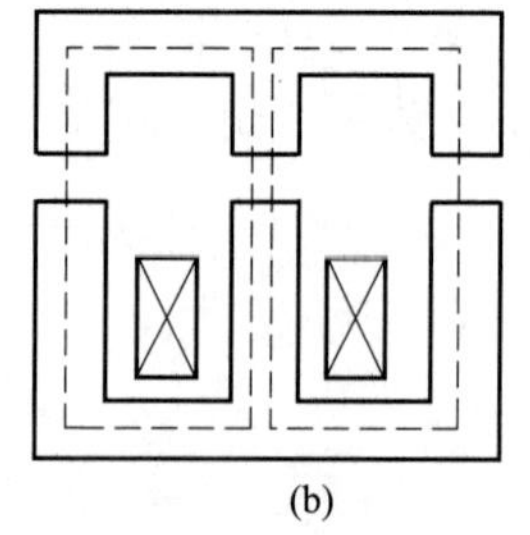

(b)

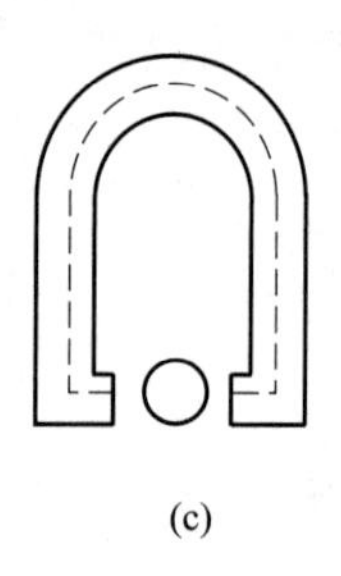

(c)

图 4-14 几种电气设备的磁路

表 4-1 磁路与电路的对照

磁　　路	电　　路
磁动势 F 磁通 Φ 磁感应强度 B 磁阻 $R_m=\dfrac{l}{\mu S}$ I N Φ $\Phi=\dfrac{F}{R_m}=\dfrac{NI}{\dfrac{l}{\mu S}}$	电动势 E 电流 I 电流密度 J 电阻 $R=\dfrac{l}{\rho S}$ I + E − R $I=\dfrac{E}{R}=\dfrac{E}{\dfrac{l}{\rho S}}$

由安培环路定律可知：

$$NI=Hl=\frac{B}{\mu}l=\frac{\Phi}{\mu S}l$$

$$\Phi=\frac{NI}{\dfrac{l}{\mu S}}=\frac{F}{R_m} \tag{4-5}$$

笔记

式（4-5）称磁路欧姆定律。式中，$F=NI$ 称为磁动势，它是产生磁通的磁源，单位用 A（即匝数）表示；$R_m=\dfrac{l}{\mu S}$称为磁阻，单位为 H^{-1}（1/亨）。因为 μ 不是常数，很难用$\Phi=\dfrac{F}{R_m}$对磁路进行定量分析。一般仅用于磁路的定性分析。

二、交流铁芯线圈

根据铁芯线圈的励磁电流不同，把铁芯线圈分为直流铁芯线圈和交流铁芯线圈。

直流铁芯线圈的励磁电流是直流电流，铁芯中产生的磁通是恒定的，在线圈和铁芯中不会产生感应电动势，其损耗仅仅是线圈的热损耗（即 I^2R）。

而交流铁芯线圈的励磁电流是交流电流，铁芯中产生的磁通是交变的，在线圈和铁芯中会产生感应电动势，存在着电磁关系、电压和电流关系及功率损耗等问题。

1. 电磁关系

图 4-15 是交流铁芯线圈的电路图。

当线圈通有励磁电流 i，则在铁芯中产生磁动势 Ni。它由两部分组成：主磁通 Φ 和漏

磁通 Φ_δ。主磁通 Φ 是流经铁芯的工作磁通，漏磁通 Φ_δ 是由于空气隙或其他原因损耗的磁通，它不流经铁芯。主磁通和漏磁通都要在线圈中产生感应电动势，一个是主电动势 e，另一个是漏磁电动势 e_δ。

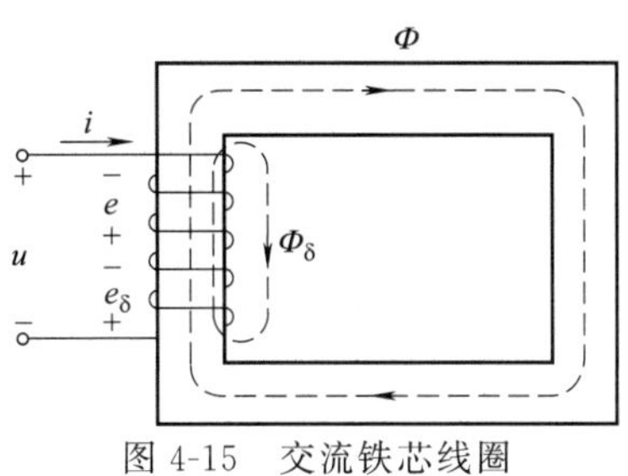

图 4-15 交流铁芯线圈

由于主磁通 Φ 是流经铁芯的，铁芯的磁导率 μ 是随磁场强度 H 而变化的，所以铁芯线圈的励磁电流 i 和主磁通 Φ 不呈线性关系；而漏磁通 Φ_δ 不流经铁芯，其漏磁电感 L_δ 可近似是个定值，所以励磁电流 i 和漏磁通 Φ_δ 呈线性关系。

2. 电压电流关系

电压和电流的关系可由基尔霍夫定律得到，即

$$u+e+e_\delta=Ri \tag{4-6}$$

式中，R 为铁芯线圈的电阻；e 是主磁电动势，其值根据法拉第定律得出，即为

$$e=-N\frac{\mathrm{d}\Phi}{\mathrm{d}t}$$

e_δ 是漏磁电动势，其值根据法拉第定律得出，即为

$$e_\delta=-N\frac{\mathrm{d}\Phi_\delta}{\mathrm{d}t}=-L_\delta\frac{\mathrm{d}i}{\mathrm{d}t}$$

所以式（4-6）可表示为

$$u=Ri-e_\delta-e=Ri+L_\delta\frac{\mathrm{d}i}{\mathrm{d}t}+(-e)=u_R+u_\delta+u' \tag{4-7}$$

若为正弦量，则式（4-7）用相量表示为

$$\dot{U}=\dot{I}R+(-\dot{E}_\delta)+(-\dot{E})=\dot{I}R+\mathrm{j}\dot{I}X_\delta+(-\dot{E})=\dot{U}_R+\dot{U}_\delta+\dot{U}' \tag{4-8}$$

式中，$X_\delta=\omega L_\delta$ 称为漏磁感抗。

若设主磁通 $\Phi=\Phi_m\sin\omega t$，则

$$\begin{aligned}e&=-N\frac{\mathrm{d}\Phi}{\mathrm{d}t}=N\frac{\mathrm{d}(\Phi_m\sin\omega t)}{\mathrm{d}t}=-N\omega\Phi_m\cos\omega t\\&=2\pi fN\Phi_m\sin(\omega t-90°)=E_m\sin(\omega t-90°)\end{aligned} \tag{4-9}$$

式中，$E_m=2\pi fN\Phi_m$ 是主磁电动势 e 的幅值，其有效值为

$$E=\frac{E_m}{\sqrt{2}}=\frac{2\pi fN\Phi_m}{\sqrt{2}}=4.44fN\Phi_m \tag{4-10}$$

通常，线圈的电阻 R 和感抗 X_δ 较小，于是

$$\dot{U}\approx-\dot{E}=j4.44fN\Phi_m \tag{4-11}$$

$$U\approx-E=4.44fN\Phi_m=4.44fNB_mS \tag{4-12}$$

可见，当电压、频率、线圈匝数一定时，基本保持不变，即交流铁芯线圈具有恒磁通特性。

3. 功率损耗

与直流铁芯线圈不同，交流铁芯线圈的功率损耗除了有铜损（I^2R），还有由于铁芯的交变磁化作用而产生的铁损。所以交流铁芯线圈的有功功率（功率损耗）为

$$P=UI\cos\varphi=I^2R+\Delta P_{Fe}$$

铜损是由于铁芯线圈有电阻值 R，当有电流通过时产生热损耗。

铁损是由磁滞损耗 ΔP_h 和涡流损耗 ΔP_e 两部分组成，它们都会引起铁芯发热。

磁滞损耗 ΔP_h 是由于铁芯材料的磁滞性产生的。减小磁滞损耗的方法是选用磁滞回线狭小的磁性材料作线圈的铁芯。

涡流损耗 ΔP_e 是由于铁芯的涡流产生的。交变的电流产生交变的磁通，在线圈中产生感应电动势和感应电流，这种感应电流称为涡流。减小涡流损耗的方法是铁芯由彼此绝缘的钢片叠成（如硅钢片）。涡流是有害的，它会引起铁芯发热，要加以限制；但在有些场合下，也可利用它，如利用涡流的热效应冶炼金属等。

实验十　自感的认识和测量

实验目的

① 了解什么是自感。

② 学习如何判断自感电动势的方向。

③ 验证求自感电动势大小的方法。

④ 了解自感现象在生活中的应用。

⑤ 自己动手验证自感现象。

实验原理

① 电磁感应产生的条件：穿过闭合回路的磁通量发生变化。

② 楞次定则：闭合回路中产生的感应电流具有确定的方向，它总是使感应电流所产生的通过回路的磁通量，去阻碍引起感应电流的磁通量的变化。

③ 法拉第电磁感应定律：回路中感应电流的大小与通过回路的磁通量的变化率成正比，而感应电动势在回路中产生的感应电流的方向可由楞次定则判定。法拉第电磁感应定律的数学表达式：$\varepsilon=-\frac{d\Phi}{dt}$。

实验设备（表 4-2）

笔记

表 4-2　自感的认识和测量仪器

元器件名称	数量	备注
开关	3	
电阻	1	300Ω
电流表	1	毫安表
万用表	1	
LED	2	
直流电源	1	6V
导线	若干	
试验台	1	

实验电路图（图 4-16）

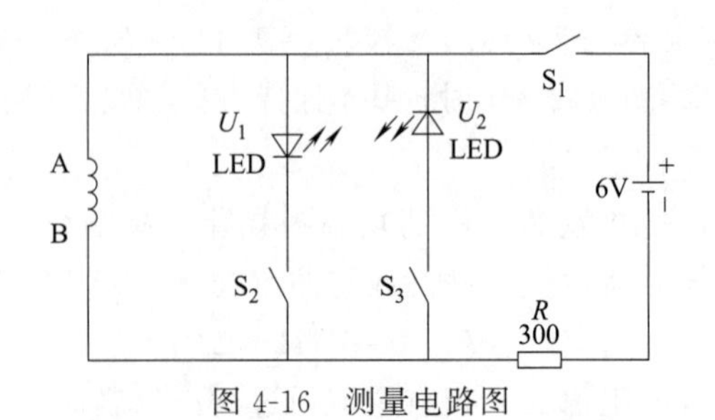

图 4-16　测量电路图

实验内容及步骤

① 按电路图 4-16 连接线路。

② 按表 4-3 测量各电压并记录。

表 4-3 自感测量数据记录

S_1	S_2	S_3	U_1	U_2
断开	闭合	闭合		
闭合	闭合	闭合		

实验数据分析

① 两手指分别接触 A、B 点，断开 S_2、S_3，S_1 快速做开、关运动，手指有什么感觉？

② 用 3V 直流电源与每小组课桌上所放线圈连成如图 4-17 所示线路，连接好后，请每小组至少 10 人手拉手站好，两端的人用手握住线头 A、B 的裸露部分。

a. 接通 S 时，大家有没有感觉？

b. 断开 S 时，又有没有感觉呢？

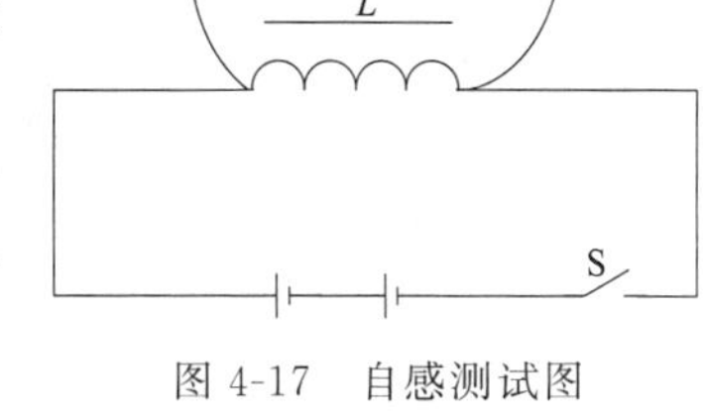

图 4-17 自感测试图

学习单元二 变压器的基本结构与原理

素质教育案例 4-社会责任

笔记

一、变压器的基本结构

变压器虽种类很多，形状各异，但其基本结构是相同的，其主要部件是铁芯、绕组和油箱等，现分别介绍如下。

1. 铁芯

铁芯构成变压器的磁路部分。按照铁芯结构的不同，可分为心式和壳式两种，如图 4-18 所示。图 4-18（a）为心式铁芯的变压器，绕组套在铁芯柱上，结构比较简单，绕组的装配和绝缘都比较方便，且用铁量较少，因此多用于容量较大的变压器，如电力变压器都采用心式铁芯结构。图 4-18（b）所示为壳式铁芯的变压器，它具有分支的磁路，铁芯把绕组包围在中间，故不要专门的变压器外壳，但它的制造工艺较复杂，用铁量也较多，常用于小容量的变压器中，如电子线路中的变压器多采用壳式铁芯结构。

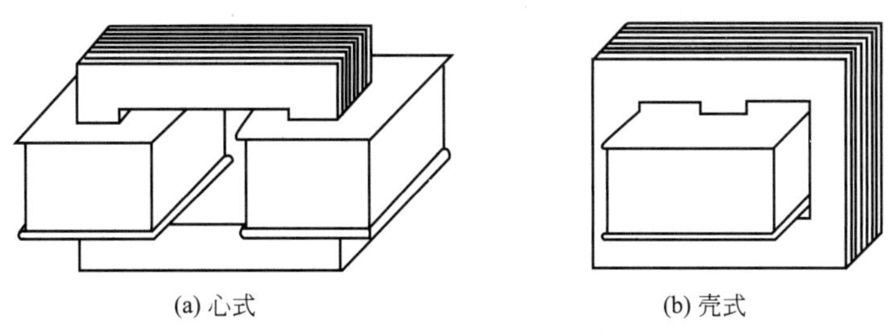

(a) 心式　(b) 壳式

图 4-18 变压器的铁芯结构

为了减少铁芯中的磁滞和涡流损耗，铁芯采用 0.35～0.5mm 厚的硅钢片叠成，叠成之前，硅钢片上还需涂上一层绝缘漆。在叠片时一般采用交错叠装方式，即将每层硅钢片的接缝错开，这样可以降低磁路的磁阻，减少励磁电流。

2. 绕组

绕组构成变压器的电路部分。一般小容量变压器的绕组用高强度漆包线绕成，大容量变压器可用绝缘扁铜线或铝线制成。铝线的导电性虽比铜线略差，但其资源丰富，价格较便宜，故获得广泛应用。

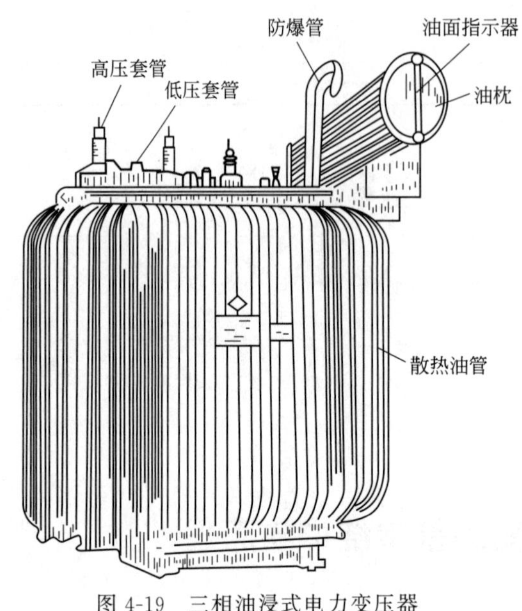

图 4-19 三相油浸式电力变压器

电力变压器的高、低压绕组多做成圆筒形，同心地套在铁芯柱上，绕组之间及绕组与铁芯之间都隔有绝缘材料。同心式绕组的低压绕组在里面，高压绕组在外面，这样排列可降低绕组对铁芯的绝缘要求。

3. 油箱

除了铁芯之外，变压器还有其他一些部件。例如电力变压器的铁芯和绕组通常是浸在盛有变压器油的油箱中。变压器油有绝缘和散热的作用，为增强散热作用，油箱外还装有散热的油管。此外，油箱上还装有为引出高低压绕组使用的高低压绝缘套管，以及防爆管、油枕、高压开关、温度计等附属部件。图 4-19 是一台三相油浸式电力变压器外形图。

变压器的结构和工作原理

笔记

二、变压器的工作原理

图 4-20 是一台单相变压器的原理图。它有两个绕组，为了分析方便，将高压绕组和低压绕组分别画在两边。接交流电源的绕组称为原绕组（又称原边或一次绕组），匝数为 N_1，其电压、电流和电动势用 u_1、i_1、e_1 表示；与负载相接的称为副绕组（又称副边或二次绕组），匝数为 N_2，其电压、电流和电动势用 u_2、i_2、e_2 表示，图中标明的是它们的参考方向。下面分别讨论变压器在空载和负载时的运行情况，从而说明其变换电压、电流和阻抗的原理。

（1）电压变换原理（变压器空载运行） 变压器空载运行是指变压器原绕组接交流电源电压 u_1，副绕组开路，不接负载时的运行情况，如图 4-20 所示（负载用虚线表示）。在 u_1 作用下，原绕组有电流 i_1 通过，$i_1=i_0$，这个电流称为空载电流，或称为励磁电流。磁动势 N_1i_0 将在铁芯中产生同时交链着原、副绕组的主磁通 Φ，以及只和本身绕组相交链的漏磁通 $\Phi_{\delta1}$，因 $\Phi_{\delta1}$ 比 Φ 在数量上要小得多，故在分析计算时常忽略不计。

根据电磁感应原理，主磁通在原、副绕组中分别产生频率相同的感应电动势 e_1 和 e_2：

$$e_1=-N_1\frac{\mathrm{d}\Phi}{\mathrm{d}t} \tag{4-13}$$

$$e_2=-N_2\frac{\mathrm{d}\Phi}{\mathrm{d}t} \tag{4-14}$$

副绕组的开路电压记为 u_{20}，空载时 $i_2=0$。

图中各个物理量的参考方向是这样选定的：电源电压 u_1 的参考方向可以任意选定，图

中当 u_1 为正值时，上端电位高，下端电位低；电流 i_0 的参考方向与 u_1 的参考方向一致；电流 i_0 和主磁通 Φ 的参考方向符合右手螺旋定则。规定感应电动势的 e_1、e_2 参考方向与磁通的参考方向之间符合右手螺旋定则，因此图中的 u_1、i_0、e_1 参考方向是一致的。

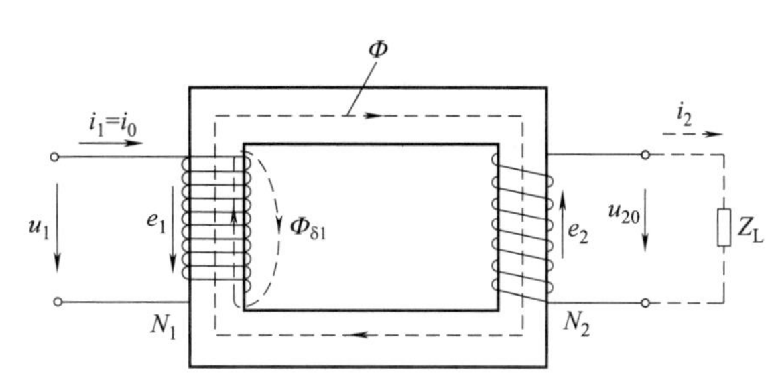

图 4-20 单相变压器的原理图（空载运行）

变压器空载时原绕组的情况与交流铁芯线圈中的情况类似。根据图示参考方向，忽略原绕组的电阻及漏磁通的影响时，根据式（4-11），可得

$$\dot{U}_1 \approx -\dot{E}_1 \tag{4-15}$$

由于变压器空载，其副绕组的空载端电压 u_{20} 即等于 e_2。对负载来说，变压器的副绕组是一个电源，可写为

$$\dot{U}_{20} \approx -\dot{E}_2 \tag{4-16}$$

根据上节中对交流铁芯线圈的分析，由式（4-12）可得

$$U_1 \approx E_1 = 4.44 f N_1 \Phi_m$$
$$U_{20} \approx E_2 = 4.44 f N_2 \Phi_m$$

式中，Φ_m 是主磁通的幅值，由此可以推出变压器的电压变换关系为

$$\frac{U_1}{U_2} \approx \frac{E_1}{E_2} = \frac{N_1}{N_2} = K \tag{4-17}$$

式中，K 称为变压器的变压比。此式表明：变压器原、副绕组的电压与原、副绕组的匝数成正比。当 $K>1$ 时为降压变压器，$K<1$ 时为升压变压器。

【例 4-2】 某单相变压器接到电压 $U_1=220\text{V}$ 的电源上，已知副边空载电压 $U_{20}=20\text{V}$，副绕组匝数 $N_2=100$ 匝，求变压器变压比 K 及 N_1。

笔记

解：

$$K = \frac{U_1}{U_{20}} = \frac{220}{20} = 11$$

$$N_1 = KN_2 = 11 \times 100 = 1100\ (\text{匝})$$

（2）电流变换原理（变压器负载运行） 变压器的原绕组接电源，副绕组接负载 Z_L，变压器向负载供电，这称为变压器的负载运行，如图 4-21 所示。图中原绕组的电流为 i_1，副绕组的电流为 i_2，i_2 的参考方向与 e_2 及 u_2 的参考方向一致。

铁芯中的交变主磁通 Φ 在副绕组中感应出电动势 e_2，e_2 又产生 i_2 及磁动势 i_2N_2（漏磁通 $\Phi_{\delta1}$、$\Phi_{\delta2}$ 数值很小，其作用可略去不计）。根据楞次定律，i_2N_2 对主磁通的作用是反抗主磁通的变化，例如当 Φ 增大时，i_2N_2 就应使 Φ 减小。但由式（4-12），当电源电压 u_1 及其频率 f 一定时，Φ_m 不变，因此，随着 i_2 的出现及增大，原绕组电流 i_1 及其磁动势 i_1N_1 也应随之增大，以抵消 i_2N_2 的作用。这就是说，变压器负载运行时，原、副绕组的电流 i_1、i_2 是通过主磁通紧密联系在一起的。当负载变化、i_2 增加或减少时，必然引起 i_1 的增加或减少。

变压器空载时，主磁通由磁动势 i_0N_1 产生；变压器负载运行时，主磁通由合成磁动势

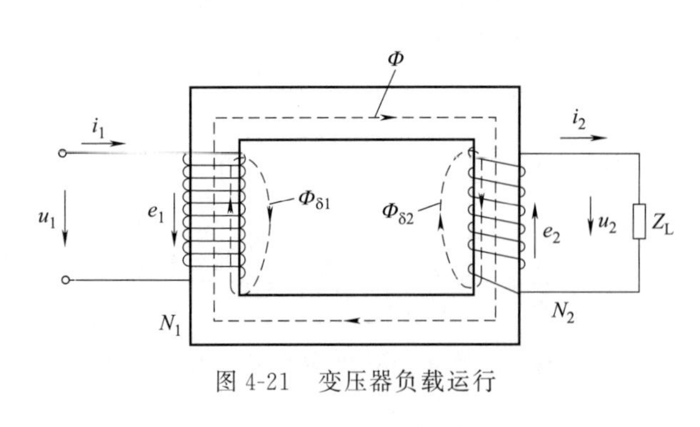

图 4-21 变压器负载运行

$(i_1N_1+i_2N_2)$ 产生。如前所述，在 u_1 和 f 一定时，变压器的主磁通幅值 Φ_m 恒定不变，因此，变压器在空载及负载运行时磁动势应相等，即

$$i_1N_1+i_2N_2=i_0N_1$$

用相量表示为

$$\dot{I}_1N_1+\dot{I}_2N_2=\dot{I}_0N_1$$

即 $$\dot{I}_1=\dot{I}_0+\left(-\frac{N_2}{N_1}\dot{I}_2\right)=\dot{I}_0+\dot{I}_2' \tag{4-18}$$

式中，$\dot{I}_2'=-\frac{N_2}{N_1}\dot{I}_2$。此式说明，变压器负载运行时，原绕组电流 $\dot{I}_1$ 是由两个分量组成：一是 $\dot{I}_0$，产生主磁通；二是 $\dot{I}_2'$，用来抵消负载电流 $\dot{I}_2$ 对主磁通的影响，以保持 Φ_m 不变。无论 $\dot{I}_2$ 怎样变化，$\dot{I}_1$ 均能按比例自动变化。

变压器的空载电流 I_0 很小，在变压器接近满载（即额定负载）时，一般 I_0 约为原绕组额定电流 I_1 的 2%～10%，即 I_0N_1 远小于 I_1N_1 和 I_2N_2，故 $\dot{I}_0N_2$ 可略去不计，即

$$\dot{I}_1N+\dot{I}_2N_2\approx 0$$

$$\dot{I}_1N\approx-\dot{I}_2N_2 \tag{4-19}$$

原、副绕组电流有效值之比为

$$\frac{I_1}{I_2}\approx\frac{N_2}{N_1}=\frac{4}{K} \tag{4-20}$$

上式说明，变压器负载运行时，其原绕组和副绕组电流有效值之比近似等于它们的匝数比的倒数，即变比的倒数。这就是变压器的电流变换作用。

笔记

式（4-19）中的负号说明 $\dot{I}_1$ 和 $\dot{I}_2$ 的相位相反，即 $\dot{I}_2N_2$ 对 $\dot{I}_1N_1$ 有去磁作用。

（3）阻抗变换原理　由以上分析可以看出，虽然变压器原、副绕组之间只有磁的耦合，没有电的直接联系，但实际上原绕组的电流 I_1 会随着副绕组的负载阻抗 Z_L 的大小而变化。若 $|Z_L|$ 减小，则 $I_2=\frac{U_2}{|Z_L|}$ 增大，$I_1=\frac{I_2}{K}$ 也增大。因此，从原边电路来看变压器，可以设想原边电路存在一个等效阻抗 Z_L'，它能反映副边负载阻抗 Z_L 的大小发生变化时对原绕组电流 I_1 的作用。在图 4-22(a) 中，负载阻抗 Z_L 接在变压器的副边，而图中点画线框中的总阻抗可用图 4-22(b) 中的等效阻抗 Z_L' 来代替。所谓等效，就是图中的电压、电流均相同。Z_L' 与 Z_L 的数值关系是：

$$|Z_L'|=\frac{U_1}{I_1}=\frac{KU_2}{\frac{1}{K}I_2}=K^2|Z_L| \tag{4-21}$$

上式说明，接在变压器副边的负载阻抗 $|Z_L|$ 反映到变压器原边的等效阻抗是 $|Z_L'|=K^2|Z_L|$，即增大 K^2 倍，这就是变压器的阻抗变换作用。

变压器的阻抗变换常应用于电子电路中。例如，收音机、扩音机中扬声器（喇叭）的阻

抗一般为几欧或十几欧，而其功率输出要求负载阻抗为几十欧或几百欧才能使负载获得最大输出功率，这叫做阻抗匹配。实现阻抗匹配的办法，就是在电子设备功率输出级和负载（喇叭）之间接入一个输出变压器，适当选择其变比，就能获得所需要的阻抗。

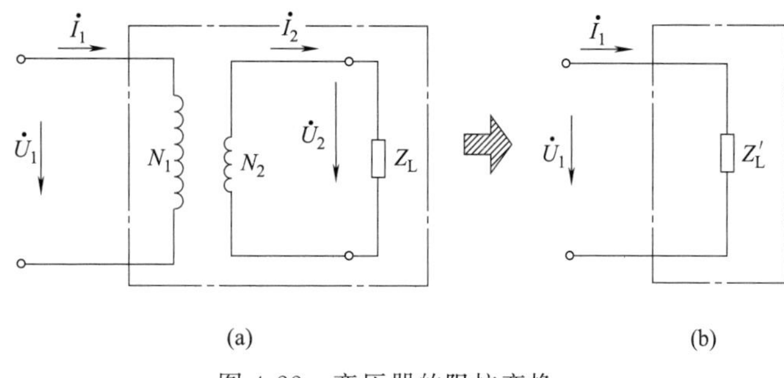

图 4-22　变压器的阻抗变换

【例 4-3】 交流信号源电动势 $E=80V$，内阻 $R_0=400\Omega$，负载电阻 $R_L=4\Omega$。求：①负载直接接在信号源上，信号源的输出功率；②接入输出变压器，电路如图 4-23 所示，要使折算到原边的等效电阻 $R_L'=R_0=400\Omega$，求变压器变比及信号源输出功率。

解： ① 负载直接接到信号源上，信号源的输出电流为

$$I=\frac{E}{R_0+R_L}=\frac{80}{400+4}=0.198(A)$$

输出功率为

$$P=I^2R_L=0.198^2\times4=0.1568(W)$$

② 当 $R_L'=R_0$ 时，输出变压器的变比为

$$K=\sqrt{\frac{R_L'}{R_L}}=\sqrt{\frac{400}{4}}=10$$

图 4-23　例 4-3 图

输出电流为

$$I=\frac{E}{R_0+R_L'}=\frac{80}{400+400}=0.1(A)$$

输出功率为

$$P=I^2R_L'=(0.1)^2\times400=4\ (W)$$

几种特殊的变压器

笔记

三、三相变压器

目前在电力系统中普遍采用三相制供电，用三相电力变压器来变换三相电压。变换三相电压可以采用 3 台技术数据相同的单相变压器组成三相变压器组（又称组式变压器）来完成，但通常用一台三相变压器来实现。

1. 三相变压器的种类

三相变压器按照磁路的不同可分为两种：一种是三相变压器组，即由三台相同容量的单相变压器按照一定的方式连接起来，如图 4-24 所示；另一种是三相心式变压器，其铁芯有三个心柱，每相的原、副绕组同心地装在一个心柱上，如图 4-25 表示。现在广泛使用的是三相心式变压器。

由于三相变压器在电力系统中的主要作用是传输电能，因而它的容量一般较大。为了改善散热条件，大、中容量电力变压器的铁芯和绕组浸入盛满变压器油的封闭油箱中。而且为了使变压器安全、可靠地运行，还设有储油柜、安全气道和气体继电器等附件。因此，三相电力变压器的外形结构有如图 4-26 所示的两种常见类型。

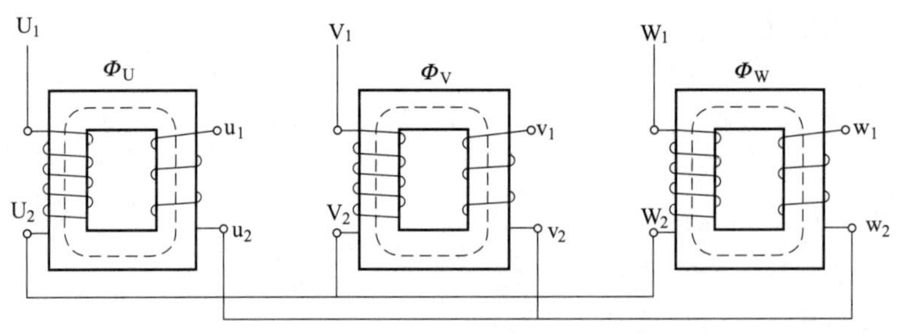

图 4-24 三相变压器组

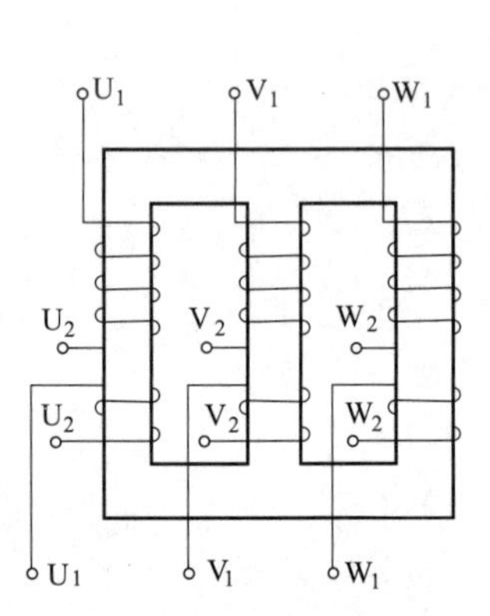

图 4-25 三相心式变压器

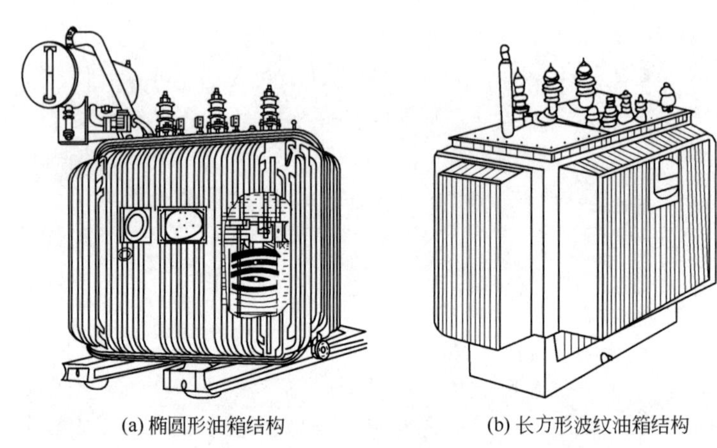

(a) 椭圆形油箱结构 (b) 长方形波纹油箱结构

图 4-26 电力变压器外形

2. 三相电压的变换

三相变压器的高、低压绕组可以接成星形（Y）或三角形（△）。绕组接成 Y 形，其每相绕组端电压是相电压($1/\sqrt{3}$线电压)，这样可以降低绕组绝缘的要求；绕组接成△形，其绕组中电流只是线电流的 $1/\sqrt{3}$，当输出一定的线电流时，绕组导线的截面可以减小。工厂供电用电力变压器三相绕组常用的连接方式有 Y/Y_0 和 Y/△两种，如图 4-27 所示。其中分子表示高压绕组接法，分母表示低压绕组接法，表示接成星形，并从中性点引出中性线。Y/Y_0 接法用于给三相四线制电路供电的配电变压器，高压不超过 35kV，低压为 400/230V，容量一般不超过 1800kV・A。Y/△接法通常应用于高压为 35kV、低压为 3～10kV 的变压器，其最大容量为 5600kV・A。

三相变压器的原绕组和副绕组相电压之比与单相变压器一样，等于原、副绕组每相匝数比，即 $\frac{U_{P1}}{U_{P2}}=\frac{N_1}{N_2}=K$。但原、副绕组线电压的比值不仅与变压器的变比有关，而且还与变压器绕组的连接方式有关。

在 Y/Y_0 连接时

$$\frac{U_{L1}}{U_{L2}}=\frac{\sqrt{3}U_{P1}}{\sqrt{3}U_{P2}}=\frac{N_1}{N_2}=K$$

在 Y/△连接时

$$\frac{U_{L1}}{U_{L2}}=\frac{\sqrt{3}U_{P1}}{U_{P2}}=\sqrt{3}\frac{N_1}{N_2}=\sqrt{3}K$$

以上两式中 U_{L1}、U_{L2} 为原、副绕组的线电压；U_{P1}、U_{P2} 为原、副绕组的相电压。

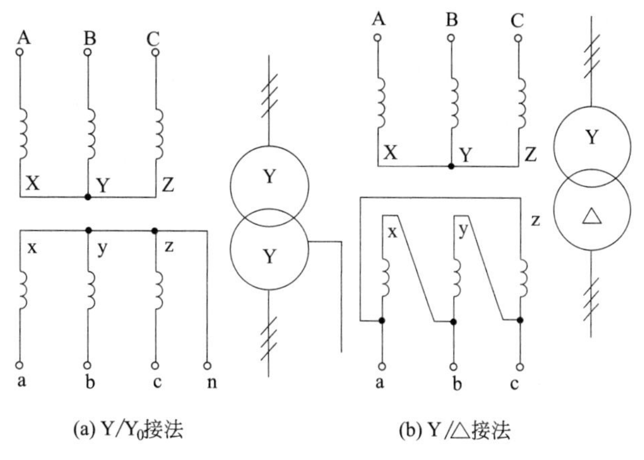

图 4-27 三相变压器

3. 三相变压器的用途

三相变压器主要用于输、配电系统中作为电力变压器使用，包括升压变压器、降压变压器和配电变压器。根据交流电功率可知，在输送电功率和负载的功率因数一定时，如果电压越高，则输电线路的电流越小，因而输电线的截面积可以减小，这就能够大量地节约输电线材料，同时还可减小输电线路的损耗，达到减少投资和运行费用的目的。

目前我国交流输电的电压为 110kV、220kV、330kV 及 550kV 等多种，由于发电机本身结构及所用绝缘材料的限制，不能直接产生这么高的电压，因此发电机的电能在输入电网前必须通过变压器升压；当电能输送到用电区后，各类用电器所需电压不一，而且相对较低，一般为 220V、380V 等，为了保障用电安全，又必须通过降压变压器把输电线路的高电压降为配电系统的配电电压，然后再经过降压变压器降为用户所使用的电压。

另外，变压器也广泛应用于测量、控制等诸多领域。

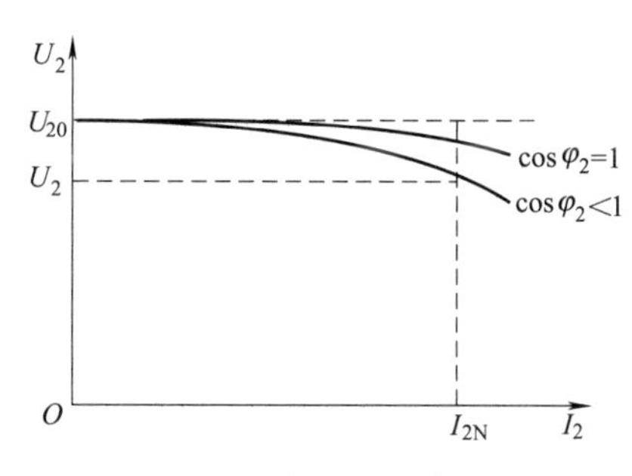

图 4-28 变压器的外特性

4. 变压器的特性和额定值

(1) 变压器的外特性和电压调整率 在前面对变压器的工作原理进行了分析，但忽略了原、副绕组中的电阻及漏磁通感应电动势对变压器工作情况的影响。实际上，在变压器运行中，随着输出电流 I_2 的增大，变压器绕组本身的电阻压降及漏磁感应电动势都将增大，从而使变压器输出电压 U_2 降低。在电源电压 U_1 及负载功率因数 $\cos\varphi_2$ 不变的条件下，副绕组的端电压 U_2 随副绕组输出电流 I_2 变化的曲线$U_2=f(I_2)$，称为变压器的外特性。对电阻性或电感性负载，变压器的外特性是一条稍微向下降低的曲线，如图 4-28 所示。负载功率因数越低，U_2 下降越大。

变压器外特性变化的程度可以用电压调整率 $\Delta U\%$ 来表示。电压调整率定义为变压器由空载到满载（额定负载 I_{2N}）副绕组端电压 U_2 的变化程度，即

$$\Delta U\%=\frac{U_{20}-U_2}{U_{20}}\times 100\% \tag{4-22}$$

电压调整率表征了变压器运行时输出电压的稳定性，是变压器的主要性能指标之一。电力变压器调整率一般是 5%左右。

为了提高供电电压的稳定性，保证供电质量，应该设法提高变压器的负载功率因数。同时，一般在电力变压器上装有调压分接开关，在停电的条件下，旋转分接开关可改变原绕组的有效匝数，即改变变压器的变比，以调整输出电压 U_2。配电变压器的无载调压范围是 5%。有些变压器还装有有载调压分接开关，即可在变压器运行中调节输出电压。

(2) 变压器的损耗和效率 变压器的内部损耗同前述交流铁芯线圈一样，包括铜损和铁损两部分，即 $\Delta P=\Delta P_{\mathrm{Cu}}+\Delta P_{\mathrm{Fe}}$。变压器的铜损是变压器运行时，其原、副绕组电阻 R_1 和 R_2 上所消耗的电功率，即 $\Delta P_{\mathrm{Cu}}=I_1^2R_1+I_2^2R_2$，它与负载电流的大小有关。铁损是主磁通在铁芯中交变时所产生的磁滞损耗和涡流损耗，即 $\Delta P_{\mathrm{Fe}}=\Delta P_{\mathrm{h}}+\Delta P_{\mathrm{e}}$，它与铁芯的材料及电源电压 U_1、频率 f 有关，与负载电流的大小无关。

变压器的效率是变压器的输出功率 P_2 与对应的输入功率 P_1 的比值，通常用百分数表示，即

$$\eta=\frac{P_2}{P_1}\times100\%=\frac{P_2}{P_2+\Delta P_{\mathrm{Cu}}+\Delta P_{\mathrm{Fe}}}\times100\% \tag{4-23}$$

式中 $P_1=P_2+\Delta P_{\mathrm{Cu}}+\Delta P_{\mathrm{Fe}}$

变压器没有旋转部分，内部损耗也较小，故效率高。经分析，变压器的负载为满载的70%左右时，其效率可达最高值。小型变压器的效率约为60%～90%，大型电力变压器的效率可达99%。为了变压器能经济运行，其负载不能过低。

（3）变压器的额定值　额定值是制造厂根据国家技术标准，对变压器正常可靠工作所做的使用规定。额定值通常标注在变压器的铭牌上，故也称为铭牌值。为了正确选择和使用变压器，必须了解和掌握其额定值。变压器的铭牌如图4-29所示。

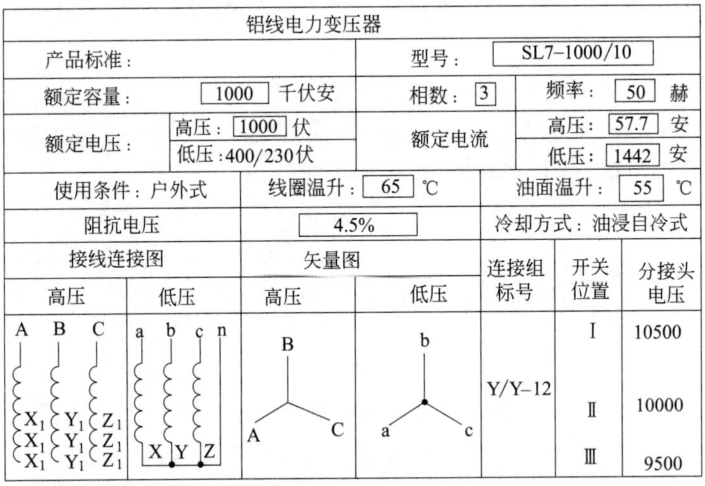

<table>
<tr><td colspan="7">铝线电力变压器</td></tr>
<tr><td colspan="3">产品标准：</td><td colspan="4">型号： SL7-1000/10</td></tr>
<tr><td colspan="3">额定容量： 1000 千伏安</td><td colspan="2">相数： 3</td><td colspan="2">频率： 50 赫</td></tr>
<tr><td rowspan="2">额定电压：</td><td colspan="2">高压： 1000 伏</td><td colspan="2" rowspan="2">额定电流</td><td colspan="2">高压： 57.7 安</td></tr>
<tr><td colspan="2">低压：400/230伏</td><td colspan="2">低压： 1442 安</td></tr>
<tr><td colspan="2">使用条件：户外式</td><td colspan="2">线圈温升： 65 ℃</td><td colspan="3">油面温升： 55 ℃</td></tr>
<tr><td colspan="2">阻抗电压</td><td colspan="2">4.5%</td><td colspan="3">冷却方式：油浸自冷式</td></tr>
<tr><td colspan="2">接线连接图</td><td colspan="2">矢量图</td><td rowspan="2">连接组标号</td><td rowspan="2">开关位置</td><td rowspan="2">分接头电压</td></tr>
<tr><td>高压</td><td>低压</td><td>高压</td><td>低压</td></tr>
<tr><td>A B C
X1 Y1 Z1
X1 Y1 Z1
X1 Y1 Z1</td><td>a b c n
X Y Z</td><td>B
A C</td><td>b
a c</td><td>Y/Y-12</td><td>Ⅰ
Ⅱ
Ⅲ</td><td>10500
10000
9500</td></tr>
</table>

图4-29 变压器的铭牌

笔记

① 型号　表示变压器的特征和性能，如SL7-1000/10。其中，SL7是基本型号（S—三相；D—单相；油浸自冷无文字表示；F—油浸风冷；L—铝线；铜线无文字表示；7—设计序号），1000是指变压器的额定容量为1000kV·A，10表示变压器高压绕组额定线电压为10kV。

② 额定电压　原绕组的额定电压是指变压器在额定运行情况下，根据变压器的绝缘强度和容许温升所规定的电压值，用符号 U_{1N} 表示。副绕组的额定电压是指变压器空载、原绕组加上额定电压 U_{1N} 时，副绕组两端的端电压，用 U_{2N} 表示。U_{1N}、U_{2N} 对单相变压器是电压的有效值，对三相变压器是线电压的有效值。

由于考虑变压器运行时其绕组及线路上有电压降存在，故规定比线路及负载的额定电压高5%或10%。例如，我国低电压配电线路额定电压一般为380V/220V，则变压器副绕组的 U_{2N} 应为400/230V。

③ 额定电流　额定电流是指变压器在额定运行情况下，根据容许温升所规定的电流值，用 I_{1N} 和 I_{2N} 表示。对三相变压器是指线电流值。

④ 额定容量　额定容量是指变压器副绕组输出的额定视在功率，单位为V·A或

kV·A，用符号 S_N 表示。

单相变压器 $$S_N=U_{2N}I_{2N}=U_{1N}I_{1N}$$

三相变压器 $$S_N=\sqrt{3}U_{2N}I_{2N}=\sqrt{3}U_{1N}I_{1N}$$

⑤ 阻抗电压（又称短路电压） 阻抗电压是指将变压器副绕组短路，在原绕组通以额定电流时加到原绕组上的电压值。常用该绕组额定电压的百分数表示，符号是 $U_d\%$。电力变压器一般为5%左右。$U_d\%$越小，变压器输出电压 U_2 随负载变化也越小，也就是它的电压调整率小。

变压器的额定值还有频率、相数、容许温升、冷却方式、连接组标号等，这里就不一一介绍了。

【例 4-4】 有一局部照明用单相变压器，$S_N=100\text{V}\cdot\text{A}$，$\frac{U_{1N}}{U_{2N}}=\frac{220\text{V}}{36\text{V}}$。铁芯用硅钢片叠成，$S=15\text{cm}^2$，$B_m$ 为1.1T，取副绕组空载电压 U_{20} 等于 U_{2N} 的1.05倍（即高5%）。试求变压器原、副绕组匝数 N_1、N_2 及其额定电流 I_{1N} 和 I_{2N}。

解： 由式（4-12）可得原绕组的匝数为

$$N_1=\frac{U_{1N}}{4.44fB_mS}=\frac{220}{4.44\times50\times1.1\times15\times10^{-4}}=600.6$$

副绕组的匝数为

$$N_2=\frac{N_1}{U_{1N}}U_{20}=\frac{N_1}{U_{1N}}1.05U_{2N}=2.73\times1.05\times36=103.2$$

原、副绕组的额定电流分别为

$$I_{1N}=\frac{S_N}{U_{1N}}=\frac{100}{220}=0.455(\text{A})$$

$$I_{2N}=\frac{S_N}{U_{2N}}=\frac{100}{36}=2.78(\text{A})$$

【例 4-5】 有三相配电变压器，其连接组标号为 Y/Y_0，额定电压为10000/400V，现向额定电压 $U_2=380\text{V}$，功率 $P_2=60\text{kW}$，$\cos\varphi_2=0.82$ 的负载供电。求变压器原、副绕组的电流，并选择变压器的容量。

解： 变压器供给负载的电流

$$I_2=\frac{P_2}{\sqrt{3}U_2\cos\varphi_2}=\frac{60\times10^3}{\sqrt{3}\times380\times0.82}=111.2(\text{A})$$

因变压器是星形连接，绕组相电流 I_{P2} 等于线电流 I_{L2}，故副绕组电流也是111.2A。

变压器的变压比 $K=\frac{U_{1N}}{U_{2N}}=\frac{10000}{400}=25$，因此，原绕组的电流 I_{P1}（等于线电流 I_{L1}）为

$$I_{L1}=I_{P1}=\frac{I_{P2}}{K}=\frac{111.2}{25}=4.448(\text{A})$$

变压器的容量 S_N 应 $\geqslant S_2=P_2/\cos\varphi_2=60/0.82=73.17(\text{kV}\cdot\text{A})$，选择变压器容量为100kV·A。

实验十一 变压器的认识及测量

实验目的

① 了解变压器的结构。

② 掌握变压器的工作原理。

③ 学会变压器同名端的判定。

实验原理

① 电压变换：$\frac{U_1}{U_2}=\frac{N_1}{N_2}=K$

② 电流变换：$\frac{I_1}{I_2}=\frac{N_2}{N_1}=\frac{1}{K}$

实验设备（表 4-4）

表 4-4 变压器认识和测量实验设备

元器件名称	数量	备注	元器件名称	数量	备注
开关	1		数字万用表	1	
灯泡	2	16V,6W	导线	若干	
交流电流表	2	50mA,1A	试验台	1	

实验电路图（图 4-30、图 4-31）

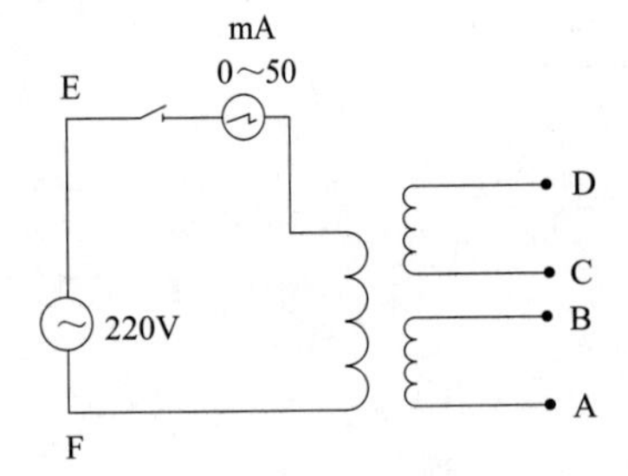

图 4-30 变压器空载实验电路图

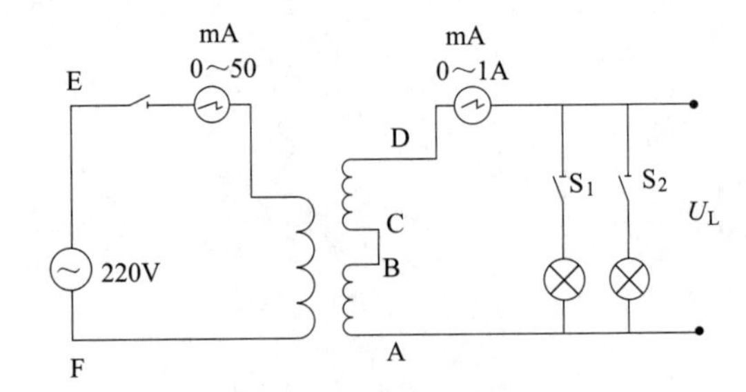

图 4-31 变压器有载实验电路图

实验内容及步骤

1. 同名端判定（不知各线圈的绕向）

（1）直流判别法 按图 4-32（a）连接电路，闭合 S 瞬间，电流流入 1 端：若电压表指针正偏，3 为高电位端，因此 1、3 为同名端；若电压表指针反偏，4 为高电位端，即 1、4 端为同名端。

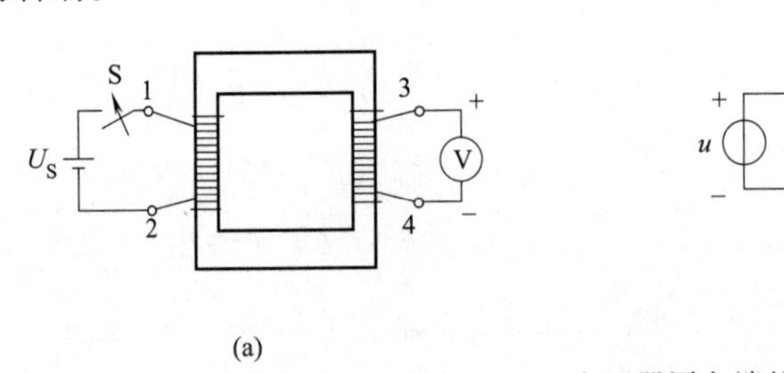

图 4-32 变压器同名端的判定

（2）交流判别法 按图 4-32（b）连接电路，若 U_{24} 约等于 U_{12} 和 U_{34} 之差，则 1、3 为同名端；若 U_{24} 约等于 U_{12} 和 U_{34} 之和，则 1、3 为异名端。

按图 4-30 接线，按表 4-5 条件用万用表测量，并将结果记入表 4-5 中。

2. 变压器的空载测量

（1）空载电压的测量 按图 4-30 接线，其中 E、F 接 220V 交流电，其他对应绕组不接负载，用万用表测量各绕组电压，将结果记入表 4-6。

表 4-5　变压器同名端的判定

测量端	电压值	测量端	电压值
A、B端	$U_{AB}=$	A、D端(连接B、C)	$U_{AD}=$
C、D端	$U_{CD}=$	B、D端(连接A、C)	$U_{BD}=$

表 4-6　变压器空载测量数据记录

项目	U_{EF}	U_{AB}	U_{CD}
测量值/V			

(2) 空载电流的测量　按图 4-30 接线，空载电流 $I_1=$________ mA。

3. 变压器的有载电流的测量

按图 4-31 接线，其中 E、F 接 220V 交流电，次级 A、D 绕组接负载，按表 4-7 分别测量，将结果记入表 4-7。

表 4-7　变压器有载电流的测量

项目	空载(S_1、S_2 均断开)	不过载(S_1 闭合、S_2 均断开)	过载(S_1、S_2 均闭合)
I_1/mA			
I_2/mA			
U_L/V			

实验数据分析及结论

① 确定同名端。

$$U_{AD}=U_{AB}+U_{CD}=13.97\text{V}$$
$$U_{BD}=|U_{AB}-U_{CD}|=0\text{V}$$

A 与 D 端是异名端，即 A、C 为同名端，B、D 为同名端。

② 根据实验结果，验证变压器的变压、变流特性。

③ 根据表 4-7，绘出变压器的输出伏安特性曲线，说明与负载的关系。

模块总结

① 磁路的欧姆定律

$$\Phi=\frac{F}{R_m}=\frac{IN}{\dfrac{l}{\mu S}}$$

是分析磁路的基础。由于磁性物质的磁阻不是常数，故它常用于定性分析。

② 交流铁芯线圈主磁通 $\Phi_m\approx\dfrac{U}{4.44fN}$。这种关系适用于一切交流励磁的磁路，如变压器、异步电动机、交流接触器等。

③ 变压器是根据电磁感应原理制成的静止电器。它主要是由用硅钢片叠成的铁芯和套装在铁芯柱上的绕组构成。只要一次、二次绕组的匝数不等，它就具有变电压、变电流和变阻抗的功能，并有关系

$$\frac{U_1}{U_2}=\frac{N_1}{N_2}=K,\ \frac{I_1}{I_2}=\frac{N_2}{N_1}=\frac{1}{K}$$

$$|Z_L|'=\left[\frac{N_1}{N_2}\right]^2|Z_L|=K^2|Z_L|$$

变压器带阻性和感性负载时，其外特性 $U_2=f(I_2)$ 是一条稍微向下倾斜的曲线，当负

载增大、功率因数减小时，端电压就下降。其变化情况由电压变化率来表示。

变压器铭牌是工作人员使用变压器的依据，因此需掌握各规定值的含义。

模块四
检测答案

模块检测

1. 填空题

(1) 通电直导线的磁场方向可以用________定则来判定。

(2) 磁感应强度是用来表征____________________的物理量。

(3) 表示垂直通过某一截面的磁感线总数的物理量是________。

(4) 工程上用________来表示各种不同材料导磁能力的强弱。

(5) 如果流过导线或者线圈的电流发生变化，电流所产生的________也会发生变化，于是在导线或者线圈由于交链的磁通变化而产生________。

(6) 工程上用磁导率μ来表示各种不同材料________能力，真空的磁导率为常数，其他物质的磁导率与真空磁导率之比称为________。

(7) 当穿过线圈的磁通增加时，感应电流产生的磁通方向与原磁通方向________，线圈中因磁通变化产生的感应电动势的大小与线圈________和________成正比。

(8) 铁芯损耗包括________、________两部分损耗，二者合称________损耗。

(9) 铁磁材料的磁化特性为________、________和________。

(10) 用铁磁材料作电动机及变压器铁芯，主要是利用其中的________特性，制作永久磁铁是利用其中的________特性。

(11) 永久磁铁用________制成，电磁铁的衔铁用________制成。

(12) 铁磁材料被磁化的外因是________，内因是________。

(13) 根据磁滞回线的不同，铁磁材料一般可分为________、________和________三类。

(14) 变压器由_______和_______构成，它是利用_______定律来实现_______传递的。

(15) 铁芯多用厚度为0.35～0.5mm两侧涂有绝缘的硅钢片叠成，其目的主要是为了克服________和________。

(16) 单相变压器具有变换________、变换________及变换________的作用。

(17) 变压器的损耗包括________损耗和________损耗。

(18) 一单相变压器$U_1=220\text{V}$，变压比$K=20$，$U_2=$________V。

(19) 我们把变压比$K>1$的变压器称为________变压器，$K<1$的变压器称为________变压器。

(20) 有一台单相变压器，变压比$K=45.455$，二次绕组电压$U_2=220\text{V}$，负载电阻$R_L=1\Omega$，则二次绕组电流为________A；如果忽略变压器内部的阻抗压降及损耗，则一次绕组电压为________，一次绕组电流为________A。

(21) 一台单相变压器的容量为$S_N=2000\text{VA}$，一次绕组额定电压为220V，二次绕组额定电压为110V，则一次绕组与二次绕组的额定电流分别为$I_{1N}=$______，$I_{2N}=$______。

(22) 一台多绕组变压器，原绕组额定电压为220V，副绕组额定电压分别为110V、36V、12V，原绕组为1500匝，副绕组的匝数分别为________匝、________匝、________匝。

(23) 用电压表和变压比为10/0.1的电压互感器测量电压时，电压表读数为99.3V，则被测电压为________V，若被测电压为9500V时，则电压表的读数是________V。

(24) 有一台单相变压器，已知$U_1=220\text{V}$，$I_2=10\text{A}$，$R=10\Omega$，则$U_2=$______V，$I_1=$______A。

2. 判断题

(1) 小磁针在磁场中的某点时，其N极所指的方向一定是该点磁感应强度的方向。( )

(2) 磁场的方向与产生磁场的电流的方向有关，可用右手螺旋定则判断。( )

(3) 磁场中的磁通Φ越大，则它的磁感应强度B也就越大，因此磁通Φ与磁感应强度B实际上是同

笔记

一含义。( )

(4) 在相同条件下，铁芯磁导率 μ 越大，其线圈产生的磁场就越强。( )

(5) 铁磁物质磁导率为常数。( )

(6) 磁导率 μ 越大，则表明在相同的磁动势作用下产生的磁场越强，因此在工程上人们总是采用磁导率 μ 尽量大的材料来组成电机、电器及各种磁铁的磁路。( )

(7) 一般铁芯线圈的电感量比空心线圈大得多。( )

(8) 铁芯在反复磁化时，铁芯中会产生涡流，这一现象也是电磁感应现象。( )

(9) 变压器的原绕组及副绕组均开路的运行方式称为空载运行。( )

(10) 变压器运行时，高压绕组通过的电流小，低压绕组通过的电流大。( )

(11) 变压器铁芯由硅钢片叠成是为了减少涡流损耗。( )

(12) 变压器是由多个含有铁芯的线圈组成。( )

(13) 变压器是利用电磁感应原理，将电能从原绕组传输到副绕组的。( )

(14) 变压器原、二次绕组绕组不能调换使用。( )

(15) 电路所需的各种直流电压，可通过变压器变换直接获得。( )

(16) 某台变压器的变压比为 380V/36V，则它能把交流 380V 降为 36V，反过来也可以把交流 36V 升为 380V。( )

(17) 对一台已绕制好的变压器而言，其原、副绕组的同名端是确定不变的。( )

(18) 使用电压互感器时，二次绕组不得短路，外壳、铁芯及二次绕组的一端必须接地。( )

3. 单项选择题

(1) 以下哪种物质的磁导率与真空中的磁导率非常接近。( )

A. 铸铁　B. 坡莫合金　C. 硅钢片　D. 铝

(2) 测量磁感应强度的仪器是 ( )。

A. 电压表　B. 电流表　C. 磁通计　D. 晶体管毫伏表

(3) 磁场强度 H 的单位是 ( )。

A. 韦伯　B. 高斯　C. 麦克斯韦　D. 安/米

(4) 非磁性物质的相对磁导率 μ_r ( )。

A. 稍大于 1　B. 比 1 大得多，但小于铁磁材料的 μ_r

C. 约等于 1　D. 远小于 1

(5) 铁磁性物质的相对磁导率 μ_r ( )。

A. 稍大于 1　B. 稍小于 1　C. 远大于 1　D. 远小于 1

(6) 铁磁材料能够被磁化的根本原因是 ( )。

A. 有外磁场作用　B. 有良好的导磁性能

C. 反复交变磁化　D. 其内部有磁畴

(7) 电磁感应定律通式 $e=-N(\mathrm{d}\Phi/\mathrm{d}t)$ 中，负号表示 ( )。

A. e 总是阻碍 Φ 的变化　B. 任何瞬间 e 与 i 的方向总是相同

C. 感应电流产生的磁通总是与原磁通的方向相反

D. 任何瞬间 e 与 i 的方向总是相反

(8) 电感量一定的线圈，产生的自感电动势大，说明通过该线圈的电流的 ( )。

A. 数值大　B. 变化量大　C. 时间长　D. 变化率大

(9) 穿过线圈的磁通在 0.1s 内从 0 变化到 1.8×10^{-4} Wb，如果由于磁通变化而产生的感应电动势的大小为 3.6V，那么线圈的匝数为 ( )。

A. $N=200$ 匝　B. $N=20$ 匝　C. $N=2000$ 匝　D. $N=1$ 匝

(10) 我国从葛洲坝到上海的输电线路为超高压输电线路，其线路电压为 ( )。

A. 110kV　B. 220kV　C. 500kV　D. 1000kV

笔记

(11) 变压器的主要作用是（　　）。

A. 变换电压　B. 变换频率　C. 变换功率　D. 变换能量

(12) 对理想变压器来说，下列关系中（　　）是正确的。

A. $I_1/I_2=N_1/N_2$　B. $U_1/U_2=N_2/N_1$

C. $U_1/U_2=N_1/N_2$　D. 前三者均是

(13) 变压器原、副绕组能量的传递主要是依靠（　　）。

A. 变化的漏磁通　B. 变化的主磁通

C. 交变电动势　D. 铁芯

(14) 一台额定电压为220/110V的单相变压器，原绕组接上220V的直流电源，则（　　）。

A. 一次绕组电压为440V　B. 一次绕组电压为220V

C. 二次绕组电压为110V　D. 变压器将烧坏

(15) 有一理想变压器，原绕组接在220V电源上，测得副绕组的端电压11V，如果原绕组的匝数为220匝，则变压器的变压比、副绕组的匝数分别为（　　）。

A. $K=10$，$N_2=210$ 匝　B. $K=20$，$N_2=11$ 匝

C. $K=10$，$N_2=11$ 匝　D. $K=20$，$N_2=210$ 匝

(16) 单相变压器上标明220V/36V、300VA，问下列哪一种规格的电灯能接在此变压器的二次绕组电路中使用？（　　）

A. 36V、500W　B. 36V. 60W　C. 12V、60W

(17) 单相变压器的额定容量是（　　）。

A. $U_{2N}I_{2N}$　B. $U_{1N}I_{1N}$　C. $U_{1N}I_{1N}\cos\varphi_N$

(18) 变压器是传递电能的（　　）。

A. 直流　B. 交流　C. 直流和交流

(19) 在三相变压器中，额定电压指（　　）。

A. 线电压　B. 相电压　C. 瞬时电压

4. 综合题

(1) 某一匀强磁场，已知穿过磁极极面的磁通 $\Phi=3.84\times10^{-5}$ Wb，磁极的长与宽为4cm和8cm，求磁极间磁感应强度 B。

笔记

(2) 在0.4T的匀强磁场中，长度为25cm的导线以6m/s的速度作切割磁感线运动，运动方向与磁感线成30°，并与导线本身垂直，求导线中感应电动势的大小。

(3) 为什么变压器的铁芯要用硅钢片叠成？能否用整块的铁芯？

(4) 如果把一台变压器的绕组接到额定电压的直流电源上，问：

① 能否变压？

② 会产生什么结果？

(5) 额定电压为220V/36V的单相变压器，如果不慎将低压端误接到220V的交流电源上，会产生什么后果？

(6) 某变压器一次绕组电压 $U_1=220$V，二次绕组有两个线圈，其电压分别为 $U_{21}=110$V，$U_{22}=36$V。若一次绕组匝数 $N_1=440$ 匝，求二次绕组两个线圈的匝数各为多少？

(7) 某晶体管收音机原配好4Ω的扬声器，今改接8Ω的扬声器。已知输出变压器的一次绕组匝数为 $N_1=250$ 匝，二次绕组匝数 $N_2=60$ 匝，若一次绕组匝数不变，问二次绕组匝数应如何变动才能使阻抗匹配？

(8) 某电力变压器的电压变化率 $\Delta U=4\%$，要使该变压器在额定负载下输出的电压 $U_2=220$V，求该变压器二次绕组的额定电压 U_{2N}。

(9) 电力系统在电能输送过程中为什么总是采用高电压输送？三相变压器的主要用途是什么？

模块五

半导体器件及其特性

知识目标

1. 了解半导体的基本知识。
2. 了解 PN 结的单向导电性，熟悉 PN 结的形成过程。
3. 掌握二极管和三极管的伏安特性。
4. 熟悉二极管和三极管的基本结构、工作原理、主要参数。

能力目标

1. 会分析三极管的输入输出特性。
2. 会用万用表判别二极管的极性和好坏。
3. 会用万用表判别三极管的类型、引脚及三极管的好坏。

素养目标

1. 服从小组分工安排，主动承担任务，团结协作、共同完成团队学习任务，达成团队目标。

2. 介绍我国高铁、风电等高端装备由每年需花费数亿元从国外采购 IGBT 产品到成功研制出国产耐高电压高电流的 IGBT，实现用上“中国芯”的梦想。培养学生的国家意识，了解国情历史，认同国民身份，能自觉捍卫国家主权、尊严和利益。

笔记

学习单元一　半导体的基础知识

半导体元件是电子线路的核心元件，只有掌握半导体元件的结构、性能、工作原理和特点，才能正确分析电子电路的工作原理，正确选择和合理使用半导体元件。本章主要介绍半导体的特点、PN 结的形成及其特性，然后介绍二极管、晶体管、场效应晶体管的结构、工作原理、主要参数，以及它们的外部特性和简单的应用电路等。

一、半导体的分类及特点

1. 半导体的特点

物质通常根据其导电特性分为三类：导体、半导体和绝缘体。导体是指导电性能很好的物体，其电阻率 $\rho<10^{-4}\Omega\cdot cm$；而绝缘体通常是指电阻率 $\rho>10^{10}\Omega\cdot cm$ 的物体；所谓半导体，就是它的导电能力介于导体与绝缘体之间，硅、锗是人们最熟悉的半导体材料，纯硅的电阻率 $\rho=2.14\times10^{5}\Omega\cdot cm$，硒和许多金属氧化物、硫化物也都是半导体。

半导体材料之所以应用广泛，是因为它的导电能力在不同的条件下会有很大的差别。一般说来，半导体材料有三个特点。

半导体的基础知识

① 大部分半导体的导电能力随温度升高而增强。有些半导体对温度的反应特别灵敏，通常采用这种半导体做成热敏元件。

② 半导体的导电能力随光照强度的变化而变化，有些半导体当光照强度变化时变化很大。例如硫化镉薄膜，当无光照时，它的电阻达到几十兆欧，是绝缘体；而受到光照时，电阻却只有几十千欧。利用半导体的这种特性，可以做成各种光敏元件。

③ 如果在纯净的半导体中掺入微量的其他元素（通常称作掺杂），半导体的导电能力会随着掺杂浓度的变化而发生显著变化。例如在纯硅中掺入百万分之一的磷以后，其电阻率 ρ 从 $2.14\times10^5\Omega\cdot cm$ 变化到 $0.2\Omega\cdot cm$。各种不同用途的基本半导体器件（如二极管、三极管、场效应管）就是利用半导体的这个特性制成的。

2. 本征半导体和杂质半导体

根据半导体的掺杂情况，半导体材料又可以分为两类。

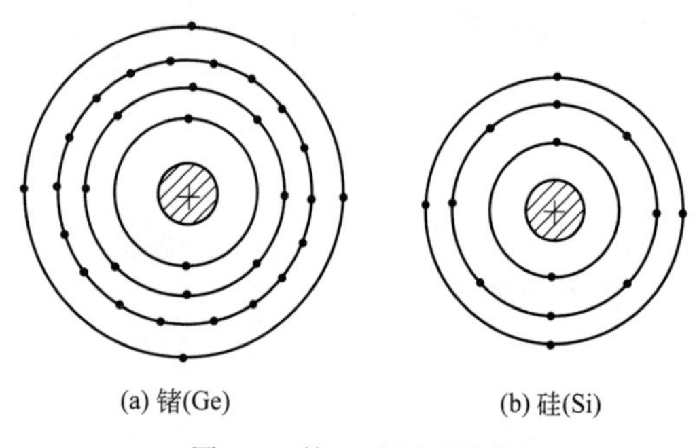
(a) 锗(Ge)　(b) 硅(Si)

图 5-1 锗、硅原子结构图

（1）本征半导体　本征半导体是指完全纯净的具有晶体结构（即原子排列按一定规律排得非常整齐）的半导体。

比较典型的半导体材料有硅和锗，它们都是四价元素，即每个原子的外层有 4 个价电子，其原子结构如图 5-1 所示，则相邻的两个原子的一对最外层电子成为共用电子，这样的组合称为共价键结构。在常温下，由于分子的热运动，有少量的电子挣脱原子核的束缚成为自由电子，同时在原来的位置上留下了一个空穴。所以在本征半导体中，自由电子和空穴成对产生，当温度或光照强度增加时，自由电子与空穴的数目增加。

在外电场的作用下，自由电子会做定向运动，空穴也会做定向运动。因为在外电场的作用下，有空穴的原子可以吸引相邻原子中的价电子来填补这个空穴，就像教室里第一排座位空着时，为了听课方便，第二排的同学向前移动，第三排的同学移到第二排。依次类推，虽然空座位实际不会移动，但看起来似乎是空位在移动一样。同时存在着自由电子导电和空穴导电，这就是半导体导电方式的最大特点，也是半导体和金属在导电原理上的本质差别。

自由电子和空穴都被称为载流子。

（2）杂质半导体　本征半导体的导电能力很低，通常采用掺入微量杂质（通常是三价或五价的元素）的方法提高其导电能力，掺入杂质的本征半导体称为杂质半导体。

根据掺入的杂质不同，杂质半导体有两大类：电子型（N 型）半导体和空穴型（P 型）半导体。

N 型半导体是指在本征半导体中掺入五价元素（如磷、砷、锑等）。由于这类元素的最外层电子数目有 5 个，由原子结构理论知，它们以 4 个电子与周围相邻的 4 个硅原子形成一个稳定的共价键结构，多余的第 5 个电子很容易挣脱原子核的束缚而成为自由电子，即掺入五价元素后，与本征半导体相比，自由电子数目大大增加，形成多数载流子。由于自由电子增多，增加了自由电子填补空穴的机会，使空穴数目反而减少，故空穴被称为少数载流子。如每立方厘米纯净硅（本征半导体）中大约有 5×10^{22} 个硅原子，在室温下，约有自由电子、空穴 1.5×10^{10} 个，掺入百万分之一的磷后，自由电子数目增加了几十万倍，而空穴减少到每立方厘米 2.3×10^{5} 个以下。在外电场的作用下，自由电子导电占主导地位，故称为电子型半导体。

P 型半导体是指在本征半导体中掺入三价元素（如硼、铝、铟等）。由于这类元素的最外层电子数目有 3 个，由原子结构理论知，需要以 4 个电子与周围相邻的 4 个硅原子形成一个稳定的共价键结构，因而留下了一个空穴，即掺入三价元素后，与本征半导体相比，空穴数目大大增加，形成多数载流子。由于空穴增多，增加了自由电子填补空穴的机会，使自由电子的数目反而减少，故在 P 型半导体中自由电子被称为少数载流子。在外电场的作用下，空穴导电占主导地位，故称为空穴型半导体。

二、 PN 结的形成和特点

1. PN 结的形成

图 5-2 为用专门的制造工艺，在同一块半导体单晶上形成 P 型半导体和 N 型半导体，在两种半导体的交界面附近，由于 N 区中的电子浓度远大于 P 区中电子浓度，因此电子将从 N 区向 P 区扩散。同样，P 区的空穴也将向 N 区扩散，其结果是在交界面附近的 P 区和 N 区的电中性被破坏，在交界面两侧分别形成正、负离子，这些不能移动的正、负离子在交界面附近形成一个很薄的空间电荷区，这就是 PN 结。在此区域内正负电荷形成的电场，称为内电场，其方向由 N 区指向 P 区。这个内电场对电子从 N 区向 P 区扩散和 P 区的空穴向 N 区扩散起阻挡作用，所以空间电荷区又称阻挡层。随着扩散的进行，PN 结逐渐变宽，内电场也逐渐增强，从而阻止了扩散，达到动态平衡。在一定的条件下（例如温度一定），空间电荷区的宽度相对稳定，PN 结也就处于相对稳定的状态。这时，形成空间电荷区的正负离子虽然带电，但是它们不能移动，不参与导电，而在这区域内，载流子极少，所以空间电荷区又称耗尽区，PN 结中是没有电流的。

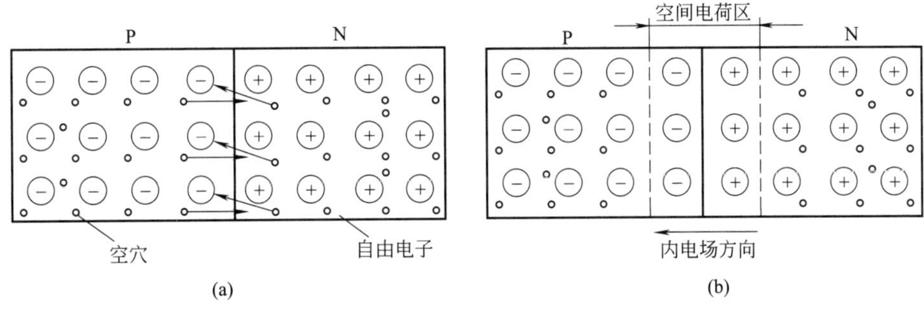

图 5-2 PN 结的形成

笔记

2. PN 结的单向导电性

在 PN 结两端加上不同极性的外加电压时，PN 结呈现不同的导电性。

如果将 PN 结的 P 区接在电源的正极上，N 区接在电源的负极上，称为给 PN 结加上正向电压（或称正向偏置），见图 5-3（a）。此时外电场的方向与内电场的方向相反，削弱了内电场，使空间电荷区变窄，有利于多数载流子的扩散运动。在外电场的作用下，多数载流子就能越过空间电荷区形成正向电流。电流的方向是从电源的正极出发，经过 PN 结返回到电源的负极。因为 PN 结的正向电流是由多数载流子形成的，比较大，PN 结呈现出较小的正

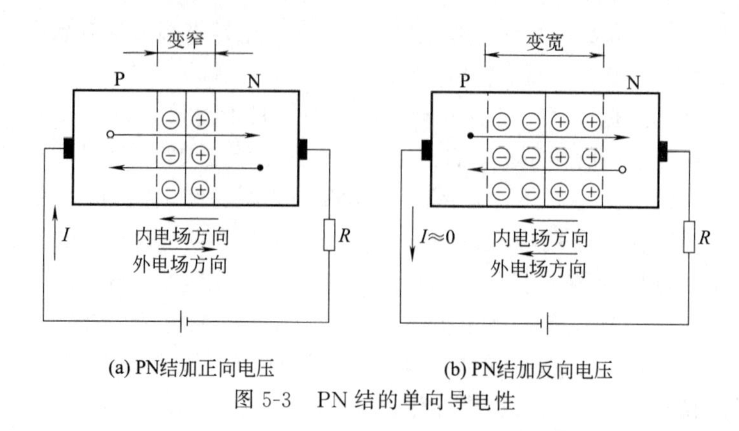

图 5-3 PN 结的单向导电性

向电阻（由欧姆定律，电阻为加在元件两端的电压与流过其中的电流之比），故称 PN 结正向导通。

如果将 PN 结的 N 区接在电源的正极上，P 区接在电源的负极上，称为给 PN 结加上反向电压（或称反向偏置），见图 5-3（b）。此时外电场的方向与内电场的方向一致，加强了内电场，使空间电荷区变宽。在外电场的作用下，只有少数载流子才能越过空间电荷区形成反向电流，因为 PN 结的反向电流是由少数载流子形成的，而少数载流子的数目有限，所以反向电流非常小，为微安数量级。PN 结对外呈现出极高的反向电阻，称为 PN 结反向截止。

所以，PN 结具有单向导电性。

半导体二极管

学习单元二　半导体二极管

一、二极管的结构和分类

1. 二极管的结构和符号

笔记

将 PN 结的两个区，即 P 区和 N 区分别加上相应的电极引线，并用管壳将 PN 结封装起来，就构成了半导体二极管，其结构与图形符号如图 5-4 所示，常见外形如图 5-5 所示。从 P 区引出的电极为阳极（或正极），从 N 区引出的电极为阴极（或负极），并分别用 A、K 表示。

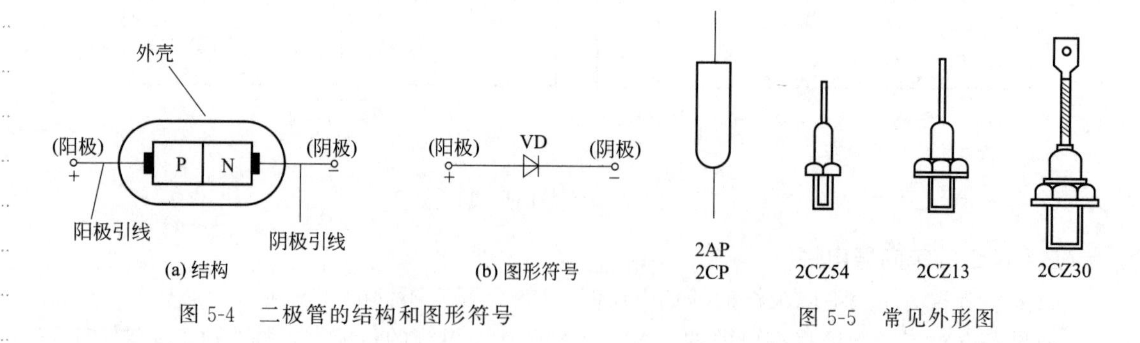

图 5-4 二极管的结构和图形符号

图 5-5 常见外形图

2. 二极管的分类

根据不同的制造工艺，二极管的内部结构大致分为点接触型和面接触型，以适应不同用途的需要。

（1）点接触型　点接触型二极管 PN 结的面积小，极间电容也小，因而不能承受高的反向电压和大的正向电流，适用于高频检波、脉冲数字电路里的开关元件或小电流的整流管，如图 5-6（a）所示。

（2）面接触型 面接触型二极管 PN 结的面积大，可以通过较大一些的电流，但同时极间电容也大，适用于低频及整流电路，如图 5-6（b）所示。

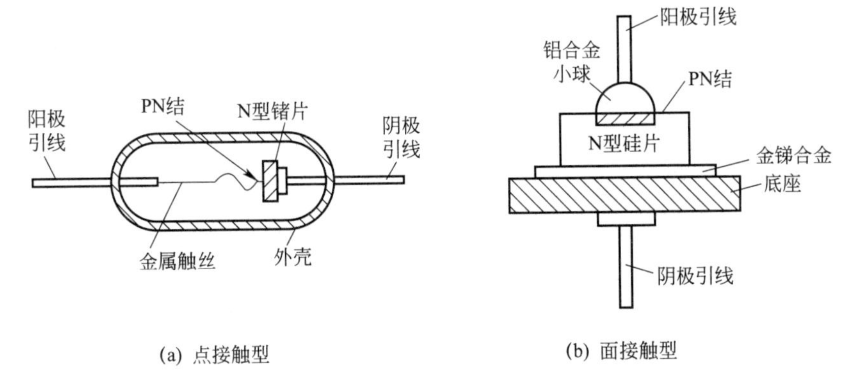

图 5-6 二极管的类型

根据制作材料分类，二极管主要有锗二极管和硅二极管。

（1）锗二极管 锗二极管内部多为点接触型，允许的工作温度较低，只能在 100℃以下工作。

（2）硅二极管 硅二极管内部多为面接触型，允许的工作温度较高，有的高达 150～200℃。

根据用途分类，电工设备中较常用的二极管有四类。

（1）普通二极管 如 2AP 等系列，用于型号检测、取样、小电流整流等。

（2）整流二极管 如 2CZ、2DZ 等系列，广泛用于各种电源设备中做不同功率的整流。

（3）开关二极管 如 2AK、2CK 等系列，用于数字电路和控制电路中。

（4）稳压二极管 如 2CW、2DW 等系列，用于各种稳压电源和晶闸管电路中。

笔记

二、二极管的伏安特性和主要参数

二极管的主要特性是单向导电性，其伏安特性曲线如图 5-7 所示（以正极到负极为参考方向）。

1. 正向特性

① 外加正向电压很小时，由于外电场还不能克服 PN 结内电场对多数载流子做扩散运动的阻力，二极管呈现较大的电阻，几乎没有正向电流通过。曲线 0A 段（或 0A′段）称作死区，A 点（或 A′点）的电压称为死区电压。硅管的死区电压一般为 0.5V，锗管则约为 0.1V。

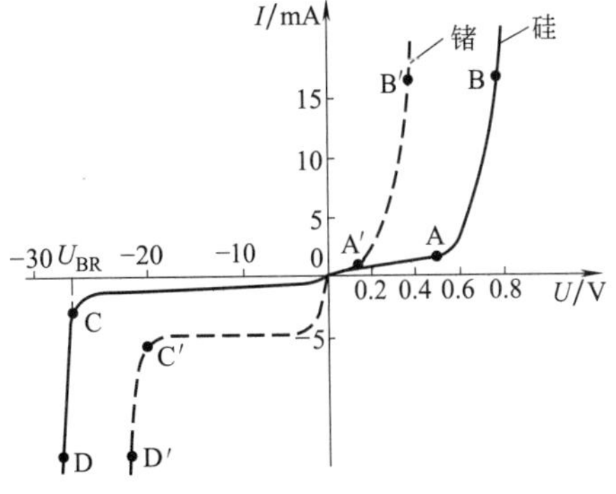

图 5-7 二极管的伏安特性

② 二极管的正向电压大于死区电压后，二极管呈现很小的电阻，有较大的正向电流流过，称为二极管导通，如 AB 段（或 A′B′段）特性曲线所示，此段称为导通段。从图中可以看出：硅管电流上升曲线比锗管更陡。二极管导通后的电压为导通电压，硅管一般为 0.7V，锗管约为 0.3V。

2. 反向特性

① 当二极管承受反向电压时，其反向电阻很大，此时仅有非常小的反向电流（称为反向饱和电流或反向漏电流），如曲线0C段（或0C′段）所示。实际应用中二极管的反向饱和电流值越小越好。硅管的反向电流比锗管小得多，一般为几十微安，而锗管为几百微安。

② 当反向电压增加到一定数值时（如曲线中的C点或C′点），反向电流急剧增大，这种现象称为反向击穿，此时对应的电压称为反向击穿电压，用U_{BR}表示，曲线中CD段（或C′D′段）称为反向击穿区。通常加在二极管上的反向电压不允许超过击穿电压，否则会造成二极管的损坏（稳压二极管除外）。

3. 二极管的主要参数

（1）最大整流电流 I_{FM}　指二极管长期运行时允许通过的最大正向平均电流。实际应用时，流过二极管的平均电流超过此允许值时，将会导致PN结发热而永久损坏。

（2）最大反向工作电压峰值 U_{RM}　指二极管运行时允许承受的最大反向电压，超过此值二极管就有被反向击穿的危险。通常将二极管的击穿电压U_{BR}的一半定为U_{RM}。

（3）反向电流 I_R　指在室温和最大反向工作电压下的反向电流。其值越小，二极管的单向导电性越好。环境温度对I_R的影响很大，温度增加，反向电流会增加很大，使用时应充分注意。

（4）最高工作频率 f_{max}　f_{max}主要由PN结的结电容大小来决定。超过此值，二极管的单向导电性变差，甚至会失去单向导电性。

三、特殊二极管

除上述的普通二极管外，还有若干特殊类型的二极管，如稳压二极管、发光二极管、变容二极管及光敏二极管等。随着电子技术的发展，这些特殊二极管在电子技术应用电路中也得到越来越广泛的应用。

1. 稳压二极管

稳压二极管简称稳压管，它是用特殊工艺制成的一种面结型硅半导体二极管，其图形符号和外形封装如图5-8所示。使用时，它的阴极接外加电压的正极，阳极接外加电压负极，管子反向偏置，工作在反向击穿状态，利用PN结反向击穿特性来进行稳定电压。因此，在电子电路中稳压管工作于反向击穿状态。

稳压管的伏安特性曲线如图5-9所示，其正向特性与普通二极管相同，反向特性曲线比普通二极管更陡。二极管在反向击穿状态下，流过管子的电流变化很大，而两端电压变化很小，稳压管正是利用这一点实现稳压作用的。稳压管工作时，必须接入限流电阻，才能使其流过的反向电流在I_{Zmin}～I_{Zmax}范围内变化。

稳压管的主要参数如下。

（1）稳定电压 U_Z　指在流过稳压管的反向电流为规定的测试值时，稳压管两端的电压值。由于制造工艺上的分散性，手册给出同一型号稳定电压的范围，如2CW14稳压管，U_Z为6.0～7.5V。但对一个具体的2CW14，U_Z处于上述范围内的一个定值。

（2）最大稳定电流 I_{Zmax} 和最小稳定电流 I_{Zmin}　是稳压管正常工作时的电流范围。当工作电流$I_Z<I_{Zmin}$，管子就不能正常工作而使管子两端电压不够稳定；$I_Z>I_{Zmax}$时，管子会因过热而损坏。

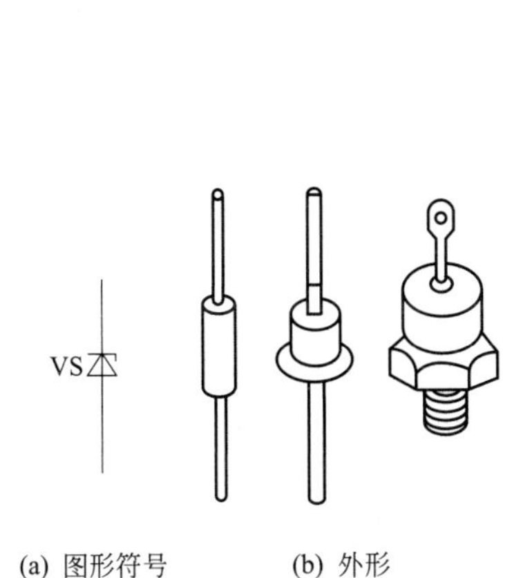

图 5-8 稳压二极管的图形符号与外形

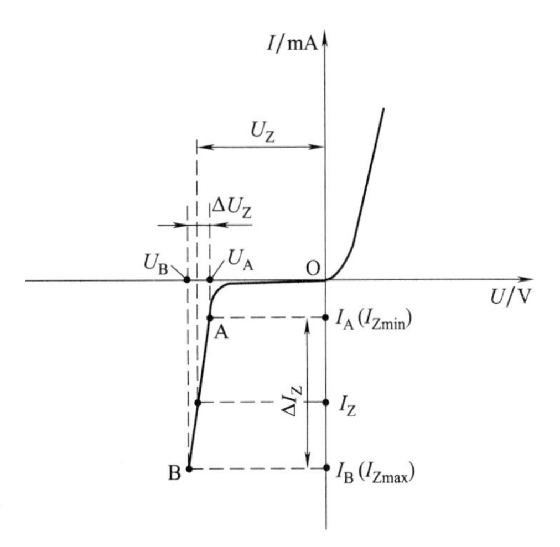

图 5-9 稳压二极管的伏安特性

(3) 动态电阻 r_z　在稳定电压范围内，稳压管两端电压的变化量 ΔU_Z 与对应的电流变化量 ΔI_Z 之比，即 $r_z=\dfrac{\Delta U_Z}{\Delta I_Z}$。反向击穿特性越陡，$r_z$ 越小，稳压性能也越好。

(4) 最大允许耗散功率 P_{Zmax}　管子不致过热而损坏 PN 结所允许的最大功率损耗。P_{Zmax} 可表示为

$$P_{Zmax}=U_Z I_{Zmax}$$

(5) 电压温度系数 α　说明稳压值受温度变化影响的系数，定义为温度每变化 1℃时稳压值的相对变化量

$$\alpha=\frac{\dfrac{\Delta U_Z}{U_Z}}{\Delta T}\times 100\%/℃$$

硅稳压管的稳定电压 U_Z 低于 4V 时，具有负的温度系数，高于 7V 时，具有正的温度系数，而在 4～7V 之间时，温度系数较小。

笔记

2. 发光二极管

发光二极管简称 LED，是一种光发射器件，能把电能直接转换成光能的固体发光器件。它是由镓（Ga）、砷（As）、磷（P）等化合物制成的，其图形符号如图 5-10（a）所示。当 PN 结加上正偏电压时，有正向电流流过时即可发光，光的颜色取决于制造 PN 结所使用的材料。发光二极管是直接把电能转换成光能的元件，没有热交换过程。

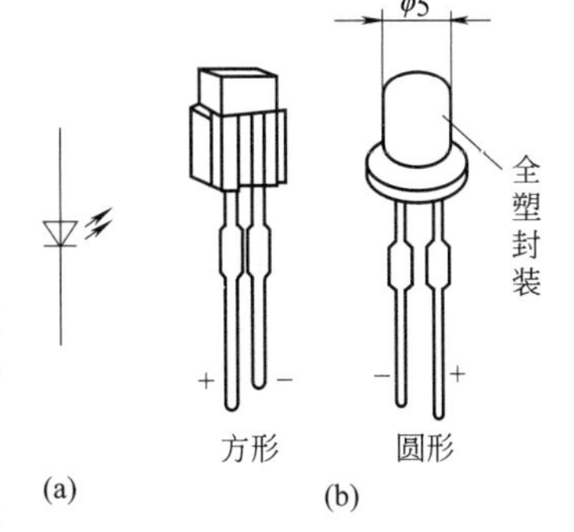

图 5-10 发光二极管的图形符号和外形

发光二极管的种类按发光的颜色可分为红、橙、黄、绿和红外光二极管等多种，按外形可分为方形、圆形等。图 5-10（b）是发光二极管的外形。经常使用的发光二极管，管脚引线长者为正极，较短者为负极。它的导通电压比普通二极管高，开启电压范围为 1.5～2.3V。为使二极管工作稳定，其两端电压一般就在 5V 以下。应用时，加正向电压，并接入相应的限流电阻，它的正常工作电流一般为几毫安至几十毫安。发光强度在一定范围内与正向电流大小近似成线性关系。

发光二极管作为显示器件，除单个使用外，也常做成七段式或矩阵式，如用作微型计算机、音响设备、数控装置中的显示器。发光二极管的检测一般用万用表 R×10k（Ω）挡，通常正向电阻 15kΩ 左右，反向电阻为无穷大。

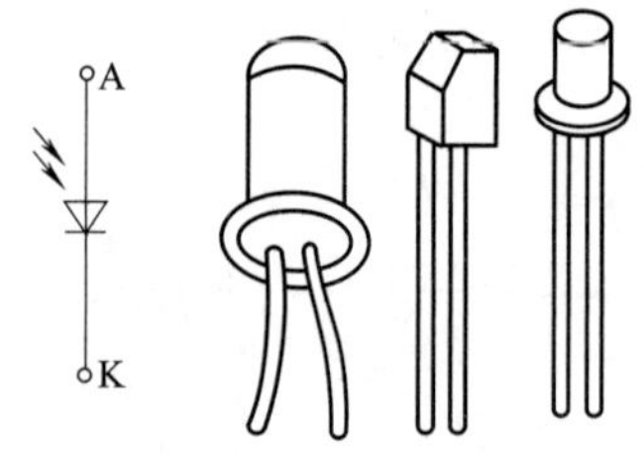

(a) 图形符号　　(b) 外形

图 5-11 光敏二极管的图形符号和外形

3. 光敏二极管

光敏二极管俗称光电二极管，其 PN 结工作在反偏状态。光敏二极管是一种光接收器件。它的管壳上有一个玻璃窗口以便接受光照，当光线辐射于 PN 结时，提高了半导体的导电性，在反偏电压作用下产生反向电流。反向电流随光照强度的增加而上升。其主要特点是反向电流与照度成正比。光敏二极管的图形符号与外形如图 5-11 所示。光敏二极管可用于光的测量。当制成大面积光敏二极管时，能将光能直接转换成电能，可作为一种能源使用，称为光电池。

光敏二极管的检测通常用万用表 R×1k（Ω）挡检测，要求无光照时反向电阻大，有光照时反向电阻小。若电阻差别小，则表明光敏二极管的质量不好。

实验十二 二极管的认识与测量

实验目的

学会使用电流表和电压表（也可用万用表）测试二极管的伏安特性。

实验器材

仪表设备：直流稳压电源、直流伏安表、直流微安表、万用表。

元器件：大功率硅二极管和锗二极管（反压 100V）各 1 只、滑动变阻器、定值电阻。

实验内容和步骤

（1）测试二极管的正向特性

① 按图 5-12 所示搭接电路，先用万用表直流电压挡检测二极管输入、输出电压。

笔记

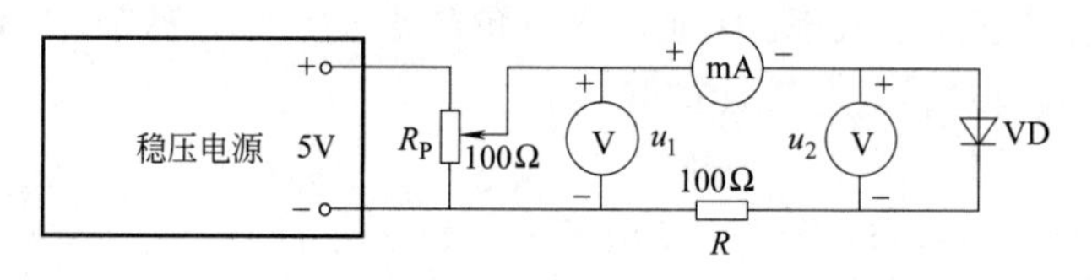

图 5-12 测试二极管正向特性电路

② 将滑动变阻器 R_P 从稳压电源输出为 0V 开始起调，分别取 U_1 为 0.2、0.4、0.6、0.8、1、3、5（V）等数值时，观测通过二极管的电流和管子两端的电压 U_2，并记入表 5-1 中。

③ 按表 5-1 所记录数据，在直角坐标系（或坐标纸）上逐点描出二极管正向特性曲线。

（2）测试二极管的反向特性 按实验图 5-13 所示连接电路。输出电压从 0V 开始起调，按每 20V 间隔依次提高加在二极管两端的反向电压，观测不同反压时的反向漏电流并将数据记入表实验 5-2 中。在测反压时要特别注意选择万用表直流电压的量程。

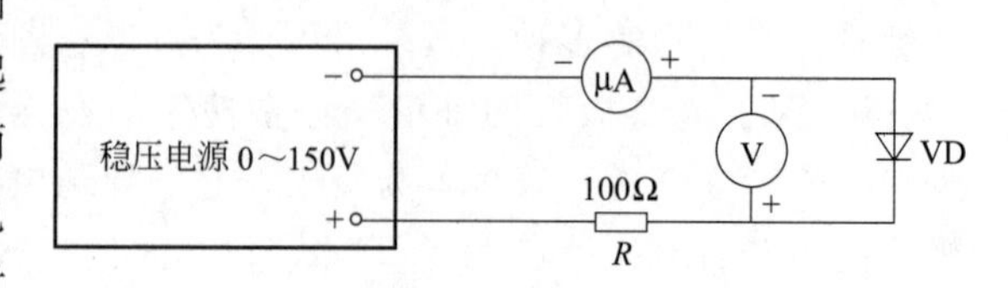

图 5-13 测试二极管反向特性电路

表 5-1　二极管的正向特性检测数据

正向电压 U_1/V	0	0.2	0.4	0.6	0.8	1	2	3
正向电流 I/mA								
二极管两端电压 U_2/V								

表 5-2　二极管的反向特性检测数据

反向电压/V	0	−20	−40	−80	−100	−120	反向击穿电压/V
反向电流/mA							

学习单元三　晶体管及其特性

半导体三极管（亦称晶体管）是通过一定的工艺，将两个 PN 结结合在一起的器件。由于两个 PN 结之间的互相影响，使半导体三极管表现出不同于单个 PN 结的特性而具有电流放大功能，从而使 PN 结的应用发生了质的飞跃。

一、半导体三极管

半导体三极管

笔记

1. 晶体管的结构和符号

（1）结构和符号　晶体管的结构示意图如图 5-14（a）所示，它是由三层不同性质的半导体组合而成的。按半导体的组合方式不同，可将其分为 NPN 型管和 PNP 型管。

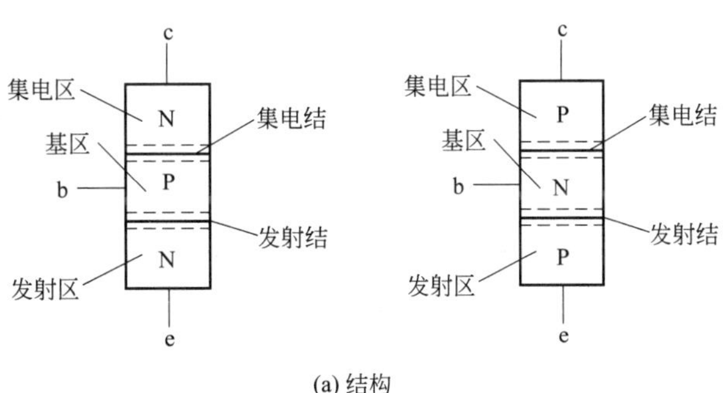

(a) 结构

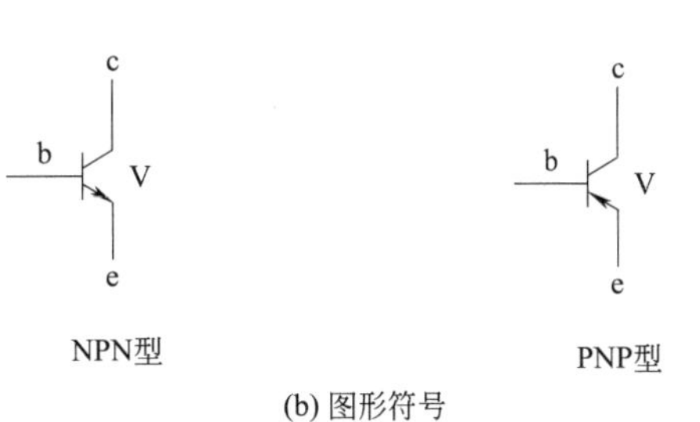

(b) 图形符号

图 5-14　晶体管的结构和图形符号

无论是 NPN 型管还是 PNP 型管，它们内部均含有三个区：发射区、基区和集电区。从三个区各自引出一个电极，分别称为发射极（e）、基极（b）和集电极（c）；同时在三个区的两个交界处形成两个 PN 结，发射区与基区之间形成的 PN 结称为发射结，集电区与基区之间形成的 PN 结称为集电结，两个 PN 结通过掺杂浓度很低且很薄的基区联系着。为了收集发射区发射过来的载流子以及便于散热，要求集电结面积较大，发射区多数载流子的浓度比集电区大，因此使用时集电极与发射极不能互换。

晶体管的图形符号如图 5-14（b）所示，符号中的箭头方向表示发射结正向偏置时的电流方向。

（2）外形　常见晶体管的外形结构如图 5-15 所示。耗散功率不同的晶体管，其体积、封装形式也不相同。近年来生产的小、中功率管多采用硅酮塑料封装，大功率管采用金属封装，并做成扁平形状且有螺钉安装孔，这样能使其外壳和散热器连成一体，便于散热。

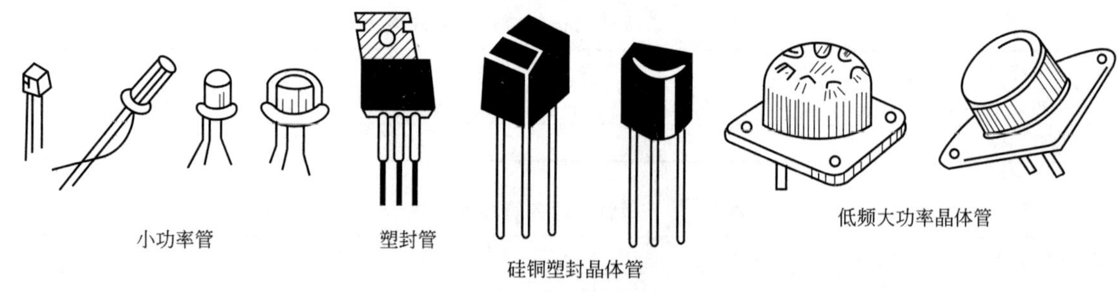

图 5-15 常用晶体管的外形结构

2. 晶体管中的工作电压和电流放大作用

（1）晶体管的工作电压 晶体管实现放大作用的外部条件是发射结正向偏置，集电结反向偏置。晶体管有 NPN 型和 PNP 型两类，因此为了保证其外部条件，这两类晶体管工作时外加电源的极性是不同的，NPN 型晶体管工作时电源接线如图 5-16（a）所示，PNP 型晶体管工作时电源接线如图 5-16（b）所示。图中电源 U_{CC} 通过偏置电阻 R_b 为发射结提供正向偏压，进而产生基极电流，R_c 为集电极电阻，电源通过它为集电极提供电流。

（2）晶体管各个电极的电流分配 为了了解晶体管各个电极的电流分配及它们之间的关系，我们先做一个实验，实验电路如图 5-17 所示。由于电路发射极是公共端，因此这种接法称为晶体管的共发射极放大电路。

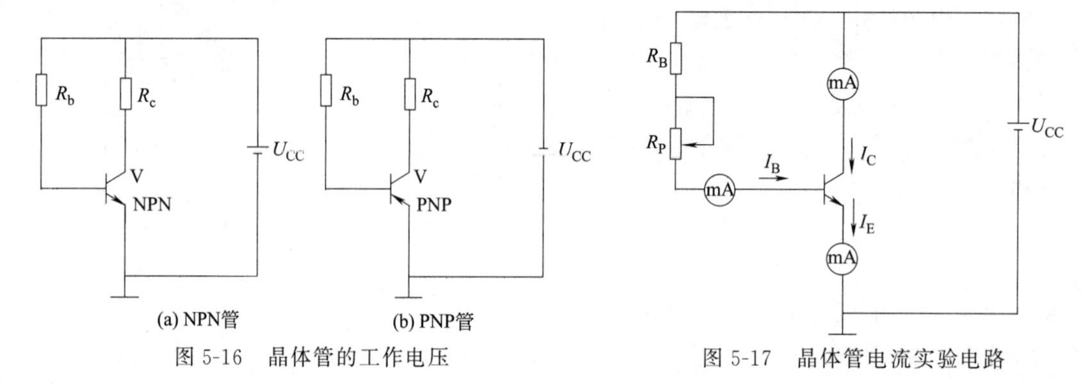

图 5-16 晶体管的工作电压

图 5-17 晶体管电流实验电路

笔记

调节电位器 R_P，则基极电流 I_B、集电极电流 I_C 和发射极电流 I_E 都发生变化，电流方向如图所示，测得结果见表 5-3。

从表 5-3 中的实验数据可以找出晶体管各极电流分配关系

$$I_E = I_C + I_B$$

此结果符合基尔霍夫电流定律，即发射极电流（流出电流）等于集电极电流（流入电流）与基极电流（流入电流）之和。

表 5-3 晶体管电流测量数据

I_B/mA	0	0.02	0.04	0.06	0.08	0.10
I_C/mA	<0.01	0.70	1.50	2.30	3.10	3.95
I_E/mA	<0.01	0.72	1.54	2.36	3.18	4.05

（3）晶体管的电流放大作用 从表 5-3 中的实验数据还可以看出：$I_C \gg I_B$，而且当调节电位器 R_P 使 I_B 有一微小变化时，会引起 I_C 较大的变化，这表明基极电流（小电流）控制着集电极电流（大电流），所以晶体管是一个电流控制器件，这种现象称为晶体管的电流放大作用。

3. 晶体管的特性曲线

晶体管的特性曲线是用来表示晶体管各极电压和电流之间的相互关系的，它反映了晶体管的性能，是分析放大电路的重要依据。最常用的是共射极接法时的输入输出特性曲线。

（1）输入特性曲线　输入特性曲线是指集-射电压 U_{CE} 为某一常数时，输入回路中的基-射电压 U_{BE} 与基极电流 I_B 之间的关系曲线，用函数式表示为

$$I_B = f(U_{BE})\big|_{U_{CE}=\text{常数}}$$

图 5-18 所示为某晶体管的输入特性曲线，可分为两种情况。

① $U_{CE}=0$ 时，c、e 间短接，I_B 和 U_{BE} 的关系就是发射结和集电结两个正向二极管并联的伏安特性。

② U_{CE} 增大时，输入特性曲线右移，这说明 U_{CE} 对输入特性有影响。特性曲线右移表明，同样的 U_{BE}，I_B 将减小。图 5-18 画出了 $U_{CE}>1\text{V}$ 时的输入特性曲线，越大，曲线越向右移，但从 U_{CE} 大于一定值（一般当 $U_{CE}>1\text{V}$）后，曲线基本重合，因此只需测试一条 $U_{CE}>1\text{V}$ 的输入特性曲线。

可以看出，晶体管的输入特性曲线是非线性的，且有一段死区，只有在发射结外加电压大于死区电压时，晶体管才会出现 I_B。硅管的死区电压约为 0.5V，锗管约为 0.1～0.2V。晶体管导通时，其发射结电压变化不大，硅管约为 0.6～0.7V，锗管为 0.3V 左右。这是检查放大电路中晶体管是否正常的重要依据，若检查结果与上述数值相差较大，可直接判断管子有故障存在。

（2）输出特性曲线　输出特性曲线是在基极电流 I_B 一定的情况下，晶体管输出回路中集-射电压 U_{CE} 与集电极电流 I_C 之间的关系曲线，用函数式表示为

$$I_C = f(U_{CE})\big|_{I_B=\text{常数}}$$

图 5-19 为某晶体管的输出特性曲线，在不同的 I_B 下可得出不同的曲线，所以晶体管的输出特性曲线是一曲线簇。

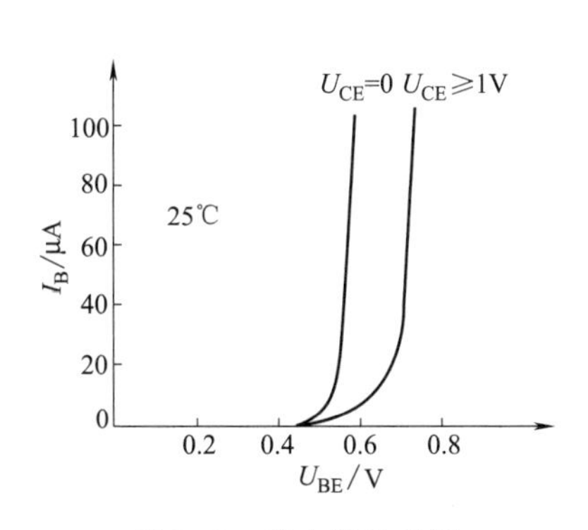

图 5-18　输入特性曲线

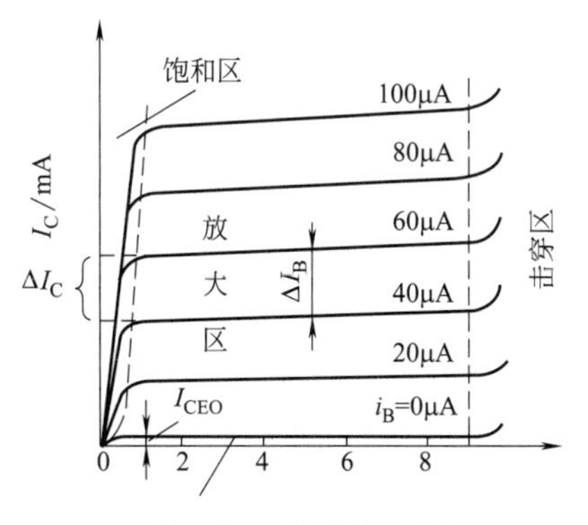

图 5-19　输出特性曲线

笔记

当 I_B 一定时，在 U_{CE} 超过一定数值（约 1V）以后，U_{CE} 继续增大时，I_C 不再有明显的增加，此时晶体管具有恒流特性。

当 I_B 增大时，相应的 I_C 也增大，曲线上移，而且 I_C 比 I_B 大得多。

通常把晶体管的输出特性曲线分为四个区域。

（1）截止区　$I_B=0$ 曲线的以下区域为截止区。$I_B=0$ 时，$I_C=I_{CEO}$（$I_{CEO}<10\mu\text{A}$）。对于 NPN 型硅管，$U_{BE}<0.5\text{V}$ 时，已开始截止，但是为了截止可靠，常使 $U_{BE}\leqslant 0$。即发

射结零偏或反偏，集电结也反向偏置。

（2）放大区 输出特性曲线的近似水平部分是放大区。在该区域内，管压降 U_{CE} 已足够大，发射结正向偏置，集电结反向偏置，I_C 与 I_B 成正比关系，即 I_B 有一个微小变化，I_C 将按比例发生较大的变化，这既体现了晶体管的电流放大作用，也体现了基极电流对集电极电流的控制作用。

（3）饱和区 对应于 U_{CE} 较小的区域（$U_{CE}<U_{BE}$），此时发射结和集电结均处于正向偏置，以致使 I_C 几乎不能随 I_B 的增大而增大，即 I_C 不受 I_B 的控制，晶体管失去放大作用，I_C 处于“饱和”状态。晶体管工作在饱和区时，集电极与发射极之间的管压降称为晶体管的饱和压降 U_{CEO}，此值很小。

以上三个区域为晶体管的正常工作区。晶体管工作在饱和区和截止区时，具有“开关”特性，因而常用于脉冲数字电路；晶体管工作在放大区时，可在模拟电路中起放大作用。所以晶体管具有“开关”和“放大”两大功能。

（4）击穿区 从曲线的右边可以看出，当 U_{CE} 大于某一值后，I_C 开始剧增，这个现象称为一次击穿。晶体管一次击穿后，集电极电流突增，只要电路中有合适的限流电阻，击穿电流不太大，时间又很短，晶体管是不至于烧毁的。当集电极电压降低后，晶体管仍能恢复正常工作，所以一次击穿过程是可逆的。

4. 晶体管的主要参数

晶体管的特征除用特性曲线表示外，还可用一些数据来说明，这些数据就是晶体管的参数。晶体管的参数也是设计电路、选用晶体管的依据。

（1）电流放大倍数

① 共发射极直流电流放大倍数 $\overline{\beta}$ 当晶体管接成共发射极电路时，在静态时集电极电流 I_C 与基极电流 I_B 的比值称为共发射极静态电流放大倍数，又称直流电流放大倍数：

$$\overline{\beta}=\frac{I_C}{I_B}$$

② 共发射极交流电流放大倍数 $\beta(h_{ef})$ 当晶体管工作在动态（有输入信号）时，基极电流的变化量为 ΔI_B，它引起集电极电流的变化量为 ΔI_C，ΔI_C 与 ΔI_B 的比值称为动态电流放大倍数，即交流电流放大倍数

$$\beta=\frac{\Delta I_C}{\Delta I_B}$$

由上述可知，$\overline{\beta}$ 和 β 的含义是不同的，但在输出特性曲线近似于平行等距并且 I_{CEO} 较小的情况下，两者数值较为接近。今后在估算时，常用 $\overline{\beta}=\beta$ 这个近似关系。

（2）集-基极反向截止电流 I_{CBO} 前面已讲过，I_{CBO} 是当发射极开路时由于集电结处于反向偏置，集电区和基区中少数载流子的漂移运动所形成的电流。在温度一定的情况下，I_{CBO} 接近于常数，所以又叫反向饱和电流。温度升高时 I_{CBO} 会增大，使管子的稳定性变差。在室温下，小功率锗管的 I_{CBO} 约 $10\mu A$，小功率硅管的 I_{CBO} 小于 $1\mu A$。I_{CBO} 越小越好。硅管在温度稳定性方面胜于锗管。

因为 I_{CBO} 与发射结无关，所以通过图 5-17 的电路，发射极开路可以测量到。

（3）集-射极反向截止电流 I_{CEO} I_{CEO} 是当 $I_B=0$，即基极开路，集电结处于反向偏置和发射结处于正向偏置时的集电极电流。因为它好像是从集电极直接穿透晶体管而到达发射极的，所以又称为穿透电流，如图 5-19 所示。

当集电结反向偏置时，集电区的空穴漂移到基区而形成电流 I_{CEO}。而发射结正向偏置，发射区的电子扩散到基区，其中绝大部分被拉入集电区，只有极少部分在基区与空穴复合。由于基极开路，$I_B=0$，因此，在基区参与复合的电子与从集电区漂移过来的空穴数量应该相等。如上所述，从集电区漂移来的空穴形成电流 I_{CBO}，所以参与复合的电子流也应等于 I_{CBO}，这样，才能满足 $I_B=0$ 的条件。从发射区扩散而失去电子，又不断从电源得到补充，形成电流 I_{CEO}。根据晶体管电流分配原则，从发射区扩散到达集电区的电子数，应为在基区与空穴复合的电子数的$\bar{\beta}$ 倍，故

$$I_{CEO}=\bar{\beta}I_{CBO}+I_{CBO}=(1+\bar{\beta})I_{CBO}$$

而集电极电流 I_C 则为

$$I_C=\bar{\beta}I_B+I_{CEO}$$

由于 I_{CEO} 受温度影响很大，当温度上升时增加很快，而 I_{CEO} 增加得也快，I_C 就相应增加，所以晶体管的温度稳定性很差。这是它的一个主要缺点。I_{CEO} 越大，$\bar{\beta}$ 越高的管子稳定性越差。由于 I_{CEO} 随温度升高而增大，它是衡量晶体管质量好坏的重要参数之一，其值越小越好。因此，在选管时，要求 I_{CEO} 尽可能小些，而$\bar{\beta}$ 以不超过 100 为宜。

（4）集电极最大允许电流 I_{CM}　集电极电流 I_C 超过一定值时，晶体管的 β 值要下降。β 值下降到正常数值的 2/3 时的集电极电流，称为集电极最大允许电流 I_{CM}。因此，在使用晶体管时，I_C 超过 I_{CM} 并不一定会损坏晶体管，但以降低 β 值为代价。

（5）集-射极反向击穿电压 $U_{(BR)CEO}$　基极开路时，加在集电极和发射极之间的最大允许电压，称为集-射极反向击穿电压 $U_{(BR)CEO}$。当晶体管的集-射极电压 U_{CE} 大于 $U_{(BR)CEO}$ 时，U_{CEO} 突然大幅度上升，说明晶体管已被击穿。手册中给出的 $U_{(BR)CEO}$ 一般是常温（25℃）时的值，晶体管在高温下，其 $U_{(BR)CEO}$ 值将要降低，使用时应特别注意。

（6）集电极最大允许耗散功率 P_{CM}　由于集电极电流在流经集电结时将产生热量，使结温升高，从而会引起晶体管参数变化。当晶体管因受热而引起的参数变化不超过允许值时，集电极所消耗的最大功率称为集电极最大允许耗散功率 P_{CM}。

P_{CM} 主要受结温 T_j 的限制，一般来说，锗管允许结温为 70～90℃，硅管为 150℃。

根据管子的 P_{CM} 值，由

$$P_{CM}=I_CU_{CE}$$

可在晶体管的输出特性曲线上作出 P_{CM} 曲线，它是一条双曲线。

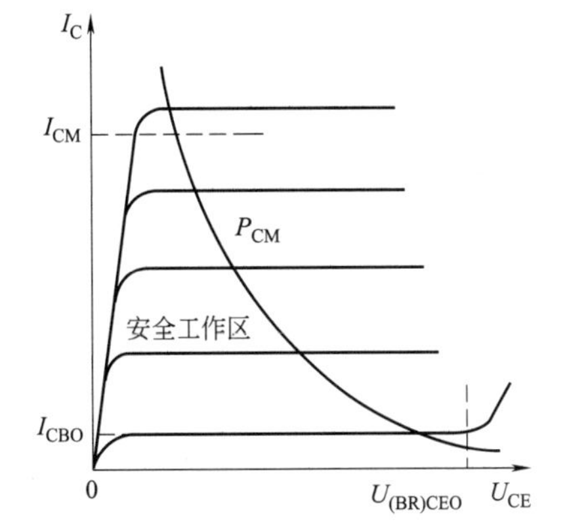

图 5-20　晶体管的安全工作区

由 I_{CM}、$U_{(BR)CEO}$、P_{CM} 三个参数共同确定晶体管的安全工作区，如图 5-20 所示

以上所讨论的几个参数，其中 β 和 I_{CBO}、I_{CEO} 是表明晶体管优劣的主要指标，I_{CM}、$U_{(BR)CEO}$ 和 P_{CM} 都是极限参数，用来说明晶体管的使用限制。

二、场效应晶体管

上一节讨论的半导体晶体管是一种电流控制器件，当它工作在放大状态时，必须给基极

笔记

输入一定的基极电流。放大信号时，需从输入信号源中吸取信号源电流，所以，半导体晶体管的输入电阻较低。20 世纪 60 年代初，出现了另一种半导体器件，称为场效应晶体管。它是利用改变电场强弱来控制固体材料的导电能力，因而它是一种电压控制型器件。由于场效应管输入端电流几乎为零，几乎不吸取信号源电流，因而它具有很高的输入电阻。场效应管还具有热稳定性好、低噪声、抗辐射能力强、制造工艺简单、便于集成等优点，因此在电子电路中得到了广泛的应用。

根据结构的不同，场效应管可分为增强型和绝缘栅型两类，其中绝缘栅型应用更为广泛，因此本节主要介绍绝缘栅型场效应管的结构、符号及特性。

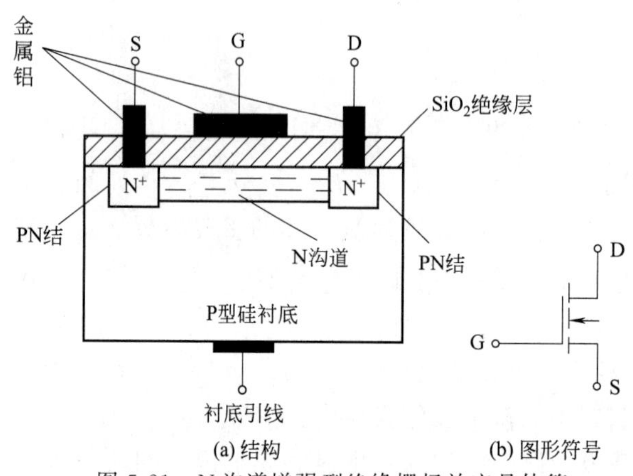

图 5-21 N 沟道增强型绝缘栅场效应晶体管

1. 绝缘栅场效应管的结构及符号

绝缘栅场效应管是由金属、氧化物和半导体组成的，因此又称为金属氧化物半导体场效应晶体管，简称 MOS 管。MOS 管可分为增强型和耗尽型两种类型，每一种又分为 N 沟道和 P 沟道，即 NMOS 管和 PMOS 管。

图 5-21（a）所示为 N 沟道增强型 MOS 管的结构示意图。它是在 P 型硅薄片（作衬底）上制成两个掺杂浓度高的 N 区（用 N^+ 表示），用铝电极引出作为源极 S 和漏极 D，硅片表面覆盖一层薄薄的二氧化硅绝缘层，在源极 S 和漏极 D 之间的绝缘层上再喷涂一层金属铝作为栅极 G，衬底也引出一个电极，通常与源极相连，这样就得到了一个 MOS 管。由于栅极与源极、漏极以及衬底之间是绝缘的，故是绝缘栅型器件。图 5-21（b）是增强型 N 沟道绝缘栅场效应晶体管的图形符号，箭头向内表示 N 沟道。若采用 N 型硅作衬底，源极、漏极为 P^+ 型，则导电沟道为 P 沟道，其符号与 N 沟道类似，只是箭头方向朝外。

上述增强型绝缘场效应晶体管只有在外电场的作用下才有可能形成导电沟道，如果在制造时就使它具有一个原始导电沟道，这种绝缘栅场效应晶体管称为耗尽型。N 沟道耗尽型绝缘栅场效应晶体管的结构示意图和图形符号，如图 5-22 所示。

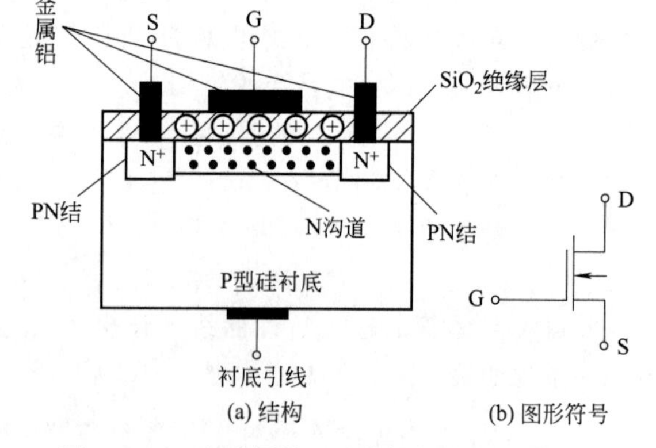

图 5-22 N 沟道耗尽型绝缘栅场效应晶体管

2. 绝缘栅场效应晶体管的特性

场效应晶体管的基本特性可以由它的转移特性曲线和输出特性曲线来详细描述。

（1）N 沟道增强型 MOS 管特性

① 转移特性　某增强型 NMOS 管的转移特性曲线如图 5-23(a）所示。它是描述当 U_{DS} 保持不变时 U_{GS} 对 I_D 的控制关系。从图中可以看出，当 $U_{GS}<U_{GS(th)}$ 时，$I_D\approx 0$，这相当于晶体管输入特性曲线的死区；当 $U_{GS}=U_{GS(th)}$ 时，通电沟道开始形成，随着 U_{GS} 的增大，I_D 也增大，这说明 I_D 开始受到 U_{GS} 的控制，它们之间的关系可用下式近似表示：

$$I_D = I_{DO}\left[\frac{U_{GS}}{U_{GS(th)}}-1\right]^2$$

式中，I_{DO} 是 $U_{GS}=2U_{GS(th)}$ 时的 I_D，mA；$U_{GS(th)}$ 为 NMOS 管的开启电压，V。

② 输出特性　增强型 NMOS 管的输出特性，是指当 $U_{GS}>U_{GS(th)}$ 并保持不变时，漏源电压 U_{DS} 变化会引起漏极电流 I_D 的变化，它们之间的关系称为输出特性。图 5-23（b）为某增强型 NMOS 管的输出特性曲线。从图中可以看出，场效应晶体管可分为三个工作区。

a. 可变电阻区　在该区域，U_{DS} 相对较小时，可不考虑 U_{DS} 对沟道的影响，于是 U_{GS} 一定时，沟道电阻也一定，故 I_D 与 U_{DS} 之间基本上是线性关系。U_{GS} 越大，沟道电阻越小，故曲线越陡。在这个区域中，沟道电阻由 U_{GS} 决定，故称为可变电阻区。

b. 恒流区（饱和区）　图 5-23 所示曲线近似水平的部分即为恒流区，它表示当 $U_{DS}>U_{GS}-U_{GS(th)}$ 时，输出电压 U_{GS} 与漏极电流 I_D 之间的关系。该区的特点是 I_D 几乎不随 U_{DS} 的变化而变化，I_D 已趋于饱和，具有恒流性质，所以这个区域又称饱和区。但 I_D 受 U_{GS} 的控制，U_{GS} 增大，沟道电阻减小，I_D 随之增加。

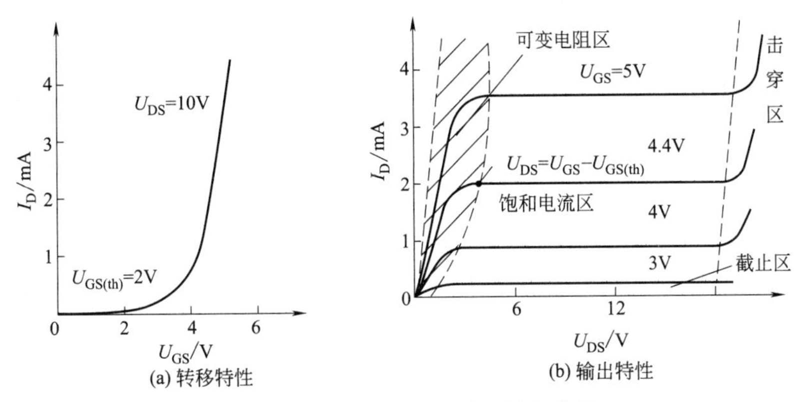

图 5-23　增强型 NMOS 管的特性曲线

c. 截止区　当 $U_{GS}<U_{GS(th)}$ 时，场效应晶体管工作在截止区，此时，漏极电流 I_D 极小，几乎不随 U_{DS} 变化。

另外，U_{DS} 较大时，场效应晶体管的 I_D 会急剧增大，如无限流措施，管子将被损坏，该区域叫击穿区，此时，场效应晶体管已不能正常工作。

（2）N 沟道耗尽型 MOS 管特性　与增强型相比，由于它的结构有所改变，因而使其控制特性有明显变化。在 U_{DS} 为常数的条件下，当 $U_{GS}=0$ 时，漏、源极间已经导通，流过的是原始导电沟道的漏极电流 I_{DSS}。当 $U_{GS}<0$ 时，即加反向电压时，导电沟道变窄，I_D 减小；U_{GS} 负值越高，沟道越窄，I_D 也就越小。当 U_{GS} 达到一定负值时，导电沟道被夹断，$I_D\approx 0$，这时的 U_{GS} 称为夹断电压，用 $U_{GS(off)}$ 表示。图 5-24（a）、（b）所示分别为 N 沟道耗尽型管的转移特性曲线和输出特性曲线。可见，耗尽型绝缘栅场效应晶体管，不论栅-源电压 U_{GS} 是正、是负或是零，都能控制漏极电流 I_D，这个特点使它的应用具有较大的灵活性。一般情况下，这类管子还是工作在负栅-源电压的状态。

实验表明，在 $U_{GS(off)}\leqslant U_{GS}\leqslant 0$ 范围内，耗尽型场效应晶体管的转移特性可近似用下式表示

$$I_D = I_{DSS}\left[1-\frac{U_{GS}}{U_{GS(off)}}\right]^2$$

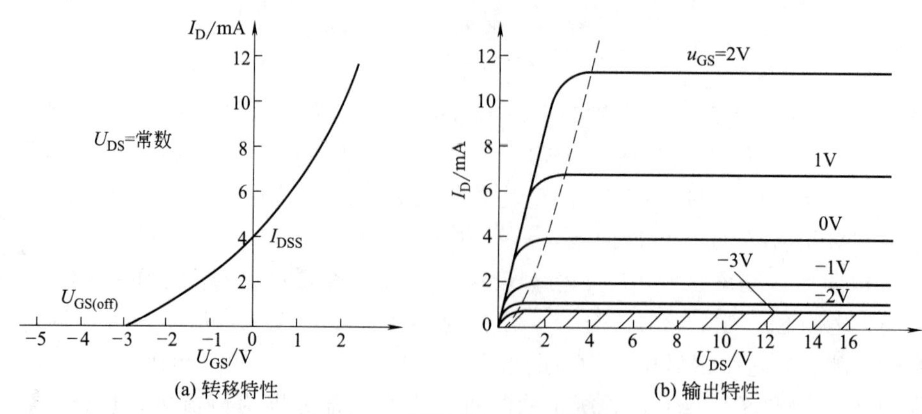

图 5-24 耗尽型 NMOS 管特性

式中，I_{DSS} 为 $U_{GS}=0$ 的漏极电流，A；$U_{GS(off)}$ 为夹断电压，V。

3. 场效应管的主要参数

（1）开启电压 $U_{GS(th)}$ 或夹断电压 $U_{GS(off)}$　当 U_{DS} 为某固定值时，使漏极电流 I_D 接近零时的栅-源电压即为开启电压 $U_{GS(th)}$（增强型）或夹断电压 $U_{GS(off)}$（耗尽型）。

（2）零偏漏极电流 I_{DSS}　当 U_{DS} 为某一固定值时，栅-源电压为零时的漏极电流。

（3）漏源击穿电压 $U_{(BR)DS}$　当 U_{DS} 增加，使 I_D 开始剧增时的 U_{DS} 称为 $U_{(BR)DS}$。使用时，U_{DS} 不允许超过此值，否则会烧坏管子。

（4）栅源击穿电压 $U_{(BR)GS}$　使二氧化硅绝缘层击穿时的栅-源电压叫做栅源击穿电压 $U_{(BR)GS}$。一旦绝缘层被击穿，将造成短路现象，使管子损坏。

（5）直流输入电阻 R_{GS}　直流输入电阻 R_{GS} 是指栅源间所加一定电压与栅极电流的比值。因为栅源之间存在二氧化硅绝缘层，故 R_{GS} 在 $10^{10}\Omega$ 左右。

（6）漏极最大耗散功率 P_{DM}　P_{DM} 是管子允许的最大耗散功率，类似于半导体三极管中的 P_{CM}。根据 P_{DM}，可在漏极特性上作出它的临界损耗线。

笔记

（7）跨导 g_m　在 U_{DS} 为规定值的条件下漏极电流变化量和引起这个变化的栅源电压变化量之比，称为跨导，即

$$g_m=\left.\frac{dI_D}{dU_{GS}}\right|_{U_{DS}=常数}$$

式中，g_m 是转移特性曲线上工作点处切线的斜率，其单位为毫西门子（mS）。

g_m 越大，场效应晶体管放大能力越好，即 U_{GS} 控制 I_D 的能力越强。g_m 一般为零点几到几毫西门子。

4. 场效应晶体管与普通晶体管的比较

场效应晶体管与普通晶体管虽然都是半导体器件，但它们仍有很大差异。

① 场效应晶体管是电压控制器件，几乎没有输入电流；普通晶体管是电流控制器件，必须有足够的输入电流才能工作。

② 场效应晶体管的输入电阻很高，一般在 $10^8\Omega$ 以上。

③ 场效应晶体管的温度稳定性好，而普通晶体管的温度稳定性较差。

实验十三　三极管的认识及测量

实验目的

通过对三极管输入、输出特性曲线的测试与绘制，深入理解三极管的特性。

三极管的测试

三极管仿真测试

实验电路（图 5-25）

实验器材

实验箱、直流稳压电源、直流微安表、直流毫安表、直流电压表、电位器、万用表。

实验内容与步骤

方案一

图 5-25　三极管特性实验电路（一）

① 按图 5-25 接好实验电路。

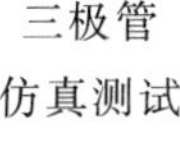

② 用万用表测出三极管三个管脚间的正、反向电阻，判断其管型与管脚极性。

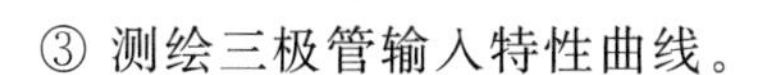

③ 测绘三极管输入特性曲线。

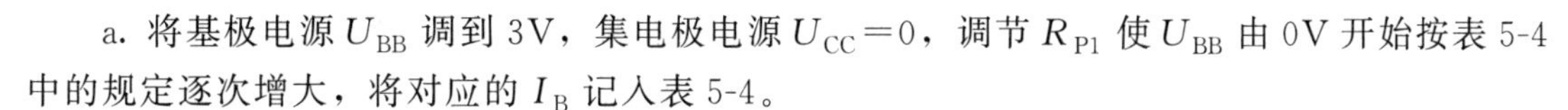

a. 将基极电源 U_{BB} 调到 3V，集电极电源 $U_{CC}=0$，调节 R_{P1} 使 U_{BB} 由 0V 开始按表 5-4 中的规定逐次增大，将对应的 I_B 记入表 5-4。

b. 接通电源 U_{CC}，调节 R_{P1} 使 $U_{CE}=3$V，仍按表 5-4 要求测出 I_B 并记入该表中。

c. 根据表 5-4 的数据逐点描出 $U_{CE}=0$V 和 $U_{CE}=3$V 时三极管输入特性曲线。

表 5-4　三极管输入特性测试数据

U_{BB}/V		0	0.2	0.4	0.6	0.8	1	1.2	1.4
I_B/μA	$U_{CE}=0$V								
	$U_{CE}=3$V								

④ 测绘三极管输出特性曲线

a. 调 R_{P1} 使微安表所示 $I_B=0$A，按表 5-5 要求，从 0 开始调节 R_{P2} 逐次增大 U_{CE}，将相对应的 I_C 值记入表中。

b. 按表 5-5 要求逐次增大 I_B，重复上面步骤，将所测 I_C 记入表 5-5 中。

表 5-5　三极管输出特性测试数据

I_C/mA　I_B/μA　U_{CE}/V	0	20	40	60	80	100
0						
0.2						
0.4						
0.6						
1						
5						
10						

笔记

c. 按表 5-5 中的数据描绘输出特性曲线簇。

方案二

（1）实验电路图（图 5-26）

（2）实验步骤

① 按图所示在电路板上连接实验电路。

② 将直流稳压可调电源、直流稳压电源电压调到最小位置，电位器 R_2、R_3 也调到使输出电压为最低位置。

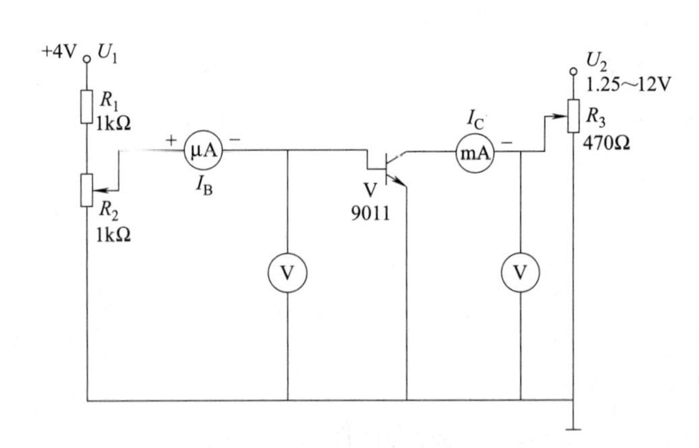

图 5-26 三极管特性实验电路（二）

③ 将直流稳压电源电压调到 4V，接入电路中 U_1 端，U_{CE} 为 0V，调节使数字万用表（2V 挡）电压指示按表 5-4 规定的值由零逐点增大，把每组相应的 I_B 值记入表 5-4 中。

④ 调整 R_3 使 $U_{CE}=3V$ 并保持 $U_{CE}=3V$，重复步骤③。

⑤ 将 R_2 调到使 $I_B=0A$，然后由 $U_{CE}=0V$ 开始，按表 5-5 所列 U_{CE} 值逐次调整电位器 R_3，将相应的 I_C 电流值记入表 5-5 中。

素质教育案例 5-自我管理

⑥ 依照表 5-5 中选定的 I_B 值，逐次调整 R_2 并保持 U_{CE} 为表中要求的定值，重复步骤⑤，将测得的 I_C 值记入表 5-5 中。

模块总结

本模块介绍了二极管的基础知识，重点介绍了半导体二极管、三极管的结构、工作原理、特性曲线及主要参数，并简单介绍了光敏元件的结构和工作原理。

笔记

① 物质根据导电能力分为导体、绝缘体和半导体。半导体分为本征半导体和杂质半导体两大类，其中杂质半导体又分为 N 型半导体和 P 型半导体。杂质半导体有两种载流子：自由电子和空穴。P 型半导体中，多数载流子是空穴，少数载流子是自由电子；N 型半导体中，多数载流子是自由电子，少数载流子是空穴。

② 当 P 型半导体和 N 型半导体接触时，在交接面的地方就形成了 PN 结。PN 结具有单向导电性，即正向电压导通，反向电压截止。

③ PN 结封装后加引线就构成了二极管，所以二极管也具有单向导电性，即正向偏置导通，反向偏置截止。二极管分为硅管和锗管，硅管的死区电压一般为 0.5V，导通电压一般为 0.7V；锗管的死区电压一般为 0.2V，导通电压一般为 0.3V。

利用二极管的反向击穿特性，可制成稳压二极管，主要用于稳定电路中稳压二极管两端的电压。

④ 半导体三极管的内部结构可概括为“三个区两个结”，即集电区、基区和发射区三个区，集电结和发射结两个 PN 结。三极管可分为 PNP 和 NPN 两种类型，有三个工作区域：截止区、放大区和饱和区。工作在截止状态时，集电结和发射结均反偏；工作在放大状态时，发射结正偏，集电结反偏；工作在饱和状态时，集电结和发射结均正偏。

在模拟电路中，主要利用三极管的电流放大特性；在数字电路中，主要利用它们的饱和特性和截止特性，即开关特性。

三极管的特性曲线和参数是正确分析和使用三极管的重要依据，根据它们可以判断三极管的质量和使用范围。

模块检测

模块五
检测答案

1. 填空题

(1) 半导体的能力介于________与________之间，其电阻率的大小与其所含杂质的________有很大关系。

(2) N型半导体中自由电子是________载流子，空穴是________载流子。

(3) 在本征半导体中掺入微量的三价元素，即可制成________半导体；掺入微量的五价元素，即可制成________半导体。

(4) PN结具有________，当其加________电压时导通，加________电压时截止。

(5) PN结加反向电压时的电流称为________，这时PN结的反向________很大。

(6) 二极管的主要特性是________，其主要参数有________、________和________。

(7) 二极管的两端加正向电压时，有一段“死区电压”，锗管约为________，硅管约为________。

(8) 稳压管是一种特殊的________，它的工作区是________。

(9) 发光二极管简称________，经常使用的发光二极管管脚较长的为________，较短的为________。

(10) 无论是PNP型三极管，还是NPN型三极管，都有三个区，即________、________和________，都有三个极，即________、________和________，两个PN结，即________和________。

(11) 三极管的________区和________区是相同类型的半导体，但________区的掺杂浓度较高，基区的掺杂浓度较低且薄，________区的面积较大，因此________极和________极不可调换使用。

(12) 对于NPN型的三极管，各极之间的电压关系为________，对于PNP型的三极管，各极之间的电压关系为________。

(13) 三极管的基本连接方式有________、________和________。

(14) 晶体管具有放大作用的外部条件是________结正向偏置，________结反向偏置。

(15) 设某晶体管处在放大状态，三个电极的电位分别是$V_E=12V$，$V_B=11.7V$，$V_C=6V$，则该管是________型，是用半导体材料________制成。

(16) 根据三极管的工作状态不同，可将输出特性分为三个区域：________、________和________。

(17) 三极管的集电极-发射极反向饱和电流受温度影响严重，随温度升高而________。它是衡量三极管质量好坏的重要参数之一，其值越________越好。

(18) 普通晶体管是一种________控制________的控制器件，场效应晶体管是一种________控制________的控制器件。

笔记

2. 单项选择题

(1) PN结加正向电压时，空间电荷区将（　　）。

A. 变窄　　B. 基本不变　　C. 变宽　　D. 以上都不正确

(2) 当PN结两端加正向电压时，参加导电的是（　　）。

A. 多数载流子　　B. 少数载流子

C. 既有多数载流子也有少数载流子　　D. 以上都不正确

(3) 如果二极管的正反向电阻都很小或为零，说明二极管（　　）。

A. 正常　　B. 已被击穿　　C. 内部断路　　D. 内部短路

(4) 温度升高时，P型半导体中的（　　）将明显增多。

A. 电子　　B. 空穴　　C. 电子与空穴　　D. 以上都不正确

(5) 在二极管的正向区，二极管相当于（　　）。

A. 大电阻　　B. 接通的开关　　C. 断开的开关　　D. 短路

(6) 在图5-27所示电路中，若测得a、b两端的电位如图所示，则二极管工作状态为（　　）。

A. 导通　　B. 截止　　C. 不确定

(7) 电路如图 5-28 所示，二极管为理想元件，$U_s=3V$，则输出电压 U_o 为（　　）。

A. $\frac{2}{3}$V　　B. 3V　　C. 0V

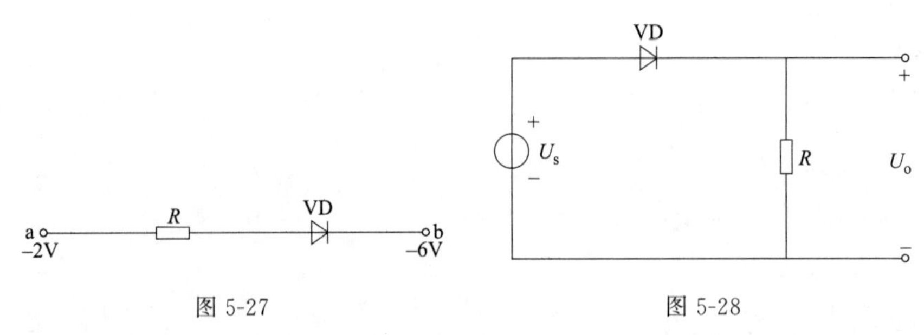

图 5-27　　图 5-28

(8) 在图 5-29 所示电路中，所有二极管均为理想元件，则 VD_1、VD_2、VD_3 的工作状态为（　　）。

A. VD_1 导通，VD_2、VD_3 截止　　B. VD_1、VD_2 截止，VD_3 导通

C. VD_1、VD_3 截止，VD_2 导通

(9) 已知某晶体管处于放大状态，测得其三个极的电位分别为 6V、9V 和 6.7V，则 6V 所对应的电极为（　　）。

A. 发射极　　B. 集电极　　C. 基极

(10) 在图 5-30 的电路中，稳压管 VS_1 的稳定电压为 6V，稳压管 VS_2 的稳定电压为 12V，则输出电压 U_o 等于（　　）。

A. 12V　　B. 6V　　C. 18V

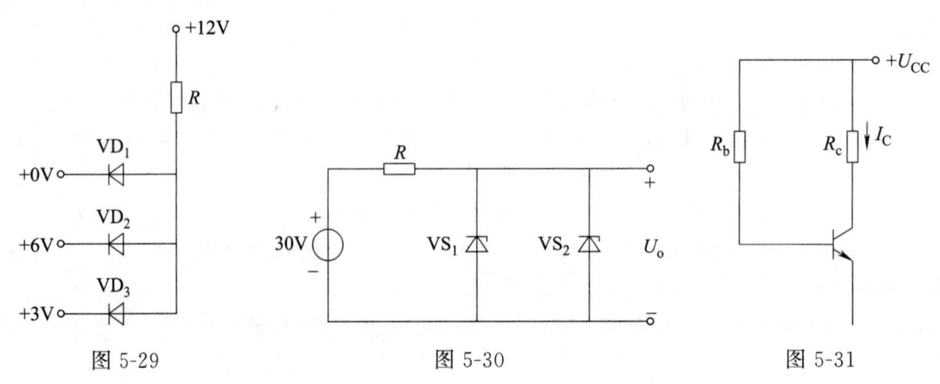

图 5-29　　图 5-30　　图 5-31

(11) 在图 5-31 所示晶体管电路中，为了使集电极电流有明显增加，应该（　　）。

A. 减小 R_c　　B. 增大 R_b　　C. 减小 R_b

(12) 某场效应晶体管，在漏-源电压保持不变的情况下，栅-源电压 U_{GS} 变化 2V 时，相应的漏极电流变化 4mA，该管的跨导是（　　）。

A. 2mA/V　　B. 0.5mA/V　　C. 无法确定

3. 判断题

(1) 本征半导体的载流子浓度取决于温度。（　　）

(2) P 型半导体中空穴数多于自由电子数，所以其呈正电性。（　　）

(3) 二极管反向电流越小，其单向导电性越好。（　　）

(4) 三极管处于饱和状态时，集电极电流 I_C 为零。（　　）

(5) 三极管的集电区与发射区是同类型的半导体，所以集电极和发射极可以互换使用。（　　）

4. 综合题

(1) 在图 5-32 所示电路中，二极管是导通还是截止？并求出输出电压 U_o（设二极管为理想元件）。

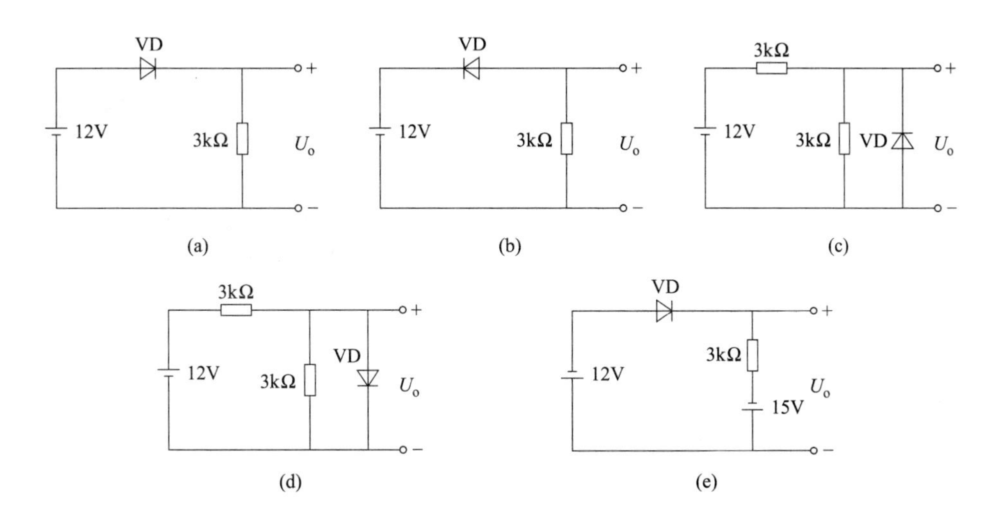

图 5-32

(2) 在图 5-33 所示电路中，各晶体管电极的实测对地电压数据如图所示，试分析各管的工作情况。

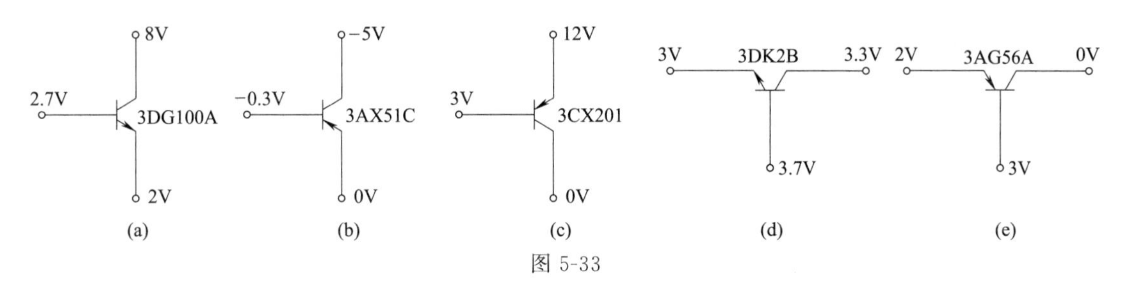

图 5-33

(3) 用直流电压表测某电路三只三极管的三个电极对地的电压分别如图 5-34 所示，试指出每只晶体管的 b、c、e 极，并说明它们是何种类型的管子？是由什么材料制成的？

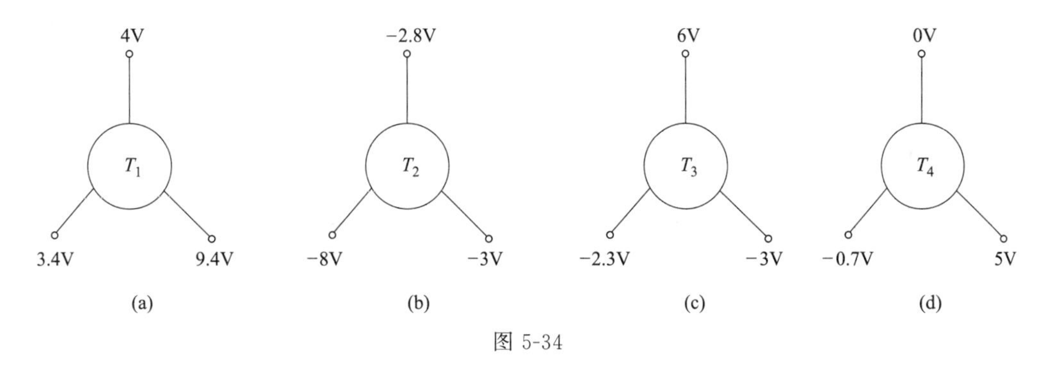

图 5-34

笔记

模块六

交流放大电路

知识目标

1. 熟悉基本放大电路中各元件的作用。

2. 掌握放大器的静态分析方法，放大器的微变等效电路分析法。

3. 掌握静态工作点的设置情况对放大器工作情况的影响，饱和失真和截止失真的概念。

4. 掌握射极输出器的特点。

能力目标

1. 能利用放大电路的直流通路图，对基本放大电路、分压偏置放大电路利用基尔霍夫定律和欧姆定律求出静态工作点的3个参数。

2. 会对放大电路、共集电极放大电路进行动态分析。

3. 会判断共射放大电路的失真性质和消除的方法。

4. 会安装和调试共射基本放大电路。

素养目标

1. 分析放大电路时培养学生的辩证思维，运用矛盾分析方法，坚持“两点论”与“重点论”相结合，善于分清主次，抓住主要矛盾和矛盾的主要方面，做到有的放矢，事半功倍。

2. 通过介绍上海外高桥第三发电厂，培养学生的国家意识，培养学生的国家认同感。

学习单元一　共射极放大电路

一、放大电路的概念和主要性能指标

1. 放大电路的概念

放大电路的应用十分广泛，无论是日常生活中使用的收音机、扩音机，或者精密的测量仪器和复杂的自动控制系统，其中都有各式各样的放大电路。在这些电子设备中，放大电路的作用是通过电能转换把微弱的电信号增强到所要求的电压、电流或功率值，即利用三极管（或场效应管）的放大和控制作用，把电源的能量转换为变化的输出量，而这些输出量的变化是与输入量的变化成比例的。因此，放大作用实质上就是一种能量的控制作用，而放大电路则是一种能量的控制装置。

放大电路由三极管（或场效应管）、电阻器、电容器及电源等元件组成。三极管有三个电极，其中一个电极作为信号输入端，一个电极作为输出端，另一个电极作为输入、输出回路的共同端。根据共同端的不同，可以有三种基本连接方式，即三种组态。对半导体三极管而言，有共射、共集和共基三种组态。对场效应管，也有共源、共漏和共栅三种组态。

共射极放大电路（一）

共射极放大电路（二）

2. 放大电路的主要性能指标

对放大电路的要求有两个方面：第一，放大倍数要大；第二，失真要小。为了衡量一个放大电路的性能，规定了若干技术指标。对于低频放大电路来讲，经常以输入端加入不同频率的正弦电压来对电路进行分析。在本书中，当不考虑放大电路和负载中电抗元件的影响时，正弦交流量均以有效值表示。若考虑电抗元件所引起的相移，正弦交流量以相量表示。在放大电路规定的性能指标中，最主要的有以下几项，它们的含义可用图 6-1 来说明。

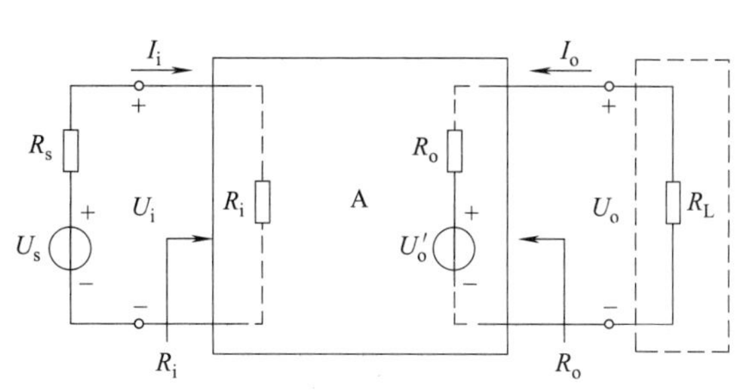

图 6-1 放大电路的框图

（1）放大倍数　放大倍数（也称增益）是衡量放大电路放大能力的一项重要指标。它定义为输出变化量幅值与输入变化量幅值之比，常用的有以下两种。

① 电压放大倍数 A_u

$$A_u=\frac{U_o}{U_i} \tag{6-1}$$

电压放大倍数表示放大电路放大信号电压的能力，式中 U_o 和 U_i 分别表示输出电压和输入电压。

② 电流放大倍数 A_i

$$A_i=\frac{I_o}{I_i} \tag{6-2}$$

电流放大倍数表示放大电路放大信号电流的能力，式中 I_o 和 I_i 分别为输出电流和输入电流。

笔记

（2）输入电阻 R_i　由图 6-1 可知，当输入信号电压加到放大电路的输入端时，在其输入端产生一个相应的电流，从输入端往里看进去有一个等效的电阻。这个等效电阻就是放大电路的输入电阻，定义为外加正弦输入电压有效值与相应的输入电流有效值之比，即

$$R_i=\frac{U_i}{I_i} \tag{6-3}$$

它是衡量放大电路对信号源影响程度的一个指标。其值越大，放大电路从信号源索取的电流就越小，对信号源影响就越小。

（3）输出电阻 R_o　在放大电路的输入端加入信号，如果改变接在输出端的负载电阻，则输出电压也会随着改变，从输出端看进去有一个等效的具有内阻 R_o 的电压源 U'_o，如图 6-1 所示。通常把 R_o 称为放大电路的输出电阻。输出电阻可以这样分析：在输入端加入一个固定的交流信号 U_i，先测出负载开路时的输出电压 U'_o，再测出接上负载电阻 R_L 后的输出电压 U_o，由于输出电阻 R_o 的影响，使输出电压下降。由图 6-1 可得

$$U_o = U'_o \frac{R_L}{R_o + R_L}$$

所以输出电阻

$$R_o = \left(\frac{U'_o}{U_o} - 1\right) R_L \tag{6-4}$$

输出电阻是描述放大电路带负载能力的一项技术指标。通常放大电路的输出电阻越小越好。R_o 越小，说明放大电路的带负载能力越强。

(4) 最大输出功率 P_{om} 和效率 η　P_{om} 是指在输出信号基本不失真的情况下能输出的最大功率。效率 η 为 P_{om} 与直流电源提供的功率 P_s 之比，即

$$\eta = \frac{P_{om}}{P_s} \times 100\% \tag{6-5}$$

(5) 最大输出幅度 U_{OM}（或 I_{OM}） 表示在输出波形没有明显失真的情况下，放大电路能够提供给负载的最大输出电压（或最大输出电流）。

此外，还有通频带、非线性失真系数、信号噪声比等性能指标。

二、共射极放大电路的分析

1. 电路组成及各元件的作用

(1) 放大电路的组成

① 基本放大电路的组成原则

a. 要有极性连接正确的直流电源、合理的元件参数，以保证三极管发射结正偏、集电结反偏和合适的静态工作点，使三极管工作在放大区域。

b. 有信号的输入回路和输出回路。

② 共射接法的基本放大电路　放大电路有三种基本组态。下面以应用最多的共射电路为例，介绍放大电路的组成、各元件的作用及电路的习惯画法。

图 6-2 (a) 是共射接法的基本放大电路，整个电路分为输入回路和输出回路两部分。AO 端为放大电路的输入端，用来接收待放大的信号。BO 端为输出端，用来输出放大后的信号。发射极与“⊥”相接，是放大电路输入、输出回路的公共端，也称为“地”，并非真正接大地，而是表示接机壳或接底板。必须指出，“⊥”表示电路中的参考零电位，电路中的其他各点电位都是相对“⊥”而言。为了分析方便，通常规定：电压的正方向是以公共端为负端，其他各点为正端。图中标出的“+”“−”分别表示各电压的参考极性，电流的参考方向如图中的箭头所示。

(2) 放大电路中各元件的作用

① 三极管 VT　图中采用的是 NPN 型硅管，具有电流放大作用，是放大电路中的核心元件。

② 集电极直流电源 U_{CC}　U_{CC} 的正极通过 R_c 接三极管的集电极，负极接三极管的发射极。其作用是使发射结获得正向偏置，集电结获得反向偏置，为三极管创造放大条件。U_{CC} 一般为几伏到几十伏。

③ 基极直流电源 U_{BB}　U_{BB} 的作用是使发射结处于正向偏置，提供基极偏置电流。

④ 集电极负载电阻 R_c　R_c 又称集电极电阻。它的作用主要是将集电极电流的变化转换成电压的变化，以实现电压放大功能。另一方面，电源 U_{CC} 可通过 R_c 加到三极管上，使

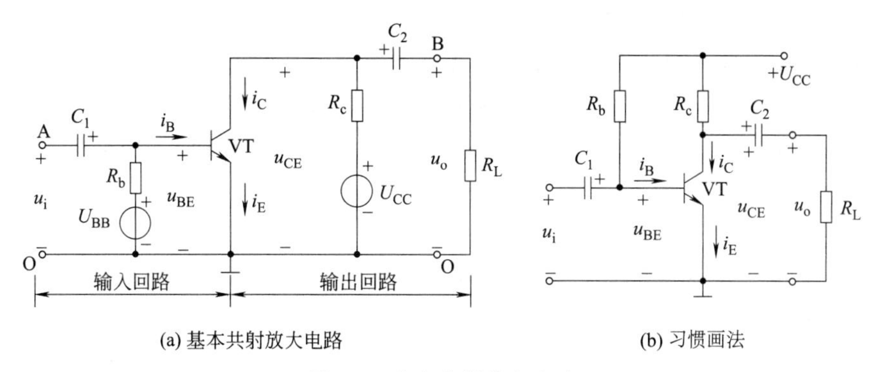

(a) 基本共射放大电路　　(b) 习惯画法

图 6-2　基本共射放大电路

三极管获得正常的工作电压，所以 R_c 也起直流负载的作用。R_c 的阻值一般为几千欧到几十千欧。

⑤ 基极偏置电阻 R_b　R_b 又称偏置电阻，它的作用是向三极管的基极提供合适的偏置电流，并使发射结获得必需的正向偏置电压。改变 R_b 的大小，可使三极管获得合适的静态工作点。R_b 的阻值一般取几十千欧到几百千欧。

⑥ 耦合电容 C_1 和 C_2　C_1 和 C_2 又称隔直电容，它们分别接在放大电路的输入端和输出端。一方面它们起着隔离直流的作用，即 C_1 用来隔断放大电路与信号源之间的直流通路；C_2 用来隔断放大电路与负载之间的直流通路。另一方面又起着交流耦合作用，保证交流信号畅通无阻地通过放大电路，沟通信号源、放大电路和负载三者之间的联系。即概括为“隔离直流，传递交流”。因此，电容量一般较大，通常为几微法到几十微法，一般用电解电容。连接时电容的正极接高电位，负极接低电位。

⑦ 负载电阻 R_L　R_L 是放大电路的外接负载，它可以是耳机、扬声器或其他执行机构，也可以是后级放大电路的输入电阻。

（3）电路的习惯画法　在实际电路中，基极回路不必使用单独的电源，而是通过基极偏置电阻 R_b 直接取自集电极电源来获得基极直流电压，使电路变得较为简单，如图 6-2（b）所示。U_{CC} 和 U_{BB} 全用一个电源 U_{CC} 代替。此外，在画电路图时，往往省略电源的图形符号，而用其电位的极性和数值来表示。如 $+U_{CC}$ 表示该点接电源的正极，而参考零电位（用符号“⊥”表示）接电源的负极。这样就得到了图 6-2（b）所示的习惯画法。

笔记

2. 放大电路中电流、电压的符号及波形

（1）电路中电流、电压的符号规定　从前面的分析可知，放大电路中既含有直流又含有交流，是交直流共存的电路。直流（又称偏置）为放大建立条件；交流是需要放大的信号。为了便于讨论，对电路中电流、电压的符号统一规定如表 6-1 所示。

表 6-1　放大电路中的电流、电压符号

名　称	总电流或总电压	直流量（静态值）	交流量		基本关系式
			瞬时值	有效值	
基极电流	i_B	I_B	i_b	I_b	$i_B=I_B+i_b$
集电极电流	i_C	I_C	i_c	I_c	$i_C=I_C+i_c$
基-射电压	u_{BE}	U_{BE}	u_{be}	U_{be}	$u_{BE}=U_{BE}+u_{be}$
集-射电压	u_{CE}	U_{CE}	u_{ce}	U_{ce}	$u_{CE}=U_{CE}+u_{ce}$

（2）电路中电流、电压的波形　在图 6-2（b）中，当无信号输入时，电路中只存在直流电流和直流电压，此时放大电路的工作状态称之为静态。

当交流信号电压 u_i 通过耦合电容 C_1 加到放大电路的基极和发射极之间时，即在基极直流电压 U_{BE} 的基础上叠加了一个交流电压 u_i，使得基极-发射极之间总电压变为 $u_{BE}=U_{BE}+u_i$。由于 $i_c=\beta i_b$，所以 i_c 随 i_b 变化，i_b 对 i_c 进行控制，因此有

$$i_C=\beta i_B=\beta(I_B+i_b)=\beta I_B+\beta i_b=I_C+i_c$$

可见，集电极总电流 i_C 也是静态的集电极电流 I_C 和交变的信号电流 i_c 的叠加。

同样，集电极总电压也是由静态电压 U_{CE} 和交流电压 u_{ce} 叠加而成。由电压关系式 $u_{CE}=U_{CC}-i_C R_C$ 可知，当 i_C 增大时，u_{CE} 反而减小；当 i_C 减小时，u_{CE} 反而增大。所以 u_{CE} 的波形是在直流 U_{CE} 上叠加了一个与 i_C 变化方向相反的交流电压 u_{ce}。

由以上分析可知：

① 放大电路工作在动态时，u_{BE}、i_B、u_{CE} 和 i_C 都是由直流分量和交流分量组成，其波形也是由两个分量合成的结果；

② 在共发射极电路中，输入信号电压 u_i、基极信号电流 i_b 和集电极信号电流 i_c 相位相同，而输出电压 u_o 与输入信号 u_i 相位相反，这在放大电路中称之为“反相”；

③ 如果参数选择恰当，u_o 的幅值远大于 u_i 的幅值，即将直流电能转化为交流电能输出，这就是通常所说的放大作用。

电路中各极电流、电压的波形如图 6-3 所示。

笔记

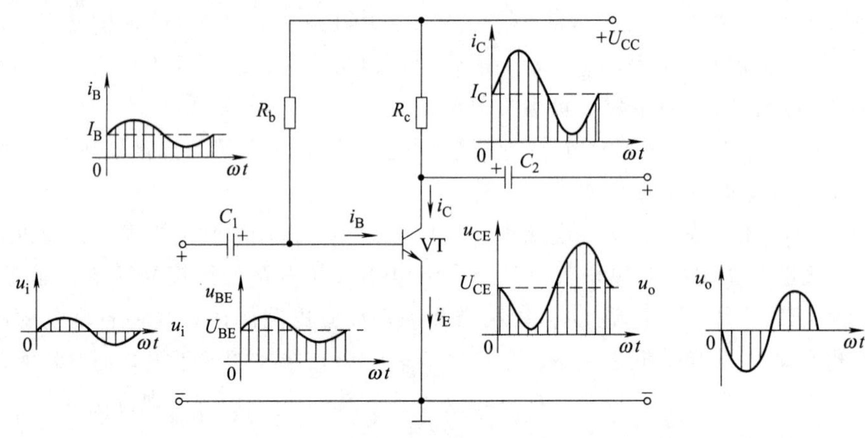

图 6-3　共射放大电路中的电压、电流波形

（3）放大电路中的直流通路与交流通路

① 直流通路　直流通路是指放大电路中直流电流通过的路径。计算放大电路的静态工作点（如 I_{BQ}、I_{CQ}、U_{CEQ} 等）时用直流通路。画直流通路时，电容视为开路，电感视为短路，其他不变。如图 6-4（b）所示。

② 交流通路　交流通路是指放大电路中交流电流通过的路径。计算放大电路的放大倍数、输入电阻、输出电阻时用交流通路。由于容抗小的电容以及内阻小的直流电源，其交流压降很小，可以看作短路，因此其交流通路如图 6-4（c）所示。

如果已经给定了三极管的有关参数和特性曲线，以及电路中元件和电源电压等数值，就可根据放大电路的直流通路和交流通路来分析放大电路。常用的分析方法有图解分析法和微变等效电路分析法。

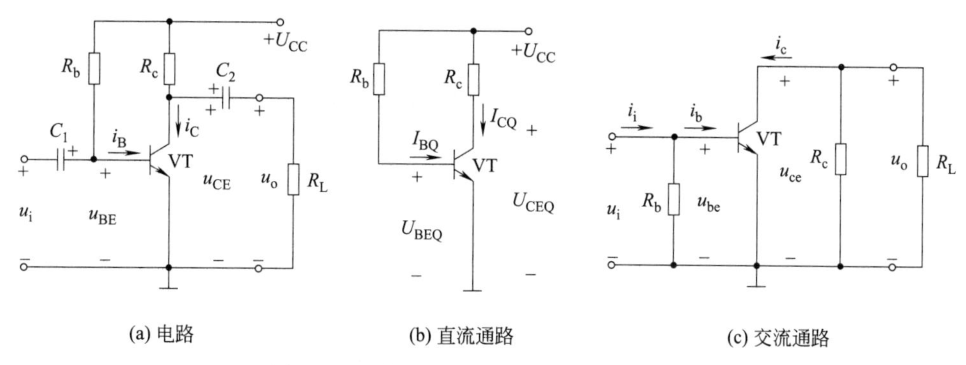

图 6-4　基本共射放大电路的交、直流通路

3. 图解分析法

图解分析法是指运用三极管的特性曲线，用作图的方法，直观地分析放大电路性能的方法。

(1) 静态工作情况分析　静态工作情况分析是指求出三极管的静态电流（I_{BQ}、I_{CQ}）和静态电压（U_{BEQ}、U_{CEQ}）的值（Q 表示在三极管特性曲线上静态电流、电压值所对应的点，即静态工作点）。由于发射结导通，直流压降 U_{BEQ} 在估算时可以认为是定值（硅管约 0.7V，锗管约 0.3V），因此 I_{BQ} 可通过直流通路的基极回路估算得到，这样，图解分析主要是分析 I_{CQ} 和 U_{CEQ}。

由图 6-4（b）的直流通路可估算静态参数。对于基极回路，由克希荷夫电压定律可得 $I_{BQ}R_b+U_{BEQ}=U_{CC}$，$I_{BQ}=\dfrac{U_{CC}-U_{BEQ}}{R_b}\approx\dfrac{U_{CC}}{R_b}$，若 $R_b=500\text{k}\Omega$，$R_c=6.8\text{k}\Omega$，$U_{CC}=20\text{V}$，则 $I_{BQ}\approx\dfrac{20\text{V}}{500\text{k}\Omega}=40\mu\text{A}$。

从集电极回路来看，可以把电路分成三极管和 U_{CC}、R_c 构成的外电路两部分，然后分别画出这两部分的伏安特性，如图 6-5（a）、（b）所示，由它们的交点便可确定接口处的静态电压和电流的大小。

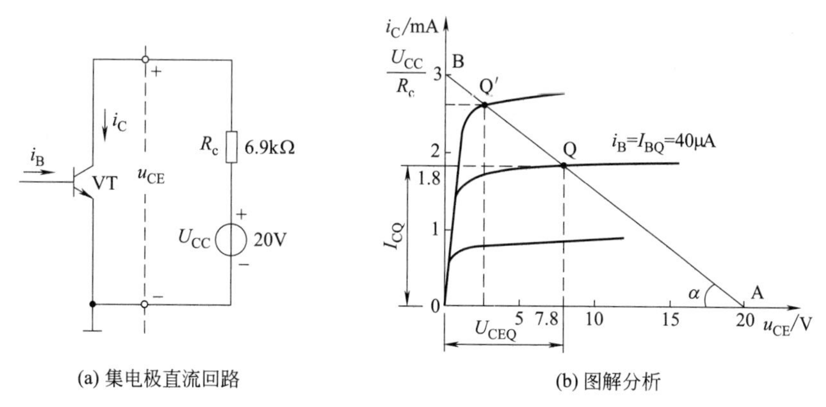

图 6-5　基本共射电路输出回路的静态分析

图 6-5（a）虚线左边是三极管，输出电压 u_{CE} 和电流 i_C 的关系按三极管输出特性曲线所描述的规律变化，如图 6-5(b) 所示。虚线右边是由 R_c 和 U_{CC} 构成的外电路，其伏安关系为：

$$u_{CE}=U_{CC}-i_C R_c$$

对于一个给定的放大电路来讲，U_{CC} 和 R_c 是定值，所以上式是一个直线方程。由该直线方程在三极管的输出特性曲线上作出的直线，称为直流负载线。

作直流负载线大致分为两步。

第一步，先找出直线与横轴、纵轴相交的两个特殊点：

a. 令 $u_{CE}=0$，则 $i_C=\dfrac{U_{CC}}{R_c}$（纵轴截距，对应图中 B 点）；

b. 令 $i_C=0$，则 $u_{CE}=U_{CC}$（横轴截距，对应图中 A 点）。

第二步，连接 A、B 两点得一直线，即为直流负载线。

由于这里讨论的是静态工作情况，电路中只存在直流分量。而直线 AB 的斜率为 $\tan\alpha=\dfrac{0B}{0A}=\dfrac{1}{R_c}$，是由集电极负载电阻确定的，故称直线 AB 为放大器的直流负载线。

实际上，U_{CC}、R_c 支路是与三极管连接在一起的，因此直流负载线与三极管 $i_B=I_{BQ}=40\mu A$ 输出特性曲线的交点 Q，是同时满足左、右两边电路特性的工作点。Q 点称为静态工作点，它反映了管子的直流工作状态，由 Q 点可方便地从图上找出相应的 U_{CEQ} 和 I_{CQ} 值。必须指出，由于三极管的输出特性表现为一组曲线，对应于不同的静态基极电流 I_{BQ}，静态工作点的位置不相同，所对应的 U_{CEQ}、I_{CQ} 的值也不相同，如图中 Q′所示。

从以上分析可知：$I_{BQ}\approx 40\mu A$，直流负载线在纵轴上的截距为$\dfrac{U_{CC}}{R_c}=\dfrac{20}{6.8}mA\approx 3mA$，在横轴上的截距为 $U_{CC}=20V$，图解法求得的 $I_{CQ}=1.8mA$，$U_{CEQ}=7.8V$。

由此，可以归纳出图解法求静态工作点的步骤如下：

① 按直流通路求得基极电流 I_{BQ}；

② 确定 I_{BQ} 对应的输出特性曲线；

③ 在给定的输出特性坐标系中作直流负载线；

④ 由交点得静态工作点 Q，并找出静态值 I_{CQ}、U_{CEQ}。

笔记

（2）动态工作情况分析　当放大电路加上输入信号后，电路中的电压、电流均在静态值的基础上做相应的变化，通常把放大电路有输入信号时的工作状态称之为动态。

① 不带负载时的动态分析　在图 6-6 电路中，设输入端加上正弦信号电压 $u_i=U_{im}\sin\omega t=\sqrt{2}U_i\sin\omega t$（V），由于电容 C_1 在静态时已充有电压 U_{BEQ}，所以使得 b、e 之间的总电压为交、直流电压之和，即

$$u_{BE}=U_{BEQ}+u_i=U_{BEQ}+U_{im}\sin\omega t$$

根据 u_{BE} 的变化规律，如图 6-7（a）中曲线①，便可从输入特性曲线上画出对应的 i_B 的波形，如图 6-7（a）中曲线②。如果输入电压的最大值 U_{im} 为 0.02V，从图中可以看到 i_B 将在 $60\mu A$ 到 $20\mu A$ 之间变动。在小信号工作条件下，Q 点附近的曲线可看作为直线段。因此，i_B 将在 I_{BQ} 的基础上按正弦规律变化，即

$$i_B=I_{BQ}+I_{bm}\sin\omega t(\mu A)$$

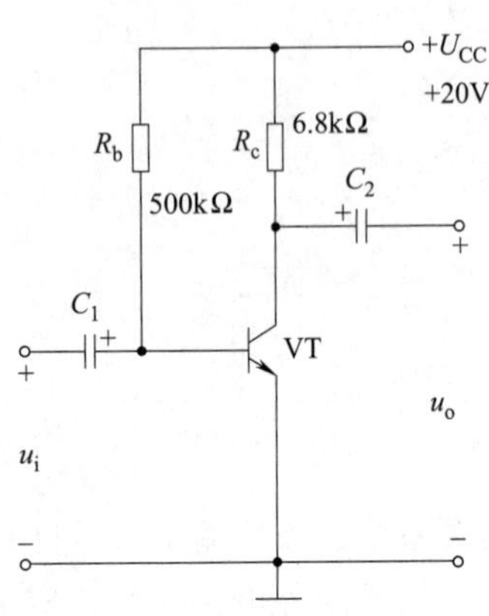

图 6-6　基本共射放大电路

从放大电路输出回路的情况来看，其电量关系式为 $u_{CE}=U_{CC}-i_C R_c$。若分别令 $i_C=0$ 和 $u_{CE}=0$，则可分别得

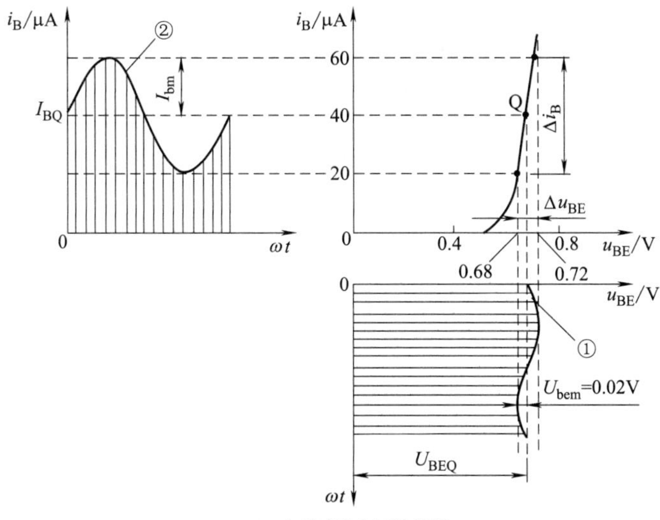

(a) 动态时输入回路情况

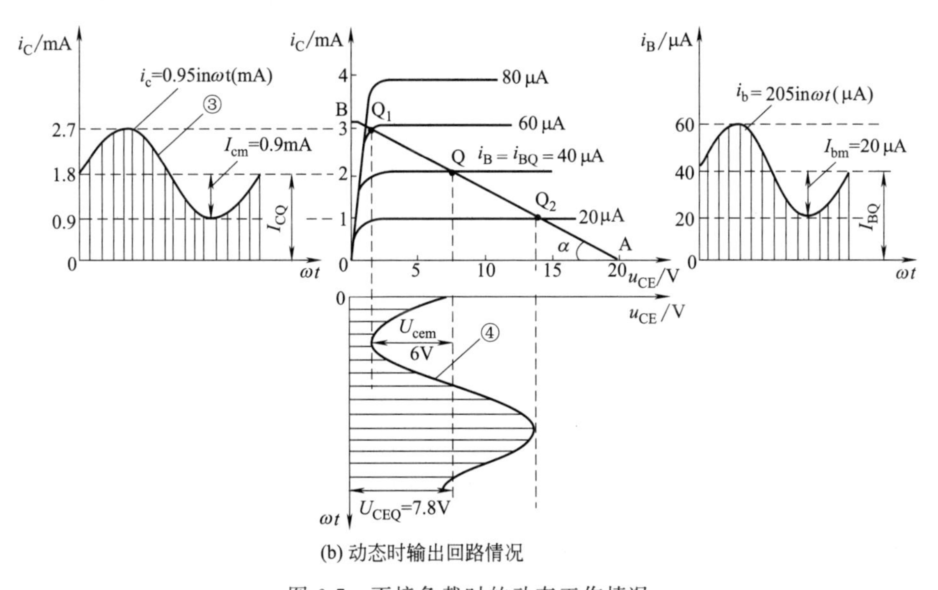

(b) 动态时输出回路情况

图 6-7 不接负载时的动态工作情况

到 $u_{CE}=U_{CC}$ 和 $i_C=U_{CC}/R_c$，由此连接成的直线与前面讨论的直流负载线重合，所以，仍可利用直流负载线来分析这种不带负载的放大电路。当 i_B 在 I_{BQ} 的基础上做正弦规律变化时，直流负载线与输出特性曲线的交点也会随之改变（分别变化到图中的 Q_1 和 Q_2 点）。如果输出特性曲线在工作范围内的间隔是均匀的，则 i_C 和 u_{CE} 将分别在 I_{CQ} 和 U_{CEQ} 的基础上按正弦规律变化，即

$$i_C=I_{CQ}+I_{cm}\sin\omega t\ (\text{mA})$$

$$u_{CE}=U_{CEQ}+U_{cem}\sin(\omega t-\pi)(\text{V})$$

这样，就可以在坐标平面上画出相应的 i_C 和 u_{CE} 的波形，并可求出它们的值，分别见图 6-7（b）中曲线③、④。

图中 u_{CE} 中的交流分量 u_{ce} 的波形就是输出电压 u_o 的波形，且 u_o 与 u_i 相位相反。结合前面的静态分析，由图 6-7 可以得到

笔记

$$u_{BE}=0.7+0.02\sin\omega t(\mathrm{V})$$
$$i_B=40+20\sin\omega t(\mu\mathrm{A})$$
$$i_C=1.8+0.9\sin\omega t(\mathrm{mA})$$
$$u_{CE}=7.8+6\sin(\omega t-\pi)(\mathrm{V})$$

② 带负载时的动态分析 放大电路的输出端总是要带负载的，接上负载电阻 R_L 时的交流通路见图 6-8（a）。通常把 R_L 与 R_c 并联后的等效负载称为放大电路的交流负载，用 R_L 表示，即

$$R'_L=R_c/\!/R_L$$

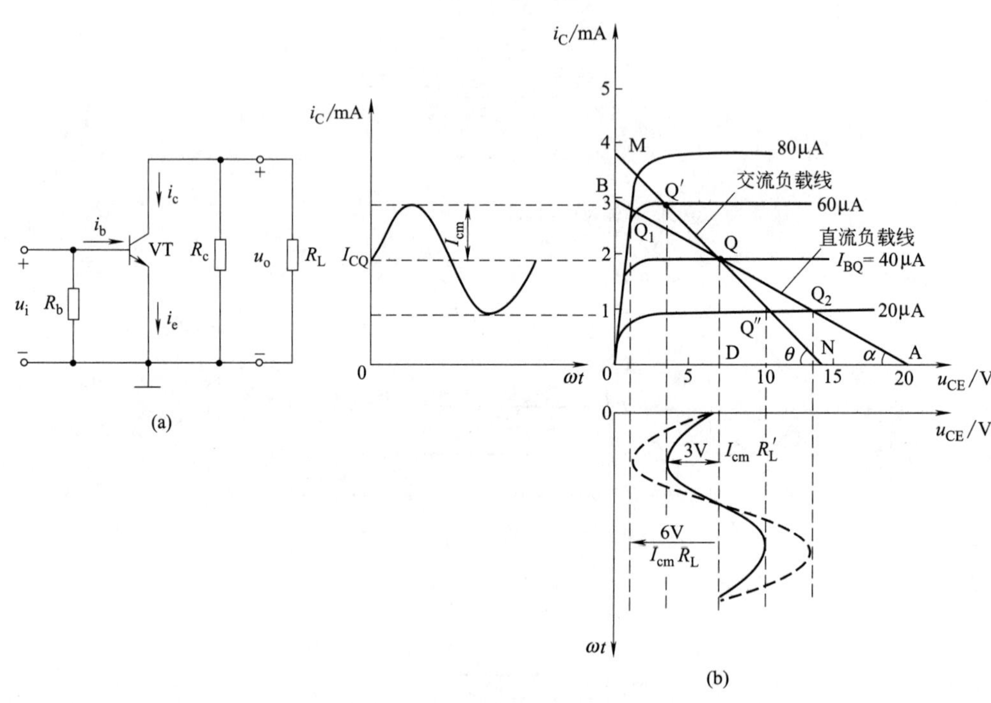

笔记

图 6-8 接上负载时的动态情况分析

从前面的讨论可知，用图解法分析放大电路的静态工作情况时，是根据直流负载电阻 R_c 作出直流负载线，它的斜率是$\frac{1}{R_c}$。那么，用图解法分析放大电路带负载电阻 R_L 的动态工作情况时，也可根据交流等效负载电阻 R'_L 来作交流负载线，它的斜率为$\frac{1}{R'_L}$。由于在动态时，u_{CE} 和 i_C 的值在静态工作点附近移动，当输入信号变到零（$u_i=0$）时，u_{CE} 和 i_C 的值变为 U_{CEQ} 和 I_{CQ}，可见交流负载线必通过静态工作点 Q。

关于交流负载线的作法，可归纳如下：

第一步 在输出特性曲线簇上作直流负载线 AB，并根据 I_{BQ} 值确定静态工作点 Q 的位置；

第二步 在横坐标 u_{CE} 轴上确定辅助点 N（$u_{CE}=U_{CEQ}+I_{CQ}R'_L$）；

第三步 过静态工作点 Q 作 Q、N 的连线，即为交流负载线 MN；

在图 6-8 中，由于 $\tan\theta=\frac{QD}{ND}=\frac{1}{R'_L}$，而 D 点即为 U_{CEQ} 值，QD 为 I_{CQ} 值，所以线段 ND 为 $I_{CQ}R'_L$ 值，故 N 点在横轴上的值为 $u_{CE}=U_{CEQ}+I_{CQ}R'_L$。

当在放大电路输入端加入交流信号电压后，在基极总电流 i_B 随信号的变化而发生变化的同时，工作点 Q 将沿交流负载线（在 Q′和 Q″之间）上下移动做动态变化。由于交流负载 R_L' 小于直流负载 R_L，所以交流负载线比直流负载线更陡一些。从图 6-8 中可清楚地看到，放大电路带有负载后，集电极电压 u_{CE} 的变化范围从原来直流负载线上的 Q_1Q_2 之间缩小到交流负载线上的 Q′Q″之间，尽管 i_C 的变化量 Δi_C 变化不大，但 u_{CE} 的变化量 Δu_{CE} 却减小很多，可见带上负载后输出电压的动态范围变小了。由图 6-8(b) 可得

$$u_{CE}=7.8+3\sin(\omega t-\pi)(\mathrm{V})$$

（3）静态工作点与波形失真的关系　波形失真是指输出波形不能很好地重现输入波形的形状，即输出波形相对于输入波形发生了变形。对一个放大电路来说，要求输出波形的失真尽可能小。但是，当静态工作点位置选择不当时，将出现严重的非线性失真。在图 6-9 中，设正常情况下静态工作点位于 Q 点，则可以得到失真很小的 i_C 和 u_{CE} 波形。如果静态工作点的位置定得太低或太高，都将使输出波形产生严重失真。

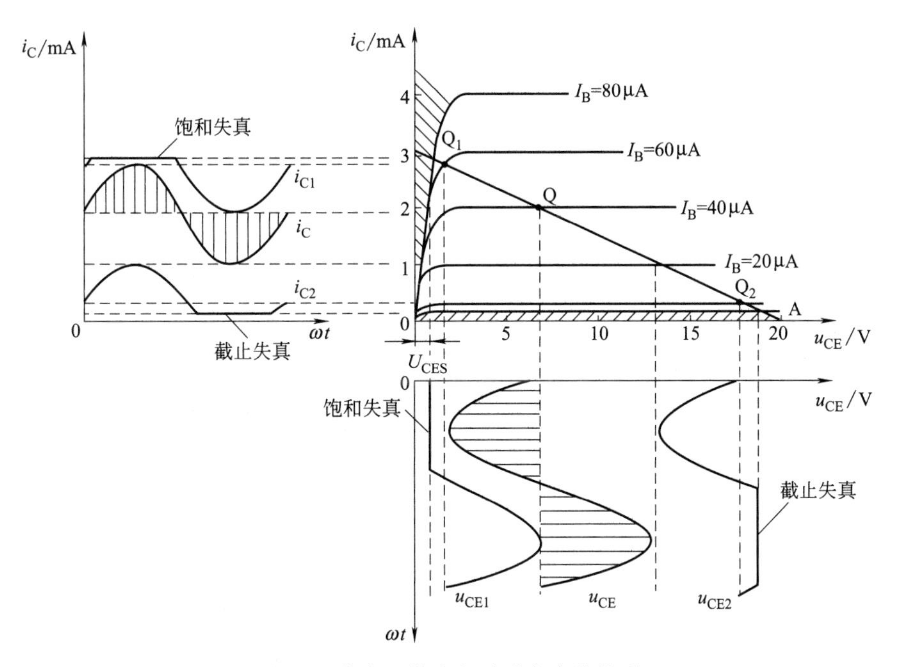

图 6-9　静态工作点与波形失真的关系

当 Q 点位置选得太高，接近饱和区时，见图 6-9 中的 Q_1 点，这时尽管 i_B 的波形完好，但 i_C 的正半周和 u_{CE} 的负半周都出现了畸变。这种由于动态工作点进入饱和区而引起的失真，称为“饱和”失真。

当 Q 点位置选得太低，接近截止区时，见图 6-9 中的 Q_2 点，这时由于在输入信号的负半周动态工作点进入管子的截止区，使 i_C 的负半周和 u_{CE} 的正半周波形产生畸变。这种因工作点进入截止区而产生的失真称为“截止”失真。

饱和失真和截止失真都是由于三极管工作在特性曲线的非线性区域所引起的，因此都叫做非线性失真。

（4）电路参数对静态工作点的影响

① R_b 的影响　当 U_{CC}、R_c 不变时，输出回路的直流负载线不变。这时增大 R_b，I_{BQ} 将减小，静态工作点沿直流负载线下移，由 Q 点移向 Q_1 点，见图 6-10(a)。反之，减小 R_b，

笔记

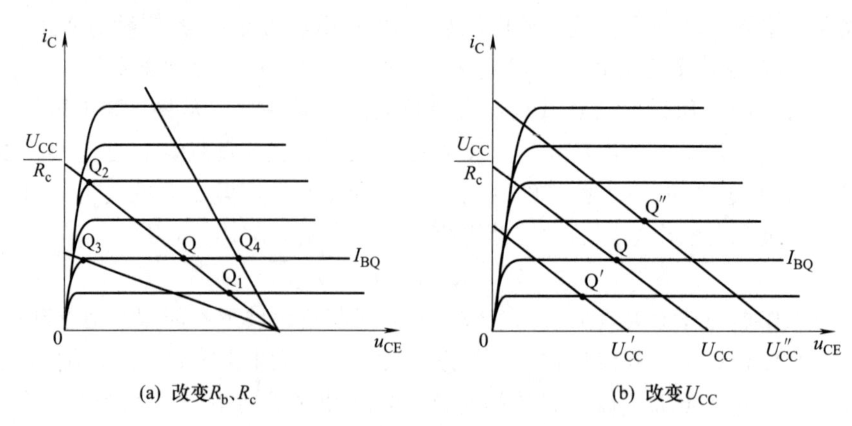

(a) 改变R_b、R_c　　(b) 改变U_{CC}

图 6-10 电路参数对静态工作点的影响

I_{BQ} 将增大，静态工作点沿直流负载线上移，由 Q 点移向 Q_2 点。可见，调节 R_b 能改变 I_{BQ}、I_{CQ} 和 U_{CEQ} 的大小，亦即改变静态工作点的位置。这是最常用的调整静态工作点的方法。

② R_c 的影响　当 U_{CC}、R_b 不变时，I_{BQ} 也不变。改变 R_c，即改变了直流负载线的斜率，静态工作点也将随之改变。R_c 增加，直流负载线变得平坦，静态工作点由 Q 点移向 Q_3 点；反之，当 R_c 减小时，直流负载线变陡，静态工作点移向 Q_4 点，如图 6-10（a）所示。R_c 太大，Q_3 点左移太多，U_{CEQ} 减小，易引起饱和失真；R_c 太小，交流负载电阻减小，交流负载线变陡，使输出电压幅度随之减小。

③ U_{CC} 的影响　当 R_c 和 R_b 固定时，直流负载线的斜率不变。U_{CC} 增加时，直流负载线平行右移，因为 R_b 不变，U_{CC} 增加使 I_{BQ} 也增加，因此静态工作点向右上方移动到 Q″处；反之，U_{CC} 减小时，I_{BQ} 减小，直流负载线平行左移，使静态工作点向左下方移动到 Q′处。如图 6-10(b) 所示。减小 U_{CC}，容易造成既有截止失真又有饱和失真的非线性失真；增大 U_{CC}，可改善非线性失真，但会使电路功率消耗增大，同时也受到管子击穿电压的限制。

对于一个放大电路，合理安排静态工作点至关重要，而且在动态运用时，工作点的移动还不能超出放大区，这样才能保证放大电路不产生明显的非线性失真。通常情况下，为了使输出幅值较大，同时又不失真，静态工作点应选在交流负载线的中点。对于小信号的放大电路，失真可能性较小，为了减小损耗和噪声，工作点可适当选择低一些。对于大信号的放大电路，为了保证输出有较大的动态范围，并且不失真，工作点可适当选高一些。总之，工作点的选择应该视具体情况而定。

4. 微变等效电路分析法

虽然图解法能从图上直观地了解到放大电路的工作情况，并求出输出电压的幅度和动态范围，但是图解法必须知道三极管的特性曲线，而且作图比较烦琐，又不够准确，特别是当输入的交流信号很小时，根本无法作图，因此，图解法主要用于分析放大电路在输入大信号时的工作状态。下面结合图 6-4（a），介绍微变等效电路分析法。

（1）静态工作点的估算　静态值可以通过直流通路求得。由图 6-4（b）可知：

$$I_{BQ}=\frac{U_{CC}-U_{BEQ}}{R_b}\approx\frac{U_{CC}}{R_b} \tag{6-6}$$

$$I_{CQ}\approx\beta I_{BQ} \tag{6-7}$$

$$U_{CEQ}=U_{CC}-I_{CQ}R_c \tag{6-8}$$

式中各量的下标 Q 表示它们是静态值。三极管的 U_{BEQ} 很小，对于硅管取 0.7V，对锗管取 0.3V，与电源 U_{CC} 相比可忽略不计。

【例 6-1】 在图 6-6 中，已知 $U_{CC}=20V$，$R_c=6.8k\Omega$，$R_b=500k\Omega$，三极管为 3DG100，$\beta=45$。试求放大电路的静态工作点，并与图解法进行比较。

解：

$$I_{BQ}=\frac{U_{CC}-U_{BEQ}}{R_b}\approx\frac{U_{CC}}{R_b}=\frac{20}{500}=0.04\ (mA)=40\ (\mu A)$$

$$I_{CQ}=\beta I_{BQ}=45\times0.04=1.8\ (mA)$$

$$U_{CEQ}=U_{CC}-I_{CQ}R_c=20-1.8\times6.8=7.8\ (V)$$

与图解法求得的静态值一样。

（2）微变等效电路与动态分析

① 三极管的简化微变等效电路 由于放大电路中含有非线性元件——三极管，通常不能用计算线性电路的方法来计算含有非线性元件的放大电路。但是，当输入、输出都是小信号时，信号只是在静态工作点附近的小范围内变动，三极管的特性曲线可以近似地看成是线性的，此时，三极管可以用一个等效的线性电路来代替，这样就可以用计算线性电路的方法来分析放大电路了。

a. 三极管输入回路等效电路 由图 6-7（a）输入特性可以看出，当输入信号较小时，可以把 Q 点附近的一段曲线看成直线，这样三极管 b、e 间就相当于一个线性电阻 r_{be}，如图 6-11 所示。结合输入特性曲线，则三极管的输入电阻可定义为

$$r_{be}=\frac{\Delta U_{BE}}{\Delta I_B}=\frac{u_{be}}{i_b}$$

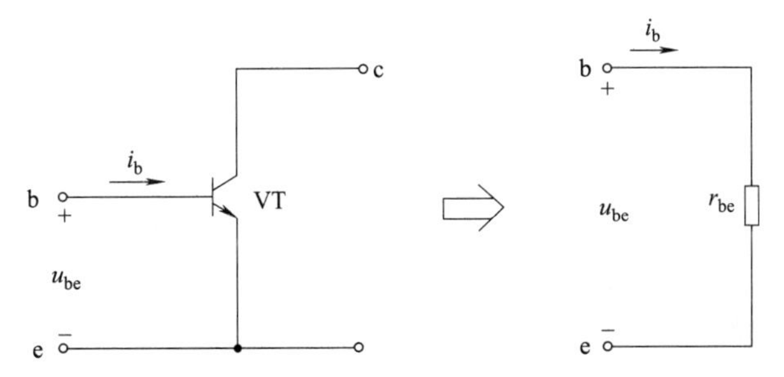

图 6-11 三极管的输入等效电路

r_{be}（手册中通常用 h_{ie} 表示）叫三极管的输入电阻。它是从三极管的输入端（b、e 端）看进去的交流等效电阻，显然 r_{be} 的大小与静态工作点的位置有关，通常 r_{be} 的值在几百欧到几千欧之间。对于小功率管，当 $I_E=1\sim2mA$ 时，r_{be} 为 1kΩ 左右。在 $0.1mA<I_E<5mA$ 范围内，工程上常用下式来估算：

$$r_{be}=r'_{bb}+(1+\beta)\frac{26mV}{I_E mA}=r'_{bb}+\frac{26mV}{I_B mA} \tag{6-9}$$

式中，r'_{bb} 叫三极管的基区体电阻，对于低频小功率管，通常取 300Ω 为估算值。

b. 三极管输出回路的等效电路 从图 6-7 的图解分析中可以看出，三极管在输入信号电流 i_b 作用下，相应地产生输出信号电流 i_c，并且有 $i_c=\beta i_b$，即集电极电流只受基极电流控制。因此，从输出端 c、e 间看三极管是一个受控电流源。由于三极管的输出电阻 r_{ce} 极大（输出恒流特性），所以在画微变等效电路时并不画出。

为此，可画出三极管的简化微变等效电路如图 6-12（b）所示。

② 动态分析

a. 共射放大电路的简化微变等效电路 共射放大电路仍以图 6-4（a）进行分析，并将其重画于图 6-13（a）中。先画出共射放大电路的交流通路，再用三极管的微变等效电路去替换交流通路中的三极管，即为简化微变等效电路。由于放大电路的输入信号是采用正弦波

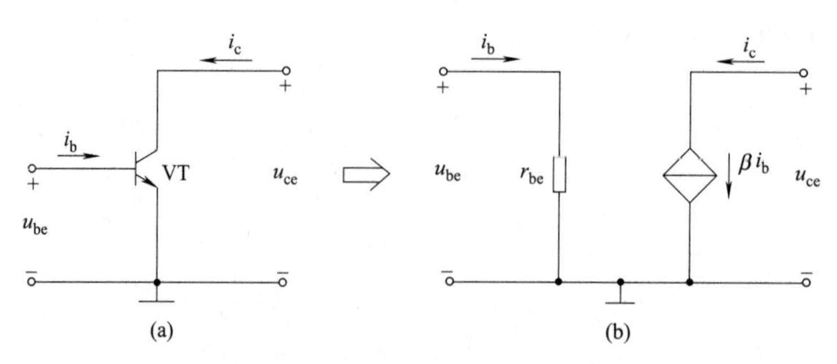

图 6-12 三极管的微变等效电路

信号，因此图中的各量均应用相量表示。为了表示方便，这里正弦交流量均以有效值表示，如图 6-13（b）所示。

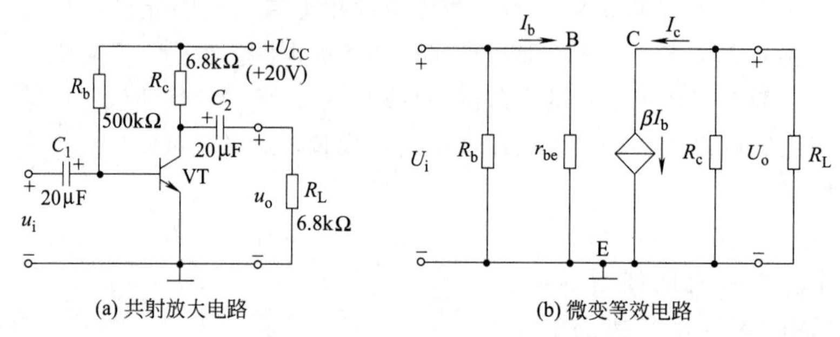

(a) 共射放大电路　　(b) 微变等效电路

图 6-13 共射放大电路的微变等效电路

b. 电压放大倍数 A_u　A_u 定义为放大电路输出电压 U_o 与输入电压 U_i 之比，是衡量放大电路电压放大能力的指标，即

$$A_u=\frac{U_o}{U_i} \tag{6-10}$$

由图 6-13（b）可知，$U_i=I_b r_{be}$，$I_c=\beta I_b$，放大电路的交流负载 $R'_L=R_c /\!/ R_L$，按照图中所标注的电流和电压正方向有 $U_o=-I_c R'_L=-\beta I_b R'_L$，所以

$$A_u=\frac{U_o}{U_i}=-\frac{I_c R'_L}{I_b r_{be}}=-\beta\frac{R'_L}{r_{be}} \tag{6-11}$$

A_u 为负值，表示输出电压与输入电压的相位相反。

如果放大电路不带负载，则电压放大倍数

$$A_u=-\beta\frac{R_c}{r_{be}} \tag{6-12}$$

由于 $R'_L=R_c /\!/ R_L$，其值比 R_c 小，所以不接负载时放大倍数 A_u 较大，接上负载时放大倍数 A_u 下降。

c. 放大电路的输入电阻 R_i　放大电路的输入电阻 R_i 是从其输入端看进去的等效电阻，如图 6-14(a) 所示。如果把一个内阻为 R_s 的信号源 u_s 加到放大电路的输入端时，放大电路的输入电阻 R_i 就相当于信号源的负载电阻。由图可知

$$R_i=\frac{U_i}{I_i} \tag{6-13}$$

R_i 的大小反映了放大电路对信号源的影响程度，R_i 越大，放大电路从信号源吸取的电流越小，即对信号源的影响越小。特别是测量仪器中用的前置放大器，输入电阻越高，其测

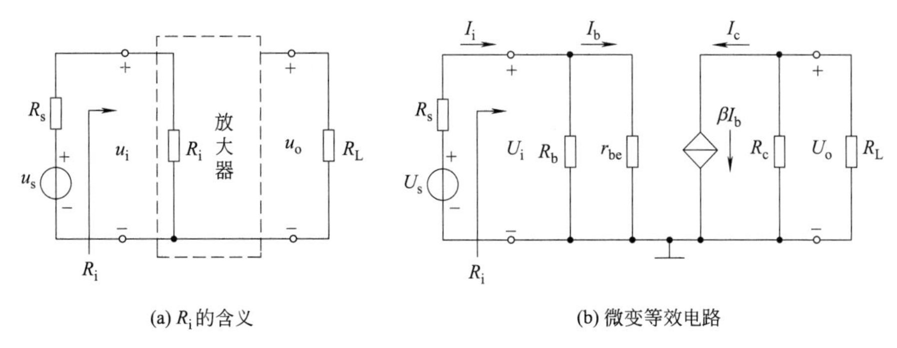

(a) R_i的含义　　(b) 微变等效电路

图 6-14 基本共射电路的输入电阻

量精度越高。

由图 6-14（b）可求得放大电路的输入电阻

$$R_i = R_b /\!/ r_{be} \tag{6-14}$$

在共射极放大电路中，通常 $R_b \gg r_{be}$，因此有

$$R_i \approx r_{be} \tag{6-15}$$

d. 放大电路的输出电阻 R_o　从前面分析可知，放大电路接上负载 R_L 以后，输出电压 u_o 下降，所以从放大电路的输出端（不包括负载电阻 R_L）看进去，放大电路相当于一个具有等效电阻 R_0 和等效电动势为 u'_0 的电压源，如图 6-15(a) 所示。这个等效电源的内阻 R_o 就是放大电路的输出电阻。

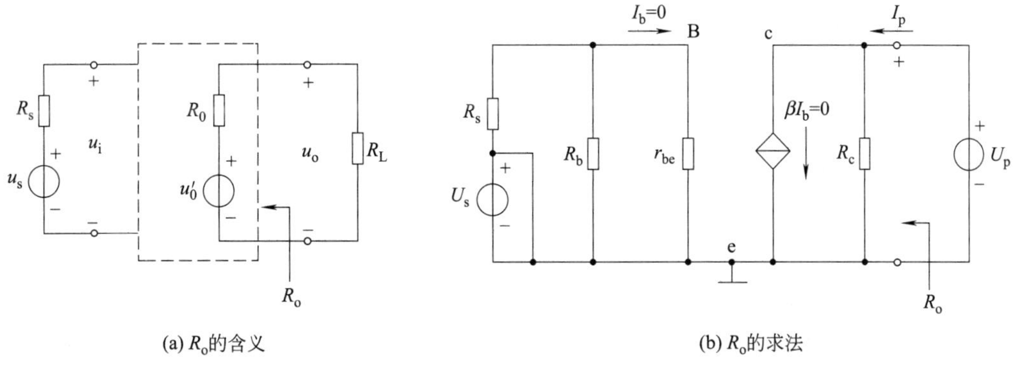

(a) R_o的含义　　(b) R_o的求法

图 6-15 放大电路的输出电阻

求输出电阻的常用方法是，先将图 6-15（a）输入端信号源 u_s 短接，并保留信号源内阻 R_s，再将输出端的负载 R_L 拿掉，然后在输出端加入探察电压 U_p。在 U_p 的作用下，输出端将产生一相应的探察电流 I_p，则输出电阻为

$$R_o = \frac{U_p}{I_p} \tag{6-16}$$

按照求 R_o 的分析方法，可画出求 R_o 的等效电路，如图 6-15(b) 所示。在该电路中，当$U_s=0$ 时，$I_b=0$，$I_c=0$（电流源开路），由 $U_p=I_pR_o$ 可知

$$R_o = R_c \tag{6-17}$$

R_o 的大小反映了放大电路受负载影响的程度。R_o 越小，当负载 R_L 变化时，放大电路输出电压变化也越小，因而放大电路带负载的能力越强。从上面的分析看出，共射放大电路的输出电阻并不小（$R_o=R_c$ 约有几千欧），这说明共发射极放大电路带负载的能力不强。

笔记

【例 6-2】 放大电路如图 6-13（a）所示，已知三极管的 $\beta=45$，其他参数见图，试求 A_u、R_i 和 R_o 的值。

解：

$$I_{BQ}\approx\frac{U_{CC}}{R_b}=\frac{20}{500}=0.04(mA)=40(\mu A)$$

$$r_{be}=300+\frac{26}{I_{BQ}}=300+\frac{26}{0.04}=950(\Omega)\approx1(k\Omega)$$

$$A_u=-\beta\frac{R_L'}{r_{be}}=-45\times\frac{6.8/\!/6.8}{1}=-153$$

$$R_i=R_b/\!/r_{be}\approx1k\Omega$$

$$R_o=R_c=6.8k\Omega$$

分压式偏置放大电路

学习单元二　分压式偏置放大电路

前面讨论的基本放大电路，当基极偏置电阻 R_b 确定后，基极偏置电流 I_{BQ}（$I_{BQ}=U_{CC}/R_b$）也就固定了，这种电路叫固定偏置放大电路。它具有元器件少、电路简单和放大倍数高等优点，但它的最大缺点就是稳定性差，因此只能在要求不高的电路中使用。那么，是哪些因素影响到它的稳定性呢？能不能采取一定的措施使它工作稳定呢？

一、温度变化对静态工作点的影响

为了使放大电路能对输入信号进行不失真的放大，必须给放大电路设置合适的静态工作点。但是，理论和实践都证明，即使设置了合适的静态工作点，由于周围环境温度的变化、电源电压的波动和更换不同 β 值的三极管等，都可能引起静态工作点的变化，特别是温度的变化对静态工作点影响最大。当温度变化时，三极管的电流放大系数 β、集电结反向饱和电流 I_{CBO}、穿透电流 I_{CEO} 以及发射结压降 U_{BE} 等都会随之发生改变，从而使静态工作点发生变动。例如，当温度升高时，三极管的 U_{BE} 降低，而 β、I_{CBO} 和 I_{CEO} 增大，输出特性曲线上移，如图 6-16 所示。对于同样的 I_{BQ}（如 40μA），在温度由 25℃上升至 75℃时，输出特性曲线上移（见图中虚线），静态工作点由 Q 点移至 Q′点，严重时，将使三极管进入饱和区而失去放大能力。又如，当更换 β 值不相同的管子时，由于 I_{BQ} 固定，则 I_{CQ} 会随 β 的改变而改变。为了使放大电路能减小温度的影响，通常采用改变偏置的方式或者利用热敏器件补偿等办法来稳定静态工作点，下面介绍三种常用的稳定静态工作点的偏置电路。

笔记

二、分压式偏置放大电路的分析

1. 电路的特点和工作原理

电路如图 6-17 所示，该电路具有如下特点。

① 利用基极偏置电阻 R_{b1} 和 R_{b2} 分压来稳定基极电位。设流过电阻 R_{b1} 和 R_{b2} 的电流分别为 I_1 和 I_2，并且 $I_1=I_2+I_{BQ}$，一般 I_{BQ} 很小，$I_2\gg I_{BQ}$，所以近似认为 $I_1\approx I_2$。这样，基极电位 U_B 就完全取决 R_{b2} 上的分压，即

$$U_B\approx U_{CC}\frac{R_{b2}}{R_{b1}+R_{b2}} \tag{6-18}$$

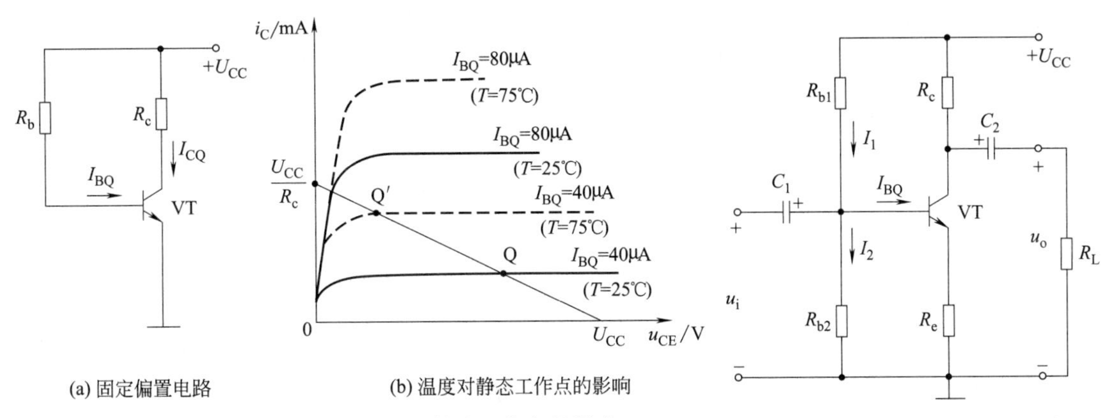

(a) 固定偏置电路　　(b) 温度对静态工作点的影响

图 6-16　固定偏置电路中温度对静态工作点的影响　　图 6-17　分压式偏置放大电路

从上式看出，在 $I_2 \gg I_{BQ}$ 的条件下，基极电位 U_B 由电源 U_{CC} 经 R_{b1} 和 R_{b2} 分压所决定，其值不受温度影响，且与三极管参数无关。

② 利用发射极电阻 R_e 来获得反映电流 I_{EQ} 变化的信号，反馈到输入端，自动调节 I_{BQ} 的大小，实现工作点稳定。其过程可表示为

$$T(℃)\uparrow \rightarrow I_{CQ}\uparrow \rightarrow I_{BQ}\uparrow \rightarrow U_{EQ}\uparrow \rightarrow U_{BEQ}\downarrow \rightarrow I_{BQ}\downarrow \rightarrow I_{CQ}\downarrow$$

上述过程中的符号↑表示增大，↓表示减小，→表示引起后面的变化。

如果 $U_{BQ} \gg U_{BEQ}$，则发射极电流为

$$I_{EQ}=\frac{U_{BQ}-U_{BEQ}}{R_e} \approx \frac{U_{BQ}}{R_e}=\frac{R_{b2}U_{CC}}{(R_{b1}+R_{b2})R_e} \tag{6-19}$$

从上面分析来看，静态工作点稳定是在满足 $I_1 \gg I_{BQ}$ 和 $U_{BQ} \gg U_{BEQ}$ 两式的条件下获得的。I_1 和 U_{BQ} 越大，则工作点稳定性越好。但是 I_1 也不能太大，因为一方面 I_1 太大，使电阻 R_{b1} 和 R_{b2} 上的能量消耗太大；另一方面 I_1 太大，要求 R_{b1} 很小，这样对信号源的分流作用加大了，当信号源有内阻时，使信号源内部压降增大，有效输入信号减小，降低了放大电路的放大倍数。同样 U_{BQ} 也不能太大，如果 U_{BQ} 太大，必然 U_E 太大，导致 U_{CEQ} 减小，甚至影响放大电路的正常工作。在工程上，通常这样考虑：

对于硅管　$I_1=(5\sim10)I_{BQ}$　$U_{BQ}=(3\sim5)\text{V}$　(6-20)

对于锗管　$I_1=(10\sim20)I_{BQ}$　$U_{BQ}=(1\sim3)\text{V}$　(6-21)

笔记

2. 静态工作点的近似估算

根据以上分析，由图 6-17 可得

$$U_B \approx U_{CC}\frac{R_{b2}}{R_{b1}+R_{b2}}$$

$$I_{CQ} \approx I_{EQ}=\frac{U_B-U_{BEQ}}{R_e} \tag{6-22}$$

$$I_{BQ} \approx \frac{I_{CQ}}{\beta} \tag{6-23}$$

$$U_{CEQ}=U_{CC}-I_{CQ}(R_c+R_e) \tag{6-24}$$

这样就可根据以上各式来估算静态工作点。

3. 电压放大倍数的估算

图 6-17 的微变等效电路如图 6-18 所示。由图可以得到

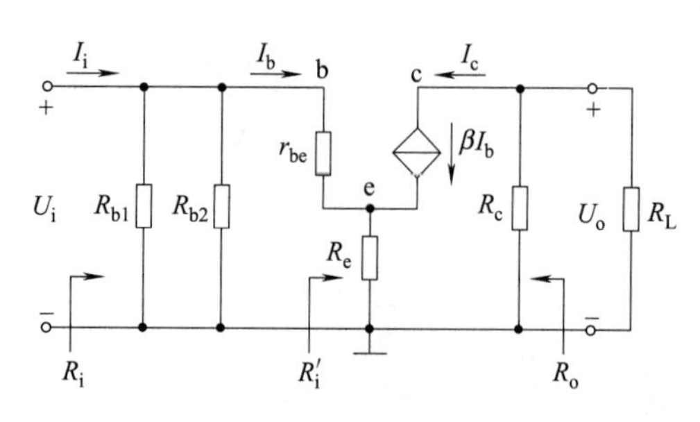

图 6-18 分压式偏置稳定电路的微变等效电路

$$U_o=-\beta I_b R_L'$$

其中 $$R_L'=R_c /\!/ R_L$$

$$U_i=I_b r_{be}+I_e R_e=I_b[r_{be}+(1+\beta)R_e]$$

$$A_u=\frac{U_o}{U_i}=-\frac{\beta I_b R_L'}{I_b[r_{be}+(1+\beta)R_e]}=-\frac{\beta R_L'}{r_{be}+(1+\beta)R_e}$$

即 $$A_u=-\frac{\beta R_L'}{r_{be}+(1+\beta)R_e} \tag{6-25}$$

由式（6-25）可知，由于 R_e 的接入，虽然给稳定静态工作点带来了好处，但却使放大倍数明显下降，并且 R_e 越大，下降越多。为了解决这个问题，通常在 R_e 上并联一个大容量的电容（大约几十到几百微法）；对交流来讲，C_e 的接入可看成是发射极直接接地，故称 C_e 为射极交流旁路电容。加入旁路电容后，电压放大倍数 A_u 和式（6-11）完全相同了，这样既稳定了静态工作点，又没有降低电压放大倍数。

4. 输入电阻和输出电阻的估算

由图 6-18 可得

$$U_i=I_b r_{be}+I_e R_e=I_b r_{be}+(1+\beta)I_b R_e$$

$$R_i'=\frac{U_i}{I_b}=r_{be}+(1+\beta)R_e$$

则输入电阻为

$$R_i=R_i' /\!/ R_b \tag{6-26}$$

通常 $R_b(R_b=R_{b1} /\!/ R_{b2})$ 较大，如果不考虑 R_b 的影响，则输入电阻为

$$R_i=R_i'=r_{be}+(1+\beta)R_e \tag{6-27}$$

式（6-27）表明，加入 R_e 后，输入电阻提高了很多。如果电路中接入了发射极旁路电容 C_e，则输入电阻 R_i 的表达式与式（6-15）就没有区别了。

笔记

按照前面求输出电阻的方法，由图 6-18 可求得输出电阻为 $R_o\approx R_c$，和式（6-17）完全相同。

【例 6-3】 电路如图 6-19 所示，已知三极管的 $\beta=40$，$U_{CC}=12V$，$R_L=4k\Omega$，$R_c=2k\Omega$，$R_e=2k\Omega$，$R_{b1}=20k\Omega$，$R_{b2}=10k\Omega$，C_e 足够大。试求：①静态值 I_{CQ} 和 U_{CEQ}；②电压放大倍数；③输入、输出电阻。

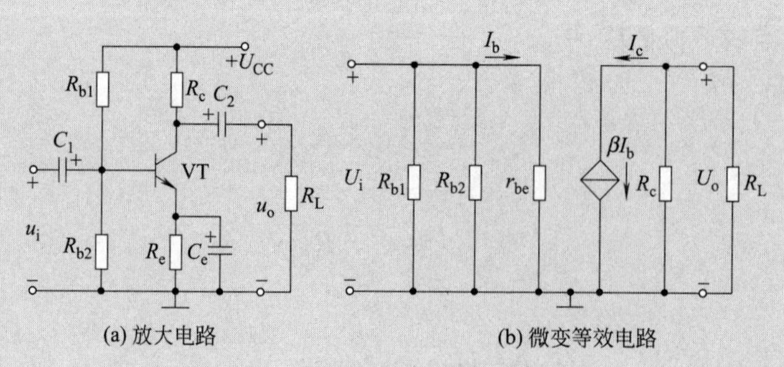

图 6-19 例 6-3 图

解： ① 估算静态值 I_{CQ} 和 U_{CEQ}

$$U_B \approx \frac{R_{b2}}{R_{b1}+R_{b2}}U_{CC}=\frac{10}{10+20}\times 12=4(\text{V})$$

$$I_{CQ}\approx I_{EQ}=\frac{U_B-U_{BEQ}}{R_e}=1.65\text{mA}$$

$$U_{CEQ}\approx U_{CC}-I_{CQ}(R_c+R_e)=12-1.65\times(2+2)=5.4(\text{V})$$

② 估算电压放大倍数

因为 $$r_{be}=300+(1+\beta)\frac{26\text{mV}}{I_{EQ}\text{mA}}=300+41\times\frac{26}{1.65}=946(\Omega)\approx 0.95(\text{k}\Omega)$$

$$R'_L=R_c /\!/ R_L=\frac{2\times 4}{2+4}=1.33(\text{k}\Omega)$$

所以 $$A_u=-\beta\frac{R'_L}{r_{be}}=-40\times\frac{1.33}{0.95}=-56$$

如果不接旁路电容 C_e，则

$$A_u=-\beta\frac{R'_L}{r_{be}+(1+\beta)R_e}=-40\times\frac{1.33}{0.95+41\times 2}=-0.64$$

可见电压放大倍数下降很多。

③ 估算输入电阻和输出电阻

由图 6-19 的等效电路可以看出，输入电阻为

$$R_i=r_{be} /\!/ R_{b1} /\!/ R_{b2}=0.83\text{k}\Omega$$

输出电阻为

$$R_o\approx R_c=2\text{k}\Omega$$

射极输出器

学习单元三　射极输出器

一、共集放大电路

笔记

1. 电路构成

共集电极放大电路如图 6-20（a）所示。它是由基极输入信号，发射极输出信号。从交流通路［图 6-20（b）］来看，集电极是输入回路与输出回路的共同端，故称共集电路。又因为信号是从发射极输出，所以又叫射极输出器。

2. 射极输出器的特点

（1）静态工作点比较稳定　射极输出器的直流通路如图 6-21 所示。由图可知

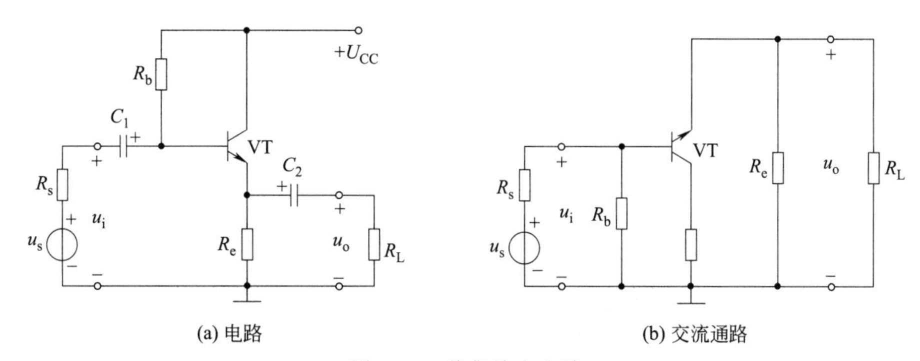

图 6-20　共集放大电路

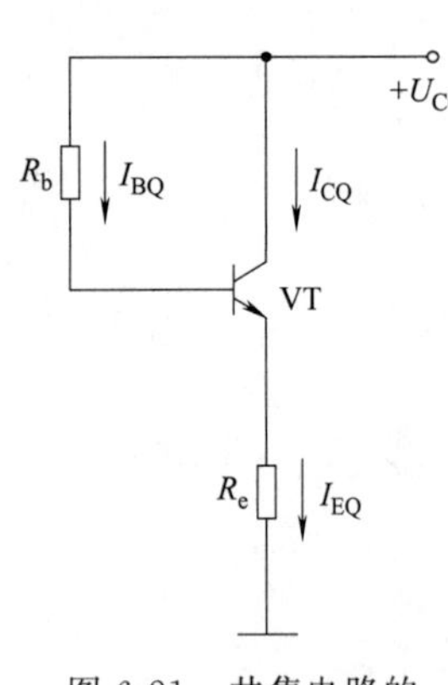

图 6-21 共集电路的直流通路

$$U_{CC}=I_{BQ}R_b+I_{EQ}R_e,\ I_{BQ}=\frac{I_{EQ}}{1+\beta}$$

于是有

$$I_{CQ}\approx I_{EQ}=\frac{U_{CC}-U_{BEQ}}{R_e+\dfrac{R_b}{1+\beta}} \tag{6-28}$$

$$U_{CEQ}\approx U_{CC}-I_{CQ}R_e \tag{6-29}$$

射极输出器中的电阻 R_e，还具有稳定静态工作点的作用。例如，当温度升高时，由于 I_{CQ} 增大，使 R_e 上的压降上升，导致 U_{BEQ} 下降，从而牵制了 I_{CQ} 的上升。

（2）电压放大倍数小于 1（近似为 1） 画出图 6-20（a）对应的微变等效电路如图 6-22 所示。由等效电路可知：

$$U_o=(1+\beta)I_oR'_L$$

式中

$$R'_L=R_e/\!/R_L$$

$$U_i=I_b[r_{be}+(1+\beta)R'_L]$$

于是可得

$$A_u=\frac{U_o}{U_i}=\frac{(1+\beta)R'_L}{r_{be}+(1+\beta)R'_L} \tag{6-30}$$

在式（6-30）中，一般有 $(1+\beta)R'_L\gg r_{be}$，所以射极输出器的电压放大倍数小于 1（接近 1），正因为输出电压接近输入电压，两者的相位又相同，故射极输出器又称为射极跟随器。

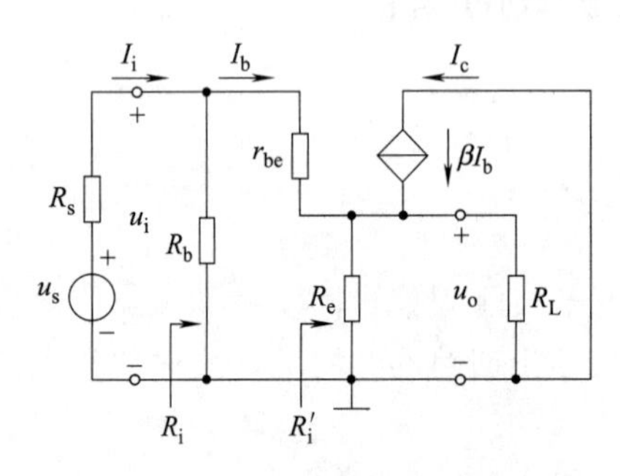

图 6-22 共集电路的微变等效电路

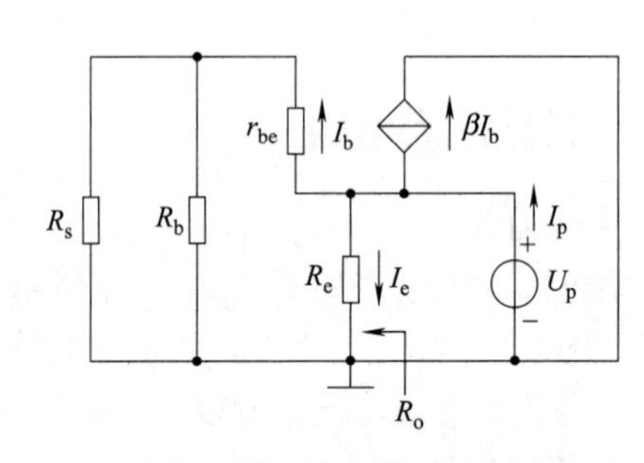

图 6-23 共集电路输出电阻的求法

应当指出，尽管射极输出器的电压放大倍数小于 1，但射极电流 I_e 是基极电流 I_b 的 $(1+\beta)$ 倍，仍然能够将输入电流加以放大。在图 6-22 中，为了估算的方便，若忽略 R_b 的分流影响，则 $I_i=I_b$，$I_o=I_e$，由此可得电流放大倍数 A_i 为

$$A_i=\frac{I_o}{I_i}\approx\frac{I_e}{I_b}=1+\beta \tag{6-31}$$

所以说，射极输出器虽然没有电压放大，但具有电流放大和功率放大作用。

（3）输入电阻高 由图 6-22 可知

$$R'_i=r_{be}+(1+\beta)R'_L \tag{6-32}$$

$$R_i=R_b//R_i'=R_b//[r_{be}+(1+\beta)R_L']$$

可见，射极输出器的输入电阻是由偏置电阻 R_b 和基极回路电阻 $[r_{be}+(1+\beta)R_L']$ 并联而成的。因 R_L' 上流过的电流比 I_b 大 $(1+\beta)$ 倍，故把 R_L' 折算到基极回路应扩大 $(1+\beta)$ 倍。通常 R_b 的值较大（几十至几百千欧），同时 $[r_{be}+(1+\beta)R_L']$ 也比 r_{be} 大得多，因此，射极输出器的输入电阻可高达几十千欧到几百千欧。

(4) 输出电阻低　根据求输出电阻的方法，将图 6-22 中的 u_s 短路，拿掉 R_L，再加上探察电压 U_p，这样可得到求输出电阻的等效电路如图 6-23 所示。

从图中可以看出，由输出端看进去，有三条支路并联，即发射极支路、基极支路和受控源支路。而发射极支路电阻为 R_e；基极支路电阻为 $r_{be}+R_s'$，其中 $R_s'=R_s//R_b$；受控源支路的电流是基极电流的 β 倍，所以此支路的等效电阻应为基极支路电阻的 $\frac{1}{\beta}$ 倍，即 $\frac{r_{be}+R_s'}{\beta}$。于是这个电路的输出电阻为

$$\begin{aligned}R_o&=\frac{U_p}{I_p}\\&=R_e//\frac{r_{be}+R_s'}{1+\beta}\\&=R_e//\frac{r_{be}+(R_b//R_s)}{1+\beta}\end{aligned}\tag{6-33}$$

若不计信号源内阻 $(R_s=0)$，则有

$$R_o=R_e//\frac{r_{be}}{1+\beta}$$

这就是说，射极输出器的输出电阻是两个电阻的并联，一个是 R_e，另一个是 $[r_{be}+(R_s//R_b)]/(1+\beta)$，$r_{be}+(R_s//R_b)$ 是基极回路的总电阻。由于射极输出器的输出电阻是从发射极看进去的，发射极电流是基极电流的 $(1+\beta)$，所以将基极回路的总电阻 $[r_{be}+(R_s//R_b)]$ 折算到发射极回路来时须除以 $(1+\beta)$。

一般情况下
$$R_e\gg\frac{r_{be}+(R_s//R_b)}{1+\beta}$$

所以
$$R_o\approx\frac{r_{be}+(R_s//R_b)}{1+\beta}\tag{6-34}$$

从以上分析可知，射极输出器具有很小的输出电阻（一般为几欧至几百欧），为了进一步降低输出电阻，还可选用 β 值较大的管子。

笔记

【例 6-4】 共集放大电路如图 6-20 (a) 所示，其中 $R_b=51\text{k}\Omega$，$R_e=1\text{k}\Omega$，$U_{CC}=12\text{V}$，$R_L=1\text{k}\Omega$，$R_s=1\text{k}\Omega$，$\beta=70$，$U_{BE}=0.7\text{V}$。试估算：(1) 静态工作点；(2) 电压放大倍数 A_u、输入电阻 R_i 和输出电阻 R_o。

解： (1) 估算静态工作点

$$I_{CQ}\approx I_{EQ}=\frac{U_{CC}-U_{BEQ}}{R_e+\frac{R_b}{1+\beta}}=\frac{12-0.7}{1+\frac{51}{1+70}}=6.5(\text{mA})$$

$$I_{BQ}=\frac{6.5}{70}=0.093(\text{mA})$$

$$U_{CEQ}\approx U_{CC}-I_{CQ}R_e=12-6.5\times1=5.5(\text{V})$$

（2）估算 A_u、R_i 和 R_o。

$$r_{be}=300+(1+\beta)\frac{26\text{mV}}{I_{EQ}\text{mA}}=300+71\times\frac{26}{6.5+0.093}=0.58(\text{k}\Omega)$$

$$R_L'=R_e//R_L=0.5\text{k}\Omega$$

$$A_u=\frac{(1+\beta)R_L'}{r_{be}+(1+\beta)R_L'}=\frac{71\times0.5}{0.58+71\times0.5}=0.984\approx1$$

$$R_i=R_b//[r_{be}+(1+\beta)R_L']=51//[0.58+(1+70)\times0.5]=21.1(\text{k}\Omega)$$

$$R_o=R_e//\frac{r_{be}+(R_b//R_s)}{1+\beta}=1//\frac{0.58+51//1}{1+70}=22(\Omega)$$

3. 射极输出器的主要用途

由于射极输出器有输入电阻高和输出电阻低的特点，所以它在电子电路中的应用很广泛，常用来作为多级放大电路的输入级、中间隔离级和输出级。

（1）用作高输入电阻的输入级　在要求输入电阻较高的放大电路中，经常采用射极输出器作为输入级。利用它输入电阻高的特点，使流过信号源的电流减小，从而使信号源内阻上的压降减小，使大部分信号电压能传送到放大电路的输入端。对测量仪器中的放大器来讲，其放大器的输入电阻越高，对被测电路的影响也就越小，测量精度也就越高。

（2）用作低输出电阻的输出级　由于射极输出器输出电阻低，当负载电流变动较大时，其输出电压变化较小，因此带负载能力强。即当放大电路接入负载或负载变化时，对放大电路的影响小，有利于输出电压的稳定。

笔记

（3）用作中间隔离级　在多级放大电路中，将射极输出器接在两级共射电路之间，利用其输入电阻高的特点，提高前一级的电压放大倍数；利用其输出电阻低的特点，减小后一级信号源内阻，从而提高了前后两级的电压放大倍数，隔离了两级耦合时的不良影响。这种插在中间的隔离级又称为缓冲级。

二、共基放大电路

共基放大电路如图 6-24（a）所示。它是由发射极输入信号，集电极输出信号。从交流通路［图 6-24（c）］来看，基极是输入回路和输出回路的公共端，所以称为共基放大电路。下面简要分析其静态和动态参数。

1. 静态工作点

由图 6-24（b）直流通路可知，该图与共发射极接法的分压式偏置电路的直流通路完全相同，所以静态工作点的估算方法也完全一样，这里就不再赘述。

2. 电压放大倍数

由图 6-24（d）等效电路可以看出

$$U_o=-I_cR_L'=-\beta I_bR_L'$$

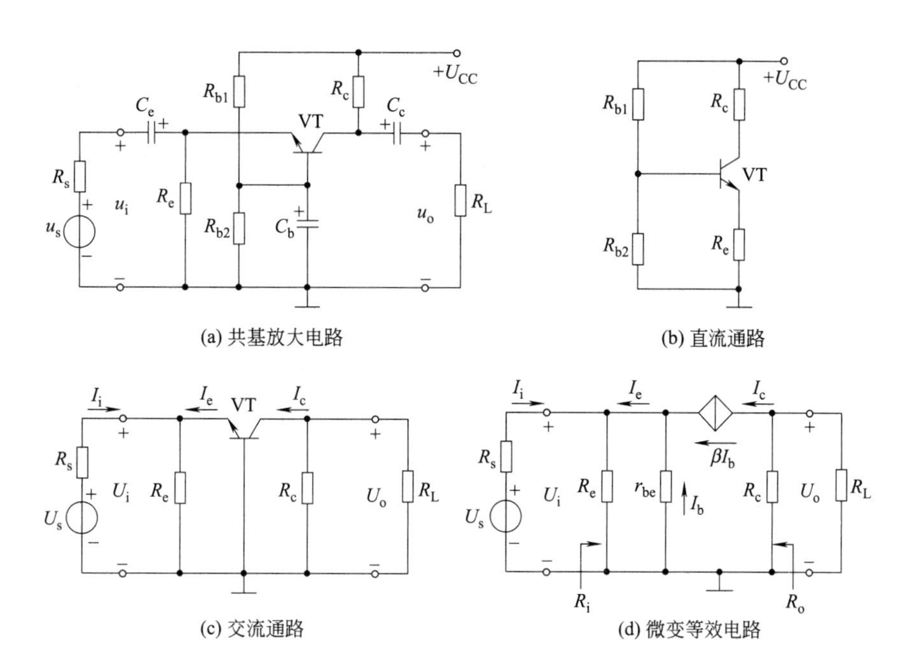

(a) 共基放大电路　　(b) 直流通路

(c) 交流通路　　(d) 微变等效电路

图 6-24　共基放大电路

式中

$$R'_L=\frac{R_cR_L}{R_c+R_L}$$

又因 $U_i=-I_br_{be}$，所以

$$A_u=\frac{U_o}{U_i}=\frac{-\beta I_bR'_L}{-I_br_{be}}=\beta\frac{R'_L}{r_{be}} \tag{6-35}$$

式（6-35）表明，共基放大电路的电压放大倍数与共射放大电路大小相同，符号相反。

3. 输入电阻

在图 6-24（d）中，从输入端看进去有 3 条支路并联，即 R_e 支路、r_{be} 支路和受控源的等效电阻支路。受控源电流是基极电流 I_b 的 β 倍，所以受控源的等效电阻为 r_{be} 的 $1/\beta$ 倍。这样放大电路的输入电阻为

$$R_i=\frac{U_i}{I_i}=R_e/\!/r_{be}/\!/\frac{r_{be}}{\beta}$$

$$=R_e/\!/\frac{r_{be}}{1+\beta} \tag{6-36}$$

4. 输出电阻

当 $U_i=0$ 时，$I_b=0$，受控源 $\beta I_b=0$，所以输出电阻近似为

$$R_o\approx R_c \tag{6-37}$$

三、放大电路三种组态的比较

前面介绍了三种基本放大电路的结构、工作特点以及静态和动态分析。为了比较，现将它们列于表 6-2 中。

表 6-2 放大电路三种组态的比较

	共射放大电路	共集放大电路	共基放大电路
电路图	$+U_{CC}$ R_b R_c C_2 C_1 VT R_s u_i u_o R_L u_s	$+U_{CC}$ R_b C_1 VT C_2 R_s u_i u_s R_e u_o R_L	$+U_{CC}$ R_{b1} R_c C_e C_c VT R_s u_i R_e R_{b2} C_b u_o R_L u_s
静态工作点	$I_{BQ} \approx \frac{U_{CC}}{R_b}$ $I_{CQ} = \beta I_{BQ}$ $U_{CEQ} = U_{CC} - I_{CQ} R_c$	$I_{BQ} \approx \frac{U_{CC}}{R_b + (1+\beta) R_e}$ $I_{CQ} = \beta I_{BQ}$ $U_{CEQ} \approx U_{CC} - I_{CQ} R_e$	$U_{BQ} \approx \frac{U_{CC}}{R_{b1} + R_{b2}} R_{b2}$ $I_{CQ} \approx I_{EQ} \approx \frac{U_B}{R_e}$ $I_{BQ} = \frac{I_{CQ}}{\beta}$ $U_{CEQ} \approx U_{CC} - I_{CQ}(R_c + R_e)$
微变等效电路	I_i I_b I_c R_s U_i R_b r_{be} βI_b R_c U_o R_L U_s R_i R_o	I_i I_b I_c r_{be} βI_b R_s u_i R_b u_s R_e u_o R_L R_i R'_i R_o	I_i I_e I_c βI_b R_s U_i R_e r_{be} I_b R_c U_o R_L U_s R_i R_o
A_u	$\frac{-\beta R'_L}{r_{be}}$	$\frac{(1+\beta) R'_L}{r_{be} + (1+\beta) R'_L}$	$\frac{\beta R'_L}{r_{be}}$
R_i	$R_b // r_{be}$（中）	$R_b // [r_{be} + (1+\beta) R'_L]$（大）	$R_e // \frac{r_{be}}{1+\beta}$（小）
R_o	R_c	$R_e // \frac{r_{be} + R'_s}{1+\beta}$，$R'_s = R_s // R_b$	R_c
用途	多级放大器的中间级	输入、输出或缓冲级	高频或宽频带放大电路

笔记

学习单元四　多级放大器

前面分析的放大电路都是由一个晶体管组成的单级放大电路，它们的放大倍数极其有限。为了提高放大倍数，以满足实际应用的需要，通常采用多级放大电路。

一、多级放大电路的耦合方式

在构成多级放大电路时，首先要解决两级放大电路之间的连接问题，即如何把前一级放大电路的输出信号通过一定的方式，加到后一级放大电路的输入端去继续放大，这种级与级之间的连接，称为级间耦合。多级放大电路的耦合方式有阻容耦合、直接耦合和变压器耦合等。

1. 阻容耦合

图 6-25 为两级阻容耦合放大电路。图中两级都有各自独立的分压式偏置电路，以便稳定各级的静态工作点。前后两级之间通过电容 C_2 和后一级的输入电阻相连接，所以叫阻容耦合放大电路。阻容耦合的优点是：前后级直流通路彼此隔开，每一级的静态工作点都相互独立，互不影响，便于分析、设计和应用。缺点是：不能传递直流信号和变化缓慢的信号，信号在通过耦合电容加到下一级时会有较大衰减。在集成电路里，因制造大电容很困难，所以阻容耦合只适用于分立元件电路。

2. 直接耦合

直接耦合是将前后级直接相连的一种耦合方式，如图 6-26 所示。直接耦合的优点是：所用元件少，体积小，低频特性好，既可放大和传递交流信号，也可放大和传递变化缓慢的信号或直流信号，便于集成化。其缺点是：前后级直流通路相通，各级静态工作点互相牵制、互相影响。另外还存在零点漂移现象。因此，在设计时必须解决级间电平配置和工作点漂移两个问题，以保证各级有合适的、稳定的静态工作点。

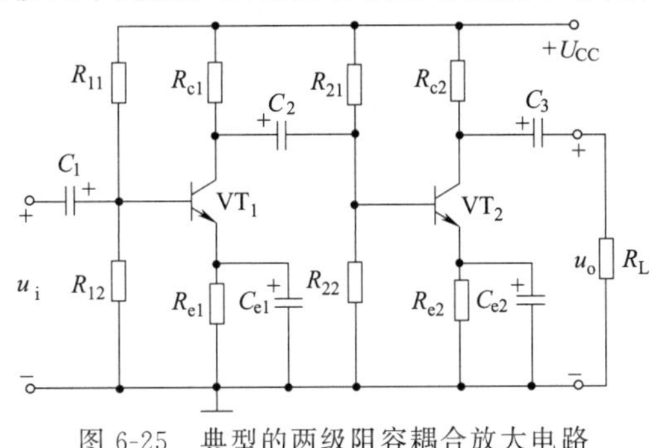

图 6-25　典型的两级阻容耦合放大电路

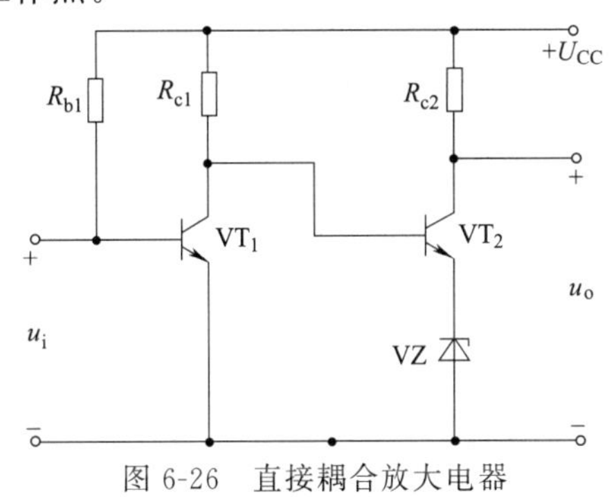

图 6-26　直接耦合放大电器

3. 变压器耦合

变压器耦合是用变压器将前级的输出端与后级的输入端连接起来的耦合方式。常用来传送交变信号。采用变压器耦合的一个重要目的是耦合变压器在传送信号的同时能起变换阻抗的作用。

变压器实现阻抗变换的作用如图 6-27 所示。图中 N_1 为原边的匝数，N_2 为副边的匝数，$k=N_1/N_2$ 称为匝数比，则有

$$\frac{u_1}{u_2}=\frac{N_1}{N_2}=k$$

$$\frac{i_1}{i_2}=\frac{N_2}{N_1}=\frac{1}{k}$$

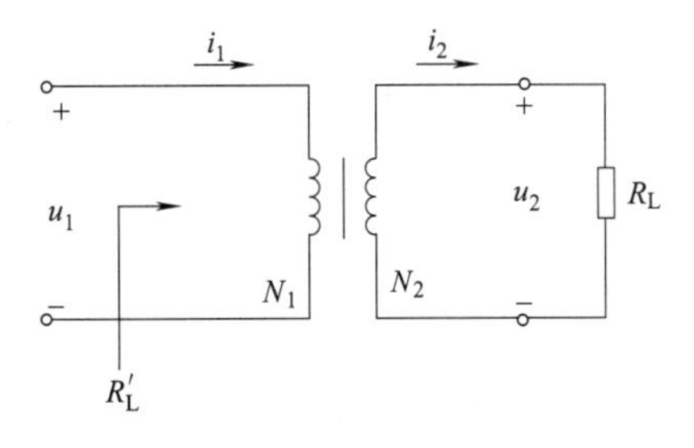

图 6-27　变压器的阻抗变换作用

当认为变压器理想时，其副边所接的负载电阻 R_L 从原边看进去可等效为

$$R_L'=\frac{u_1}{i_1}=\frac{ku_2}{\frac{i_2}{k}}=k^2\ \frac{u_2}{i_2}=k^2R_L \tag{6-38}$$

由上式可知，只要改变匝数比，即可将负载变成所需的数值，达到阻抗匹配的目的。

变压器耦合的优点是：各级直流通路相互独立，能实现阻抗、电压、电流变换。其缺点

笔记

是：体积大，频率特性比较差，且不易集成化，故其应用范围较窄。

二、多级放大电路的分析方法

多级放大电路的前一级输出信号可看成后一级的输入信号，而后一级的输入电阻又是前一级的负载电阻。因此，多级放大电路的每一级不是孤立的，在小信号放大的情况下，运用微变等效电路法，能够方便地计算输入电阻、输出电阻和电压放大倍数。

1. 输入电阻和输出电阻

图 6-25 两级阻容耦合放大电路的微变等效电路如图 6-28 所示。根据输入电阻、输出电阻的概念，由图 6-28 可以看出整个多级放大电路的输入电阻，即为从第一级看进去的输入电阻。对于图 6-28 有

$$R_i=\frac{U_i}{I_i}=R_{11}//R_{12}//r_{be1}=R_1//r_{be1}$$

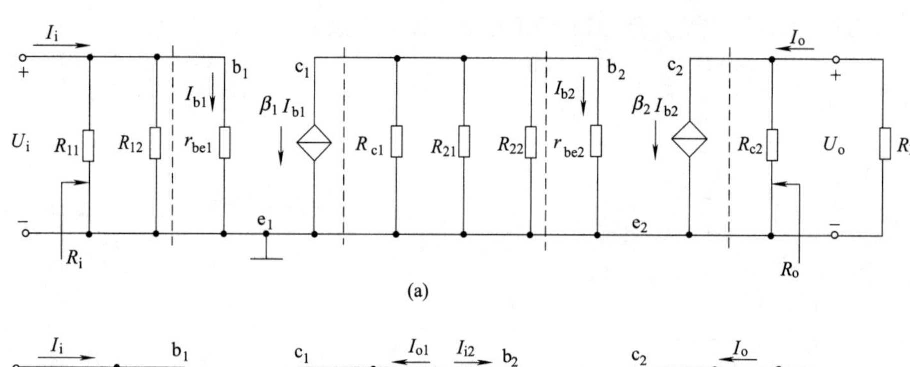

(a)

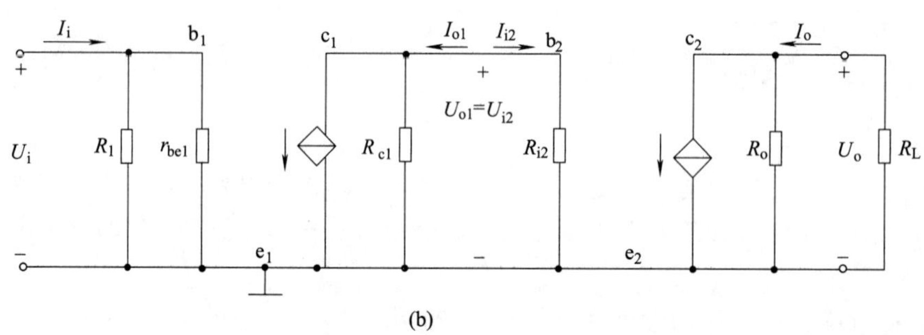

(b)

图 6-28 两级 RC 耦合放大电路的微变等效电路

其中，$R_1=R_{11}//R_{12}$ 为第一级的等效偏流电阻。

同理，多级放大电路的输出电阻即为从最后一级看进去的输出电阻。对于图 6-28 有

$$R_o=R_{o2}\approx R_{c2}$$

2. 电压放大倍数

由图 6-28（b）可知，第一级的电压放大倍数为

$$A_{u1}=\frac{U_{o1}}{U_i}$$

第二级的电压放大倍数为

$$A_{u2}=\frac{U_o}{U_{i2}}=\frac{U_o}{U_{o1}}$$

总的电压放大倍数为

$$A_u=\frac{U_o}{U_i}=\frac{U_{o1}}{U_i}\times\frac{U_o}{U_{i2}}=A_{u1}A_{u2} \tag{6-39}$$

推广到 n 级放大电路，总的电压放大倍数为

$$A_u=A_{u1}A_{u2}\cdots A_{un} \tag{6-40}$$

需要强调的是，在计算每一级的电压放大倍数时，要把后一级的输入电阻视为它的负载电阻。

在式（6-39）中

$$A_{u1}=-\beta_1\frac{R'_{L1}}{r_{be1}} \tag{6-41}$$

其中，$R'_{L1}=R_{c1}//R_{i2}$，即 R'_{L1} 为 R_{c1}、R_{21}、R_{22} 和 r_{be2} 4 个电阻并联。

$$A_{u2}=-\beta_2\frac{R'_{L2}}{r_{be2}} \tag{6-42}$$

其中，$R'_{L2}=R_{c2}//R_L$，所以

$$A_u=A_{u1}A_{u2}=\left(-\beta_1\frac{R'_{L1}}{r_{be1}}\right)\times\left(-\beta_2\frac{R'_{L2}}{r_{be2}}\right) \tag{6-43}$$

在中频范围内，共发射极放大电路每级相移为 π，则 n 级放大电路的总相移为 $n\pi$。因此，对于奇数级，总相移为 π，即输出电压与输入电压反相；对于偶数级，总相移为零，即输出电压与输入电压同相。这样总的电压放大倍数表示式可写成

$$A_u=(-1)^nA_{u1}A_{u2}\cdots A_{un} \tag{6-44}$$

在现代电子设备中，放大倍数往往很高，为了表示和计算的方便，常采用对数表示，称为增益。增益的单位常用“分贝”（dB）。

功率增益用“分贝”表示的定义是：

$$A_p=10\lg\frac{P_o}{P_i}\quad(\text{dB}) \tag{6-45}$$

由于在给定的电阻下，电功率与电压或电流的平方成正比，因此电压或电流的增益可表示为

电压增益 $$A_u=20\lg\frac{U_o}{U_i}\quad(\text{dB}) \tag{6-46}$$

电流增益 $$A_i=20\lg\frac{I_o}{I_i}\quad(\text{dB}) \tag{6-47}$$

增益采用分贝表示的最大优点在于：

① 可以将多级放大电路放大倍数的相乘关系转化为对数的相加关系；

② 读数和计算方便。

【例 6-5】 在图 6-29 所示的放大电路中，已知两管的 $\beta=50$，$U_{BE}=0.6$V，各电容在中频段的容抗可忽略不计。（1）试估算电路的静态工作点；（2）画出电路的微变等效电路；（3）试求中频时各级电压放大倍数 A_{u1}、A_{u2} 及总的电压放大倍数 A_u；（4）试求输入电阻 R_i 及输出电阻 R_o。

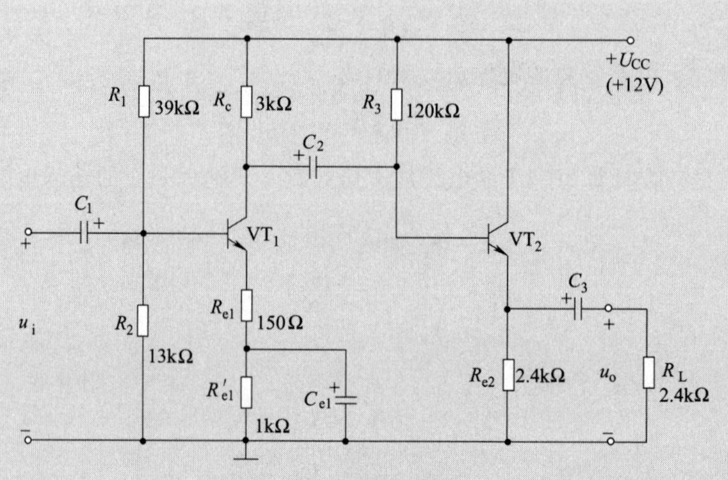

图 6-29 例 6-5 电路

解：（1）

$$U_{B1}=\frac{R_2}{R_1+R_2}U_{CC}=\frac{13}{39+13}\times 12=3(\mathrm{V})$$

$$I_{CQ1}\approx I_{EQ1}=\frac{U_{B1}-U_{BE}}{R_{e1}+R'_{e1}}=\frac{3-0.6}{0.15+1}\approx 2.09(\mathrm{mA})$$

$$I_{BQ1}=I_{CQ1}/\beta=2.09/50\approx 42(\mu\mathrm{A})$$

$$U_{CEQ1}\approx U_{CC}-I_{CQ1}(R_c+R'_{e1}+R_{e1})$$

$$=12-2.09\times(3+0.15+1)\approx 4.79(\mathrm{V})$$

$$I_{BQ2}=\frac{U_{CC}-U_{BE}}{R_3+(1+\beta)R_{e2}}=\frac{12-0.6}{120+51\times 2.4}\approx 47(\mu\mathrm{A})$$

$$I_{EQ2}=(1+\beta)I_{BQ2}=51\times 47\approx 2.4(\mathrm{mA})$$

$$U_{CEQ2}=U_{CC}-I_{EQ2}R_{e2}=12-2.4\times 2.4\approx 6.24(\mathrm{V})$$

笔记

（2）微变等效电路如图 6-30 所示。

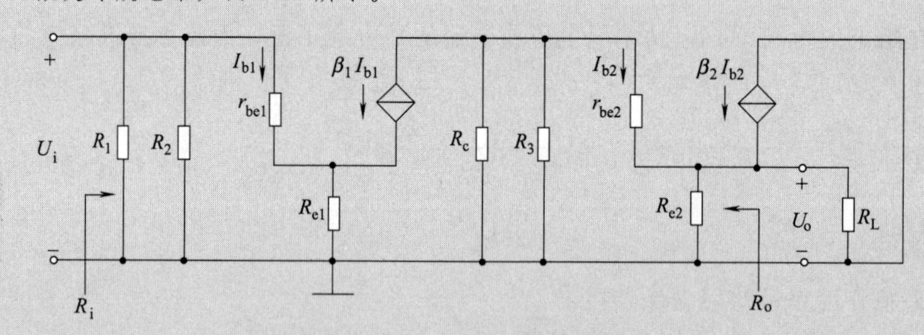

图 6-30 例 6-5 电路的微变等效电路

（3）因为

$$r_{be1}=300+\frac{26}{I_{BQ1}}=300+\frac{26}{0.042}\approx 919(\Omega)$$

$$r_{be2}=300+\frac{26}{I_{BQ2}}=300+\frac{26}{0.047}\approx 853(\Omega)$$

$$R_{i2}=R_3/\!/[r_{be2}+(1+\beta)(R_{e2}/\!/R_L)]$$

$$=120/\!/[0.853+51\times(2.4/\!/2.4)]\approx 40.9(\mathrm{k}\Omega)$$

$$R'_{L1}=R_c//R_{i2}=3//40.9\approx2.79(k\Omega)$$

$$R'_{L2}=R_{e2}//R_L=2.4//2.4=1.2(k\Omega)$$

所以
$$A_{u1}=-\frac{\beta R'_{L1}}{r_{be1}+(1+\beta)R_{e1}}=-\frac{50\times2.79}{0.919+51\times0.15}\approx-16.3$$

$$A_{u2}=\frac{(1+\beta)R'_{L2}}{r_{be2}+(1+\beta)R'_{L2}}=\frac{51\times1.2}{0.853+51\times1.2}\approx0.986$$

$$A_u=A_{u1}A_{u2}=-16.3\times0.986\approx-16.07$$

(4)
$$R_i=(R_1//R_2)//[r_{be1}+(1+\beta)R_{e1}]$$
$$=(39//13)//[0.919+51\times0.15]\approx4.56(k\Omega)$$

$$R_o\approx R_{e2}//\frac{(R_c//R_3)+r_{be2}}{1+\beta}=2.4//\frac{(3//120)+0.853}{51}\approx71.9(\Omega)$$

三、放大电路的频率特性

1. 单级共射阻容耦合放大电路的频率特性

(1) 频率特性的基本概念

① 频率响应　前面讨论的低频放大电路都是以单一频率的正弦波作为输入信号的，而实际上，放大电路的输入信号并不是单一频率的正弦信号，而是在一段频率范围之内变化。例如广播中的音乐信号，其频率范围通常在20～20000Hz；又如电视中的图像信号的频率范围一般在0～6MHz，其他信号也都有特定的频率范围。作为一个放大电路，一般都有电容和电感等电抗元件，由于它们在各种频率下的电抗值不相同，因而使放大电路对不同频率信号的放大效果不完全一样，通常把放大器对不同频率的正弦信号的放大效果称为频率响应。

放大电路的频率响应可直接用放大电路的电压放大倍数对频率的关系来描述，即

$$\dot{A}_u=A_u(f)\angle\varphi(f) \qquad (6\text{-}48)$$

式中，$A_u(f)$ 表示电压放大倍数的模与频率 f 的关系，称为幅频特性；而 $\varphi(f)$ 表示放大电路输出电压与输入电压之间的相位差 φ 与频率 f 的关系，称为相频特性。两者综合起来称为放大电路的频率特性。图6-31所示为单级阻容耦合放大电路的频率响应特性。

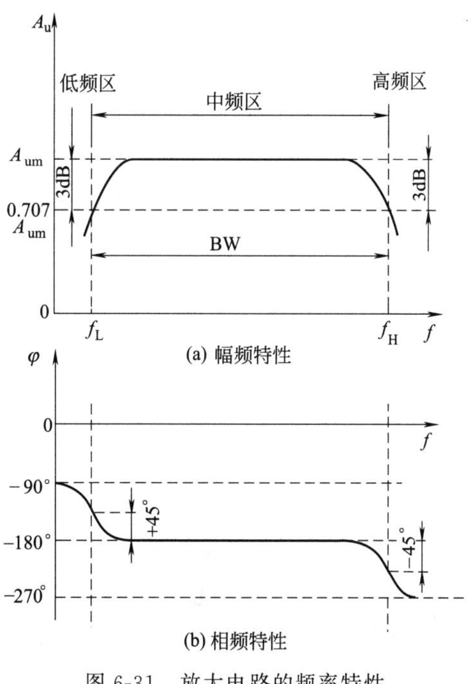

图6-31　放大电路的频率特性

② 通频带　从图6-31中可以看到，在中间一段较宽的频率范围内，曲线比较平坦，电压放大倍数 A_{um} 基本与频率 f 无关，输出信号相对于输入信号的相位差为180°，这一段频率范围称中频区。随着频率的降低或升高，电压放大倍数都要减小，同时相位也要发生变化。通常规定放大倍数下降到 $0.707A_{um}$ 时所对应的两

笔记

个频率，分别称为下限截止频率 f_L 和上限截止频率 f_H。这两个频率之间的范围称放大电路的通频带，用 BW 表示，即

$$BW=f_H-f_L \tag{6-49}$$

通频带是放大电路频率响应的一个重要指标，通频带越宽，表示放大电路工作频率的范围越大，放大电路质量越好。

例如某放大电路，在输入信号为 10mV、5kHz 时，输出电压为 1V，放大倍数 $A_u=100$；当输入信号仍为 10mV，而频率分别为 20Hz 和 20kHz 时，输出电压为 0.707V，放大倍数 $A_u=70.7$，前者用分贝表示，即放大 40dB；后者用分贝表示，即放大 37dB。所以可以这样说，当频率 f 从 5kHz 变化到 20kHz 或 20Hz 时，放大电路的电压放大倍数 A_u 从 100 下降为$\frac{100}{\sqrt{2}}$（或输出电压从 1V 下降为$\frac{1}{\sqrt{2}}$），也即衰减（或下跌）3dB，同时产生 45°的附加相移。因此前面描述通频带的下限截止频率和上限截止频率，分别是对应下端或上端的−3dB 点的频率，见图 6-31(a)。由通频带的定义可知，该放大电路的通频带为

$$BW=f_H-f_L=20\text{kHz}-20\text{Hz}=19980\text{Hz}\approx f_H$$

由前面分析发现，阻容耦合放大电路的频率特性可划分为低频区、中频区和高频区三个区域。在中频区，输入、输出耦合电容和射极旁路电容因其容量较大，均可视为短路；而三极管的集电极与基极、基极与发射极之间的极间电容和接线分布电容，因数值很小，均可视为开路，它们对放大电路的放大倍数基本上不产生影响，所以忽略不计。下面定性分析低频区和高频区的频率特性。

(2) 单级共射阻容耦合放大电路的低频特性与高频特性

① 低频特性　图 6-32 为共射单级阻容耦合放大电路。考虑电抗时的低频等效电路，如图 6-33 所示。从前面的分析可知，在低频区，电压放大倍数随着频率的降低而下降，同时还产生超前的附加相移。这是耦合电容 C_1、C_2 和射极旁路电容 C_e 在低频时阻抗增大，信号通过这些电容时被明显衰减，并且产生相移的缘故。信号频率越低，这种影响越严重。

笔记

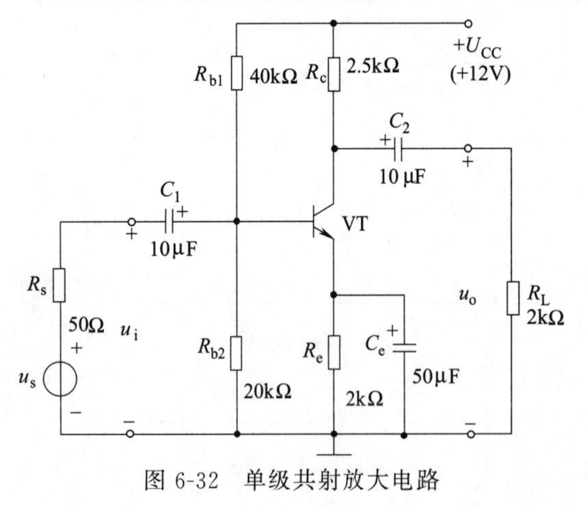

图 6-32　单级共射放大电路

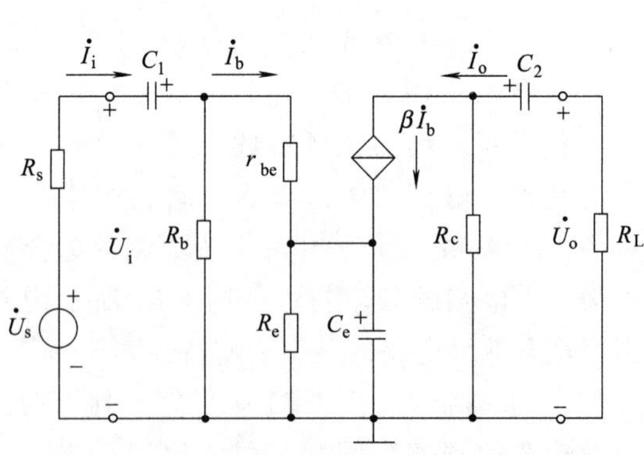

图 6-33　单级共射放大电路低频段等效电路

可以证明，在实际放大电路中，低频区幅频特性的下降和它所产生的附加相移，主要是 C_e 引起的。这就是通常电路中选用射极旁路电容 C_e 要比耦合电容 C_1、C_2 大得多的原因。

根据经验，对于音频放大器，一般选择 $C_1=C_2=5\sim50\mu F$，$C_e=50\sim500\mu F$。

② 高频特性　在图 6-32 中，C_1、C_2 和 C_e 在高频区的容抗很小，可看作短路。而晶体

三极管的集电结结电容 C_{BC}、发射结结电容 C_{BE} 以及电路的分布电容等组成了放大电路的等效输入电容 C_i 和等效输出电容 C_o，考虑电抗时放大电路的高频等效电路如图 6-34 所示。

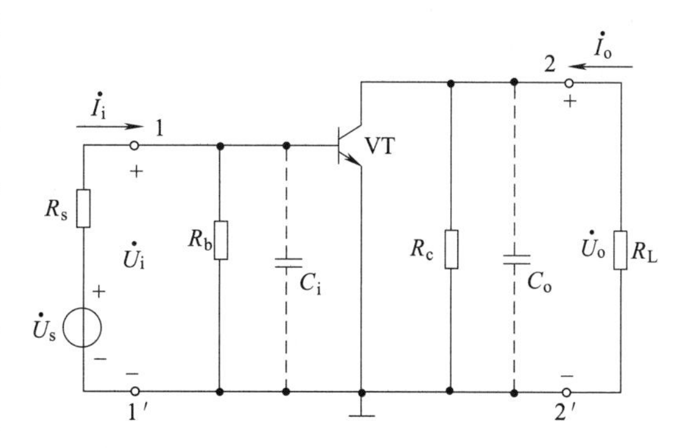

图 6-34　单级放大电路高频段等效电路

从图 6-34 中同样可以看出，在高频区，电压放大倍数随着频率的升高而下降，同时还产生滞后的附加相移。这是由于三极管的结电容和电路的分布（杂散）电容所构成的等效输入、输出电容在高频时容抗较小，对信号的分流作用增大，从而降低了电压放大倍数，同时产生相移的缘故。

在实际应用当中，若发现电路的上限截止频率 f_H 不满足要求时，除了改善电路结构和降低杂散电容外，应考虑换用结电容小的高频三极管，或者采用负反馈措施，以扩展放大电路的通频带。

2. 多级放大电路的频率特性

多级放大电路的频率特性是以单级放大电路频率特性为基础的。图 6-35(c) 是两级放大电路的幅频特性。假设两级放大电路完全相同，其幅频特性也一样，如图 6-35(a)、(b) 所示。由于多级放大电路的电压放大倍数是各级电压放大倍数的乘积，所以对于两级放大电路有

$$\dot{A}_u=\dot{A}_{u1}\dot{A}_{u2}$$

也可写成：

$$\dot{A}_u=A_u\angle\varphi=A_{u1}\angle\varphi_1\times A_{u2}\angle\varphi_2$$

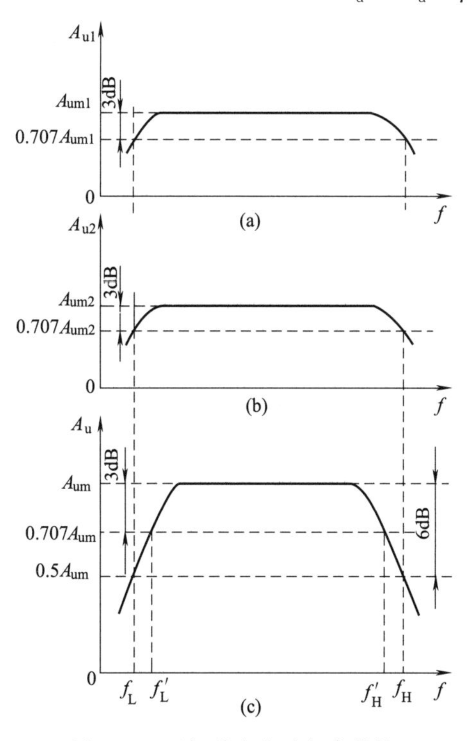

图 6-35　两级放大电路频率特性

则幅值为：　$A_u=A_{u1}A_{u2}$

相角为：　$\varphi=\varphi_1+\varphi_2$

可见，总电压放大倍数的幅值为两级电压放大倍数幅值的乘积，而总的相角是两级相角的代数和。因此两级放大电路中频区总电压放大倍数

$$A_{um}=A_{um1}A_{um2}$$

由于两个单级放大电路有相同的上限截止频率和下限截止频率，所以在它们的上、下限截止频率处，总的电压放大倍数为

$$A_u=0.707A_{um1}\times0.707A_{um2}\approx0.5A_{um}$$

显然它仅为中频区电压放大倍数的 1/2，若用分贝来表示（20lg0.5＝−6dB），则下降 6dB。这说明总的幅频特性在高、低两端下降更快，对应于 $0.707A_{um}$ 时的上限频率变低了，即 $f_H'<f_H$；下限频率变高了，即 $f_L'>f_L$，因而通频带变窄了。必须指出，多级放大电路的通频带总是比单级的通频带要窄。

对于一个多级放大电路，在已知每一级上、

笔记

下限截止频率时，可参照下面两个近似公式求得多级放大电路的下限截止频率 f_L 和上限截止频率 f_H：

$$f_L \approx 1.1\sqrt{f_{L1}^2 + f_{L2}^2 + \cdots + f_{Ln}^2} \tag{6-50}$$

$$\frac{1}{f_H} \approx 1.1\sqrt{\frac{1}{f_{H1}^2} + \frac{1}{f_{H2}^2} + \cdots + \frac{1}{f_{Hn}^2}} \tag{6-51}$$

式（6-50）中，f_{L1}，f_{L2}，…，f_{Ln} 分别代表第一级、第二级……第 n 级的下限截止频率；f_{H1}，f_{H2}，…，f_{Hn} 分别代表第一级、第二级……第 n 级的上限截止频率。

学习单元五 差动放大电路

素质教育案例6-国家认同

一、概述

差分放大电路又叫差动放大电路，就其功能来说是放大两个输入信号之差，且具有抑制零点漂移的能力。它是集成运放的主要组成单元，广泛应用于集成电路中。图 6-36 所表示的是一线性放大电路，它有两个输入端，分别接有输入信号电压 u_{i1} 和 u_{i2}，一个输出端，输出信号电压为 u_o。

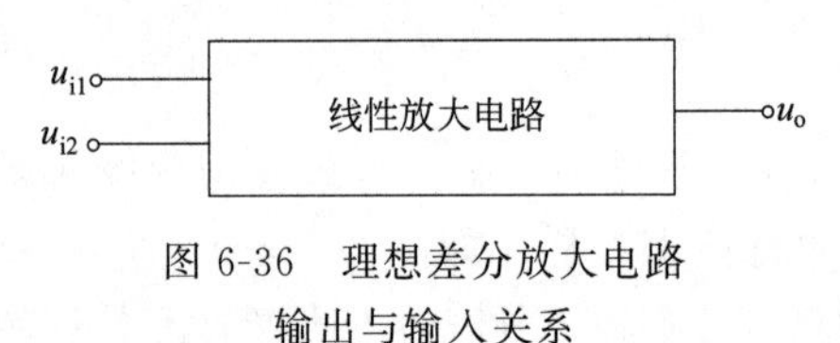

图 6-36 理想差分放大电路输出与输入关系

差模输入信号 u_{id} 为两输入信号之差，即

$$u_{id} = u_{i1} - u_{i2} \tag{6-52}$$

共模输入信号 u_{ic} 为两输入信号的算术平均值，即

$$u_{ic} = \frac{u_{i1} + u_{i2}}{2} \tag{6-53}$$

如果用共模信号与差模信号来表示两个输入电压时，有

$$u_{i1} = u_{ic} + u_{id}/2 \tag{6-54}$$

$$u_{i2} = u_{ic} - u_{id}/2 \tag{6-55}$$

笔记

在电路完全对称的理想情况下，放大电路两个共模信号对输出电压都没有影响，此时输出信号电压只与差模信号有关，可表示为

$$u_o = A_{ud}(u_{i1} - u_{i2}) \tag{6-56}$$

式中，A_{ud} 为差模电压增益，$A_{ud} = u_{od}/u_{id}$。但在一般情况下，实际输出电压不仅取决于两个输入信号的差模信号，而且与两个输入信号的共模信号有关，利用叠加定理可求出输出信号电压为

$$u_o = A_{ud}u_{id} + A_{uc}u_{ic} \tag{6-57}$$

式中，A_{uc} 为共模电压增益，$A_{uc} = u_{oc}/u_{ic}$。由式（6-57）可知，如果有两种情况的输入信号，一种情况是 $u_{i1} = +0.1\text{mV}$，$u_{i2} = -0.1\text{mV}$，而另一种情况是 $u_{i1} = +1.1\text{mV}$，$u_{i2} = 0.9\text{mV}$。那么尽管两种情况下的差模信号相同都为 0.2mV，但共模信号却不一致，前者为 0，后者为 1mV，因而差分放大电路的输出电压不相同。

二、双电源供电的差分放大电路

双电源供电的差分放大电路是一种基本差分放大电路，因采用双电源供电，由此而得名。下面就电路的构成、静态工作点及动态工作情况进行分析。

1. 电路的构成

图 6-37 所示为双电源供电的差分放大电路，它由两只特性完全相同的三极管 VT_1、

VT_2 组成对称电路，采用双电源 U_{CC}、U_{EE} 供电。输入信号 u_{i1}、u_{i2} 从两个三极管的基极加入，称为双端输入，输出信号从两个集电极之间取出，称双端输出。R_e 为差分放大电路的公共发射极电阻，用来抑制零点漂移，并决定三极管的静态工作点电流。R_c 为集电极负载电阻。

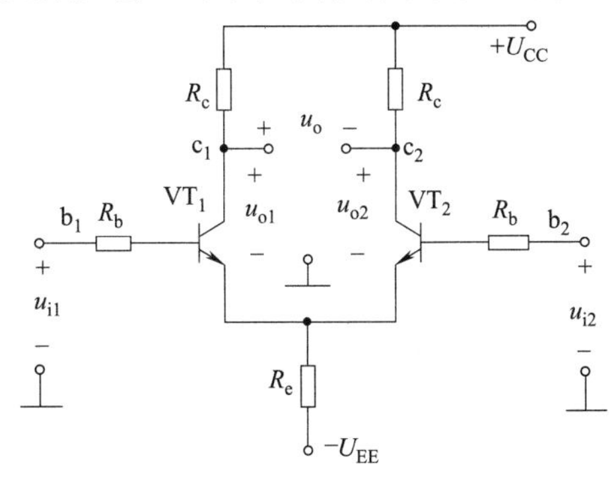

图 6-37　双电源供电的差分放大电路

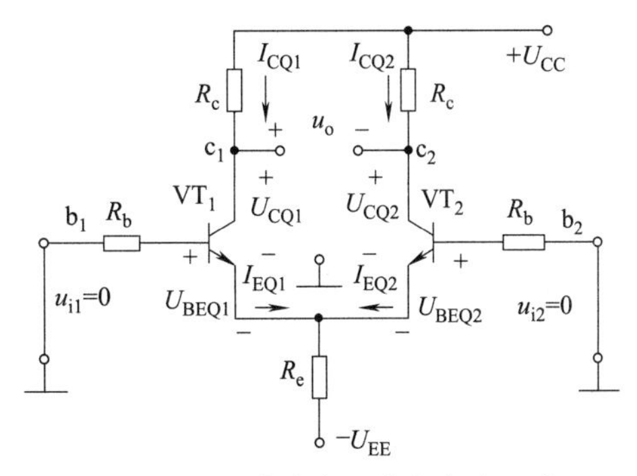

图 6-38　差分放大电路的直流通路

2. 静态分析

当输入信号 $u_{i1}=u_{i2}=0$ 时，放大电路处于静态，直流通路如图 6-38 所示。因为电路结构对称、元件参数相同，所以，$I_{BQ1}=I_{BQ2}=I_{BQ}$，$I_{CQ1}=I_{CQ2}=I_{CQ}$，$I_{EQ1}=I_{EQ2}=I_{EQ}$，$U_{BEQ1}=U_{BEQ2}=U_{BEQ}$，$U_{CQ1}=U_{CQ2}=U_{CQ}$，$\beta_1=\beta_2=\beta$，由三极管的基极回路可得电压方程为

$$I_{BQ}R_b+U_{BEQ}+2I_{EQ}R_e=U_{EE}$$

则基极电流为

$$I_{BQ}=\frac{U_{EE}-U_{BEQ}}{R_b+2(1+\beta)R_e} \tag{6-58}$$

静态集电极电流为

$$I_{CQ}\approx\beta I_{BQ} \tag{6-59}$$

笔记

静态基极电位为

$$U_{BQ}=-I_{BQ}R_b(\text{对地}) \tag{6-60}$$

两管集电极对地电压为

$$U_{CQ1}=U_{CC}-I_{CQ1}R_c，U_{CQ2}=U_{CC}-I_{CQ2}R_c$$

此时输出电压为 $U_o=U_{CQ1}-U_{CQ2}=0$，即静态时两管集电极之间的输出电压为零。

3. 动态分析

以双端输入、双端输出为例进行分析。

（1）差模输入与差模特性　在差分放大电路输入端加入大小相等、极性相反的输入信号，称为差模输入。差模输入通路如图 6-39(a) 所示。此时 $u_{i1}=-u_{i2}$，大小相等，极性相反。差模输入电压为 $u_{id}=u_{i1}-u_{i2}=2u_{i1}$，因为 u_{i1} 使 VT_1 管集电极电流 i_{c1} 增加，u_{i2} 使 VT_2 管集电极电流 i_{c2} 减少，在电路完全对称的情况下，i_{c1} 增加量等于 i_{c2} 的减少量，两者之和不变，即流过 R_e 的电流不变，仍等于静态电流 $I_{E\circ}$，因此 R_e 两端电压不变。也就是说，对差模输入信号来说，R_e 等于短路，$u_e=0$。由此画出差分放大电路的交流通路，如图 6-39(b) 所示。把双端差模输出电压 u_{od} 与双端差模输入电压 u_{id} 之比，称为差分放大电路的差模电压放大倍数：

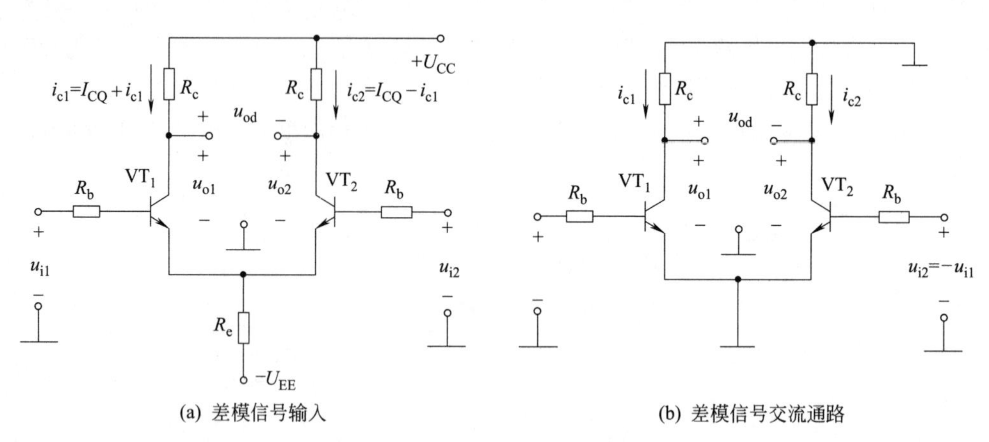

(a) 差模信号输入　　(b) 差模信号交流通路

图 6-39　差分放大电路差模信号输入

$$A_{ud}=\frac{u_{od}}{u_{id}}=\frac{u_{o1}-u_{o2}}{u_{i1}-u_{i2}}=\frac{2u_{o1}}{2u_{i1}}$$
$$=-\beta\frac{R_c}{R_b+r_{be}} \tag{6-61}$$

由式（6-61）可知，差分放大电路的差模电压放大倍数，等于一只单管放大电路的电压放大倍数。当两集电极之间接有负载电阻 R_L 时，就会使晶体管 VT_1、VT_2 的集电极电位向相反方向变化，一增一减，且变化量相等，可见负载电阻 R_L 的中点是交流零电位。因此差分输入的每边负载电阻为 $R_L/2$，交流等效负载电阻为 $R_L'=R_c//(R_L/2)$，这时差模电压放大倍数为

$$A_{ud}=-\beta\frac{R_L'}{R_b+r_{be}} \tag{6-62}$$

从差分放大电路两个输入端看进去的等效电阻，称为差模输入电阻。由图 6-39(b) 可以得出差模输入电阻

笔记

$$R_{id}=2(R_b+r_{be}) \tag{6-63}$$

差分放大电路两管集电极之间对差模信号所呈现的电阻，称为差模输出电阻。由图 6-39(b) 可以得出差模输出电阻

$$R_o=2R_c \tag{6-64}$$

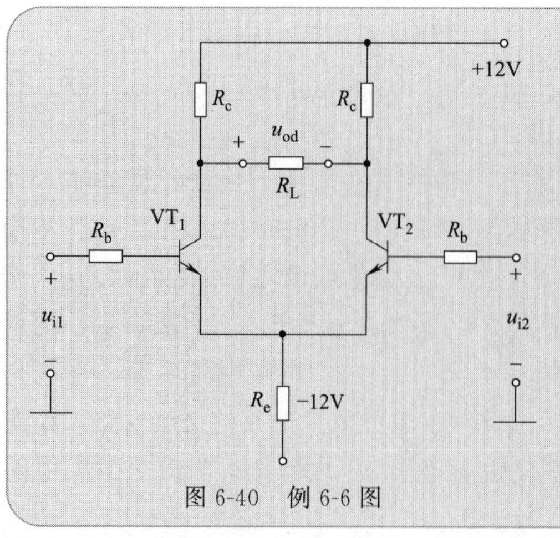

图 6-40　例 6-6 图

【例 6-6】 如图 6-40 所示，已知：$\beta=80$，$R_L=20\text{k}\Omega$，$R_c=10\text{k}\Omega$，$R_b=5\text{k}\Omega$，$R_e=20\text{k}\Omega$。试求：① 静态工作点；② 差模电压放大倍数 A_{ud}、差模输入电阻 R_{id}、差模输出电阻 R_{od}。

解： ①假设静态时 $U_{BEQ}=0.6\text{V}$，则

$$I_{BQ}=\frac{U_{EE}-U_{BEQ}}{R_b+2(1+\beta)R_e}$$
$$=\frac{12-0.6}{5+2\times81\times20}=0.00351(\text{mA})$$
$$I_{CQ}\approx\beta I_{BQ}=80\times0.00351\approx0.281(\text{mA})$$

②

$$U_{CEQ1}=U_{CC}-I_{CQ1}R_c=U_{CEQ2}$$
$$=(12-0.281\times10)V=9.19(V)$$
$$r_{be}=\left[300+(1+\beta)\frac{26}{I_{EQ}}\right]\Omega$$
$$=300+\frac{81\times26}{0.281}\Omega=7.79(k\Omega)$$
$$R'_L=R_c//\frac{1}{2}R_L=\frac{10\times10}{10+10}=5(k\Omega)$$
$$A_{ud}=-\beta\frac{R'_L}{R_b+r_{be}}=-80\times\frac{5}{5+7.79}=-31.27$$
$$R_{id}=2(R_b+r_{be})=2\times(5+7.79)=25.58(k\Omega)$$
$$R_{od}=2R_c=20k\Omega$$

（2）共模输入与共模特性　在差分放大电路的两个输入端加上大小相等、极性相同的信号，称为共模输入。如图 6-41(a) 所示，由于电路是对称的，所以两管电流的变化量相等，同时增加或同时减少，此时流过 R_e 的电流为 $2i_{e1}$ 或 $2i_{e2}$，相当于对每只晶体管的射极接了 $2R_e$ 的电阻，其交流通路如图 6-41(b) 所示。由于差分放大电路的对称性，两边集电极电位的变化量一样，共模输出电压为

$$u_{oc}=u_{c1}-u_{c2}=0 \tag{6-65}$$

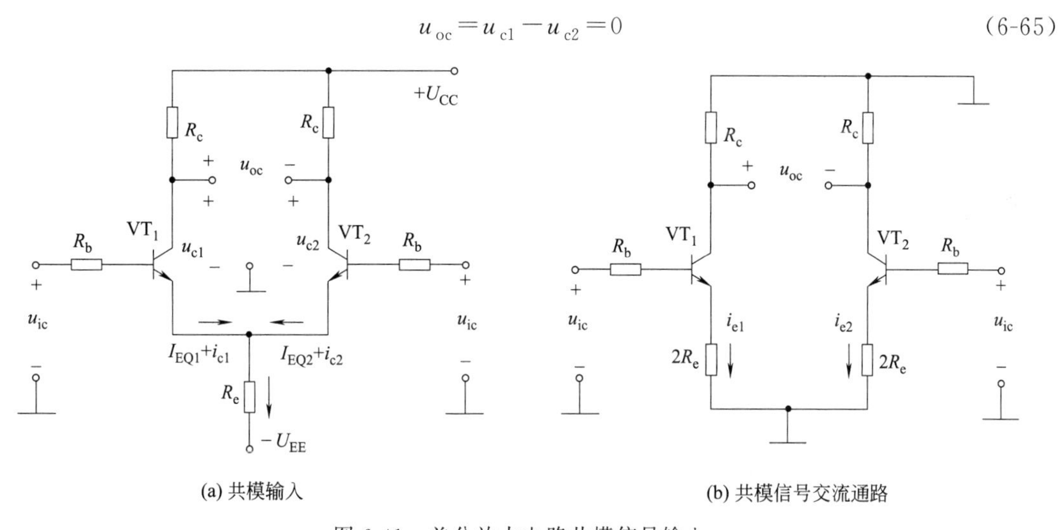

(a) 共模输入　　(b) 共模信号交流通路

图 6-41　差分放大电路共模信号输入

共模电压放大倍数

$$A_{uc}=\frac{u_{oc}}{u_{ic}}=0 \tag{6-66}$$

式中，u_{oc} 为共模输出电压，u_{ic} 为共模输入电压。

式 (6-66) 说明差分放大电路能抑制共模信号。在电路中，由于温度的变化或电源电压的波动引起两管集电极电流的变化是相同的，可以把它们的影响等效地看作在差分放大电路输入端加入共模信号的结果，所以差分放大电路对温度的影响具有很强的抑制作用。另外，伴随输入信号一起加入的、对两边输入相同的干扰信号，也可以看成是共模输入信号而被抑制。所以差分放大电路特别适用于作多级直接耦合放大电路的输入级。

笔记

但在实际应用电路中，两只管子不可能完全相同，u_{oc} 也就不可能为零，共模电压放大倍数也不为零。即使是这样，这种电路抑制共模信号的能力也是很强的。通常用共模抑制比 K_{CMR} 作为一项技术指标来衡量，其定义为差模电压放大倍数与共模电压放大倍数之比的绝对值，即

$$K_{CMR}=\left|\frac{A_{ud}}{A_{uc}}\right| \tag{6-67}$$

也可以用分贝（dB）数来表示，即

$$K_{CMR}(dB)=20\lg\left|\frac{A_{ud}}{A_{uc}}\right| \tag{6-68}$$

由上可知，差模电压放大倍数越大，共模电压放大倍数越小，则 K_{CMR} 值越大，电路的共模抑制能力越强，性能越优良。当电路两边理想对称、双端输出时，K_{CMR} 可以看成是无穷大。一般差分放大电路的 K_{CMR} 约为 60～120dB。

在图 6-39 中，如果输出电压取自一管的集电极，则称为单端输出，此时由于只取出一管的集电极电压变化量，所以这时的差模电压放大倍数只有双端输出的一半，即 $A_{ud}=-\frac{\beta R_c}{2r_{be}}$，共模电压放大倍数 $A_{uc}=-\frac{\beta R_c}{r_{be}+(1+\beta)2R_e}$。一般情况下，$(1+\beta)2R_e\gg r_{be}$，$\beta\gg1$，则 $A_{uc}\approx-\frac{R_c}{2R_e}$，共模抑制比 $K_{CMR}=\left|\frac{A_{ud}}{A_{uc}}\right|\approx\frac{\beta R_c}{r_{be}}$，由此可知，电阻 R_e 的数值越大，抑制共模信号的能力越强。

【例 6-7】 已知差分放大电路的输入信号 $u_{i1}=1.02V$，$u_{i2}=0.98V$，试求：①差模和共模输入电压；②若 $A_{ud}=-50$，$A_{uc}=-0.05$，求差分放大电路的输出电压 u_o 与 K_{CMR}。

解： ① 差模输入电压 $u_{id}=u_{i1}-u_{i2}=1.02-0.98=0.04V)$

共模输入电压 $u_{ic}=(u_{i1}+u_{i2})/2=1V$

② 差模输出电压 $u_{od}=A_{ud}u_{id}=-50\times0.04=-2(V)$

共模输出电压 $u_{oc}=A_{uc}u_{ic}=-0.05\times1=-0.05(V)$

根据叠加定理，差分放大电路的输出电压

$$u_o=A_{ud}u_{id}+A_{uc}u_{ic}=-2-0.05=-2.05(V)$$

$$K_{CMR}=20\lg\left|\frac{A_{ud}}{A_{uc}}\right|=20\lg\frac{50}{0.05}=20\lg1000=60(dB)$$

4. 具有恒流源的差分放大电路

由前面分析可知，双电源供电的差分放大电路能比较有效地抑制温漂，而且 R_e 越大，抑制能力越强。但是，R_e 的增大是有限的，一方面 R_e 过大，要保证三极管有合适的静态工作点，就必须加大负电源 U_{EE} 的值，显然不合适；另一方面当电源已选定后，R_e 太大也会使 I_C 下降太多，影响放大电路的增益。所以，靠增加 R_e 来提高共模抑制比是不现实的，为此常用恒流源代替 R_e 来提高电路的 K_{CMR}。下面先介绍几种常用的电流源，然后再介绍具有恒流源的差分放大电路。

（1）电流源电路　电流源是提供恒定电流的电子线路，由于它具有直流电阻小而交流电阻很大的特点，在模拟集成电路中广泛地使用电流源为放大电路提供稳定的偏置电路或作为放大电路的有源负载。常用的电流源及其特性如表 6-3 所示。

表 6-3　常用的电流源及其特性

名称	电路结构	电路特点
晶体管电流源	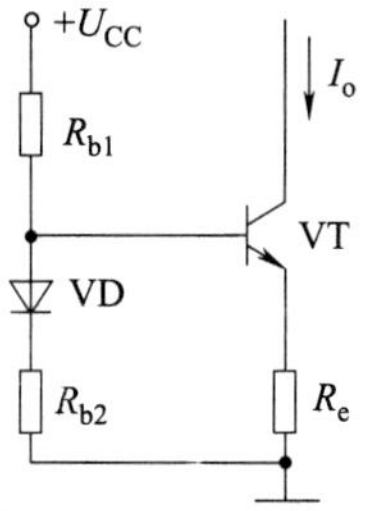	三极管工作在放大区，集电极电流 I_o 为一恒定值，图中二极管用来补偿三极管的 U_{BE} 随温度变化对输出电流的影响
比例型电流源	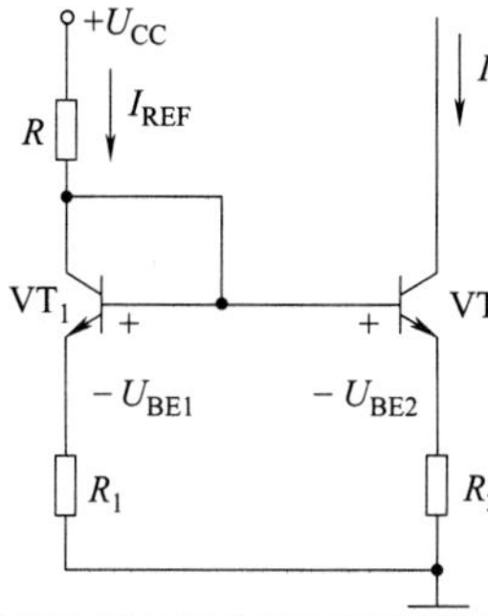	图中 I_{REF} 为基准电流，$I_{REF}\approx\frac{U_{CC}-U_{BE1}}{R+R_1}$。当 I_o 与 I_{REF} 差不多时，$U_{BE1}\approx U_{BE2}$，$I_{REF}R_1\approx I_oR_2$，$I_o\approx\frac{R_1}{R_2}I_{REF}$，基准电流 I_{REF} 的大小主要由电阻决定，改变两管发射极电阻的比值，可以调节输出电流与基准电流之间的比例
多路电流源	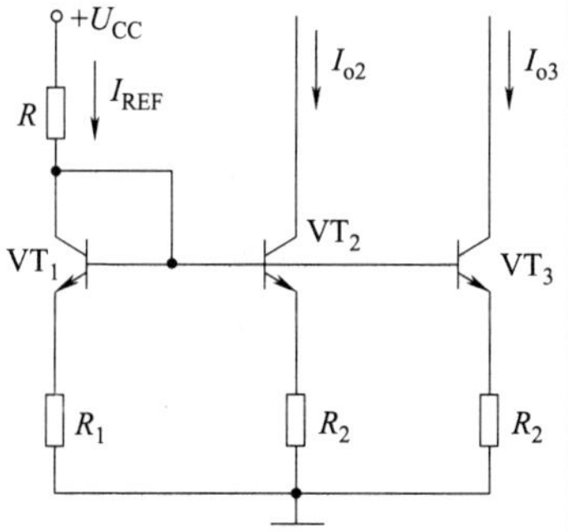	用一个基准电流来获得多个不同的电流输出。 $I_{o2}\approx\frac{R_1}{R_2}R_{REF}$，$I_{o3}\approx\frac{R_1}{R_3}R_{REF}$
镜像电流源	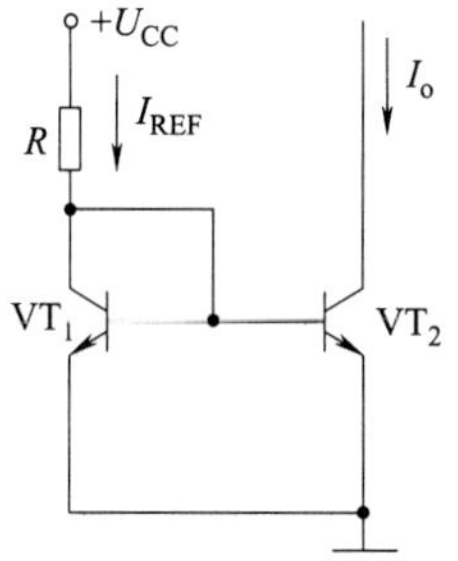	VT_1、VT_2 特性相同，基极电位也相同，集电极电流相等，当 $\beta\gg1$ 时 $I_o=I_{REF}$，I_o 与 I_{REF} 之间成镜像关系
微电流源	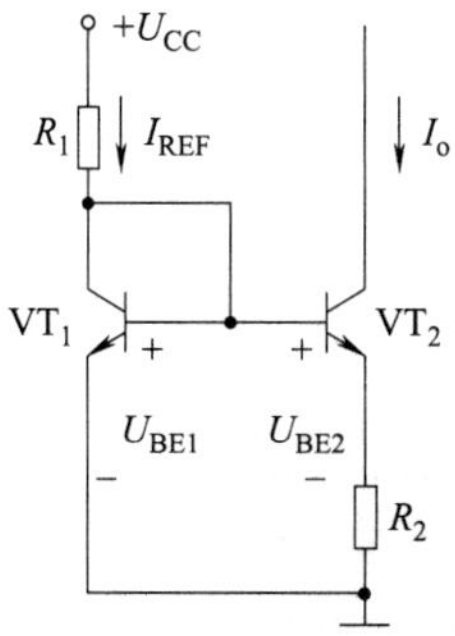	将镜像电流源 VT_1 管发射极电阻 R_1 短路，$I_oR_2=U_{BE1}-U_{BE2}$，$I_o=\frac{U_{BE1}-U_{BE2}}{R_2}$。 由于 U_{BE1} 与 U_{BE2} 差别很小，故用阻值不太大的 R_2 就可以获得微小的工作电流 I_o

笔记

(2) 具有恒流源的差分放大电路 图 6-42(a) 是带有恒流源的差分放大电路，晶体管 VT_3 采用分压式偏置电路。

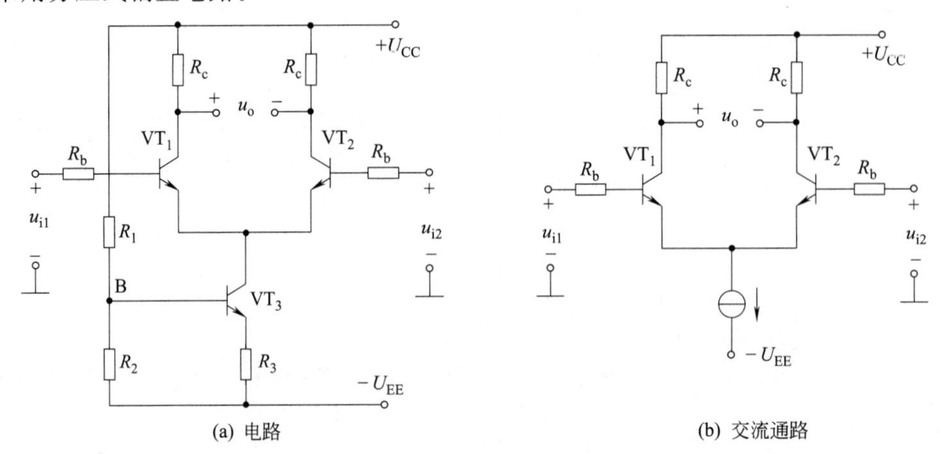

图 6-42 带有恒流源的差分放大电路

$$U_B \approx \frac{U_{CC}+U_{EE}}{R_1+R_2}R_2 \tag{6-69}$$

$$I_{C3} \approx I_{E3} = \frac{U_B-U_{BE}}{R_3} \tag{6-70}$$

当 U_{CC}、U_{EE}、R_1、R_2、R_3 一定时，I_{C3} 就是一个恒定的电流，即恒流源。由于恒流源有很大的动态电阻，故采用恒流源的差分放大电路能大大提高共模抑制比，在集成电路中得到广泛应用。图 6-42(b) 是这种电路的简化画法。

图 6-43 是带有比例电流源的差分放大电路。

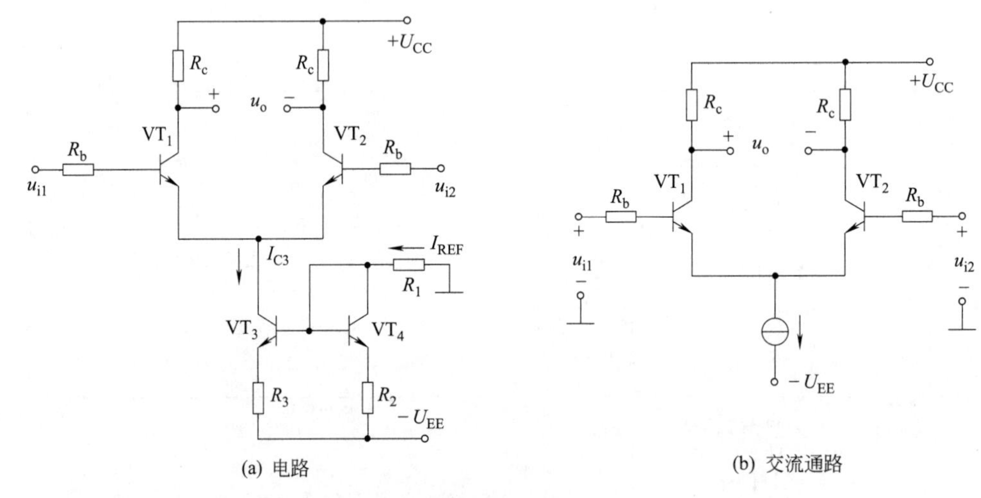

图 6-43 带有比例型电流源的差分放大电路

$$I_{REF} \approx I_{C4} \approx \frac{U_{EE}-U_{BE4}}{R_1+R_2} \tag{6-71}$$

$$I_{C3} = I_o \approx I_{REF}\frac{R_2}{R_3} \tag{6-72}$$

改变两管发射极电阻的比值，可以调节输出电流与基准电流之间的比例。

【例 6-8】 图 6-44(a) 所示具有恒流源及调零电位器的差分放大电路，二极管 VD 的作用是温度补偿，它使电流源 I_{C3} 基本上不受温度变化影响。设 $U_{CC}=U_{EE}=12V$，$R_P=200\Omega$，$R_1=6.8k\Omega$，$R_2=2.2k\Omega$，$R_3=33k\Omega$，$R_b=10k\Omega$，$U_{BE3}=U_{VD}=0.7V$，$R_c=100k\Omega$，各管的 β 值均为 72，求静态时的 U_{C1}、差模电压放大倍数及输入、输出电阻。

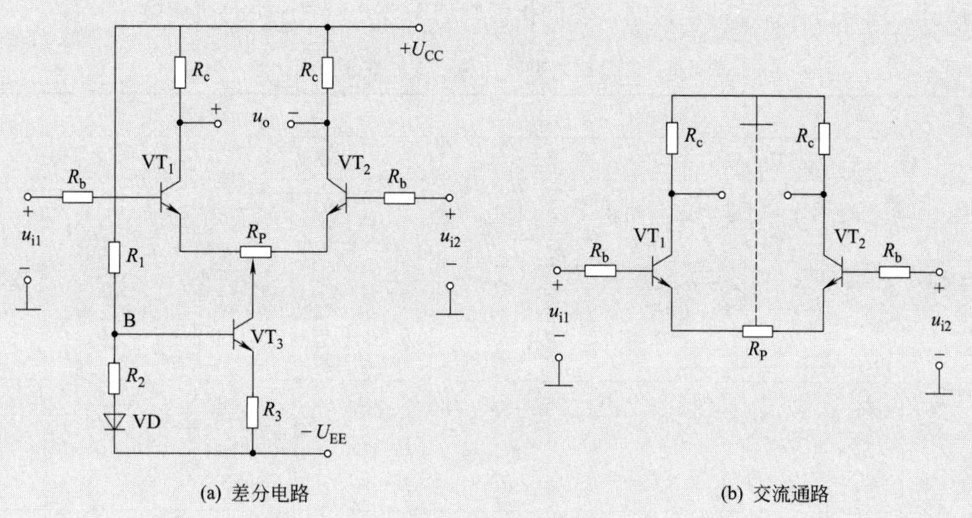

图 6-44　例 6-8 图

解：(1) 静态分析

由分压关系

$$U_{R2}=\frac{U_{CC}+U_{EE}-U_{VD}}{R_1+R_2}R_2\approx 5.7V$$

$$U_{R3}=U_{R2}+U_{VD}-U_{BE3}=5.7+0.7-0.7=5.7(V)$$

所以

$$I_{C3}\approx I_{E3}=\frac{U_{R3}}{R_3}=\frac{5.7}{33}\approx 0.173(mA)=173(\mu A)$$

$$I_{C1}=I_{C2}\approx\frac{I_{C3}}{2}=\frac{173}{2}=86.5(\mu A)$$

$$U_{C1}=U_{CC}-I_{C1}R_c=12-0.0865\times 100=3.35(V)$$

(2) 差模放大倍数与输入、输出电阻

交流通路如图 6-44(b) 所示，图中 R_P 的中点为交流地电位。

$$r_{be1}=300+(1+\beta)\frac{26}{I_{C1}}=300+(1+72)\frac{26}{0.0865}\approx 22(k\Omega)$$

差模电压放大倍数

$$A_{ud}=-\frac{\beta R_c}{R_b+r_{be1}+(1+\beta)R_P/2}=-\frac{72\times 100}{10+22+73\times 0.1}\approx -183$$

模输入电阻

$$R_{id}=2\left[R_b+r_{be1}+(1+\beta)\frac{R_P}{2}\right]=2(10+22+73\times 0.1)=78.6(k\Omega)$$

差模输出电阻

$$R_o=2R_c=2\times 100=200(k\Omega)$$

笔记

5. 差分放大电路的输入、输出接法

在实际应用中，往往还采用单端输入或单端输出的接法。当信号从一只三极管的集电极输出，负载电阻 R_L 一端接地时，这种接法为单端输出；当两个输入端中有一个端子直接接地时，这种接法为单端输入。所以，根据输入、输出的方式不同，差分放大电路有四种不同的接法，即双端输入、双端输出，双端输入、单端输出，单端输入、双端输出和单端输入、单端输出，现将四种接法的电路图、性能指标归纳于表 6-4 中，供对照比较。

表 6-4 差分放大电路几种接法的性能指标比较

连接方式	双端输出		单端输出	
	双端输入	单端输入	双端输入	单端输入
典型电路	R_c R_c $+U_{CC}$ $+u_o-$ R_L R_b R_b VT_1 VT_2 u_i $-U_{EE}$	R_c R_c $+U_{CC}$ $+u_o-$ R_L R_b R_b VT_1 VT_2 u_i $-U_{EE}$	R_c R_c $+U_{CC}$ R_L u_o R_b R_b VT_1 VT_2 u_i $-U_{EE}$	R_c R_c $+U_{CC}$ R_L u_o R_b R_b VT_1 VT_2 u_i $-U_{EE}$
差模电压放大倍数	$A_{ud}=\frac{u_{od}}{u_{id}}=-\beta\frac{R_L'}{R_b+r_{be}}$ $R_L'=R_c//\frac{R_L}{2}$		$A_{ud}=\frac{u_{od}}{u_{id}}=-\frac{1}{2}\beta\frac{R_L'}{R_b+r_{be}}$ $R_L'=R_c//R_L$	
共模放大倍数及共模抑制比	$A_{uc}=\frac{u_{oc}}{u_{ic}}\to 0$ $K_{CMR}=\left\|\frac{A_{ud}}{A_{uc}}\right\|\to\infty$		$A_{ud}=-\frac{\beta R_c}{2r_{be}}$ 很小 $K_{CMR}=\left\|\frac{A_{ud}}{A_{uc}}\right\|\approx\frac{\beta R_c}{r_{be}}$ 高	
差模输入电阻	$R_{id}=2(R_b+r_{be})$			
差模输出电阻	$R_o\approx 2R_c$		$R_o\approx R_c$	
用途	适用于输入、输出都不需要接地，对称输入、输出的场合	适用于单端输入转为双端输出的场合	适用于双端输入转为单端输出的场合	适用于输入、输出电路中需要有公共接地的场合

以上分析表明，从输入端信号的连接形式来看，单端输入和双端输入虽然形式不完全一样，但其作用是相同的，两者没有本质上的区别；从电压放大倍数和输入、输出电阻来看，其计算方法和表达式与双端输入电路完全一样，只需区分是双端输出还是单端输出就可以了。

笔记

实验十四 三极管的单管放大实验

实验目的

① 学会使用万用表。

② 学会分析单管放大电路的工作特性。

③ 熟悉电路的连接。

④ 掌握单管放大电路工作点的调整与测量方法。

实验原理

实验测试电路如图 6-45 所示。

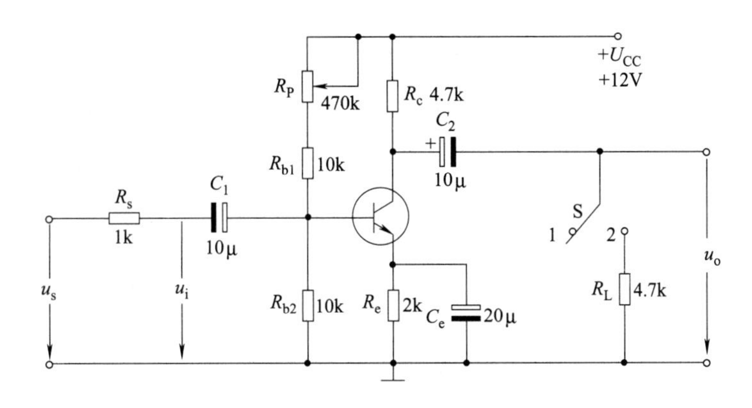

图 6-45 实验测试电路图

实验仪器及设备

数字示波器的使用

① 双踪示波器

② 低频信号发生器

③ 直流稳压电源

④ 电子电压表

⑤ 万用表

实验方案设计

（1）静态工作点的选定 放大器的静态工作点是指放大器输入端短路时，流过三极管的直流电流 I_{BQ}、I_{CQ} 及三极管 c、e 极之间的直流电压 U_{CEQ} 和 b、e 极之间的直流电压 U_{BEQ}。

（2）电压放大倍数的测试 低频电路的电压放大倍数 A_u 是指输出端的交流电压 u_o 与输入端的交流电压 u_i 之比。

（3）输入电阻 r_i 的测量 输入电阻是指从放大器输入端看进去的等效电阻，它表明放大器对信号源的影响程度。从实验的角度上看，输入电阻定义为放大器输入端的交流信号电压与交流信号电流之比。

（4）输出电阻 r_o 的测量

笔记

实验过程

① 按实验电路图 6-45 连接好电路。

② 静态工作点的调试与测试 用万用表测量三极管 3 个引脚的电流值和电压值，将数据填入表 6-5，并与理论值进行比较。

表 6-5 三极管的单管放大实验数据记录表

参数	U_B/V	U_E/V	U_C/V	U_{BE}/V	U_{CE}/V	I_{CQ}/mA
测试数据						
理论计算						

③ 放大倍数的测试（A_u 的大小，负载和空载）。

实验报告

① 完成实验所有测试项目，并进行相应的计算，综合给出实验电路的主要性能指标。

② 总结静态工作点的调整方法。

③ 分析静态工作点对放大器的非线性失真的影响。

模块总结

① 组成放大电路的原则：能放大、不失真、能传输。

② 放大电路的分析有图解法、估算法和小信号模型分析法。在利用图解法分析的时候，要对直流通路和静态进行分析，主要是将电容视为开路，利用直流负载线确定静态工作点Q。

③ 直流通路与静态分析：概念——直流电流通过的回路；画法——电容视为开路；作用——确定静态工作点；直流负载线——由$U_{CC}=I_C R_C+U_{CE}$确定的直线。

④ 交流通路与动态分析：概念——交流电流流通的回路；画法——电容视为短路，理想直流电压源视为短路；作用——分析信号被放大的过程；交流负载线——连接Q点和U'_{CC}点，确定$U'_{CC}=U_{CEQ}+I'_{CQ}R'_L$的直线。

⑤ 分压式偏置电路的分析，如何稳定静态工作点。

⑥ 共集放大电路特点：电压放大倍数为正，且略小于1，称为射极跟随器，简称射随器。输入电阻高，输出电阻低。

模块六
检测答案

模块检测

1. 填空题

(1) 三极管放大电路的三种基本组态是________、________和________，其中________组态输出电阻低、带负载能力强；________组态兼有电压放大作用和电流放大作用。

笔记

(2) 在图6-46所示放大电路中，能实现正常放大作用的电路是________，它们分别是________组态。

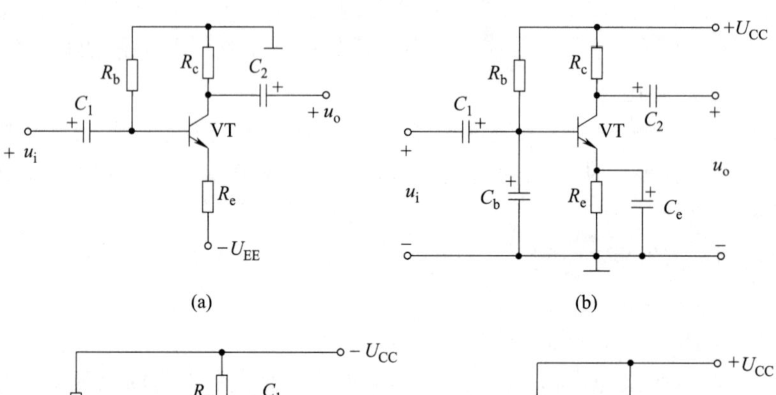

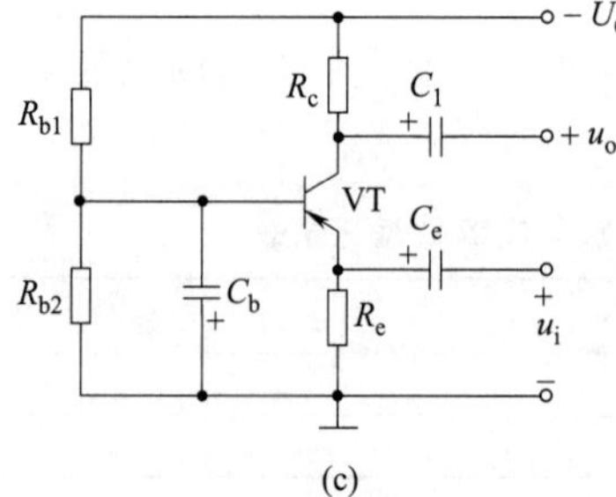

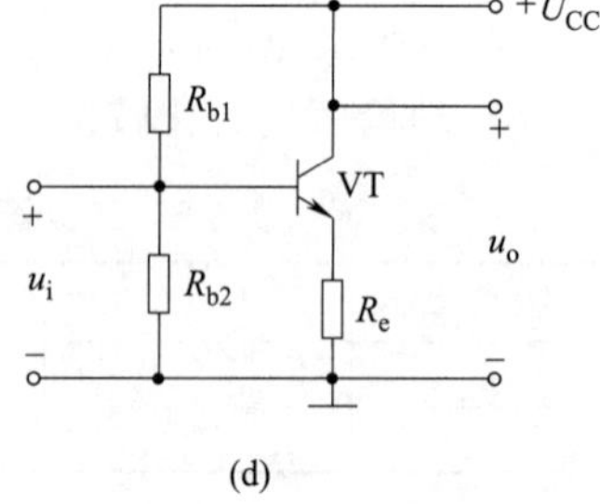

图 6-46

(3) 在图6-47所示放大电路中，设$U_{CC}=12V$，$R_b=510k\Omega$，$R_c=8k\Omega$，$U_{BE}=0.7V$，$U_{CE(sat)}=0.3V$，当$\beta=50$时，静态电流$I_{BQ}=$________，$I_{CQ}=$________，$U_{CEQ}=$________；若换上一个$\beta=80$的管子，则$I_{BQ}=$________，$I_{CQ}=$________，$U_{CEQ}=$________，管子工作在________状态；$U_{CC}=12V$，$\beta=50$，$U_{BE}=0.7V$，若要静态电流$I_{CQ}=2mA$，$U_{CEQ}=4V$，则$R_b=$________，$R_c=$________。

(4) 在三极管放大电路中，若静态工作点偏低，容易出现________失真；若静态工作点偏高，容易出现________失真。

(5) 在固定偏置放大电路中，当输出波形在一定范围内出现失真时，可通过调整偏置电阻 R_b 加以克服。当出现截止失真时，应将 R_b 调________，使 I_{CQ} ________，工作点上移；当出现饱和失真时，应将 R_b 调________，使 I_{CQ} ________，工作点下移。

(6) 在图 6-48 所示射极偏置放大电路中，若在集电极回路中串一只直流电流表（只能测电流的平均值），在静态时，电流表的读数为 I_{CQ}，则下面三种情况下电流表的读数 I_C 与 I_{CQ} 关系（大于、小于、等于）为：①输出无失真时，I_C ________ I_{CQ}；②输出产生饱和失真时，I_C ________ I_{CQ}；③输出产生截止失真时，I_C ________ I_{CQ}。

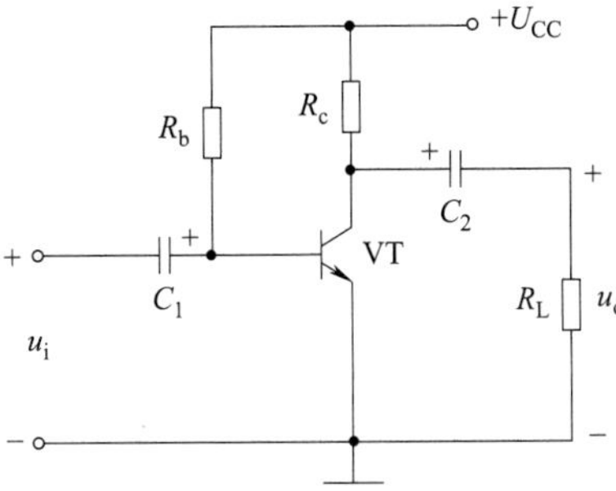

图 6-47

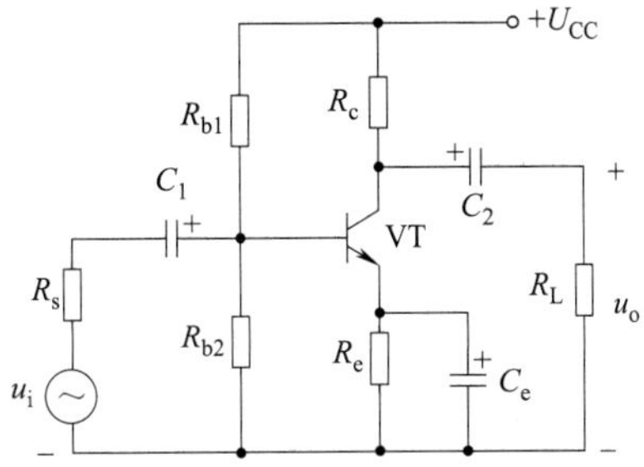

图 6-48

(7) 射极输出器的主要特点是________、________和________。

(8) 多级放大电路的耦合方式有________、________和________三种。

(9) 差分放大电路有______种接线方式，其差模电压增益与______方式有关，与______方式无关。

(10) 发射极电阻 R_e 对共模信号有________作用，对差模信号可以看作________，所以它能抑制零点漂移，而不会影响对差模信号的放大。

2. 选择题

(1) 在图 6-49 电路中，若 $R_b=100\text{k}\Omega$，$R_c=1.5\text{k}\Omega$，$\beta=80$，在静态时，三极管处于（　　）。

A. 放大状态　　B. 饱和状态

C. 截止状态　　D. 状态不定

(2) 在图 6-49 中，若仅当 R_b 增加时，U_{CEQ} 将（　　）；仅当 R_c 减小时，U_{CEQ} 将（　　）；仅当 R_L 增加时，U_{CEQ} 将（　　）；仅当 β 减小时，U_{CEQ} 将（　　）。

A. 增大　　B. 减小

C. 不变　　D. 不定

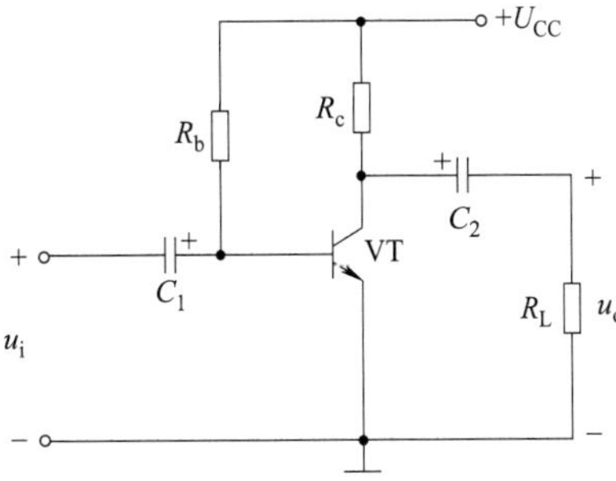

图 6-49

(3) 为了使高阻输出的放大电路（或高阻信号源）与低阻负载（或低输入电阻的放大电路）很好地配合，可以在高阻输出的放大电路与低阻负载之间插入（　　）；为了把低阻输出的放大电路（或内阻极小的电压源）转变为高阻输出的放大电路（或内阻尽可能大的电流源），可以在低阻输出的放大电路后面接入（　　）。

A. 共射电路　　B. 共集电路　　C. 共基电路　　D. 任何一种组态电路

(4) 既能放大电压，也能放大电流的是（　　）组态放大电路；可以放大电压，但不能放大电流的是（　　）组态放大电路；只能放大电流，但不能放大电压的是（　　）组态放大电路。

A. 共射电路　　B. 共集电路　　C. 共基电路　　D. 不定

(5) 为了放大变化缓慢的微弱信号，多级放大电路应采用（　　）耦合方式；为了实现阻抗变换，多级放大电路应采用（　　）耦合方式。

笔记

A. 直接　　B. 阻容　　C. 变压器　　D. 光电

(6) 多级放大电路与单级放大电路相比，总的通频带一定比它任何一级都（　　）。级数越多，则上限频率越（　　），高频附加相移（　　）。

A. 大　　B. 小　　C. 宽　　D. 窄

(7) 差分放大电路是为（　　）而设计的。

A. 稳定放大倍数　　B. 提高输入电阻　　C. 克服温漂　　D. 扩展频带

(8) 共模抑制比 K_{CMR} 越大，表明电路（　　）。

A. 交流电压放大倍数越大　　B. 放大倍数越稳定

C. 抑制温漂能力越强　　D. 输入信号中差模成分越大

(9) 差分放大电路由双端输出改为单端输出，差模电压放大倍数约（　　）。

A. 增加一倍　　B. 为双端输出时的一半　　C. 不变

(10) 三级放大电路中 $A_{u1}=A_{u2}=30$dB，$A_{u3}=20$dB，则总的电压增益为（　　）dB，电路将输入信号放大了（　　）倍。

A. 180dB　　B. 80dB　　C. 60dB　　D. 50DB

E. 100　　F. 1000　　G. 10000

3. 判断题

(1) 要使电路中的 PNP 型三极管具有电流放大作用，三极管的各电极电位一定满足$U_C<U_B<U_E$。（　　）

(2) 在基本放大电路中，同时存在交流、直流两个量，都能同时被电路放大。（　　）

(3) 为了提高放大电路的电压放大倍数，可适当提高静态工作点的位置。（　　）

(4) 放大电路中三极管管压降 U_{CE} 值越大，管子越容易进入饱和工作区。（　　）

(5) 某放大电路的电压放大倍数为 1000 倍，则用分贝表示为 60dB。（　　）

4. 综合题

(1) 在电路中测出各三极管的三个电极对地电位，如图 6-50 所示，试判断各三极管处于何种工作状态？(设图中 PNP 型为锗管，NPN 型为硅管)

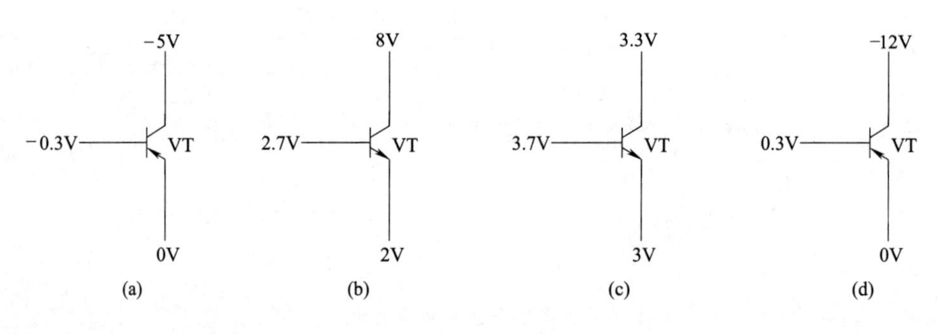

图 6-50

(2) 共射基本放大电路如图 6-51 所示，三极管 $\beta=45$，求电路的静态工作点并估算放大电路的电压放大倍数 A_u、R_i、R_o。

(3) 分压式偏置放大电路如图 6-52 所示，已知三极管 $\beta=50$，$U_{BEQ}=0.7$V，估算静态参数 I_{CQ} 和 U_{CEQ} 的值。

(4) 射极输出器如图 6-53 所示。已知三极管的 $\beta=50$，$U_{BE}=0.2$V，其他参数见图。试求：①电路的静态工作点 Q；②输入电阻和输出电阻及 A_{vs}。

(5) 已知电路如图 6-54 所示，$\beta_1=\beta_2=50$，$U_{BE}=0.7$V，①求各级静态工作点；②求电路的输入电阻 R_i 和输出电阻 R_o；③试分别计算 R_L 接在第一级输出端和第二级输出端时的 A_{u1}、A_{u2} 及 A_u。

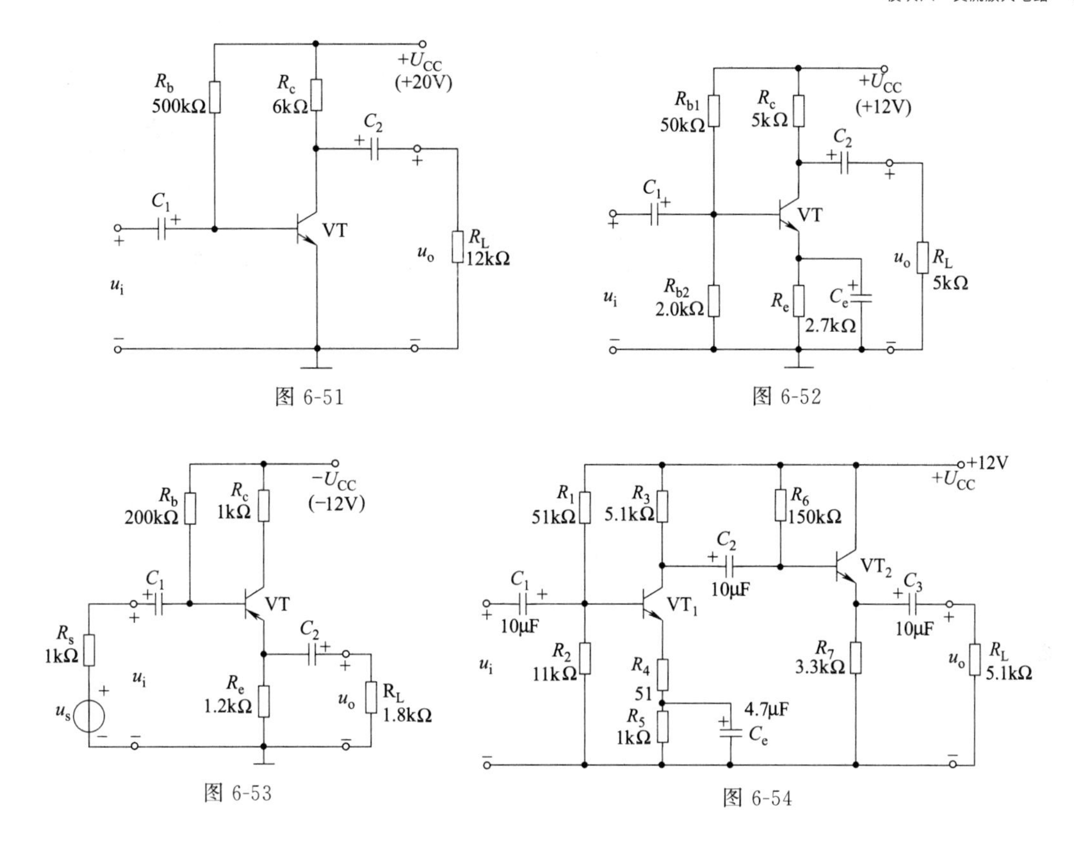

图 6-51

图 6-52

图 6-53

图 6-54

（6）如图 6-55 所示电路中，$U_{CC}=U_{EE}=12V$，$R_c=R_e=30k\Omega$，$R_b=10k\Omega$，$R_L=20k\Omega$，$\beta=100$，电位器电阻 $R_P=200\Omega$，R_P 的活动触点在中点。①求电路的静态工作点；②求电路的差模电压放大倍数；③求电路的输入、输出电阻。

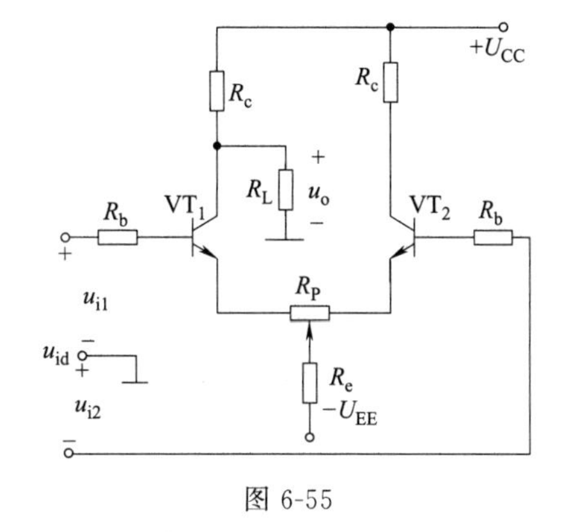

图 6-55

笔记

模块七

集成运算放大器

知识目标

1. 掌握理想运算放大器的特点。
2. 了解运算放大器的线性应用和非线性应用。
3. 熟悉负反馈的基本类型及判断方法。
4. 了解负反馈对放大器性能的影响，了解集成运算放大器的主要参数和基本组成。

能力目标

1. 会分析负反馈的类型。
2. 会使用集成运放。
3. 会估算深度负反馈放大电路的电压放大倍数。
4. 能识读反相放大器、同相放大器电路图。

素养目标

1. 在实验中，教师可以合理引导学生在实训过程中追求精雕细琢、精益求精、超越自我的精神，比如在进行电气线路连接时要求学生在工艺方面做到横平竖直、导线之间不交叉、导线与元器件连接处不露铜、不损坏绝缘层等工艺规范，进而培养学生的工匠精神。

2. 介绍中兴、华为公司，了解集成电路的复杂性、先进性，培养创新能力，中国科技振兴任重道远，必须艰苦奋斗。

笔记

学习单元一　集成运算放大器简介

1. 集成运算放大器种类

集成运算电路就是采用一定的制造工艺，将二极管、三极管、场效应管、电阻等许多元件组成的具有完整功能的电路，制作在同一块半导体基片上，封装后构成特定功能的电路块。由于它的密度高（即集成度高）、体积小、功能强、功耗低、外部连线及焊点少，从而大大提高了电子设备的可靠性和灵活性，实现了元件、电路与系统的紧密结合。一块硅基片上所包含的元、器件数目称为集成度。

集成电路按集成度不同，分为小规模（SSI）、中规模（MSI）、大规模和超大规模（LSI 和 VLSI）。小规模集成电路一般含有十几到几十个元器件，硅片面积约有几平方毫米。中规模集成电路含有 100 到几百个元器件，硅片面积 $10mm^2$ 左右。大规模和超大规模集成电路含有数以千计或更多的元器件。目前的超大规模集成电路，集成度已突破 1 亿元器件/片。

集成电路按功能分为数字集成电路与模拟集成电路两类。数字集成电路是用来产生和加工各种数字信号的，这类信号在时间上和数值上都是离散的，如电报电码、计算机中各种数码信号等。模拟集成电路是用来产生、放大和处理各种模拟信号或进行模拟信号和数字信号之间相互转换的，这类信号的幅度是随时间连续变化的，如收音机接收的电信号、音响设备中的电信号。

模拟集成电路的种类很多，包括集成运算放大器、集成稳压器、集成功率放大器、集成模拟乘法器等。其中应用最为广泛的是集成运算放大器，它实际上是一个高电压增益、高输入电阻和低输出电阻的直接耦合放大电路。通常将集成运算放大器分为通用型与专用型两类。通用型集成运算放大器直流特性较好，性能上满足许多领域应用的要求，价格也便宜，用途最广。专用型集成运算放大器可以满足一些特殊应用的需要，有低功耗型、高输入阻抗型、高速型、高精度型及高电压型等。

2. 集成运算放大器内部电路框图

集成运算放大器的发展速度极快，内部电路结构复杂，并有多种形式，但基本结构具有共同之处。集成运放内部电路由高电阻输入级、中间电压放大级、低电阻输出级和偏置电路四部分组成，如图 7-1 所示。

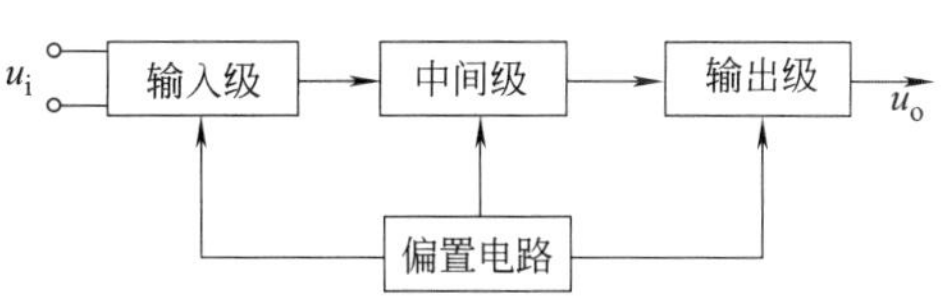

图 7-1 集成运放内部电路组成框图

（1）高电阻输入级 输入级是决定集成运算放大器质量好坏的关键。对于高电压放大倍数的直接耦合放大电路，要求输入级温漂小、共模抑制比高、有极高的输入阻抗，因此，集成运算放大器的输入级都是由具有恒流源的差分放大电路组成。

（2）中间电压放大级 运算放大器的放大倍数主要是由中间级提供的，因此，要求中间级有较高的电压放大倍数。一般，放大倍数可达到几万倍甚至几十万倍。中间级一般采用有恒流源负载的共射放大电路。

（3）低电阻输出级 输出级应具有较大的电压输出幅度、较高的输出功率和较低的输出电阻，大多采用甲乙类互补对称功率放大电路，主要用于提高集成运算放大器的负载能力，减小大信号作用下的非线性失真。

（4）偏置电路 偏置电路用来为各级放大电路提供合适的偏置电流，使之具有合适的静态工作点。一般由各种电流源组成。

此外，集成运算放大器还有一些辅助电路，如过流保护电路等。

3. 集成运算放大器的符号及主要参数

（1）集成运算放大器的符号 如图 7-2 所示，它有两个输入端和一个输出端。图中“－”表示反相输入端，“＋”表示同相输入端。所谓同相输入，是指输出信号与该输入端所加信号相位相同；而反相输入，是指输出信号与该输入端所加信号相位相反。

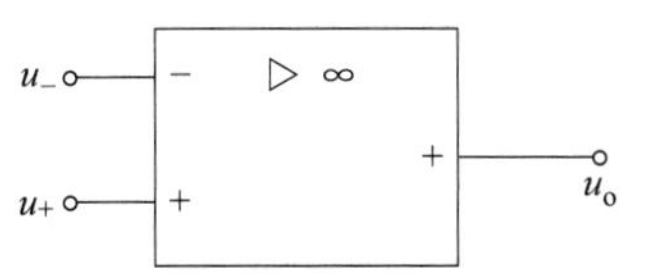

图 7-2 集成运算放大器的符号

（2）集成运算放大器的主要参数

① 开环差模电压增益 A_{ud} 集成运算放大器的开环差模

笔记

电压增益是指集成运算放大器工作在线性区，接入规定负载而无负反馈情况下直流差模电压增益。A_{ud} 与输出电压 U_o 的大小有关，通常是在规定的输出电压幅值时（如 $U_o = \pm 10V$）测得的值：

$$A_{ud}=\frac{\Delta u_{od}}{\Delta u_{id}}=\frac{\Delta u_{od}}{\Delta(u_{+}-u_{-})} \tag{7-1}$$

通常也用分贝数 dB 表示，为

$$20\lg|A_{ud}|=20\lg\left|\frac{\Delta u_{od}}{\Delta u_{id}}\right|\text{dB} \tag{7-2}$$

通常 A_{ud} 较大，一般可达 100dB，最高可达 140dB 以上。A_{ud} 越大，电路性能越稳定，运算精度越高。

② 输入失调电压 U_{IO} 及其温漂 dU_{IO}/dT　输入失调电压 U_{IO} 通常指在室温 25℃、标准电源电压下，为了使输入电压为零时输出电压为零，在输入端加的补偿电压。U_{IO} 的大小反映了运算放大器输入级电路的不对称程度。U_{IO} 越小越好，一般为±(1～10)mV。

另外，U_{IO} 还受到温度的影响。通常将输入失调电压 U_{IO} 对温度的变化率称为输入电压的温度漂移（简称输入失调电压温漂），用 dU_{IO}/dT 表示，一般为±(1～20)μV/℃。

注意：dU_{IO}/dT 不能用外接调零装置来补偿，在要求温漂低的场合，要选用低温漂的运算放大器。

③ 输入失调电流 I_{IO} 及其温漂 dI_{IO}/dT　输入失调电流 I_{IO} 指常温下，输入信号为零时，放大器的两个输入端的基极静态电流之差，$I_{IO}=I_{B1}-I_{B2}$，它反映了输入级两管输入电流的不对称情况。I_{IO} 越小越好，一般为 1nA～0.1μA。

I_{IO} 还随温度变化，I_{IO} 对温度的变化率称为输入失调电流温漂，用 dI_{IO}/dT 表示，单位为 nA/℃。

④ 输入偏置电流 I_{IB}　输入偏置电流是指集成运算放大器输出电压为零时，两个输入端静态电流的平均值，即 $I_{IB}=(I_{B1}+I_{B2})/2$。输入偏置电流主要取决于运放差分输入级的性能。当 β 值太小时，将引起偏置电流增加。从使用角度看，I_{IB} 越小越好，一般为 10nA～1μA。

笔记

⑤ 开环差模输入电阻 R_{id}　差模输入电阻是指集成运算放大器的两个输入端之间的动态电阻。它反映了运算放大器输入端向差动输入信号源索取电流的大小。对于电压放大电路，其值越大越好，一般为几兆欧。MOS 集成运放 R_{id} 高达 10^6MΩ 以上。

⑥ 开环差模输出电阻 R_{od}　集成运算放大器开环时，从输出端看进去的等效电阻称为输出电阻。它反映集成运放输出时的带负载能力，其值越小越好。一般 R_{od} 小于几十欧。

⑦ 共模抑制比 K_{CMR}　共模抑制比指运算放大器开环差模电压增益 A_{ud} 与共模电压增益 A_{uc} 之比的绝对值，$K_{CMR}=\left|\frac{A_{ud}}{A_{uc}}\right|$，它综合反映了集成运算放大器对差模信号的放大能力和对共模信号的抑制能力，其值越大越好。一般 K_{CMR} 为 60～130dB。

⑧最大输出电压 U_{OM}　在给定负载上，最大不失真输出电压的峰峰值称为最大输出电压。若双电源电压为±15V，则 U_{OM} 可达到±13V 左右。

4. 理想运算放大器的特性

所谓理想运算放大器就是将各项技术指标理想化的集成运算放大器。在分析与应用集成运算放大器时，为了简化分析，通常把它理想化，看成是理想运算放大器。理想运算放大器

素质教育案例 7-批判质疑

的特性：① 开环差模电压放大倍数 A_{ud} 趋近于无穷大；② 开环差模输入电阻 R_{id} 趋近于无穷大；③ 开环差模输出电阻 R_{od} 趋近于零；④ 共模抑制比 K_{CMR} 趋近于无穷大。

虽然实际的集成运算放大器不可能具有以上理想特性，但在低频工作时是接近理想状态的。所以，在低频情况下，实际使用与分析集成运放电路时就可以把它看成是理想运算放大器。

学习单元二　负反馈放大器

反馈在电子电路中得到了广泛的应用。正反馈主要应用于各种振荡电路；负反馈则用来改善放大电路的性能，因此，在实际放大电路中几乎都采取负反馈措施。本节主要介绍反馈的基本概念、反馈的分类及判别、负反馈对放大器性能的影响以及深度负反馈放大电路的估算。

1. 反馈的基本概念

（1）反馈的定义　将放大电路的输出信号（电压或电流）的一部分或全部，通过一定的电路（也称为反馈网络）回送到输入端，并与输入信号叠加后进行放大，从而实现自动调节输出信号的功能，这一过程称之为反馈。

实现信号回送的这一部分电路称为反馈电路，它通常由一个纯电阻构成，但也可由多个无源元件通过串、并联方式构成，还可由有源电路构成。本章只讨论由无源元件构成的反馈电路。

（2）反馈电路框图

① 反馈放大电路的基本结构　反馈放大电路的基本结构可用图 7-3 方框图来表示。

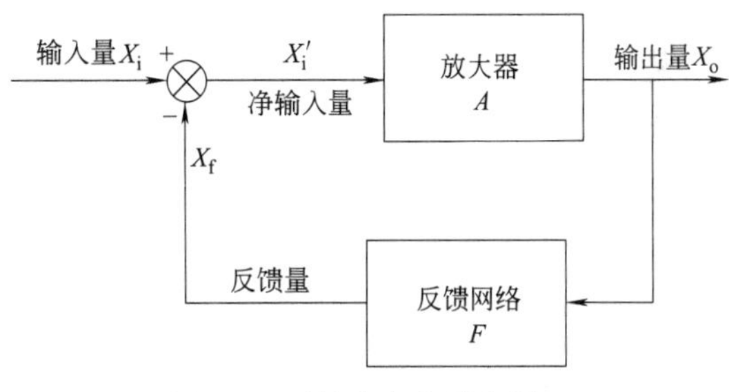

图 7-3　反馈放大电路方框

通过这个方框图，不难看出反馈放大器由两部分电路组成。一部分为无反馈的放大电路，即基本放大电路，用 A 表示其增益，也称为开环放大倍数；另一部分为反馈电路（或称反馈网络），用 F 表示反馈电路的反馈系数。反馈放大电路中的 X_i 表示信号源输入量，X_i'表示净输入量，X_f 表示反馈量，X_o 表示输出量，它们可以表示电压，也可以表示电流，视具体电路而定。图中的箭头指示信号的传输方向。符号“⊗”表示比较环节，在此处，输入信号 X_i 与反馈信号 X_f 进行叠加，形成净输入信号 X_i'，它通过放大电路的放大作用，形成输出信号 X_o。显然，X_o 既通过输出电路作用于负载，同时又通过反馈电路形成反馈信号 X_f 回送到输入端，作用于输入信号。此时，放大电路与反馈电路形成一个闭合环路，所以，反馈放大电路又称为闭环放大电路。图中“＋”“－”表示 X_i 与 X_f 参与叠加时的相位关系。

② 反馈存在的判定　要判断一个电路中是否存在反馈，从反馈的框图结构上可以看出，只要判断电路中是否存在将输出信号反馈回输入回路的反馈电路即可。对于由无源元件构成的反馈电路，在许多情况下，可以很容易找到这样的反馈电路，下面通过几个实例来分析存在反馈的几种表现形式。

如图 7-4(a) 中的 R_b 和（b）图中的 R_f，它们跨接在本级放大电路输出回路与输入回

笔记

路之间，这样就可实现将输出信号回送到输入端的功能，R_b 和 R_f 也就起到了反馈作用，常将 R_b 和 R_f 称为反馈电阻。这是一种典型的本级反馈形式。

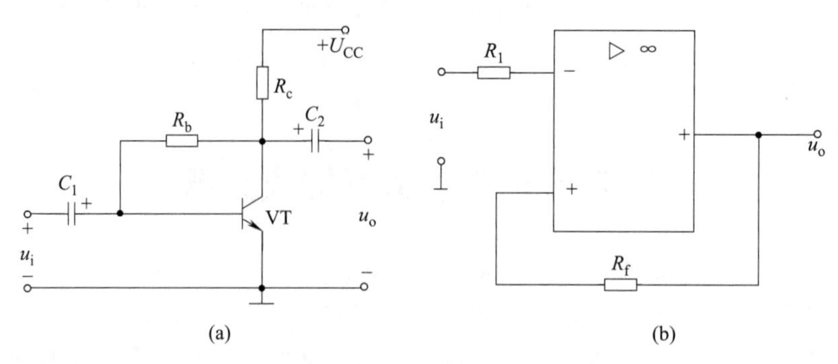

图 7-4 判断电路中的反馈

在如图 7-5 所示的共射放大电路中，由于发射极电阻 R_e 既是组成本级放大电路输入回路的一条支路，同时又是组成本级放大电路的输出回路的一条支路，因此，电阻 R_e 上的电压必将对输入信号大小产生影响，其作用可理解为将输出信号反馈回输入回路，所以，发射极电阻 R_e 也是反馈电阻。这是另一种本级反馈形式。

在图 7-6 所示多级放大电路中，电阻 R_6 跨接在两级放大电路之间，将后级输出与前级输入联系起来，实现将输出信号返回到输入端的功能，所以，该电阻称为反馈电阻。这是一种最为典型的级间反馈形式。

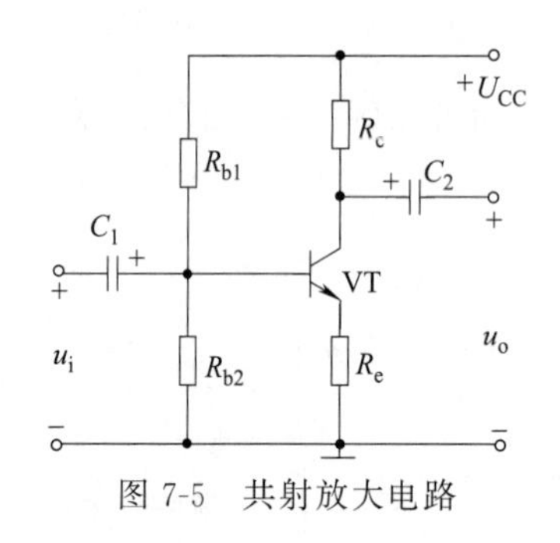

图 7-5 共射放大电路

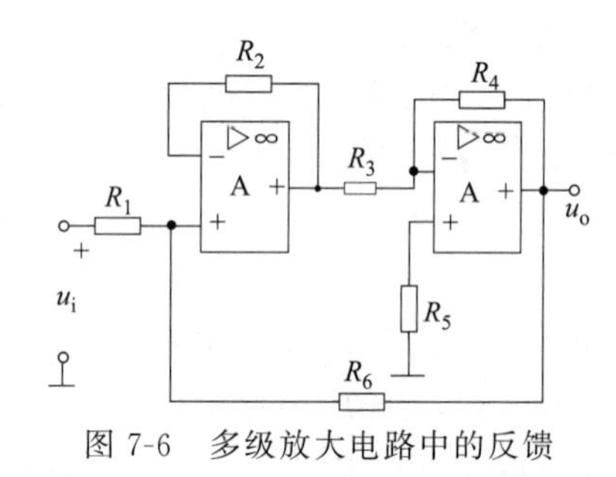

图 7-6 多级放大电路中的反馈

2. 负反馈的类型

（1）反馈的判别

① 反馈极性与判断 依据反馈信号与输入信号的相位关系，可将反馈分为正反馈和负反馈两类。

在放大电路的输入端，若反馈信号与输入信号相位相同，它将使得放大电路的净输入信号增强，这种反馈称为正反馈；若相位相反，则它将使得放大电路的净输入信号减小，这种反馈称为负反馈。

判断反馈的极性通常采用电压瞬时极性法：先假定输入信号在某一瞬间对地的电压极性为“+”，然后依据各级放大器特性，得出反馈环路上各相关端点上的信号极性。即从初始输入端出发，经放大到输出端，再经反馈电路，回到输入端，依次标出信号传送通路上各点信号电压的瞬时极性。然后，在输入端比较原输入信号与反馈信号的相位关系。最后，判断反馈回来的信号是增强还是削弱净输入信号，如果是削弱净输入信号，便可以判断是负反馈，反之，则是正反馈。

【例 7-1】 在图 7-7 所示电路中，试利用瞬时极性法判断电路的反馈极性。

解： 假设输入端瞬时极性为（＋）极性，根据前面所学的知识可知，三极管集电极上的信号相位与基极的信号相位是相反的，所以，信号经放大后，在集电极上输出的信号相位为（－）极性。它经 R_b 反馈，由于电阻不改变信号相位，因此，反馈回输入端的反馈信号相位为（－）极性，即原输入信号与反馈信号的相位相反，这样，原输入信号与反馈信号两信号叠加后的净输入信号为 $X'_i = X_i - X_f$，显然，反馈信号对电路的作用是使得净输入信号减弱。所以，该反馈为负反馈。

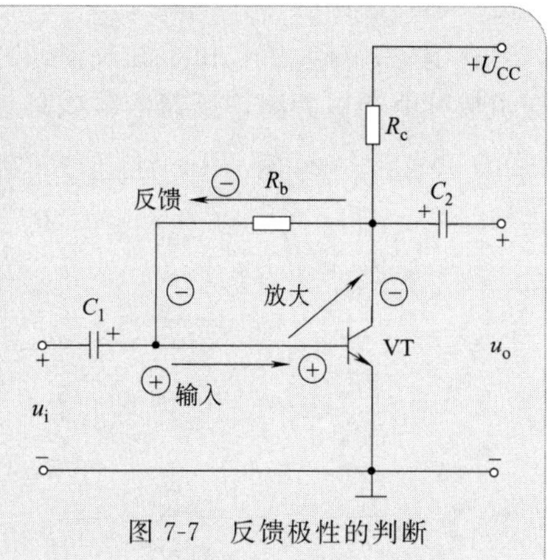

图 7-7　反馈极性的判断

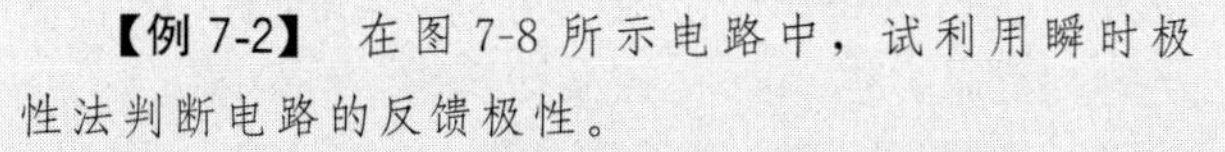

【例 7-2】 在图 7-8 所示电路中，试利用瞬时极性法判断电路的反馈极性。

解： 假设输入端瞬时极性为（＋）极性，由于电路是从发射极输出，而三极管的基极与其发射极的相位相同，所以，信号经放大后，在发射极上输出的信号相位为（＋）极性。而在此电路中，电路的净输入信号为 $u_{be} = u_b - u_e$，显然，u_e 的变化要比 u_b 大，因此，原输入信号与反馈信号两信号叠加后，将使得净输入信号减小。所以，该反馈为负反馈。

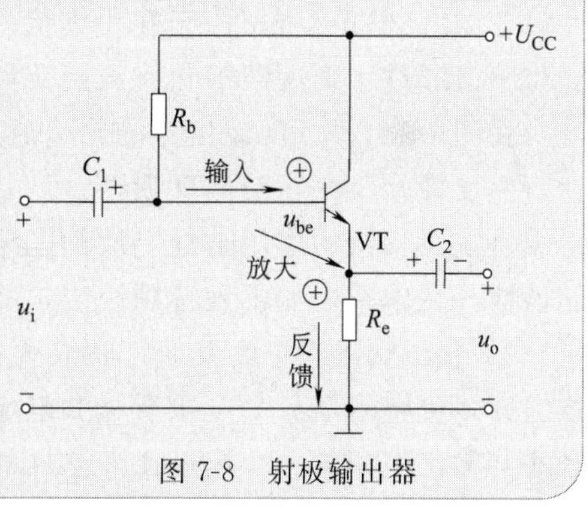

图 7-8　射极输出器

根据例 7-1 和例 7-2 分析可得到如下结论：在反馈放大电路的输入回路中，若输入信号与反馈信号都接在同一端点上，则当它们的相位为相反极性时，电路构成负反馈；而当它们的相位为相同极性时，电路构成正反馈。若输入信号与反馈信号接在输入回路的不同端点上，当它们的相位为相反极性时，电路构成正反馈；而当它们的相位为相同极性时，电路构成负反馈。依此，根据理想运算放大器的特性，不难分析出图 7-9 两运算放大电路的反馈极性。

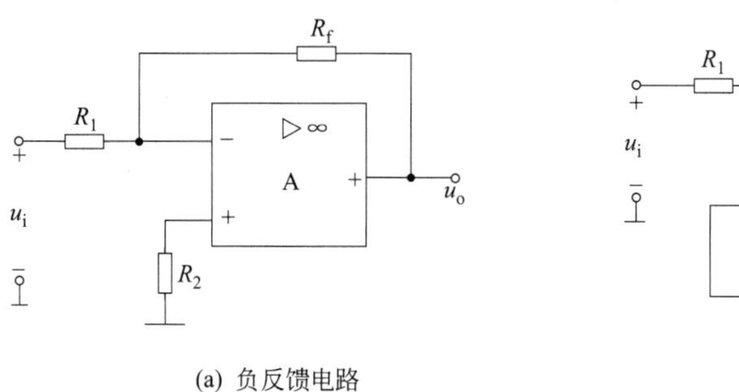

(a) 负反馈电路

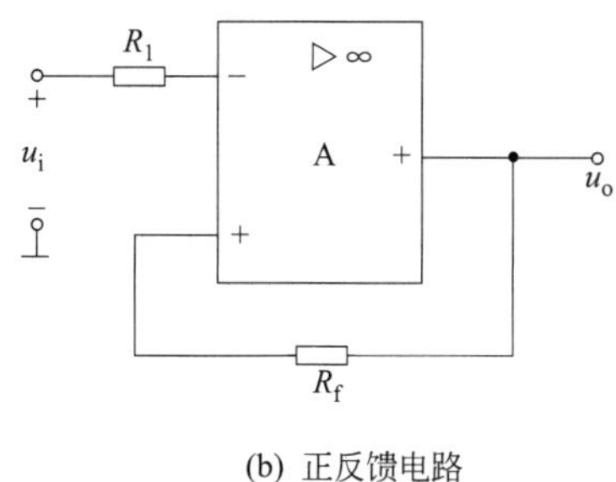

(b) 正反馈电路

图 7-9　运放反馈极性的判定

② 直流反馈与交流反馈　在放大电路中，由于同时存在着直流分量和交流分量，因此，在分析电路中存在反馈时，必须弄清反馈信号的成分。如果反馈信号只是直流分量，则电路只存在直流反馈；如果反馈信号只是交流分量，则电路只存在交流反馈；而有时则是既存在

直流反馈，又同时存在交流反馈。

在图 7-10(a) 中，由于在反馈信号的传送通路上存在一个交流旁路电容 C，则信号中的交流成分就会被旁路，反馈信号就只有直流分量，因此，电路只存在直流反馈。

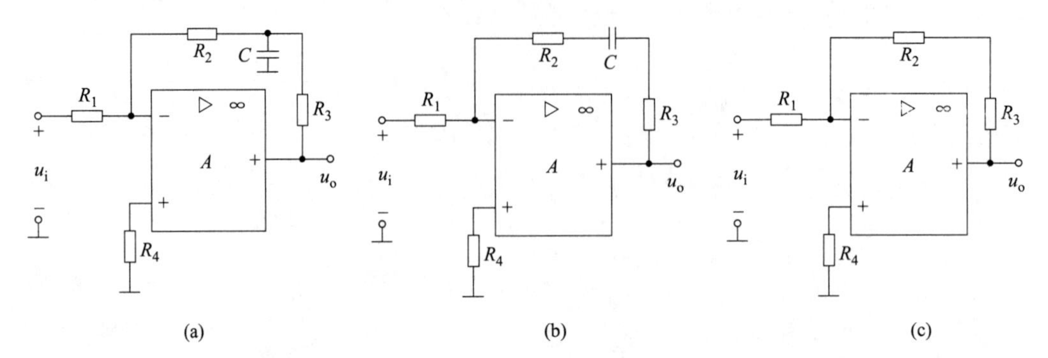

图 7-10 直流反馈与交流反馈

在图 7-10(b) 中，由于在反馈信号的传送通路上存在一个隔直电容 C，信号中的直流成分将不能通过，则反馈信号就只有交流分量，所以，电路只存在交流反馈。

在图 7-10(c)，反馈信号的传送通路上既无旁路电容，又无隔直电容，所以，电路既存在直流反馈，又存在交流反馈。

直流负反馈的作用是稳定放大电路的静态工作点，而交流负反馈则能改善放大电路的动态性能。在本章中如不做特别说明，所指的负反馈都是交流负反馈。

③ 电压反馈与电流反馈 在放大电路的输出回路上，依据反馈网络从输出回路上的取样方式，可将反馈分为电压反馈和电流反馈。若反馈信号取样为电压，即反馈信号（电压）大小与输出电压的大小成正比，这样的反馈称为电压反馈，如图 7-11(a) 所示。若反馈信号取样为电流，即反馈信号（电流）大小与输出电流的大小成正比，这样的反馈称为电流反馈，如图 7-11(b) 所示。

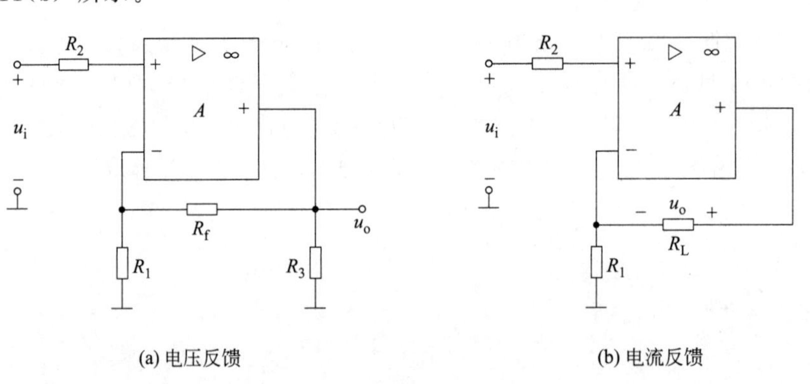

图 7-11 电压反馈与电流反馈

依据反馈取样与输出信号之间关系可得，只要假设输出电压 $u_o=0$，若此时反馈信号跟着消失，则为电压反馈；若此时反馈信号仍然存在，则为电流反馈。

在图 7-11(a) 中，当假设 $u_o=0$ 时，即此时 R_3 可视为短路，则输出信号全部短路到地，很显然，输出信号不会在 R_1 上形成电压，因此电路为电压反馈；在图 7-11(b) 中，当假设 $u_o=0$ 时，显然，输出信号仍将在上 R_1 形成电压，因此电路为电流反馈。

④ 串联反馈与并联反馈 在放大电路的输入回路中，依据反馈信号与输入信号的连接

方式，可将反馈分为串联反馈和并联反馈。若反馈回来的信号与输入信号在同一端点相叠加，即同点相连，则为并联反馈，如图 7-10(a) 所示；若反馈回来的信号与输入信号不在同一端点相叠加，即异点相连，则为串联反馈，如图 7-11(a) 所示。

(2) 反馈的类型　如前所述，在反馈电路的输出端，存在两种取样方式，而在反馈电路的输入端，也存在两种连接方式，因此，负反馈共有四种类型，分别是电压并联、电压串联、电流并联、电流串联。

① 电压并联负反馈　在图 7-12 所示负反馈放大电路的输出端，R_f 上的电压即反馈电压与输出电压是成正比的，若假设 $u_o=0$，即假设 R_L 对地短路，根据前面所学的知识，不难分析出 R_f 上的电压也将消失，R_f 也就将失去反馈作用，因此，根据电压反馈的定义可以判断出电路为电压反馈。

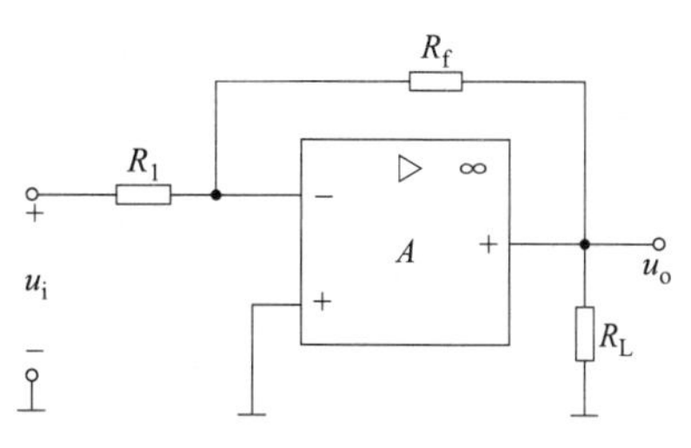

图 7-12　电压并联负反馈

而在电路的输入端，输入信号与反馈信号都是接在反相输入端上，因此，电路又为并联反馈。综合可得，电路为电压并联负反馈。

电压并联负反馈具有稳定输出信号电压的功能，其过程可做以下分析：如电路因某种原因导致输出电压 u_o 增大，则反馈电流 i_f 会相应上升，这将引起净输入电流 i'减少，从而迫使输出电压 u_o 下降，起到稳定输出信号电压的作用。

电压并联负反馈电路要求高内阻信号源提供信号。因为信号源的内阻 R_s 越大，净输入电流就越小，所以，反馈电流 i_f 对 i'的影响也越明显，负反馈作用也越强。因此，它适合与恒流源相配合。

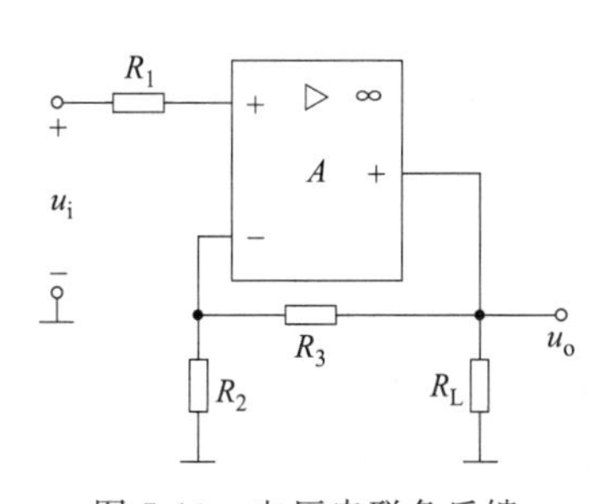

图 7-13　电压串联负反馈

② 电压串联负反馈　负反馈放大电路如图 7-13 所示，采用同样的分析方法，当假设 R_L 短路时，则 R_3 也将失去反馈作用，因此电路也为电压反馈。

在电路的输入端，输入信号与反馈信号分别接在运算放大器的同相端和反相端上，不接在同一端点上，因此，电路为串联反馈。综合可得，电路为电压串联负反馈。

电压串联负反馈电路也具有稳定输出信号电压的功能，其过程可做以下分析：当电路因某种原因使输出电压 u_o 下降时，则反馈电压 u_f 也会下降，从而使得净输入电压增大，因此，输出电压 u_o 将回升，从而起到稳定输出信号电压的功能。

电压串联负反馈电路要求由低内阻的信号源提供输入信号，因为信号源内阻 R_s 越低，电路的净输入电压就越高，则反馈作用越强，因此它适宜与恒压源配合。

③ 电流串联负反馈　在图 7-14 所示负反馈放大电路的输出端，如果假定将负载 R_L 短路，使得 $u_o=0$，很显然，输出回路中仍然存在电流 i_o，则反馈电阻 R_{e1} 上仍会有电压存在，即反馈电压不会消失，依据前面的反馈定义可知，电路为电流反馈。

在电路的输入端，输入信号与反馈信号分别接在 b 极与 e 极上，形成串联回路，因此是串联反馈。综合可得，电路为电流串联负反馈。

电流串联负反馈电路具有稳定输出信号电流的功能，其过程可做以下分析：当电路因某种原因使输出电流 i_o 增大时，则反馈电压 u_f 也将增大，从而使得净输入电压 u_{be} 减小，造

笔记

成净输入电流 i_b 减小，因此，输出电流 i_o 将减小，起到稳定输出信号电流的作用。

电流串联负反馈电路的输入电阻大，因此要求由低内阻的信号源提供输入信号，这样可增强反馈的作用。

④ 电流并联负反馈　在图 7-15 所示电路的输出端，若假定 R_L 短路，同样可以得到，它

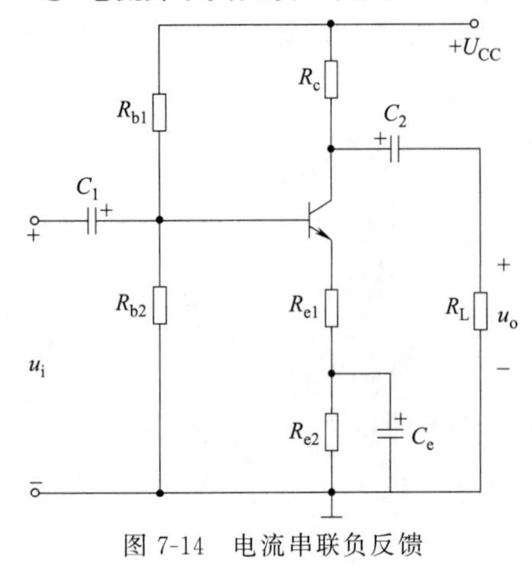

图 7-14　电流串联负反馈

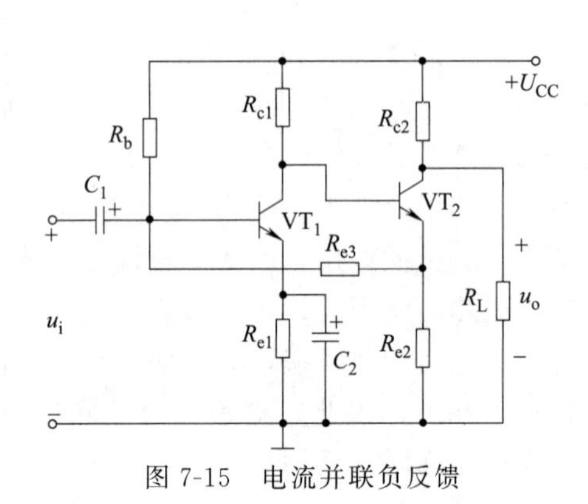

图 7-15　电流并联负反馈

也不能使得输出回路中的电流 i_o 为 0，R_{e3} 上仍有电压存在，因此，电路为电流反馈。

而在电路的输入端，输入信号与反馈信号同接在 b 极，构成并联形成，因此为并联反馈。综合可得，电路为电流并联负反馈。

电流并联负反馈电路也具有稳定输出信号电流的功能，其过程可做以下分析：当电路因某种原因使得输出电流 i_o 增大，则 R_{e3} 中的反馈电流将增大，由于是负反馈，从而使得净输入电流减小，因此输出电流 i_o 减小，起到稳定输出信号电流的作用。

电流并联负反馈电路的输入电阻小，因此，要求高内阻的信号源提供输入信号。

3. 负反馈对放大电路性能的影响

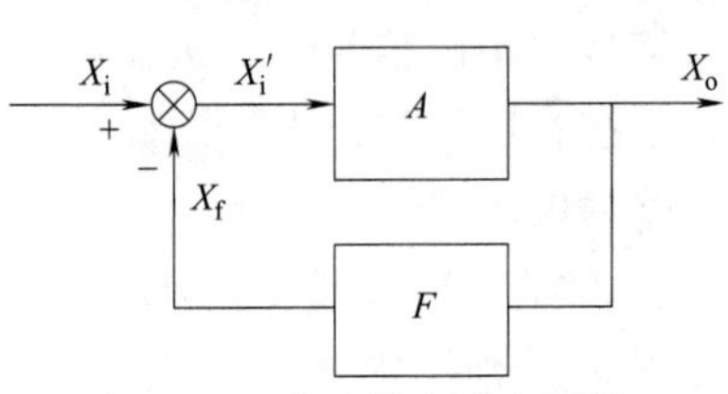

图 7-16　负反馈电路方框图

(1) 反馈的基本关系式　由图 7-16 所示的反馈电路方框图可得出反馈电路的各物理量之间的关系。在本章的讨论中，除涉及频率特性内容以外，为分析方便，均认为信号频率处在放大电路的通频带内（中频段），并假设反馈网络为纯电阻元件构成，这样，所有信号均用有效值表示，A 和 F 可用实数表示。

开环放大倍数
$$A=\frac{X_o}{X_i'} \tag{7-3}$$

反馈系数
$$F=\frac{X_f}{X_o} \tag{7-4}$$

净输入信号
$$X_i'=X_i-X_f=\frac{X_i}{1+AF} \tag{7-5}$$

闭环放大倍数
$$A_f=\frac{X_o}{X_i} \tag{7-6}$$

从以上公式可得
$$X_o=AX_i'=A(X_i-X_f)$$
$$=A(X_i-FX_o)=AX_i-AFX_o$$

整理可得
$$(1+AF)X_o=AX_i \tag{7-7}$$

将式（7-7）代入式（7-6）中，负反馈放大电路的闭环放大倍数
$$A_f=\frac{A}{1+AF} \tag{7-8}$$

闭环放大倍数能用来描述引入反馈后电路的放大能力，$1+AF$ 称为反馈深度，它是一个描述反馈强弱程度的物理量，其值越大，表示反馈越深，对放大器的影响也越大。

在式（7-8）中，若 $1+AF>1$，则电路为负反馈情形。可见，引入负反馈后，放大电路的放大倍数将下降。

若 $0<1+AF<1$，则电路为正反馈情形。放大电路引入正反馈后，虽然能提高放大电路的放大倍数，但会对放大电路的其他性能带来许多不利影响，所以，一般情况下要避免引入正反馈。正反馈只应用在特定的电路中。

若 $1+AF=0$，则 $AF=\infty$，这时电路所处的状态称为自激振荡。此时，电路即使不输入信号，也会有信号输出。

若 $1+AF=1$，即 $AF=0$，表示这时电路中的反馈效果为零。

【例 7-3】 在如图 7-17 所示电路中，已知运算放大器的开环电压放大倍数 $A=10^4$，输入信号 $u_i=1\text{mV}$，求电路的闭环电压放大倍数 A_f、净输入电压 u_i'以及反馈电压 u_f 的值。

解： 分析可知，电路为电压串联负反馈放大电路，由于运算放大器反相输入端的分流极小，因此，由 R_2、R_f 构成的反馈网络可视为两者串联组成，则

$$F=\frac{u_f}{u_o}=\frac{R_2}{R_2+R_f}=\frac{3}{3+270}=0.011$$

$$A_f=\frac{A}{1+AF}=\frac{10^4}{1+10^4\times0.011}=90.1$$

$$u_i'=\frac{u_i}{1+AF}=\frac{1}{1+10^4\times0.011}=0.00901(\text{mV})$$

$$u_f=u_i-u_i'=1-0.00901=0.99099(\text{mV})$$

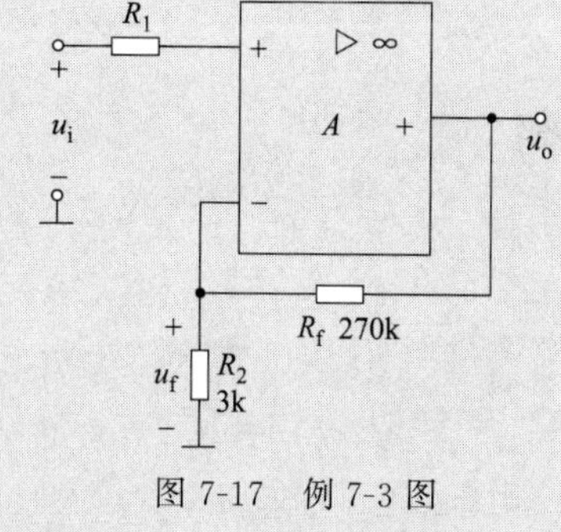

图 7-17 例 7-3 图

由此可见，引入负反馈后，电路的净输入电压远远小于它的输入电压，电路对输入信号的放大倍数（闭环放大倍数）也远远小于其开环放大倍数。

（2）负反馈对放大电路性能的影响

① 降低了电路的放大倍数　在负反馈电路中，由于 $1+AF>1$，因此，由公式 $A_f=\frac{A}{1+AF}$可知，此时电路的 $A_f<A$，即引入负反馈后放大电路的放大倍数将下降。$1+AF$ 越大，反馈也就越深，放大倍数的下降程度也就越厉害。

② 提高了放大倍数的稳定性　引入负反馈后，电路的放大倍数变为 $A_f=\frac{A}{1+AF}$，如果在上式中对变量 A 求导，则可得

笔记

$$\frac{dA_f}{dA}=\frac{1}{(1+AF)^2} \tag{7-9}$$

两边同乘 dA 则有

$$dA_f=\frac{1}{(1+AF)^2}dA \tag{7-10}$$

将上式两边同除以 A_f，可得

$$\frac{dA_f}{A_f}=\frac{dA}{(1+AF)^2 A_f}=\frac{1}{1+AF}\times\frac{dA}{A} \tag{7-11}$$

在负反馈电路中，由于 $1+AF>1$，所以

$$\frac{dA_f}{A_f}<\frac{dA}{A}$$

式（7-11）表明，引入负反馈后，电路放大倍数的相对变化量仅是未加负反馈时的相对变化量的$\frac{1}{1+AF}$，即电路的放大倍数的稳定性提高了$(1+AF)$倍。显然，负反馈越深，电路放大倍数的稳定性越高。

【例 7-4】 设有一个放大电路，在未加负反馈时，因某种原因，其放大倍数从 400 降至 300 倍。加入负反馈后，设反馈系数 $F=0.0475$，电路仍因同样原因，使其开环放大倍数 A 仍从 400 降至 300，试分析电路闭环放大倍数的稳定情况。

解： 开环时，$\frac{dA}{A}=\frac{100}{400}=0.25$，即相对变化量为 25%。

闭环时，当 $A=400$ 时，$A_f=\frac{A}{1+AF}=\frac{400}{1+400\times0.0475}=20$

当 A 下降到 300 时，$A_f'=\frac{A}{1+AF}=\frac{300}{1+300\times0.0475}=19.67$

但若仍要达到原来 400 倍的放大倍数，则显然需要用两级上述放大电路进行级联放大（在此忽略前、后级之间的影响），这时，电路总的放大倍数在变化前、后分别为 $20\times20=400$ 倍及 $19.67\times19.67\approx386.9$ 倍，也就是说，其相对变化量为 $\frac{400-386.9}{400}=0.03275=3.275\%$，显然，引入负反馈后，在达到相同放大倍数的前提下，电路放大倍数的稳定性得到很大的提高。

③ 展宽通频带　在前面学习中知道放大电路对不同频率的信号具有不同的放大倍数。在中频段，放大倍数近似相等；随着信号频率的变化，频率越高或频率越低，放大倍数都将下降。在上限截止频率点和下限截止频率点上，电路的放大倍数均为中频段的 $A_H=A_L=\frac{1}{\sqrt{2}}A$（$A$ 为中频段的放大倍数），此时，通频带宽度 $BW=f_H-f_L\approx f_H(f_H\gg f_L)$。那么引入负反馈之后，电路的带宽将发生怎样变化呢？下面通过具体的计算来进行说明。

【例 7-5】 有一开环放大电路，中频放大倍数 $A=400$，设其上限频率 $f_H=3000\text{Hz}$，现引入负反馈，反馈系数为 $F=0.047$，试比较电路的通频带变化情况。

解： 由通频带的概念可以知道，在开环状态下，电路在此上限频率处的放大倍数 $A_H=\frac{400}{\sqrt{2}}=282.8$，较之中频处的放大倍数下降了 29.3%。当引入负反馈后，此时的中频放大倍数下降到 $A_f=\frac{A}{1+AF}=\frac{400}{1+400\times0.0475}=20$，而在原上限频率 3000Hz 处的 $A_{HF}=\frac{A_H}{1+A_HF}=\frac{282.8}{1+282.8\times0.0475}\approx18.32$。若用两级相同电路级联，使总的中频放大倍数仍保持在 $A'=20\times20=400$，那么，在 3000Hz 处总的放大倍数将为 $A_{HF}=18.32^2\approx335.62$。此时，放大倍数仅下降了约 16.1%，远未达到 29.3%。在低频端也可得到同样结果。也就是说，引入负反馈后，它使放大倍数的下降变得缓慢。在截止频率上，它体现为使下限截止频率 f_L 向低端延伸至 f_{LF}；同时，使上限截止频率 f_H 向高端延伸至 f_{HF}。根据分析，f_L 将下降为 $\frac{f_L}{1+AF}$，而 f_H 将上升为 $f_H(1+AF)$，从而展宽了电路的通频带，改善了放大电路的高频和低频响应特性，如图 7-18 所示。

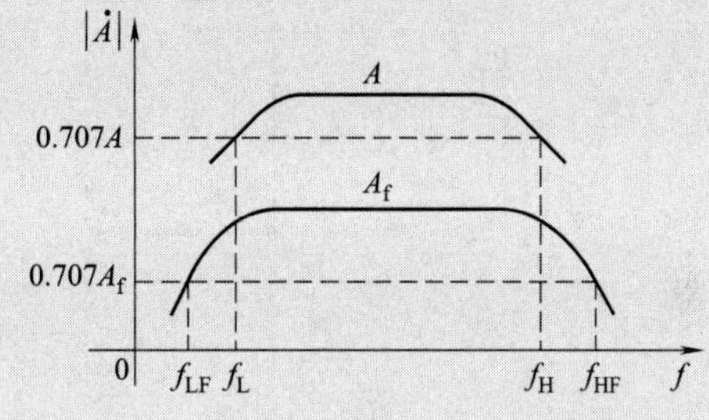

图 7-18　负反馈对通频带的影响

④ 减小非线性失真　由于放大电路中存在着三极管等非线性元件，这使得放大电路的传输特性是非线性的。因此，即使输入的是正弦波，输出也不会是正弦波，会产生波形失真，这种失真称为非线性失真，如图 7-19(a) 所示。尽管输入的是正弦波，但输出变成了正半周幅度大、负半周幅度小的失真波形。如果在图 7-19(a) 所示的放大电路中加上负反馈后，假设反馈网络是由无源元件构成的线性网络，这样，将得到正半周幅度大、负半周幅度小的反馈信号 X_f，而净入信号 $X_i'=X_i-X_f$，由此得到的净输入信号 X_i'则是正半周幅度小、负半周幅度大的失真波形。这个波形被放大输出后，正、负半周幅度不对称的程度将减小，输出波形趋于正弦波，非线性失真得到改善。其过程可用图 7-19(b) 来说明负反馈改善非线性失真的原理。一般来说，反馈越深，改善效果越明显。

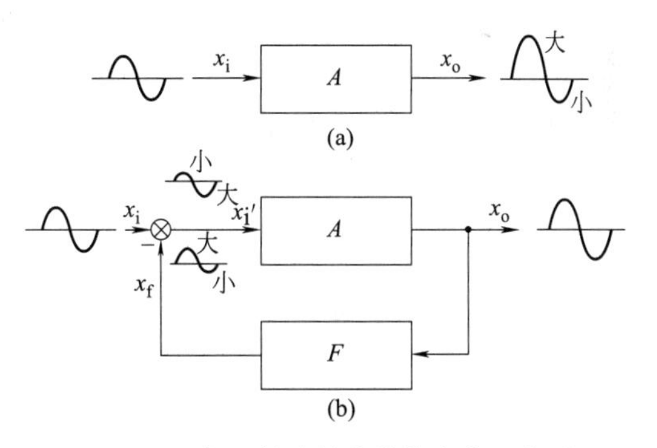

图 7-19　负反馈改善非线性失真示意图

必须指出，负反馈只能减小放大电路本身的非线性失真，而对于输入信号自身的失真，它是无能为力的。并且，负反馈也不能抵消晶体管的工作点因进入饱和区或截止区所产生的非线性失真，也就是说，负反馈不能改善饱和失真或截止失真。

⑤ 改变输入电阻和输出电阻　输入电阻和输出电阻是放大电路的基本性能指标，引入负反馈，可以改变它的输入电阻和输出电阻。不同类型的反馈，对放大电路的输入电阻或输出电阻的影响是不同的，下面分别予以讨论。

笔记

a. 对于输入电阻　输入电阻是指从放大电路的输入端口看进出的等效电阻，因此，输入电阻的变化主要取决于反馈网络与输入端的连接方式，而与输出端的取样方式无关。

在串联负反馈电路中，其反馈框图如图 7-20(a) 所示，由于 u_f 与 u_i 在输入回路中为串联形式，从而使输入端的电流 i_i 较无负反馈时减小，因此，输入电阻 R_{if} 增大。反馈越深，R_{if} 增加越大。分析证明，串联负反馈的输入电阻将增大到无反馈时的（$1+AF$）倍。

在并联负反馈电路中，其反馈框图结构如图 7-20(b) 所示，情况刚好与串联相反，由于输入端电流的增大，致使输入电阻 R_{if} 减小。反馈越深，R_{if} 减小越多。分析证明，并联负反馈的输入电阻将减小到无反馈时的$\frac{1}{1+AF}$倍。

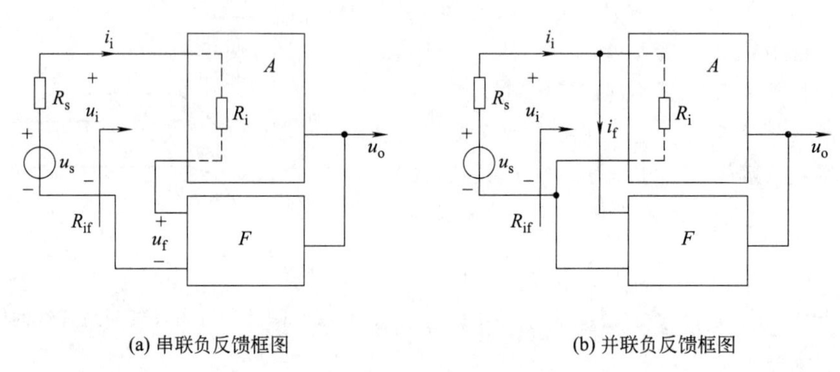

图 7-20　负反馈对输入电阻的影响

b. 对于输出电阻　输出电阻是指从放大电路的输出端口看进去的等效电阻，因此输出电阻的变化主要取决于反馈网络在输出端的取样方式，而与输入端的连接方式无关。

在电压负反馈电路中，其反馈框图结构如图 7-21(a) 所示。由于电压负反馈的作用是使输出电压更稳定，因此其输出电阻很小。分析证明，有此反馈时，输出电阻将减少到无反馈时的$\frac{1}{1+AF}$倍。

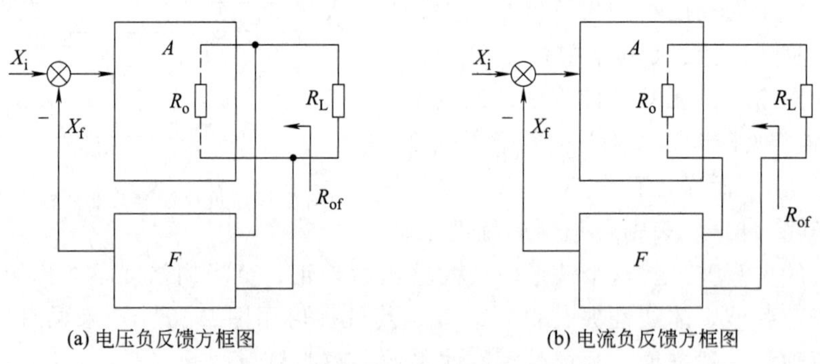

图 7-21　负反馈对输出电阻的影响

在电流负反馈电路中，其反馈框图结构如图 7-21(b) 所示。由于电流负反馈的作用是维持输出电流的稳定，因此其输出电阻很大。分析证明，有此反馈时，输出电阻将增大到无反馈时的（$1+AF$）倍。

必须指出，引入负反馈后，它对输入电阻以及输出电阻的影响，都是指反馈环内的输入电阻和输出电阻的影响，它对反馈环外的电阻没有影响。

（3）负反馈电路的自激振荡及消除　引入负反馈能够改善放大电路的工作性能，改善的程度是由反馈深度决定的。在实际应用中，负反馈对电路性能的这种改善是有限度的，也就是说，在实际中并非反馈越深越好，因为有时这不但不能改善放大器的性能，反而会使性能变坏，甚至会使放大器不能正常工作。

在这一章中所讨论的负反馈电路，是将电路中各电抗元件（主要是电容）的影响忽略不计，同时，是针对放大器工作于通频带以内的情况而言的。但是，在实际应用中，由于放大电路和反馈网络中存在有电抗元件，因而对于那些工作在通频带以外的信号，工作频率越高，负反馈网络及放大器中的电抗元件所产生的附加相移就越大，这将可能使原本在中低频引入的负反馈由于相移而转成正反馈，一旦这种正反馈的幅度足够强，就会使电路形成自激振荡，使电路的放大遭到破坏。

为了避免自激的产生，常对负反馈电路采取以下一些措施加以防范：

① 尽可能采用单级或两级负反馈；

② 在不得不采用三级以上的负反馈时，应尽可能使各级电路的参数设计成不一致；

③ 适当减小反馈系数或降低反馈深度。对于深度负反馈，则应在适当部位设置电容（或电阻、电容组合）进行相位补偿，这可在一定范围内消除自激振荡。

4. 深度负反馈放大电路

前面对负反馈放大电路做了定性分析，在本节中将对它进行定量分析，但一般来说，对负反馈放大电路进行精确计算不是一件容易的事情。在此，主要是根据电路的特点，利用一定的近似条件，对电路的一些参数进行工程估算。

（1）深度负反馈的特点　在负反馈放大电路中，当反馈深度 $1+AF\gg1$ 或 $AF\gg1$ 时，称之为深度负反馈。

一方面，放大器的闭环放大倍数的计算可化简为

$$A_f=\frac{A}{1+AF}\approx\frac{A}{AF}=\frac{1}{F} \tag{7-12}$$

对于由纯电阻构成的反馈网络，它的反馈系数 F 为实数定值。由于电路的闭环放大倍数近似为反馈系数的倒数，所以，其闭环放大倍数也近似为定值，与放大电路的开环参数无关。一般情况下，电路的反馈网络是由电阻构成的，因此，在深度负反馈的情况下，电路的闭环放大倍数具有相当稳定的特性。

另一方面，在式（7-5）中，在深度负反馈时，由于 $1+AF\gg1$，而在交流小信号时，放大器的净输入信号 X_i'会很小，常将它忽略不计，所以，有 $X_i\approx X_f$。此式说明，在深度负反馈的情况下，电路的反馈信号近似等于信号源提供的信号，对于串联反馈电路可得出 $u_i=u_f$，对于并联反馈电路可得出 $i_i=i_f$，也就是说，电路的净输入信号可视为 0。

对于用集成运算放大器构成的放大电路，在作线性放大应用时必须是处于深度负反馈才能正常工作。此时，可认为净输入电压 $u_i'\approx0$，则可得出 $u_+=u_-$，即运算放大器的同相端与反相端可视为短接，常称为“虚短”；同时，可认为净输入电流 $i_i'=0$，即运算放大器的输入端近似于开路，称为“虚断”。利用以上深度负反馈放大电路所具有的特性，可方便地进行放大倍数及其他参数的估算。

（2）深度负反馈放大电路的估算　在实际工程运用中的放大电路一般都满足深度负反馈的条件。下面通过例题来讲述各种深度负反馈电路中有关放大倍数的估算，并假定以下各个电路都满足深度负反馈条件。

【例 7-6】 估算图 7-22 中放大电路中的电压放大倍数。

解： 分析可知，图 7-22 是由运算放大器构成的电压串联负反馈电路，根据运算放大器在深度反馈下的同相端具有虚断特性，即 $i_+=0$，因此可得出 $u_+=u_i$。

再根据净输入信号 $u_i'=0$，可得出

$$u_+=u_-=u_i$$

另又根据反相端也具有虚断的特征，即 R_1 与 R_f 可视为串联，于是可得到

$$u_o-i_fR_f-i_fR_1=0 \quad (7\text{-}13)$$

$$i_fR_1=u_i \quad (7\text{-}14)$$

解方程得 $A_u=u_o/u_i=1+(R_f/R_1)$

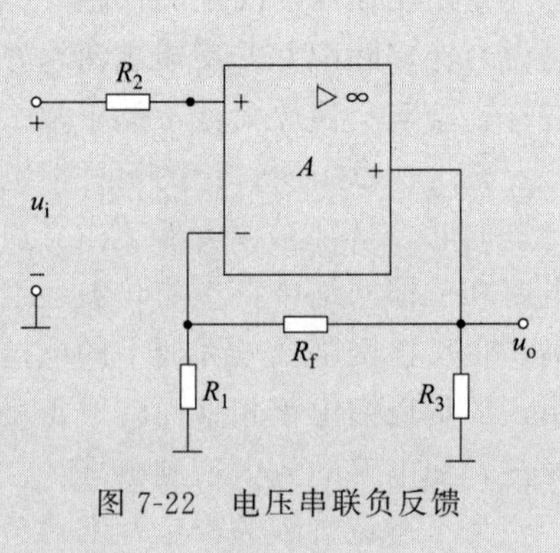

图 7-22 电压串联负反馈

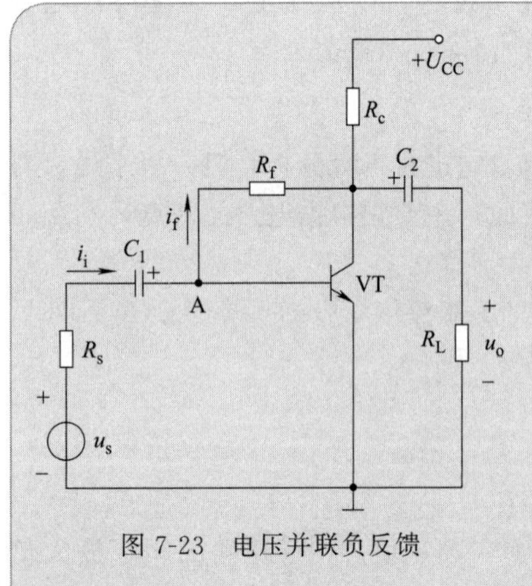

图 7-23 电压并联负反馈

【例 7-7】 估算图 7-23 放大电路中的电压放大倍数。

解： 由分析可知，图 7-23 是由三极管构成的电压并联负反馈电路。根据深度并联负反馈特性 $i_i=i_f$，可得出

$$u_s-i_iR_s-i_fR_f=u_o \quad (7\text{-}15)$$

化简得

$$u_s-i_i(R_s+R_f)=u_o \quad (7\text{-}16)$$

又根据 $i_i\approx0$，可得到 $u_A=0$，即 $u_s-i_iR_s=0$，

即 $$i_i=u_s/R_s \quad (7\text{-}17)$$

将式(7-17) 代入式(7-16) 可求得

$$A_u=\frac{u_o}{u_s}=-\frac{R_f}{R_s}$$

笔记

学习单元三 集成运算放大器的应用

集成运算放大器的应用很广泛，若从它的工作状态来分，可分为负反馈应用、开环和正反馈应用。负反馈应用电路的特点是，引入负反馈后，电路一般工作于线性区内，所以称为线性应用；开环和正反馈的应用电路多数工作于非线性状态，所以又称为非线性应用。

本章在介绍集成运放的主要参数和工作特点之后，重点介绍集成运放的线性应用电路——模拟信号运算电路等。

一、概述

1. 集成运放的电压传输特性

集成运放的电压传输特性，是指集成运放的输出电压 u_o 与其输入电压 u_{id}（即同相输入端与反相输入端之间的电压 $u_{id}=u_+-u_-$）之间的关系曲线，即

$$u_o=f(u_{id})$$

集成运放的电压传输特性如图 7-24 所示。由图 7-24 可知，集成运放有两个工作区：一是饱和工作区（也称非线性区），运放由双电源供电时，输出饱和值不是 $+U_{OM}$ 就是 $-U_{OM}$；二是放大区（又称线性区），曲线的斜率为电压放大倍数，理想运放 $A_{od}\to\infty$，在放大区与纵坐标重合，见图 7-24(a)，但实际中的集成运放的特性并非理想，它的电压特性曲线如图 7-24(b) 所示。

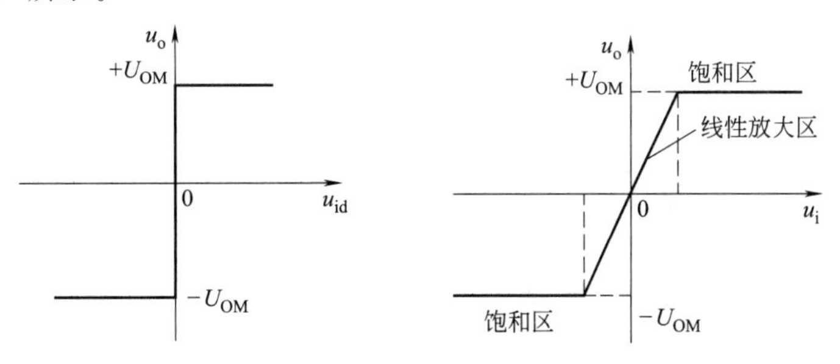

(a) 理想集成运放的电压传输特性　　(b) 实际集成运放的电压传输特性

图 7-24　集成运放的电压传输特性

当集成运放工作在线性区时

$$u_o=A_{od}u_{id} \tag{7-18}$$

通常集成运放的开环差模电压放大倍数 A_{od} 非常高，可达几十万倍，因此集成运放的电压传输特性中的线性区非常窄。如果输出电压最大值 $U_{OM}=\pm13\text{V}$，$A_{od}=5\times10^5$，那么只有当输入信号 $|u_{id}|<26\mu\text{V}$ 时，电路才会工作在线性区，否则集成运放就将进入非线性区，输出电压 u_o 不是 +13V 就是 −13V。

2. 典型的双运放、四运放简介

目前，随着半导体制造工艺水平的提高，已经把两个甚至多个集成运放制作在同一块芯片上。双运放就是在同一芯片上制作了两个相同的运放。这种高密度封装，不仅缩小体积，更重要的是在同一芯片上同时制作而成，温度变化一致，电路一致性好。

典型的双运放 F353 引脚排列如图 7-25 所示。它包含两组电路结构完全相同的运放电路，是一种高速 JFET 输入运算放大器，它具有宽的增益带宽积，$BW_G=4\text{MHz}$，$R_{id}=10^{12}\Omega$，电源电压为 +18V，差模输入电压范围 $U_{idmax}=\pm30\text{V}$，$U_{icmax}=\pm18\text{V}$，电路内部采用了内补偿技术，使用时不需外接消振补偿电路，可构成音频静噪电路等。

典型的四运放 LM324 引脚排列如图 7-26 所示。它包含四组电路结构完全相同的运放电路，是通用型单片高增益运算放大器，既可以单电源使用，也可以双电源使用（单电源使用时，$-U_{CC}$ 可接 GND）。LM324 集成块在 25℃时，$U_{CC}=+5\text{V}$，主要参数 $U_{IO}=\pm2\text{mV}$，$I_{IO}=\pm5\text{nA}$，$A_{od}=100\text{dB}$，$K_{CMR}=70\text{dB}$。LM324 集成运放如接不同的反馈网络，可构成各种典型的、复杂的功能电路，如有源滤波电路、放大电路、模拟运放电路、振荡电路、转换电路以及其他各种非线性电路等。

3. 集成运放工作在线性区和非线性区的特点

(1) 集成运放工作在线性区的特点　集成运放工作在线性区时有两个特点。

①虚短　当理想集成运放工作在线性区时，它的输入信号与输出信号应满足

$$u_o=A_{od}u_{id}$$

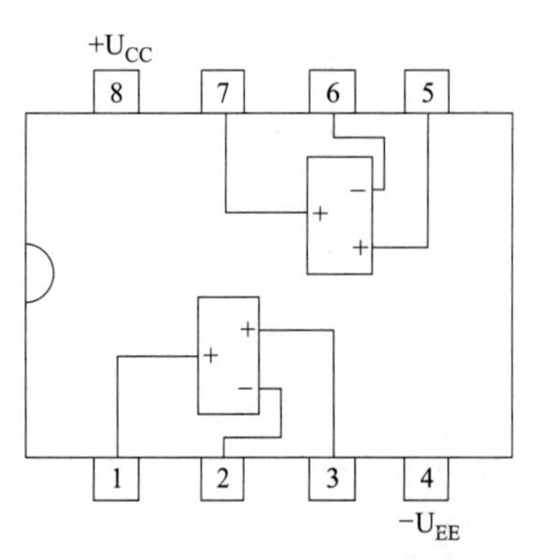

图 7-25 双运放 F353 引脚排列图

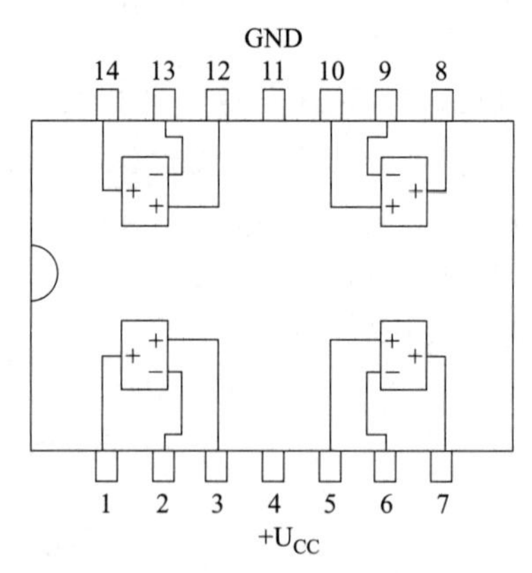

图 7-26 四运放 LM324 引脚排列图

由于 A_{od} 趋近于无穷大，当运放的输出电压 u_o 为有限值时，集成运放的输入电压 u_{id} 趋近于零，则两个输入端电压相等，即

$$u_+=u_- \tag{7-19}$$

因此，集成运放的同相输入端与反相输入端可视为短路，但不是真短路。

② 虚断 理想集成运放的输入电阻趋于无穷大，故其输入端相当于开路，集成运放的净输入电流为零，即

$$i_+=i_-=0 \tag{7-20}$$

利用上述两个特点，可以非常方便地分析各种运放的线性应用电路。

"虚地"，则是"虚短"现象的一个特例。在图 7-27 中，因为 $i_+=i_-=0$，故 $u_+=0$，而 $u_+=u_-=0$，所以 u_- 点虽不接地却如同接地一样，故称为"虚地"。

为了使集成运放工作在线性区，最常用的方法是在电路中引入负反馈，以减小其净输入电压 u_{id}，保证输出电压不超过线性范围。如果集成运放的输出端与反相输入端通过反馈网络连接起来，就说明电路中引入了负反馈，如图 7-28 所示。

笔记

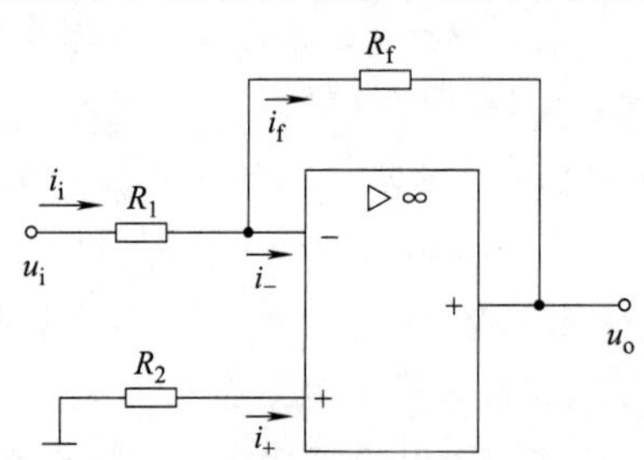

图 7-27 运放电路中的"虚地"

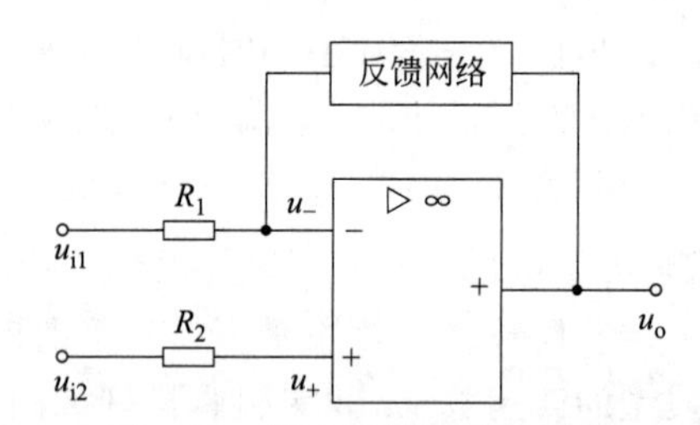

图 7-28 集成运放引入负反馈

当然，实际运放的 A_{od} 与 R_{id} 不是无穷大，因此，$u_+-u_-\neq 0$，i_+ 和 i_- 也不等于零。但对于实际运放，当 A_{od} 足够大时，净输入电压和净输入电流与电路中其他电压、电流相比，确实很小，完全可以忽略不计。如在线性区内，当 $u_o=10\text{V}$ 时，若 $A_{od}=1\times 10^5$，则 $u_+-u_-=0.1\text{mV}$；若 $A_{od}=1\times 10^7$，则 $u_+-u_-=1\mu\text{V}$。可见，在 u_o 为一定的值时，集成运放的 A_{od} 越大，则 $u_{id}=u_+-u_-$ 越小，忽略后所带来的误差也越小。在分析集成运放线性应用时，可把集成运放看作理想运放。

(2) 集成运放工作在非线性区的特点 当集成运放处于开环状态，即不加任何反馈，或者引入了正反馈，即集成运放输出端与同相输入端通过反馈网络连接起来时，运放就会工作

在非线性区，如图 7-29 所示。

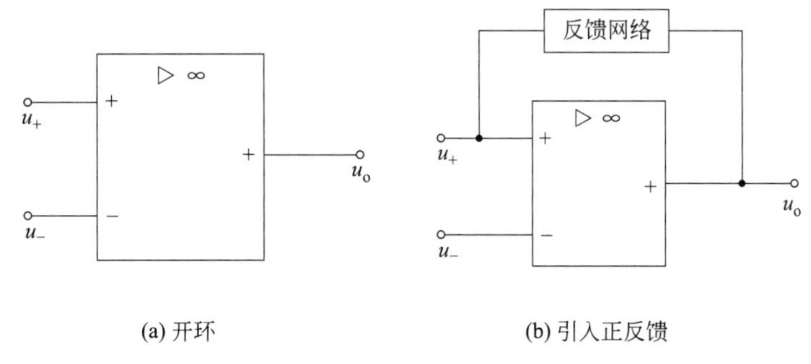

(a) 开环　　(b) 引入正反馈

图 7-29　集成运放工作在非线性区

对于理想集成运放，由于 $u_o = A_{od}(u_+ - u_-)$，且 A_{od} 为无穷大，故只要在运放的两个输入端之间加一个很小的电压，运放就会超出线性范围，输出电压 u_o 达到正向饱和电压 $+U_{OM}$ 或负向饱和电压 $-U_{OM}$，输入电压与输出电压之间即不呈线性关系。

理想运放工作在非线性区也有两个重要特点。

①当 $u_+ > u_-$ 时　　$u_o = +U_{OM}$　　(7-21)

当 $u_+ < u_-$ 时　　$u_o = -U_{OM}$　　(7-22)

即输出电压只有两种可能的值，不是 $+U_{OM}$ 就是 $-U_{OM}$，$\pm U_{OM}$ 接近其供电电源 $\pm U_{CC}$。其电压传输特性如图 7-24 所示。

② 由于 $R_{id} = \infty$，故净输入电流为零，$i_+ = i_- = 0$。

和线性应用电路类似，在分析集成运放非线性应用电路时，以上述两个特点为基本出发点，推论出电路输出与输入之间的关系。

这里需要特别指出，运放工作在非线性区时，$u_+ \neq u_-$，其净输入电压 $u_+ - u_-$ 的大小，取决于电路的实际输入电压及外接电路的参数。

总之，在分析运放的应用电路时，首先根据有无反馈及反馈极性，判断集成运放的工作区域，然后根据不同区域的不同特点，分析电路输出与输入的关系，进而弄清其工作原理。

在无特殊要求时，均可将集成运放当作理想运放。

二、集成运放的线性应用电路

理想运放引入负反馈后，以输入电压作为自变量，输出电压为函数，利用反馈网络，能实现模拟信号的各种运算。在线性区以“虚短”和“虚断”为基本出发点，即可求出输出电压和输入电压的运算关系式。

1. 比例运算电路

比例运算电路是运算电路中最简单的电路，它的输出电压与输入电压成比例。

(1) 反相比例运算电路　图 7-30 所示为反相比例运算电路。

由于输出电压与输入电压反相，故得此名。输入信号 u_i 经电阻 R_1 送到反相输入端，同相输入端经 R' 接地。R_f 为反馈电阻，构成电压并联负反馈组态。图中，电阻 R' 称为直流平衡电阻，以消除静态时集成运放内输入级基极电流对输出电压产生的影响，进行直流平衡。其阻值等于反相输入端所接的等效电阻，即 $R' = R_1 // R_f$。

由于运放工作在线性区，由虚断、虚短有

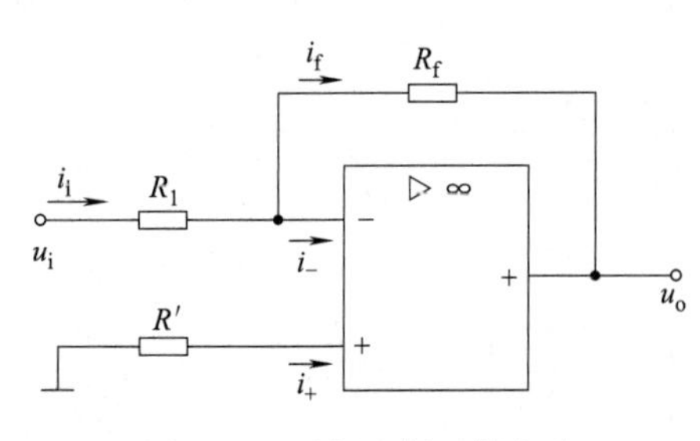

图 7-30 反相比例运算电路

$$i_+=i_-=0,\ u_+=u_-$$

可知 R'上电压为 0，故有

$$u_+=u_-=0 \tag{7-23}$$

上式表明，集成运放两输入端的电位均为零，但实际上它们并没有真正直接接地，故称为“虚地”。由“虚断”可知，输入电流 i_i 等于电阻 R_f 上的电流，即

$$i_i=i_f \tag{7-24}$$

则有
$$\frac{u_i-u_-}{R_1}=\frac{u_--u_o}{R_f}$$

将 $u_-=0$ 代入，得
$$u_o=-\frac{R_f}{R_1}u_i \tag{7-25}$$

则闭环电压放大倍数为
$$A_{uf}=-\frac{R_f}{R_1} \tag{7-26}$$

式（7-25）和式（7-26）表明输出电压与输入电压相位相反，且成比例关系。

当 $R_1=R_f$，则 $A_{uf}=-1$，即电路的 u_o 与 u_i 大小相等，相位相反，则此时电路为反相器。

由于“虚地”，故放大电路的输入电阻为 $R_i=R_1$ （7-27）

放大电路的输出电阻为 $R_o=0$ （7-28）

$R_o=0$ 说明电路有很强的带负载能力。

【例 7-8】 图 7-30 所示电路中，若要求输入电阻 $R_i=30\text{k}\Omega$，比例系数为 -10，求 $R_1=$? $R_f=$?

解： 根据式（7-27）可知 $R_i=R_1=-30\text{k}\Omega$，又根据式（7-26）可知：

$$R_f=-A_{uf}R_1=-(-10)\times30=300(\text{k}\Omega)$$

笔记

（2）同相比例运算电路　若将反相比例运算电路的输入端和“地”互换，则可得到同相比例运算电路。如图 7-31 所示，集成运放的反相输入端通过 R_1 接地，同相输入端经 R_2 接输入信号，$R_2=R_1//R_f$；R_f 与 R_1 使运放构成电压串联负反馈电路。

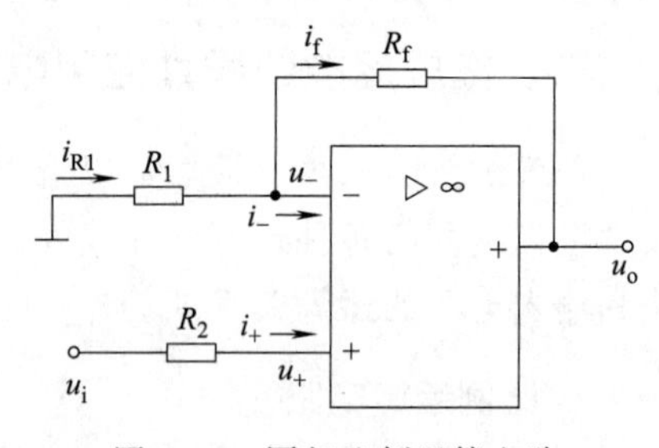

图 7-31 同相比例运算电路

由于集成运放工作在线性区，根据虚断、虚短可知，$i_+=i_-=0$，$u_+=u_-$，R_2 上电压为零，故 $u_+=u_-=u_i$。

根据 $i_{R1}=i_f$，可得 R_1 上压降为

$$u_{R1}=u_-=u_i=\frac{R_1}{R_1+R_f}u_o$$

整理得：
$$u_o=\left(1+\frac{R_f}{R_1}\right)u_i \tag{7-29}$$

$$A_{uf}=\frac{u_o}{u_i}=1+\frac{R_f}{R_1} \tag{7-30}$$

由同相比例运算电路的输入电流为零，可知

放大电路的输入电阻　　　　　　$R_i \to \infty$

放大电路的输出电阻　　　　　　$R_o=0$

式（7-29）和式（7-30）表明，电路的输出电压与输入电压相位相同，且成比例关系。

在式（7-29）中，若取 $R_1 \to \infty$，$R_f=0$，则 $u_o=u_i$，此时，电路成为电压跟随器，电

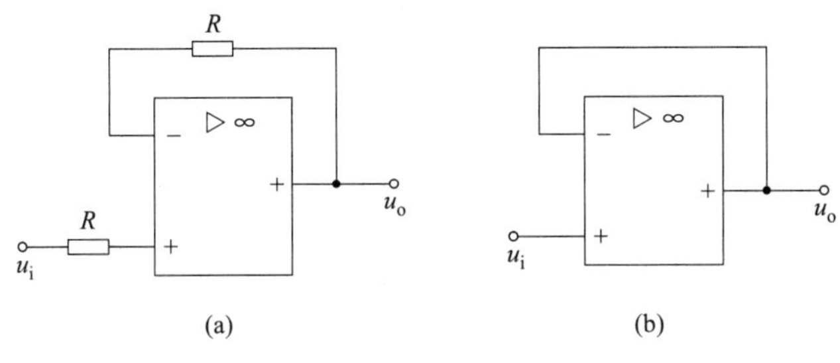

图 7-32　电压跟随器

路如图 7-32 所示。它是同相比例运算电路的一个特例。电压跟随器与射极跟随器类似，但其跟随性能更好，输入电阻更高，输出电阻趋于零。它常用作变换器或缓冲器，在电子电路中应用极广。

【例 7-9】 在图 7-31 所示电路中，已知集成运放的最大输出电压幅值为±13V，$R_1=10\text{k}\Omega$，在 $u_i=100\text{mV}$，$u_o=1.1\text{V}$，试求：（1）电路的 A_{uf} 为多少？（2）R_f 取值为多大？（3）若 $u_i=-2\text{V}$，则 $u_o=$？

解：（1）根据式（7-30）有　　$A_{uf}=\frac{u_o}{u_i}=\frac{1.1}{0.1}=11$

（2）根据式（7-30）有　　$A_{uf}=1+\frac{R_f}{R_1}$

将已知条件代入可解得 $R_f=100\text{k}\Omega$。

（3）当 $u_i=-2\text{V}$ 时，假设集成运放工作在线性区，$u_o=A_{uf}u_i=-22\text{V}$，超出 $-U_{OM}$，故集成运放进入非线性区，输出电压 $u_o=-13\text{V}$。

2. 加法运算电路

能实现加法运算的电路称为加法器或求和电路。根据输入信号是连接到运放的反相输入端还是同相输入端，加法器有反相输入式和同相输入式之分。

（1）反相加法运算电路　图 7-33 是反相加法运算电路。其中 R_f 引入了深度电压并联负反馈，R 为平衡电阻（$R=R_1/\!/R_2/\!/R_3/\!/R_f$）。

由于“虚地”，$u_-=u_+=0$，故有

$$i_1=\frac{u_{i1}}{R_1} \qquad i_2=\frac{u_{i2}}{R_2}$$

$$i_3=\frac{u_{i3}}{R_3} \qquad i_f=-\frac{u_o}{R_f}$$

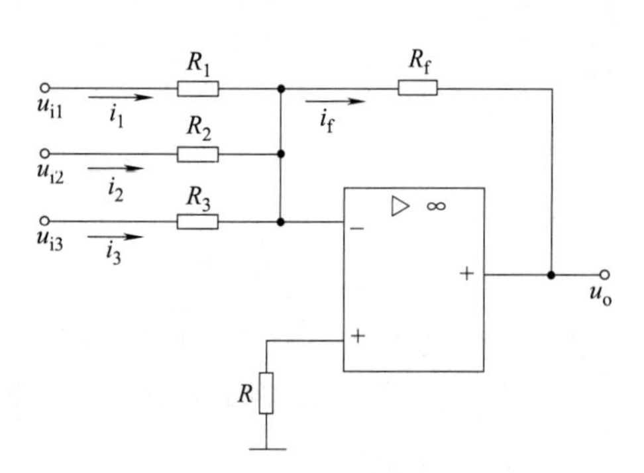

图 7-33 反相加法运算电路

由虚断 $i_+=i_-=0$，可得

$$i_f=i_1+i_2+i_3$$

由以上各式可得

$$u_o=-i_fR_f=-R_f\left(\frac{u_{i1}}{R_1}+\frac{u_{i2}}{R_2}+\frac{u_{i3}}{R_3}\right) \tag{7-31}$$

上式表明，反相加法运算电路的输出电压等于各输入电压以不同的比例反相求和。

若取 $R_1=R_2=\cdots=R_n$，则有

$$u_o=-\frac{R_f}{R}(u_{i1}+u_{i2}+\cdots+u_{in}) \tag{7-32}$$

若取 $R_f=R_1=R_2=\cdots=R_n$，则有

$$u_o=-(u_{i1}+u_{i2}+\cdots+u_{in}) \tag{7-33}$$

反相加法运算电路的特点是：当改变某一输入回路的电阻值时，只改变该路输入信号的放大倍数（比例系数），而不影响其他输入信号的放大倍数，因此，调节灵活方便。

【例 7-10】 图 7-33 所示是一个反相输入加法运算电路。已知 $R_1=R_2=10\text{k}\Omega$，$R_3=5\text{k}\Omega$，$R_f=100\text{k}\Omega$，试求 u_o 与 u_{i1}、u_{i2}、u_{i3} 的关系。

解： 输出电压 u_o。

$$u_o=-\left(\frac{R_f}{R_1}u_{i1}+\frac{R_f}{R_2}u_{i2}+\frac{R_f}{R_3}u_{i3}\right)=-\left(\frac{100}{10}u_{i1}+\frac{100}{10}u_{i2}+\frac{100}{5}u_{i3}\right)$$
$$=-(10u_{i1}+10u_{i2}+20u_{i3})$$

笔记

（2）同相加法运算电路 图 7-34 所示电路为同相加法运算电路。

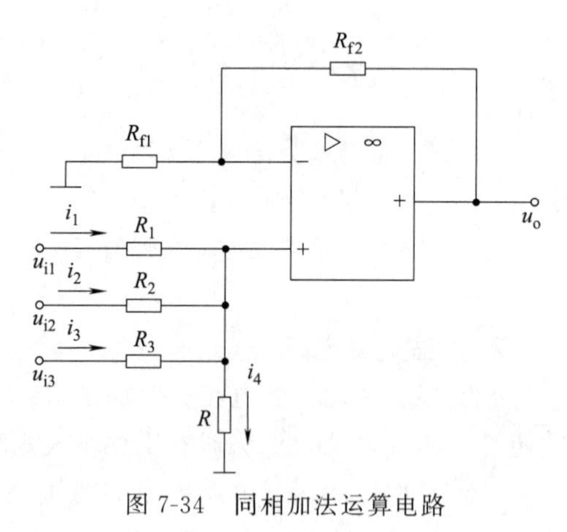

图 7-34 同相加法运算电路

根据理想运放工作在线性区的“虚短”“虚断”，对同相输入端列节点电流方程

$$\frac{u_{i1}-u_+}{R_1}+\frac{u_{i2}-u_+}{R_2}+\frac{u_{i3}-u_+}{R_3}=\frac{u_+}{R}$$

解得 $u_+=R'\left(\frac{u_{i1}}{R_1}+\frac{u_{i2}}{R_2}+\frac{u_{i3}}{R_3}\right)$

将上式代入（7-31）可得

$$u_o=\left(1+\frac{R_{f2}}{R_{f1}}\right)R'\left(\frac{u_{i1}}{R_1}+\frac{u_{i2}}{R_2}+\frac{u_{i3}}{R_3}\right) \tag{7-34}$$

其中，同相输入端总电阻 $R'=R_1//R_2//R_3//R$

反相输入端总电阻 $R''=R_{f1}//R_{f2}$

通常 $R'=R''$，则

$$u_o=\frac{R_{f1}+R_{f2}}{R_{f1}R_{f2}}R_{f2}R'\left(\frac{u_{i1}}{R_1}+\frac{u_{i2}}{R_2}+\frac{u_{i3}}{R_3}\right)$$

$$=\frac{R_{f2}}{R''}R'\left(\frac{u_{i1}}{R_1}+\frac{u_{i2}}{R_2}+\frac{u_{i3}}{R_3}\right) \tag{7-35}$$

$$=R_{f2}\left(\frac{u_{i1}}{R_1}+\frac{u_{i2}}{R_2}+\frac{u_{i3}}{R_3}\right) \tag{7-36}$$

上式说明同相加法运算电路的输出电压等于各输入电压以不同的比例同相求和。

3. 减法运算电路

（1）利用反相信号求和以实现减法运算　电路如图 7-35 所示，第一级为反相比例放大电路，第二级为反相加法运算电路。

由图可得：$u_{o1}=-\frac{R_{f1}}{R_1}u_{i1}$

$$u_o=-\left(\frac{R_{f2}}{R_3}u_{i2}+\frac{R_{f2}}{R_4}u_{o1}\right)$$

$$=\frac{R_{f1}R_{f2}}{R_1R_4}u_{i1}-\frac{R_{f2}}{R_3}u_{i2}$$

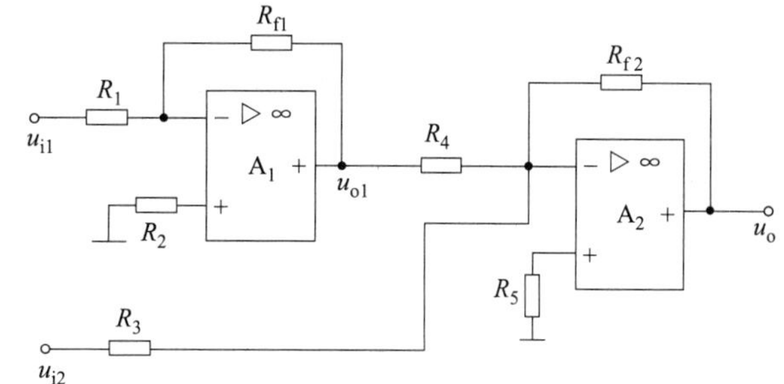

图 7-35　用加法电路构成的减法电路

若 $R_1=R_{f1}$，即第一级为反相器，则有

$$u_o=\frac{R_{f2}}{R_4}u_{i1}-\frac{R_{f2}}{R_3}u_{i2} \tag{7-37}$$

若 $R_3=R_4$ 时，则有

$$u_o=\frac{R_{f2}}{R_4}(u_{i1}-u_{i2}) \tag{7-38}$$

由式（7-38）可以看出，输出电压与输入电压的差值成比例。

若 $R_3=R_4=R_{f2}$ 时，有

$$u_o=u_{i1}-u_{i2} \tag{7-39}$$

笔记

由上可见，利用两级电路实现了两个信号的减法运算。

（2）利用差分电路实现减法运算　差动直流放大器可用来放大差模信号、抑制共模信号、做减法运算。

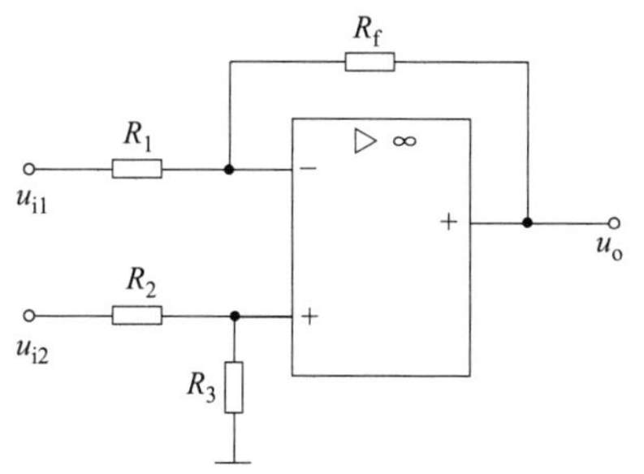

图 7-36　差分输入减法运算电路

电路图 7-36 是用差分电路来实现减法运算的。外加输入信号 u_{i1} 和 u_{i2} 分别通过电阻加在运放的反相输入端和同相输入端，故称为差动输入方式。其电路参数对称，即 $R_1//R_f=R_2//R_3$，以保证运放输入端保持平衡工作状态。

由电路可以判断出：对于输入信号 u_{i1}，引入了电压并联负反馈；对于输入信号 u_{i2}，引入了电压串联负反馈。所以运放工作在线性区，利用叠加原理，对其分析如下。

设 u_{i1} 单独作用时输出电压为 u_{o1}，此时应令 $u_{i2}=0$，电路为反相比例放大电路

$$u_{o1}=-\frac{R_f}{R_1}u_{i1}$$

设 u_{i2} 单独作用时输出电压为 u_{o2}，此时应令 $u_{i1}=0$，电路为同相例放大电路

$$u_+=\frac{R_3}{R_2+R_3}u_{i2}$$

$$u_{o2}=\left(1+\frac{R_f}{R_1}\right)u_+=\left(1+\frac{R_f}{R_1}\right)\times\left(\frac{R_3}{R_2+R_3}\right)u_{i2}$$

所以，当 u_{i1}、u_{i2} 同时作用于电路时

$$\begin{aligned}u_o&=u_{o1}+u_{o2}\\&=\left(1+\frac{R_f}{R_1}\right)\times\left(\frac{R_3}{R_2+R_3}\right)u_{i2}-\frac{R_f}{R_1}u_{i1}\end{aligned}$$

当 $R_1=R_2$，$R_f=R_3$ 时

$$u_o=\frac{R_f}{R_1}(u_{i2}-u_{i1}) \tag{7-40}$$

由式（7-40）可以看出，输出电压与输入电压的差值成比例。

当 $R_1=R_f$ 时，$u_o=u_{i2}-u_{i1}$，实现了两个信号的减法运算。

4. 积分、微分运算电路

在自动控制系统中，常用积分运算电路和微分运算电路作为调节环节。此外，积分运算电路还用于延时、定时和非正弦波发生电路之中。

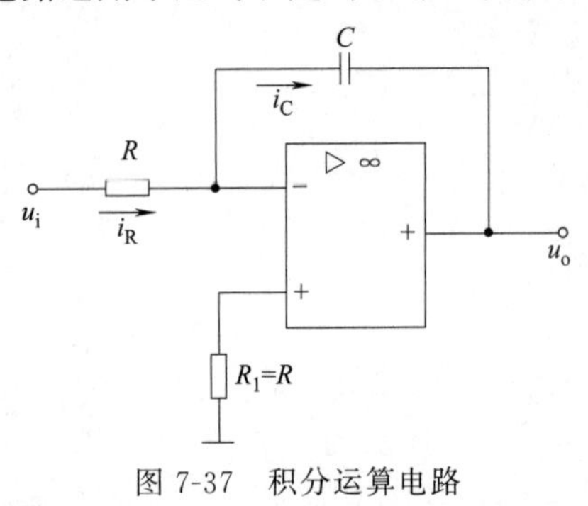

图 7-37 积分运算电路

（1）积分运算电路 积分运算电路如图 7-37 所示，输入信号 u_i 通过电阻 R 接至反相输入端，电容 C 为反馈元件。

根据虚断、虚短，$i_+=i_-=0$，$u_+=u_-$。由于同相输入端通过 R_1 接地，所以运放的反相输入端为"虚地" $u_+=u_-=0$。

电容 C 上流过的电流等于电阻 R_1 中的电流

$$i_C=i_R=\frac{u_i}{R}$$

输出电压与电容电压的关系为 $u_C=u_--u_o$

则有 $u_o=-u_C$

且电容电压等于 i_C 的积分 $u_C=\frac{1}{C}\int i_C\mathrm{d}t=\frac{1}{RC}\int u_i\mathrm{d}t$

故
$$u_o=-u_C=-\frac{1}{RC}\int u_i\mathrm{d}t \tag{7-41}$$

由式（7-41）可知 u_o 为 u_i 对时间的积分，负号表示它们在相位上是相反的。其比例常数取决于电路的积分时间常数 $\tau=RC$。

若在时间 $t_1\sim t_2$ 内积分，则应考虑 u_o 的初始值 $u_o(t_1)$，那么输出电压为

$$u_o=-\frac{1}{RC}\int_{t_1}^{t_2}u_i\mathrm{d}t+u_o(t_1) \tag{7-42}$$

当 u_i 为常量 U_i 时，则

$$u_o=-\frac{1}{RC}U_i(t_2-t_1)+u_o(t_1) \tag{7-43}$$

式（7-43）表明，只要集成运放工作在线性区，u_o 与 u_i 就成线性关系。

当输入为阶跃信号且初始时刻电容电压为零，电容将以近似恒流方式充电，即 $u_o=-\frac{1}{RC}U_i$，输出电压波形见图 7-38(a)（输出电压达到运放输出的饱和值时，积分作用无法继续）。

当输入为方波和正弦波时，输出电压波形分别如图 7-38(b)、(c) 所示。

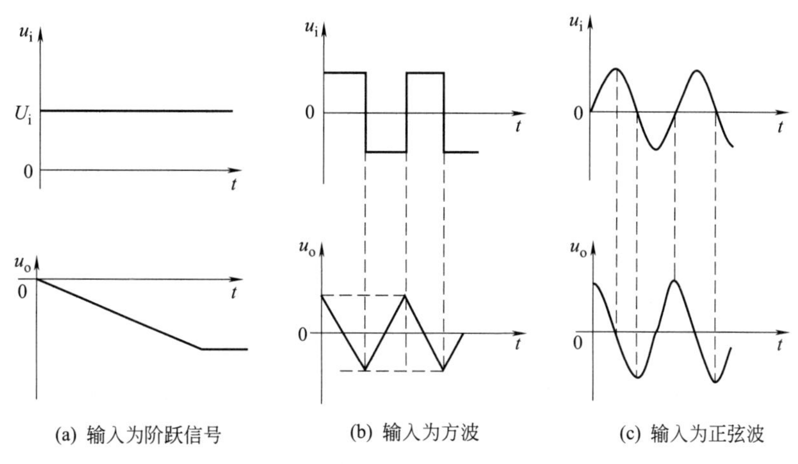

图 7-38　不同输入情况下的积分电路电压波形

【例 7-11】 电路如图 7-39 所示。已知 $R=50\text{k}\Omega$，$C=0.01\mu\text{F}$，$t=0$ 时电容两端的电压为 0，输入电压为方波，如图 7-39(a) 所示幅值为 ±2V，频率 500Hz，画出输出电压 u_o 的波形。

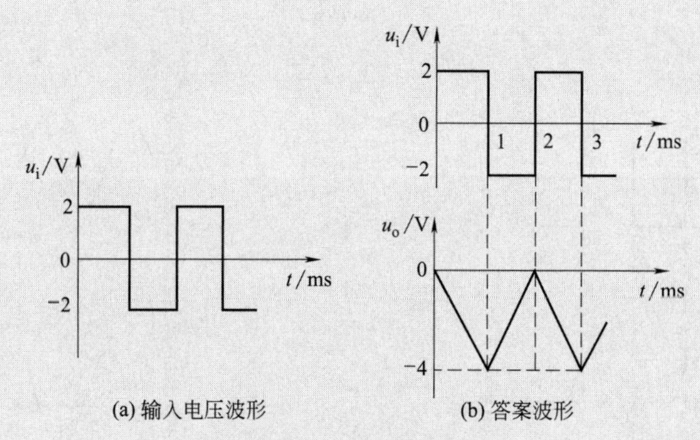

图 7-39　例 7-11 图

解： 由已知条件可知，$u_i=2\text{V}$ 和 $u_i=-2\text{V}$ 的时间相等，因而 u_o 为三角波。

从 $t_0=0$ 到 $t_1=1\text{ms}$，由于 $u_i=2\text{V}$，u_o 线性下降，其终值为

$$u_o=-\frac{1}{RC}U_i(t_2-t_1)+u_o(t_1)$$

$$=-\frac{1}{50\times10^3\times0.01\times10^{-6}}\times2\times(1-0)\times10^{-3}+0=-4(\text{V})$$

从 $t_1=1\text{ms}$ 到 $t_2=2\text{ms}$，由于 $u_i=-2\text{V}$，u_o 线性上升，因为 $t_2-t_1=t_1-t_0$，故当 $t=t_2$ 时 $u_o=0$。u_o 的波形如图 7-39(b) 所示。

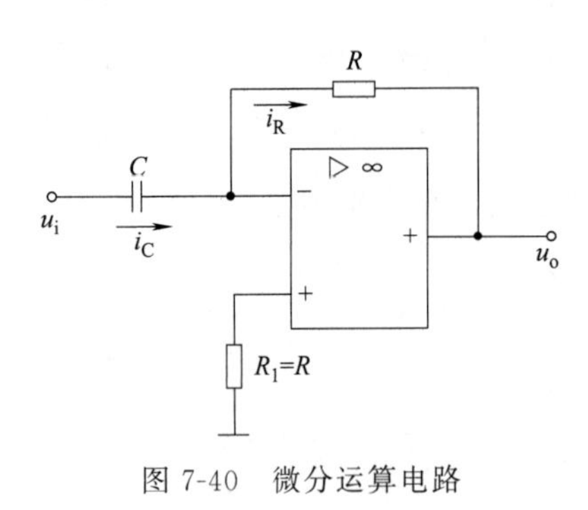

图 7-40 微分运算电路

（2）微分运算电路 微分运算电路如图 7-40 所示。由于微分与积分互为逆运算，所以只要将积分器的电阻与电容位置互换即可。图中 R_1 为平衡电阻，取 $R_1=R$。

根据虚断、虚短和虚地原则可得

$$u_C=u_i \qquad i_C=i_R$$

且
$$i_C=C\frac{du_C}{dt}=C\frac{du_i}{dt}$$

$$i_R=i_C=C\frac{du_i}{dt}$$

则输出电压
$$u_o=-i_R R=-RC\frac{du_i}{dt} \tag{7-44}$$

式（7-44）说明输出电压是输入电压对时间的微分。

在微分运算电路的输入端，若加正弦电压，则输出为余弦波，实现了函数的变换，或者说实现了对输入电压的移相；若加矩形波，则输出为尖脉冲，如图 7-41 所示。与积分器类似，由集成运放构成的微分器的运算精度，远远高于由 R、C 元件组成的简单微分电路。

【例 7-12】 电路如图 7-40 所示，已知 $R=100\text{k}\Omega$，$C=0.5\mu\text{F}$，$u_i=6\sin\omega t\ \text{V}$。试画出 u_i 和 u_o 的波形图。

解： 根据式（7-44），输出电压

$$u_o=-RC\frac{du_i}{dt}=-(100\times10^3\times0.5\times10^{-6})\frac{d(6\sin\omega t)}{d\omega t}=-0.3\cos\omega t$$

波形如图 7-42 所示。

笔记

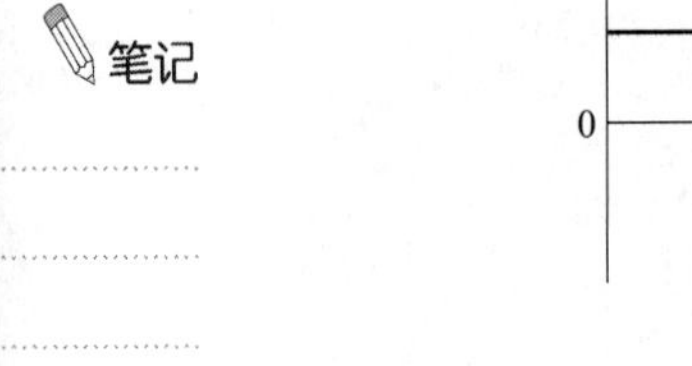

图 7-41 微分运算为矩形波时的波形

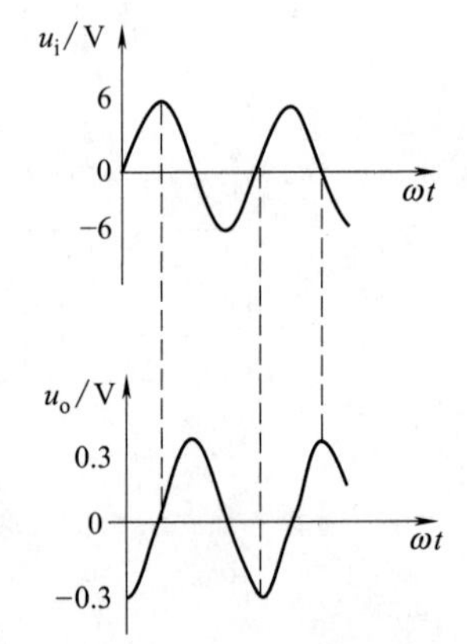

图 7-42 例 7-12 波形图

三、使用运放注意事项

集成运放种类繁多，应用非常广泛。除了通用型集成运放，还有很多的特殊型运放，使用的时候要根据用途和要求正确选型，以获得较好的性价比。使用的时候还要注意以下问题。

（1）静态调试 集成运放在使用时，应先确认其工作参数是否符合要求。可以采用简单

方法测量或用专用的参数仪器测量。

对于内部没有自动稳零措施的运放，需根据产品说明外加调零电路，调零电路中的电位器应为精密绕线电位器，使之输入为零时输出为零。

对于单电源供电的集成运放，应加偏置电阻，设置合适的静态输出电压。通常在集成运放的两个输入端静态电位为 1/2 电源电压时，输出电压等于 1/2 电源电压，以便能放大正、负两个方向的变化信号，且使两个方向的最大输出电压基本相同。

（2）消除自激　运放工作时很容易产生自激，有的运放在内部已做了消振电路，有的则引出消振端子，外接 RC 消振网络。在实际应用中，有的在运放的正、负电源端与地之间并接上几十微法与 0.01～0.1 微法的电容，有的在反馈电阻两端并联电容。有的在输入端并联一个 RC 支路。

（3）设置保护电路　为了防止运放在工作中受异常过电压和过电流冲击而损坏，除操作过程中应加以注意外，还应分别在电路上采取一定的保护。

① 输入保护　集成运放的输入级往往由于共模或差模信号电压过高，造成输入级损坏。因此当运放工作在有较大共模或差模信号的场合，应在运放输入端并接极性相反的二极管，以将输入信号电压的幅度限制在允许范围之内，见图 7-43。

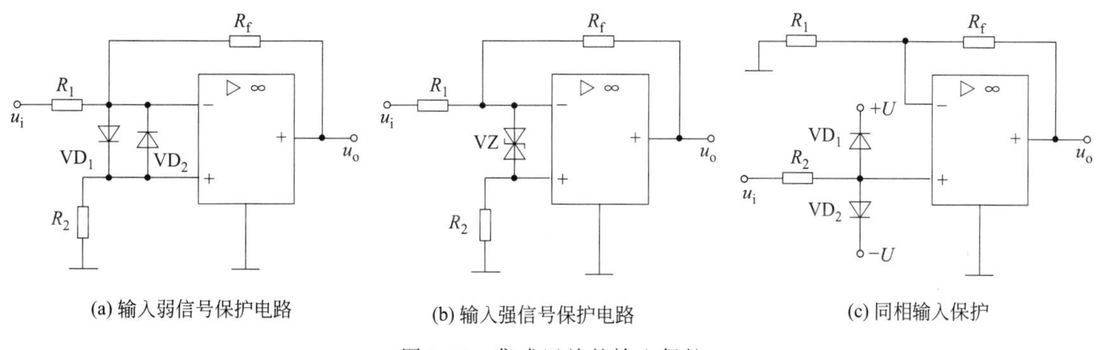

图 7-43　集成运放的输入保护

图 7-43(a) 为弱信号输入时的保护电路，硅二极管把输入信号电压限制在±0.7V 之内。图 7-43(b) 为强信号输入时的保护电路，稳压管将输入信号电压限制在运放的最大差模输入电压之内（适用于最大差模输入电压较高的运放），稳压管的选择应满足$\pm(U_Z+U_D)$小于运放的最大差模输入电压。图 7-43(c) 为同相输入保护，其中$+U$和$-U$应低于运放的最大允许共模电压，此时运放承受的共模输入电压被限制在$+U$或$-U$。

② 电源极性错接保护　集成运放使用时，若不注意将电源极性接反，很容易造成运放损坏。为了防止错接造成运放损坏，可利用二极管的单向导电性，采用图 7-44 所示的保护电路。在电源极性正常情况下，二极管 VD_1、VD_2 都导通，正、负电源可加到运放的正、负电源端；若电源极性接反，则因 VD_1、VD_2 截止，将电源切断，起到保护作用。

③ 输出保护　当运放输出端对地或对电源短路时，如果没有保护，运放输出级将会因过流而损坏。若在输出端接上稳压管，如图 7-45 所示，则可使输出级得到保护。图中 VZ 和电阻 R 组成稳压管稳压电路。正常情况下，稳压管因不会击穿而不起作用。而当意外把外部较高电压接到运放的输出端时，则 VZ 击穿，运放的输出端电压将受稳压管稳压值的限制，而避免了损坏。

需要说明的是，设置运放的保护电路，对于简化设计、减小体积和降低成本会带来一些

笔记

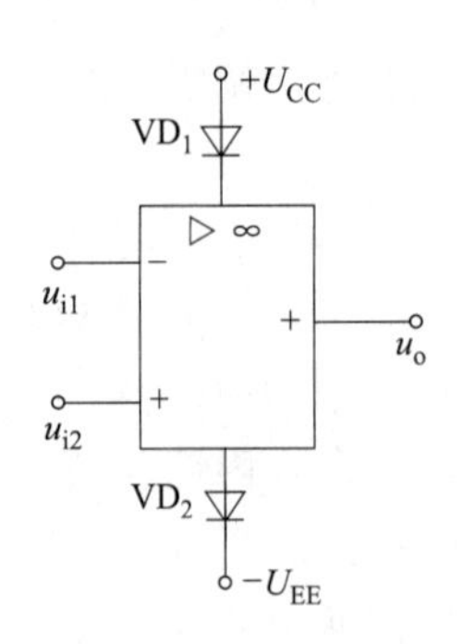

(a) 双电源时的保护

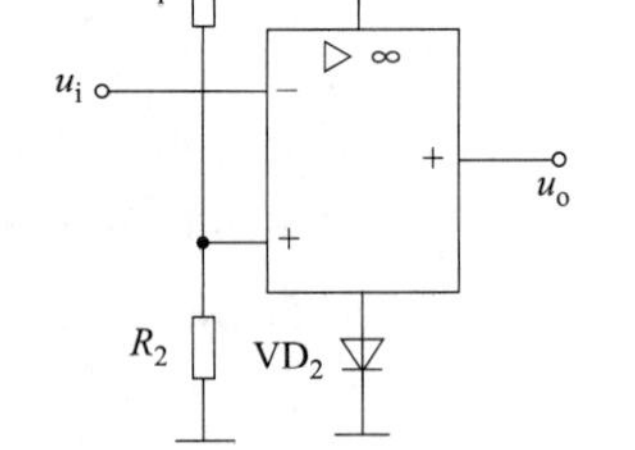

(b) 单电源时的保护

图 7-44 电源极性错接保护

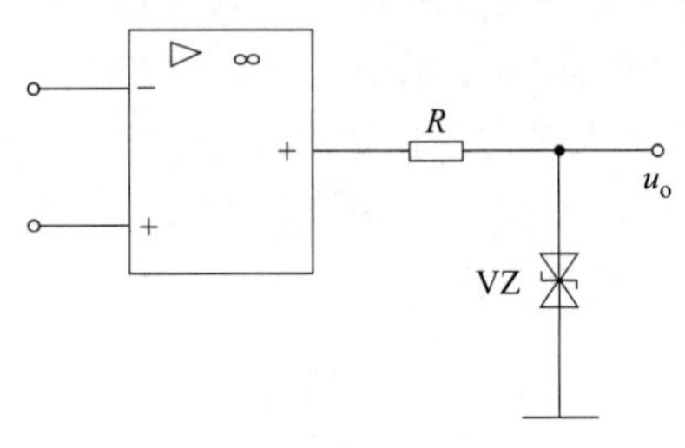

图 7-45 输出保护

影响。所以运放应用电路应根据使用条件及设计要求决定保护电路的取舍。

模块七检测答案

模块总结

① 运算放大器具有高放大倍数、高输入阻抗、低输出阻抗的特性。运算放大器可以工作于两种状态，即线性和非线性状态。若使运算放大器工作于线性状态，必须引入负反馈。

笔记

② 实际运算放大器与理想运算放大器非常相似，所以在分析运放电路时可采用理想运算放大器的概念。“虚短”“虚断”是非常重要的概念，适用于各种情况。“虚地”只适用于反相线性运算电路。

③ 反相运算电路无共模电压的影响，但输入阻抗低；同相运算电路输入阻抗高，但存在共模信号的影响。

④ 运算放大器既可以用于直流电路也可以用于交流电路。

模块检测

1. 填空题

(1) 集成运算放大器在线性状态和理想条件下，得出两个重要结论，它们是：________和________。

(2) 集成运放的理想化条件是 $A_{od}=$________、$R_{id}=$________ $K_{CMR}=$________、$R_o=$________。

(3) 集成运放一般分为两个工作区，它们是________、________工作区。

(4) 反馈放大器是由________和________两部分电路组成。

(5) 反馈是将________信号回送到________端并与________信号相叠加再进行放大的过程。

(6) 直流反馈是指反馈信号只有________分量的反馈形式。

(7) 根据反馈的取样方式，将反馈分为________反馈和________反馈。根据反馈信号与输入信号的叠加方式，可将它分为________反馈和________反馈。

(8) 为了稳定放大电路的静态工作点，通常在电路中引入________负反馈；为提高电路的输入电阻，应该引入________负反馈；为了稳定输出电压，应该引入________负反馈。

（9）在对反馈放大器进行定量分析时，常需要用到的四个重要物理量是________、________、________、________。

（10）________比例运算电路的特例是电压跟随器，它具有输入电阻很大而输出电很小的特点，常用作缓冲器。

（11）集成运放有两个输入端，其中，标有“—”号的称为________输入端，标有“+”号的称为________输入端，∞表示________。

（12）理想运放同相输入端和反相输入端的“虚短”指的是________的现象。

（13）将放大器________的全部或部分通过某种方式回送到输入端，这部分信号称为________信号。使放大器净输入信号减小，放大倍数也减小的反馈，称为________反馈；使放大器净输入信号增加，放大倍数也增加的反馈，称为________反馈。放大电路中常用的负反馈类型有________负反馈、________负反馈、________负反馈和________负反馈。

（14）理想运算放大器工作在线性区时有两个重要特点：一是差模输入电压________，称为________；二是输入电流________，称为________。

（15）理想运放的参数具有以下特征：开环差模电压放大倍数 A_{od}=________，开环差模输入电阻 r_{id}=________，输出电阻 r_o=________，共模抑制比 K_{CMR}=________。

（16）同相比例电路属________负反馈电路，而反相比例电路属________负反馈电路。

（17）集成运放电路由________、________、________和________几部分组成。

（18）当集成运放处于________状态时，可运用________和________概念。

（19）反相比例运算放大器当 $R_f=R_1$ 时，称作________器；同相比例运算放大器当 $R_f=0$ 或 R_1 无穷大时，称作________器。

2. 选择题

（1）集成运算放大器实质是一个（　　）。

A. 直接耦合的多级放大器　　B. 单级放大器

C. 阻容耦合的多级放大器　　D. 变压器耦合的多级放大器

（2）理想运算放大器的开环放大倍数 A_u 为（　　），输入电阻 R_{id} 为（　　），输出电阻 R_o 为（　　）。

A. ∞　　B. 0　　C. 不定

（3）反馈放大电路的含义是（　　）。

A. 输入与输出之间有信号通路

B. 电路中存在反向传输的信号通路

C. 除放大电路以外还有信号通路

D. 电路中存在使输入信号削弱的反向传输的信号通路

（4）负反馈放大电路产生自激振荡的条件是（　　）。

A. $AF=0$　　B. $AF=1$　　C. $AF=\infty$　　D. $AF=-1$

（5）要使输出电压稳定又具有较高的输入电阻，则应选用（　　）负反馈。

A. 电压并联　　B. 电流串联　　C. 电压串联　　D. 电流并联

（6）有一负载其阻值很小，则宜选用（　　）负反馈电路与它配合使用。

A. 串联　　B. 并联　　C. 电压　　D. 电流

（7）射极输出器属（　　）负反馈。

A. 电压串联　　B. 电压并联　　C. 电流串联　　D. 电流并联

（8）施加深度负反馈可使运放进入（　　），使运放开环或加正反馈可使运放进入（　　）。

A. 非线性区　　B. 线性工作区

（9）基本积分电路中的电容应接在（　　）。

A. 反相输入端　　B. 同相输入端　　C. 反相输入端与输出端之间

笔记

（10）由理想运放构成的线性应用电路，其电路增益与运放本身的参数（　　）。

A. 有关　　B. 无关　　C. 有无关系不确定

3. 判断题

（1）集成运放都工作在线性区。（　　）

（2）K_{CMR} 为共模抑制比，它表明集成运放对差模信号的放大能力，越大越好。（　　）

（3）反相比例运算电路输入电阻很大，输出电阻很小。（　　）

（4）“虚短”说明集成运放的两输入端短路。（　　）

（5）同相比例运算电路中集成运放的共模输入电压为零。（　　）

（6）反相比例运放是一种电压并联负反馈放大器。（　　）

（7）同相比例运放是一种电流串联负反馈放大器。（　　）

（8）理想运放中的“虚地”表示输入端对地短路。（　　）

（9）同相输入比例运算电路的闭环电压放大倍数一定大于或等于1。（　　）

（10）运算电路中一般均引入负反馈。（　　）

（11）当集成运放工作在非线性区时，输出电压不是高电平，就是低电平。（　　）

（12）一般情况下，在电压比较器中，集成运放不是工作在开环状态，就是引入了正反馈。（　　）

（13）“虚短”就是两点并不真正短接，但具有相等的电位。（　　）

4. 综合题

（1）在图7-46中，用瞬时极性法判断各电路中的级间反馈是正反馈还是负反馈。

（2）在图7-47中，存在哪些直流负反馈和交流负反馈？并判断交流负反馈的类型。

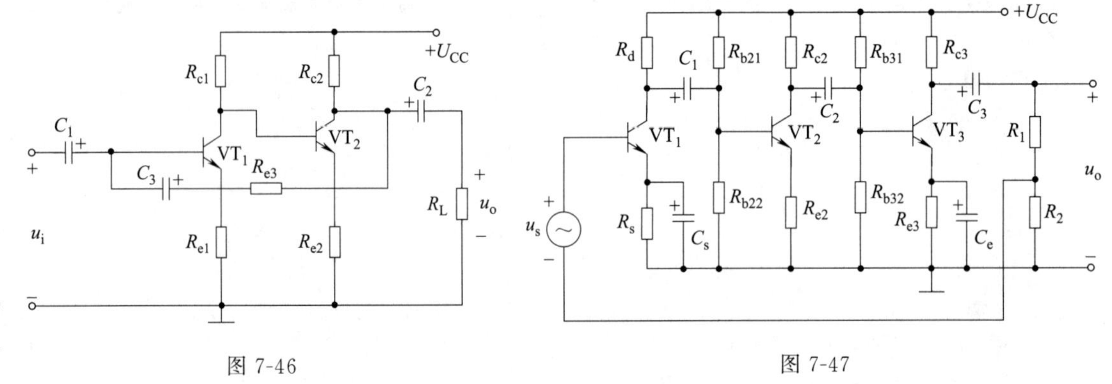

图 7-46　　图 7-47

（3）电路如图7-48所示，已知集成运放为理想运放，$R_1=10\text{k}\Omega$，$u_i=100\text{mV}$ 时输出电压 $u_o=-0.2\text{V}$，求电路中 R_f 和 R_2 的值。

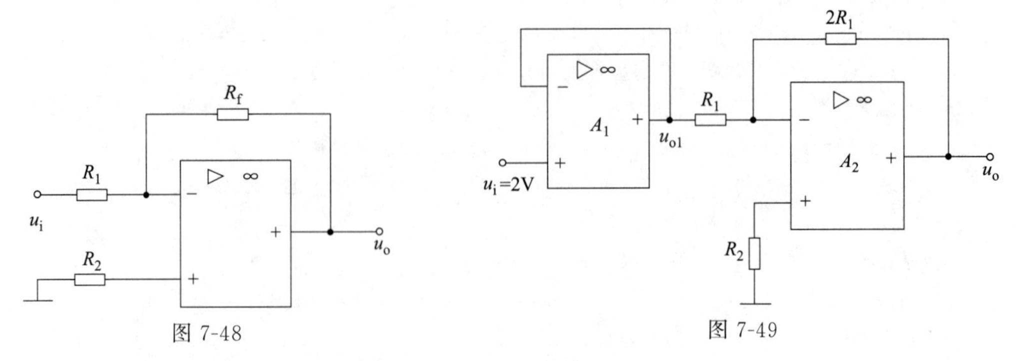

图 7-48　　图 7-49

（4）电路如图7-49所示，各集成运放为理想运放，求电路的输出电压 u_o。

（5）电路如图7-50所示，各集成运放为理想运放，试求出输出电压 u_o 的值。

(6) 电路如图 7-51(a) 所示，已知输入电压 u_i 的波形如图 7-51(b) 所示，当 $t=0$ 时，$u_o=5V$，对应画出输出电压 u_o 的波形。

(7) 电路如图 7-52 所示，试根据 (b) 图所示输入信号画出输出电压 u_o 的波形。

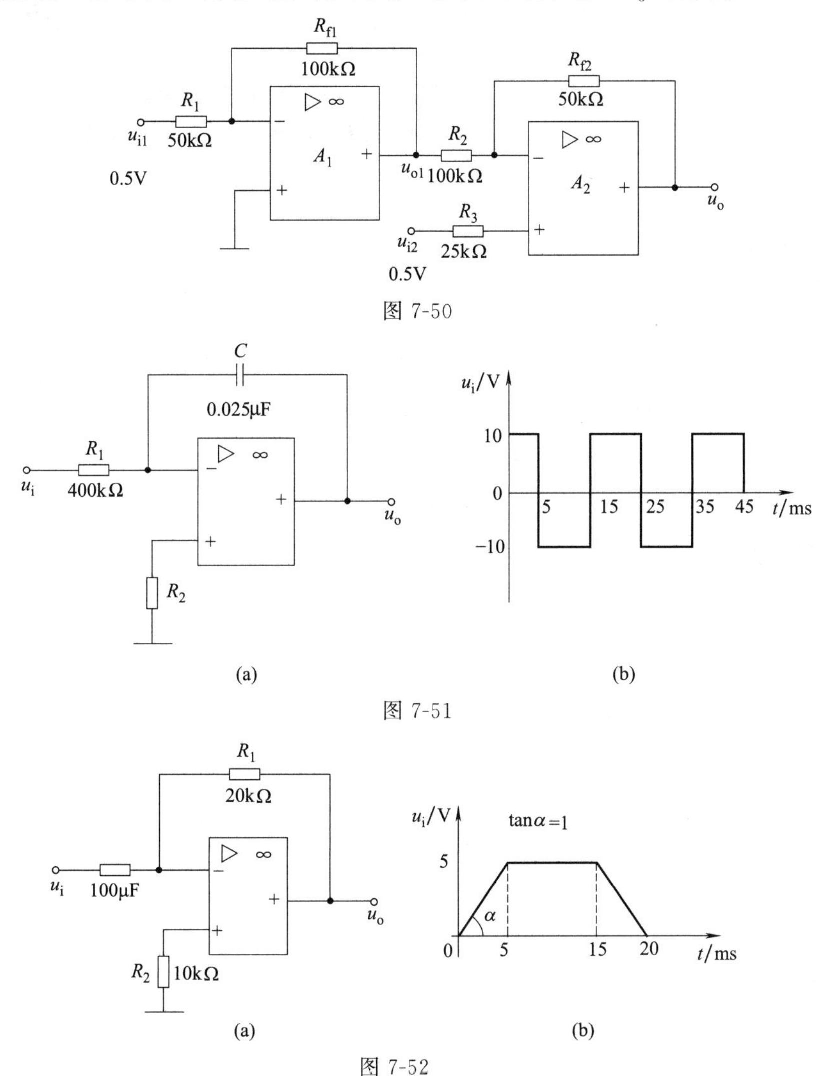

图 7-50

图 7-51

图 7-52

笔记

模块八

直流稳压电源

知识目标

1. 了解直流稳压电源的组成及其功能。
2. 掌握单相半波整流电路、单相桥式整流电路的原理和输出电压的计算。
3. 熟悉电容滤波、电感滤波电路的工作原理和元件的选择方法。
4. 掌握稳压管稳压电路的工作原理和元件的选择方法。
5. 了解常用的整流组合元件和三端集成稳压器的应用电路。

能力目标

1. 能正确搭接桥式整流电路并简述其工作原理。
2. 能查阅资料，列举桥式整流电路在电子电器或设备中的应用。
3. 能识读电容滤波、电感滤波、复式滤波电路图。

素养目标

介绍我国超级工程之一——准东至皖南±1100kV特高压直流输电工程，这是目前世界上电压等级最高、输送容量最大、输送距离最远、技术水平最先进的特高压输电工程。增强学生的民族自豪感，弘扬以爱国主义为核心的民族精神，同时该工程的复杂性、先进性，要求学生在遇到技术难关时，变通求新，不断突破自己，弘扬以改革创新为核心的时代精神，让改革创新成为青春远航的动力。

笔记

交流电由于在产生、输送和使用方面具有许多优点，所以现今发电厂所提供的电能几乎全是交流电。但是直流电源的使用也十分广泛，如直流电动机、电解、电镀等。此外，在电子设备和自动控制装置中还需要非常稳定的直流电源，即直流稳压电源。为了得到直流电，目前广泛采用各种半导体直流电源。

图8-1是直流稳压电源的组成框图，它表示把交流电变换成稳定的直流电的全过程。图中各环节的功能如下。

① 电源变压器　将交流电源电压变换成符合整流需要的电压。

② 整流电路　利用二极管单向导电性将交流电变换成单向脉冲电压。

③ 滤波电路　减小整流电压的脉动程度，以适合负载的需要。

④ 稳压电路　使直流电源不受电网波动及负载变化的影响，输出直流电压稳定。如果电路对直流电压的稳定程度要求较低，稳压电路也可以不要。

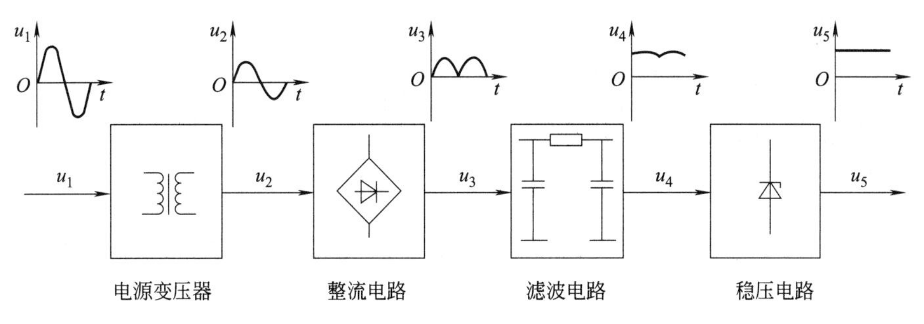

图 8-1　直流稳压电源组成框图

学习单元一　整 流 电 路

整流电路

一、单相半波整流电路

图 8-2 是单相半波整流电路，该电路由电源变压器 T、整流二极管 VD 及负载电阻 R_L 组成。

1. 整流原理

设变压器二次绕组的电压为 $u_2=\sqrt{2}U_2\sin\omega t$，波形如图 8-3 所示。由于二极管具有单向导电性，只有当它的阳极电位高于阴极电位时才导通。在变压器二次绕组输出电压 u_2 的正半周，其极性为 a 正 b 负，此时二极管因承受正向电压而导通，电流 i_o 流过负载 R_L，忽略二极管正向压降，负载上获得的电压 $u_o=u_2$，两者波形相同。在 u_2 的负半周，极性为 a 负 b 正，二极管因承受反向电压而截止，负载上没有电流和电压。因此负载电阻 R_L 得到半波整流电压和电流，其波形图如图 8-3(b)、(c) 所示。

笔记

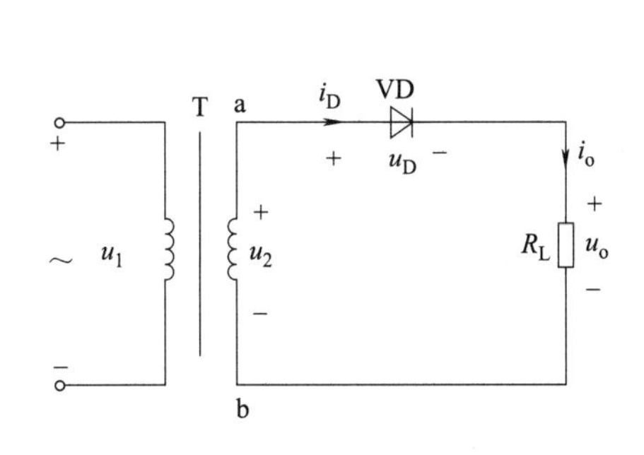

图 8-2　单相半波整流电路

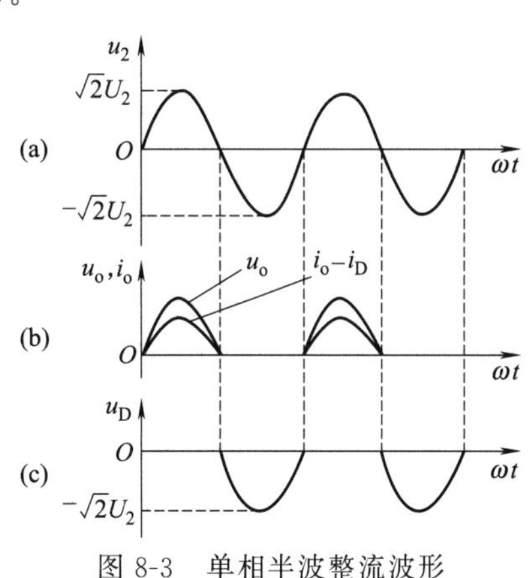

图 8-3　单相半波整流波形

2. 负载电压及电流

负载上得到的整流电压虽然方向不变，但大小是变化的，即为直流脉动电压，常用一个周期的平均值 U_o 表示它的大小。U_o 计算如下：

$$U_o=\frac{1}{2\pi}\int_0^{\pi}\sqrt{2}U_2\sin\omega t\,\mathrm{d}(\omega t)=\frac{\sqrt{2}}{\pi}U_2=0.45U_2$$

电阻性负载的平均电流为 I_o，即

$$I_o=\frac{U_o}{R_L}=0.45\frac{U_2}{R_L}$$

3. 选用二极管的原则

在交流电压的负半周，二极管截止，u_2 电压全部加在二极管上，二极管所承受的最高反向电压 U_{DM} 为 u_2 的峰值，即 $U_{DM}=\sqrt{2}U_2$。二极管导通时的电流为负载电流，所以二极管平均电流 $I_D=I_o$。

为了安全地使用二极管，选用二极管必须满足以下原则：

$$I_{FM}\geqslant I_D,\ U_{RM}\geqslant U_{DM}$$

式中，I_{FM} 为最大整流电流，A；U_{RM} 为最高反向工作电压，V。

【例 8-1】 有一单相半波整流电路，如图 8-2 所示。已知负载电阻 $R_L=750\Omega$，变压器二次电压 $U_2=20V$，试求 U_o、I_o 及 U_{DM}，并选用二极管。

解：

$$U_o=0.45U_2=0.45\times20=9(V)$$

$$I_o=\frac{U_o}{R_L}=\frac{9}{750}=0.012(A)=12(mA)$$

$$U_{DM}=\sqrt{2}U_2=\sqrt{2}\times20=28.2(V)$$

$$I_D=I_o$$

查附录 B，选用二极管 2AP4（$I_{FM}=16mA$，$U_{RM}=50V$），满足安全使用二极管的原则并留有安全余地。

二、单相桥式整流电路

笔记

单相半波整流的缺点是只利用了电源的半个周期，同时整流电压的脉动较大。为了克服这些缺点，常采用全波整流电路，其中最常用的是单相桥式整流电路。它是由 4 个二极管接成电桥的形式构成，如图 8-4 所示。

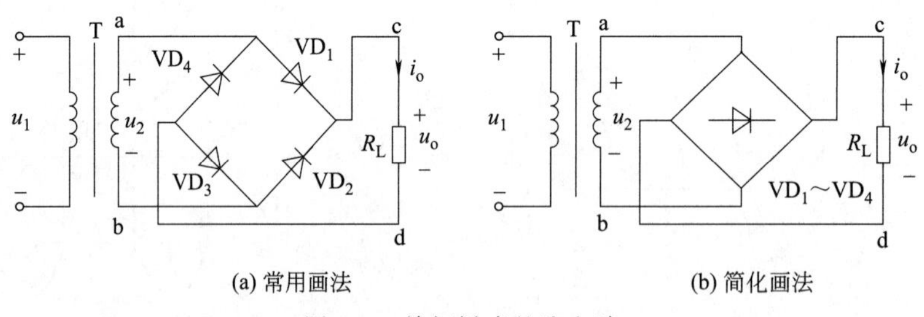

(a) 常用画法　　(b) 简化画法

图 8-4 单相桥式整流电路

1. 整流原理

在 u_i 正半周，变压器二次绕组输出电压 u_2 的极性为 a 正 b 负，二极管 VD_1 和 VD_3 导通，VD_2 和 VD_4 截止，如图 8-5(a) 所示。从图中可知，电流流向为 a→VD_1→c→R_L→d→VD_3→b，负载电阻 R_L 上得到一个半波电压，波形图如图 8-6(b) 中的 0～π 段所示，实际极性 c 正 d 负。在 u_i 负半周，变压器二次绕组输出电压极性为 a 负 b 正，二极管 VD_2 和 VD_4 导通，VD_1 和 VD_3

截止，如图 8-5(b) 所示。从图中可知电流流向为b→VD_2→c→R_L→d→VD_4→a，负载电阻上得到另一个半波电压，波形图如图 8-6(b) 中的π～2π段所示，实际极性仍然是 c 正 d 负。

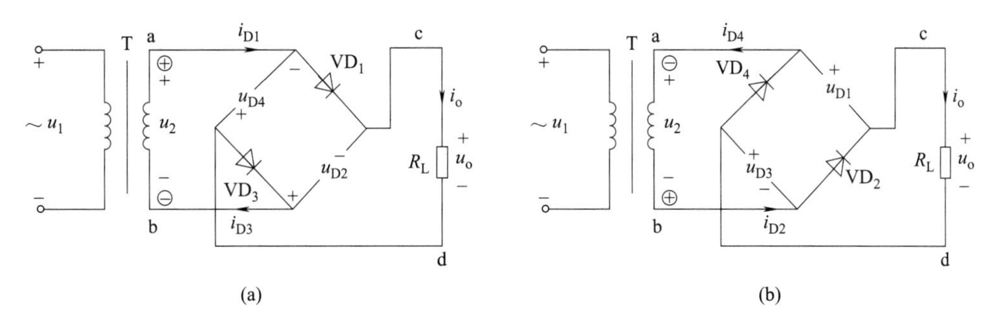

图 8-5 单相桥式整流原理

2. 负载电压和电流

显然，全波整流电路的整流电压的平均值 U_o 比半波整流增加了一倍，即

$$U_o = 2 \times 0.45U_2 = 0.9U_2$$

$$I_o = 0.9\frac{U_2}{R_L}$$

3. 选用二极管的原则

从图 8-5 可知，每只二极管只在半个周期内导通，所以在一个周期内流过每个管子的平均电流只有负载电流的一半，即 $I_D = \frac{I_o}{2}$。二极管截止时所承受的反向

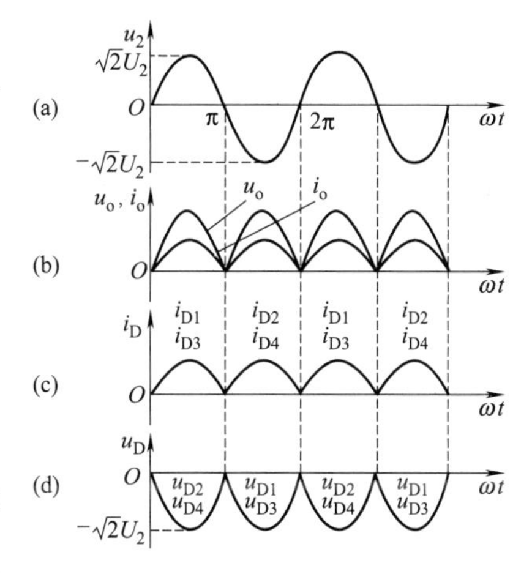

图 8-6 单相桥式整流电路波形图

电压在图 8-5 所示电路中可以看出。若 VD_1、VD_3 两只二极管导通，就将 u_2 加到了二极管 VD_2、VD_4 的两端，使这两只二极管因承受反向电压而截止，波形图如图 8-6(d) 所示，即二极管承受的最高反向电压 $U_{DM} = \sqrt{2}U_2$。

笔记

在桥式整流电路中，二极管的选择原则仍然是：$I_{FM} \geq I_D$，$U_{RM} \geq U_{DM}$。

【例 8-2】 已知负载电阻 $R_L = 80\Omega$，要求负载电压 $U_o = 110V$。现采用单相桥式整流电路，试求变压器二次电压有效值 U_2 并选择二极管。

解：

$$U_2 = \frac{U_o}{0.9} = \frac{110}{0.9} = 122(V)$$

负载电流平均值

$$I_o = \frac{U_o}{R_L} = \frac{110}{80} = 1.4(A)$$

每个二极管通过的平均电流

$$I_D = \frac{1}{2}I_o = 0.7A$$

二极管承受的最高反向电压 $U_{DM} = \sqrt{2}U_2 = \sqrt{2} \times 122 = 172.5(V)$

根据查附录 B，可选用 2CZ11B（$I_{FM} = 1A$，$U_{RM} = 200V$）或 2CZ11C（$I_{FM} = 1A$，$U_{RM} = 300V$）。前者安全余量小，后者安全余量大一些。

学习单元二 滤 波 电 路

滤波电路

前面分析的整流电路可以把交流电压转换为直流脉动电压。在某些设备（如电镀、蓄电池充电等设备）中，这种脉动电压满足要求，但是在大多数电子设备中，脉动电压不能满足要求，因此整流电路后需加接滤波电路（也称滤波器），以改善输出电压的脉动程度。常用的有电容滤波器、电感滤波器和复式滤波器。

一、电容滤波器

图 8-7 和图 8-8 中与负载并联的电容就是一个最简单的滤波器。电容滤波器是根据电容电压在电路状态改变时不能跃变的原理设计的。

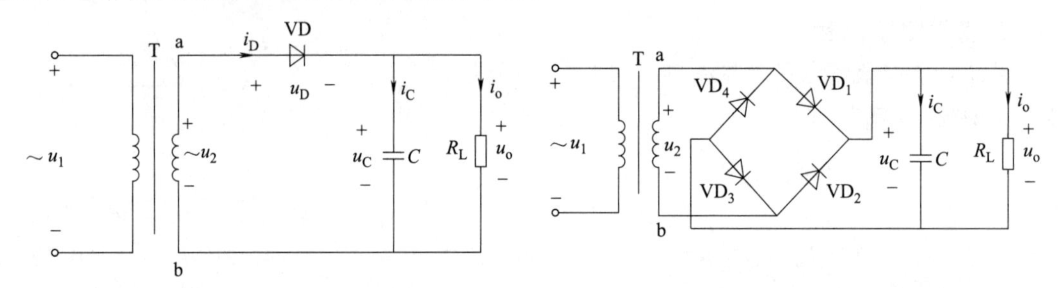

图 8-7 单相半波整流电容滤波

图 8-8 单相桥式整流电容滤波

1. 电容滤波原理

图 8-9 中的虚线和实线分别表示整流电路不接滤波电容和接滤波电容的波形。显然，接上电容后的输出电压脉动程度减小了。下面以半波整流电容滤波为例说明滤波原理。

当 u_2 由零逐渐增大时，二极管 VD 导通，一方面供电给负载，同时对电容 C 充电，电容电压 u_C 的极性为上正下负。如果忽略二极管的压降，则在 VD 导通时，$u_C(=u_o)$ 与 u_2 同步上升，并达到 u_2 的最大值。u_2 达到最大值以后开始下降，当 $u_2<u_C$ 时，VD 反向截止，电源不再向负载供电，而是电容对负载放电。电容放电使 u_C 以一定的时间常数按指数规律下降，直到下一个正半波 $u_2>u_C$ 时，VD 导通，电容再次被充电……。充电、放电的过程周而复始，使得输出电压波形如图 8-9(a) 的实线所示。

笔记

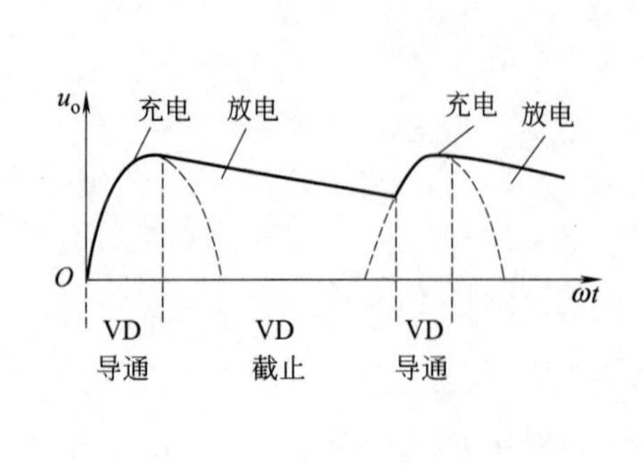

(a)

u_o 充电 放电 充电 放电

O ωt

VD_1 VD_3 导通

四个二极管均截止

VD_2 VD_4 导通

四个二极管均截止

VD_1 VD_3 导通

(b)

图 8-9 电容滤波输出波形

2. 电容滤波的特点

① 输出电压的直流平均值提高了。因为即使二极管截止，由于电容电压不能跃变，输出电压也不为零，并且 u_o 波形包围的面积明显增大，说明直流平均值 U_o 提高了。

② 只适用于负载电流较小且负载不常变化的场合。电容放电时间常数 $\tau(=R_LC)$ 越大，放电过程越慢，则输出电压越大，滤波效果也越好，为此，应选择大容量的电容和大阻值的 R_L，当然负载电流就较小。另外，负载变化会引起 τ 的变化，当然就会影响放电的快慢，从而影响输出电压平均值的稳定性。这说明电容滤波带负载能力差，因此电容滤波适用于负载电流较小且负载不常变化的场合。

③ 电容滤波电路的输出电压随输出电流而变化，经验上通常取

$$U_o=U_2(\text{半波})$$

$$U_o=1.2U_2(\text{全波})$$

如果电容和电阻都比较大，$U_o\approx\sqrt{2}U_2$。确定电容值的经验公式为

$$R_LC\geqslant(3\sim5)\frac{T}{2}(\text{全波})$$

式中，T 是电源交流电压的周期。

④ τ 越大，二极管的导通角越小，因此整流管在短暂的时间内流过较大的冲击电流，常称为浪涌电流，对管子的寿命不利，所以必须选择容量较大的整流二极管。另外，从半波整流电容滤波电路图 8-7 可知，在 u_2 负半周的极值点处有 $u_D=u_2-u_C$，因此二极管承受的最高反向电压值 $U_{DM}\approx2\sqrt{2}U_2$。由桥式整流电容滤波电路图 8-8 可知，二极管承受的最高反向电压 $U_{DM}=\sqrt{2}U_2$，选择二极管时要注意。

【例 8-3】 有一单相桥式整流电容滤波电路如图 8-8 所示，交流电源频率 $f=50\text{Hz}$，负载电阻 $R_L=200\Omega$，要求直流输出电压 $U_o=30\text{V}$，选择整流二极管及滤波电容。

解：(1) 选择整流二极管

$$I_D=\frac{1}{2}I_o=\frac{1}{2}\times\frac{U_o}{R_L}=\frac{1}{2}\times\frac{30}{200}=0.075(\text{A})=75(\text{mA})$$

取 $U_o=1.2U_2$，所以变压器二次电压有效值

$$U_2=\frac{U_o}{1.2}=\frac{30}{1.2}=25(\text{V})$$

二极管所承受的最高反向电压

$$U_{DM}=\sqrt{2}U_2=\sqrt{2}\times25=35(\text{V})$$

选用二极管 2CP11，最大整流电流为 100mA，反向工作峰值电压为 50V。

(2) 选择滤波电容器

取 $R_LC=\frac{5T}{2}$，所以

$$C=\frac{5T}{2R_L}=\frac{5\times0.02}{2\times200}=250\times10^{-6}(\text{F})=250(\mu\text{F})$$

按系列选用 $C=270\mu\text{F}$、耐压为 50V 的极性电容。

二、电感滤波器

前面讲到，电容滤波带负载能力较差。对于负载电流较大且负载经常变化的场合，采用

电感滤波，即在负载前串联电感线圈，如图 8-10(a) 所示。电感滤波是利用电感电流不能跃变的原理实现滤波的。

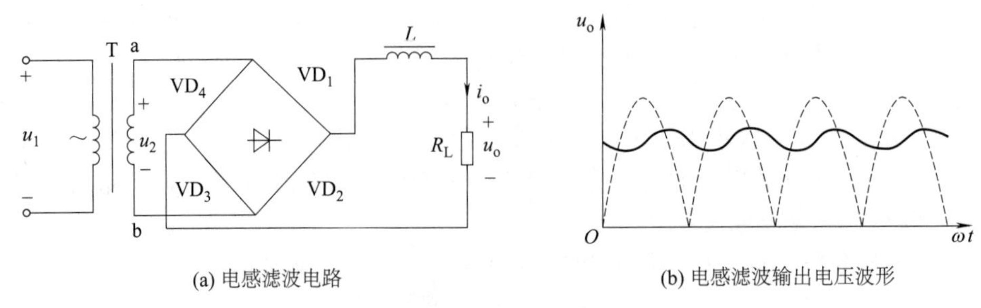

(a) 电感滤波电路 (b) 电感滤波输出电压波形

图 8-10 电感滤波电路及其波形

1. 滤波原理

当负载电流增加时，电感将产生与电流方向相反的自感电动势，力图阻止电流增加，延缓电流增加的速度。当负载电流减小时，电感产生与电流方向相同的自感电动势，力图阻止电流减小，延缓了电流减小的速度。这样负载电流的脉动成分减小，在负载电阻 R_L 上就能获得一个比较平滑的直流输出电压 u_o，波形如图 8-10(b) 实线所示。显然，电感 L 值越大，滤波效果越好。

2. 输出电压

若忽略电感线圈的电阻，则电感线圈上无直流电压降，无论负载电阻怎样变动，整流输出的直流分量几乎全部落在 R_L 上，因此电感滤波输出电压平均值较稳定，其值为

$$U_o \approx 0.9U_2$$

3. 电感滤波器的特点

电感滤波适用于电流较大且负载经常变化的场合，但由于电感体积大、成本高，因此，滤波电感常取几毫亨到几十毫亨，并且在小功率的电子设备中很少采用电感滤波。

三、复式滤波器

笔记

电容滤波和电感滤波各有千秋，且优缺点互补。在一些直流用电设备中，既要求电源电压脉动小，又要求电源能适应负载变化，为此，常采用由电容和电感以及电阻组成的复式滤波器，如图 8-11 所示。复式滤波器进一步提高了滤波效果，同时又不降低带负载能力，这里不再讲述。

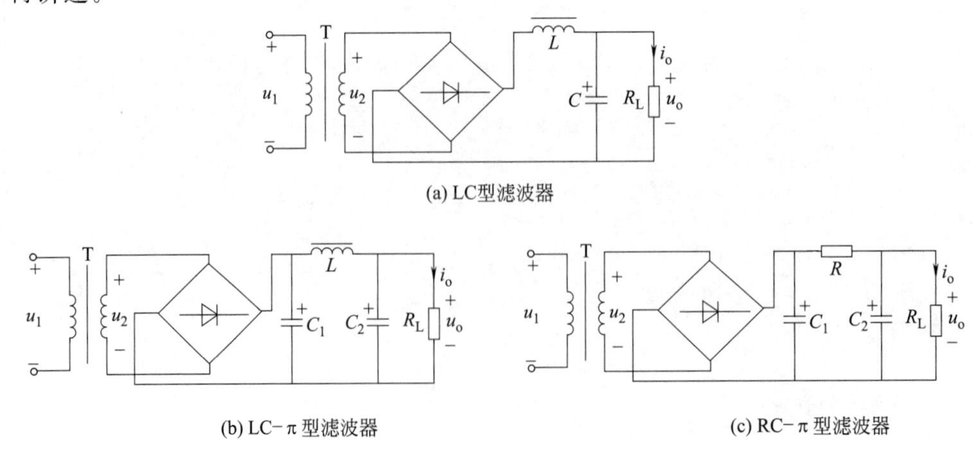

(a) LC型滤波器

(b) LC−π型滤波器 (c) RC−π型滤波器

图 8-11 复式滤波器

学习单元三 稳 压 电 路

稳压电路

素质教育案例 8-劳动意识

经整流和滤波后的电压往往会随交流电源电压的波动和负载的变化而变化。电压不稳定有时会产生测量和计算误差，甚至不能正常工作。特别是精密电子测量仪器、自动控制、计算机装置及晶闸管的触发电路，都要求有稳定的直流电源供电。

一、稳压管并联型稳压电路

最简单的直流稳压电源是采用稳压管来稳定电压的。稳压管并联型稳压电路如图 8-12 所示。经过桥式整流电路和电容滤波得到直流电压，再经过稳压电路（由限流电阻 R 和稳压管 VS 组成）接到负载电阻 R_L 上，这样，负载上就能得到比较稳定的电压。

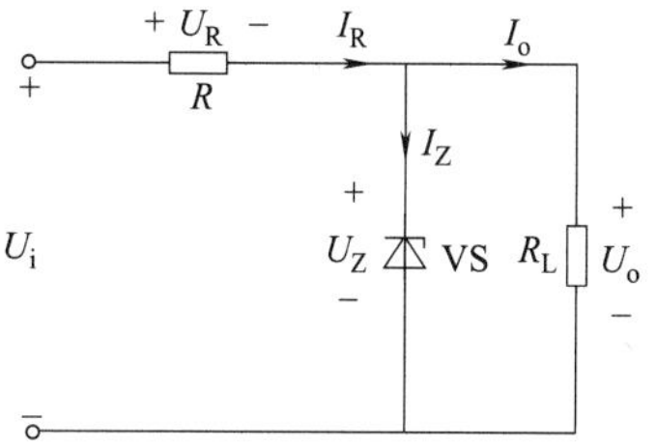

图 8-12 稳压管并联型稳压电路

1. 稳压原理

① 假设电网电压稳定，则稳压电路的输入电压 U_i 不变。当负载电阻减小时，稳压过程 $R_L\downarrow\rightarrow I_o\uparrow\rightarrow I_R\uparrow\rightarrow U_R\uparrow\rightarrow U_o\downarrow\rightarrow I_Z\downarrow\rightarrow I_R\downarrow\rightarrow U_R\downarrow\rightarrow U_o\uparrow$。上述的稳压过程是用 I_Z 的减小来补偿 I_o 的增大，最终使 I_R 基本保持不变，从而输出电压 U_o 也就近似稳定不变，其中电阻 R 调节电压的作用是不可忽视的。当负载电阻增大时，稳压过程相反。

② 假设负载电阻 R_L 不变，由于电网电压升高而使 U_i 高时的稳压过程：$U_i\uparrow\rightarrow U_o\uparrow\rightarrow I_Z\uparrow\rightarrow I_R\uparrow\rightarrow U_R\uparrow\rightarrow U_o\downarrow$。这个过程用 U_R 的增大来抵消 U_i 的增大，从而使输出电压基本保持不变。当 U_i 降低时，稳压过程相反。

2. 稳压管的选择

一般取

$$\begin{cases} U_Z=U_o \\ I_{ZM}=(1.5\sim3)I_{oM} \\ U_i=(2\sim3)U_o \end{cases}$$

笔记

【例 8-4】 有一稳压电路如图 8-12 所示。负载电阻 R_L 由开路变到 3kΩ，整流滤波后的输出电压 $U_i=45\text{V}$。今要求输出直流电压 $U_o=15\text{V}$，试选择稳压管 VS。

解： 根据输出电压 $U_o=15\text{V}$ 的要求，负载电流最大值

$$I_{oM}=\frac{U_o}{R_L}=\frac{15}{3\times10^3}=5\times10^{-3}(\text{A})=5(\text{mA})$$

查附录 C，选择稳压管 2CW20，其稳压值 $U_Z=13.5\sim17\text{V}$，稳定电流 $I_Z=5\text{mA}$，最大稳定电流 $I_{ZM}=15\text{mA}$。

二、恒压源

上面所述稳压管并联型稳压电路的输出电压大小是固定的，有时不能满足使用要求。而由稳压管稳压电路和运算放大器组成的恒压源的输出电压，不仅可调，而且因引入了电压负反馈而稳定，电路如图 8-13 所示。

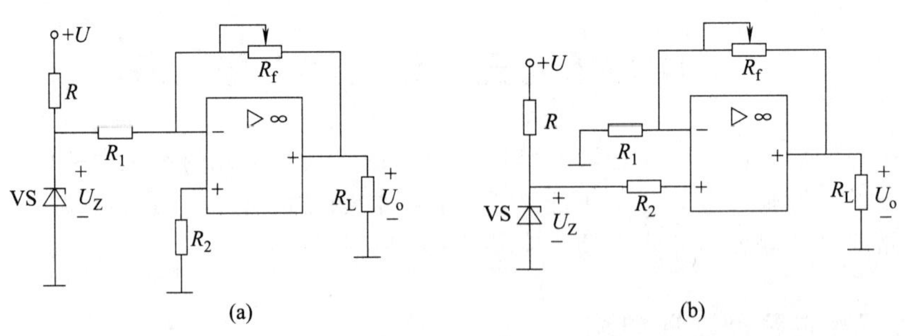

图 8-13 恒压源

图 8-13（a）是反相输入恒压源，图 8-13（b）是同相输入恒压源，分别可得到

$$U_o=-\frac{R_f}{R_1}U_Z$$

$$U_o=\left(1+\frac{R_f}{R_1}\right)U_Z$$

三、串联型稳压电路

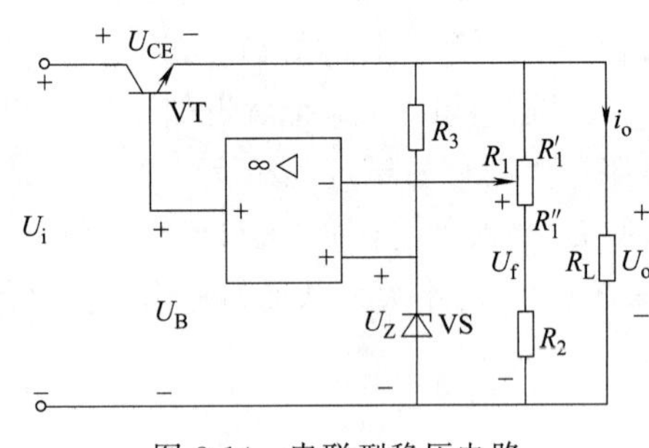

图 8-14 串联型稳压电路

上面的恒压源电路，输出电压虽然稳定可得，但运放的输出电流较小。为了扩大运算放大器输出电流的变化范围，将它的输出端接到大电流晶体管 VT 的基极，从发射极输出。这样同相输入恒压源就改成了图 8-14 所示的串联型稳压电路。电路的组成及各部分的作用介绍如下。

① R_3 和 VS 构成基准电压电路，基准电压为 U_Z。

② R_1 和 R_2 构成取样电路，当输出电压变化时，取样电路将变化量按比例送到放大器。由图可知

$$U_-=U_f=-\frac{R_1''+R_2}{R_1+R_2}U_o \tag{8-1}$$

③ 由运算放大器构成比较放大器。

④ 晶体管 VT 为调整管，放大器的输出为基极的控制电压，通过基极电压来控制 U_{CE}，从而达到调整输出电压 U_o 的目的。

稳压过程：$U_o\uparrow\rightarrow U_f\uparrow\rightarrow U_B\downarrow\rightarrow I_C\downarrow\rightarrow U_{CE}\uparrow\rightarrow U_o\downarrow$

如果输出电压降低，其稳压过程相反。反馈电压 U_f 与 U_o 成正比，U_f 使运算放大器的净输入减小，因此是串联电压负反馈，故称为串联型稳压电路。改变电位器可调节输出电压。由 $U_-=U_+$，以及 $U_+=U_Z$ 和式(8-12)，可得

$$U_o=\left(1+\frac{R_1'}{R_1''+R_2}\right)U_Z$$

学习单元四 集成稳压电源

集成稳压电源是把调整管、取样电路、基准电压、比较放大及保护电路等全部集成在一块芯片上，其特点是体积小，外围元件少，性能稳定可靠，使用调整方便，因此得到广泛的应用。

一、三端固定式集成稳压器

目前集成稳压电源类型很多，但以 W78、W79 系列小功率三端式稳压器应用最普遍。三端式是指稳压器只有输入、输出、接地 3 个接线端子，如图 8-15 所示。W78 系列输出固定的正电压，系列电压等级：5V、6V、9V、12V、15V、18V、24V。例如 W7815，“15”代表输出电压 15V。W79 系列与 W78 系列对应，它输出固定的负电压。以上两种系列三端稳压器可以输出 0.5A 电流，如果加装散热片，可达到 1.5A。下面介绍 W78、W79 系列部分应用电路。

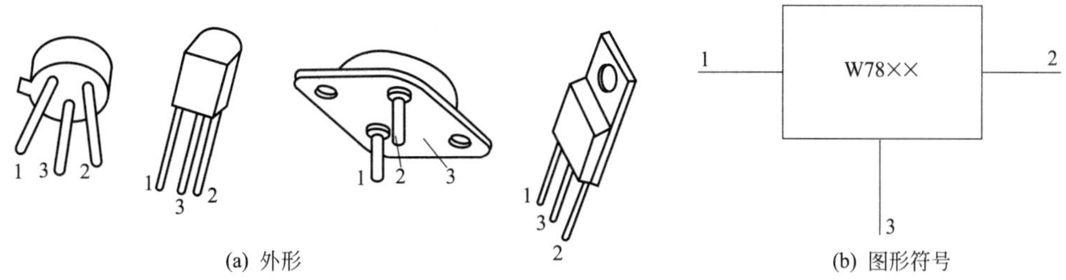

图 8-15　三端集成稳压器外形和图形符号

1. 应用电路之一

如图 8-16 所示。W78 系列 1、2、3 脚分别为输入端、输出端、公共端。W79 系列 1、2、3 脚分别为公共端、输入端、输出端。U_i 为整流滤波后的直流电压。电容 C_1 旁路高频干扰信号以消除自激振荡。电容 C_2 起滤波作用，并能改善暂态响应。

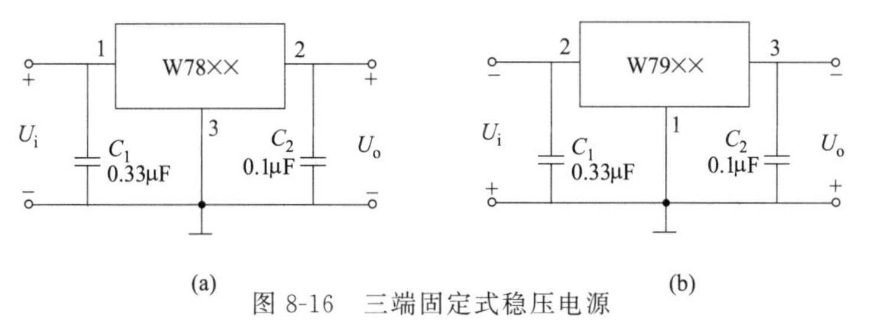

图 8-16　三端固定式稳压电源

2. 应用电路之二

如图 8-17 所示。它是一个由 W78 系列和 W79 系列的典型电路共用一个接地端组合而成的正负电压输出电路。

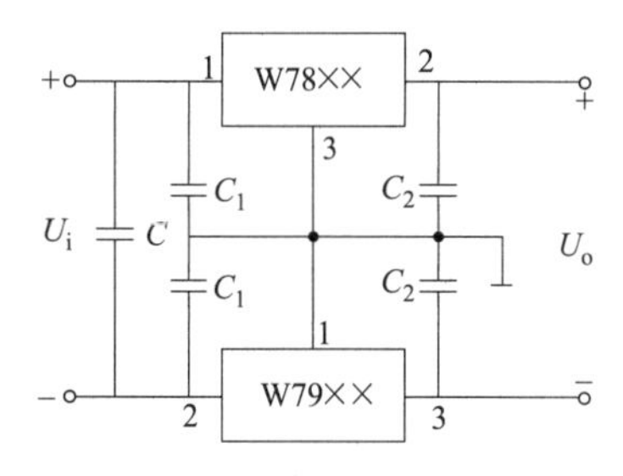

图 8-17　正负电压输出电路

3. 应用电路之三

如图 8-18 所示，它是一个扩展输出电流电路。由于功率的限制，W78 系列和 W79 系列稳压器最大输出电流只能达到 1.5A。为了输出更大的电流，一般采用大功率管或相同型号稳压器并联的方式扩展输出电流，如图 8-18 所示。

在图 8-18(a) 中，VT 为大功率管。为了消除晶体管 U_{BE} 对输出电压 U_o 的影响，电路中又加了补偿二极管 VD，这样不仅使输出电压 U_o 等于稳压器的固定输出电压，而且起到温度补偿的作用，使输出电压 U_o 的数值基本不受温度的影响。

二、三端可调式集成稳压器

该集成稳压器不仅输出电压可调，且稳压性能优于固定式，被称为第二代三端集成稳压器。同样有正电压输出和负电压输出两类。

笔记

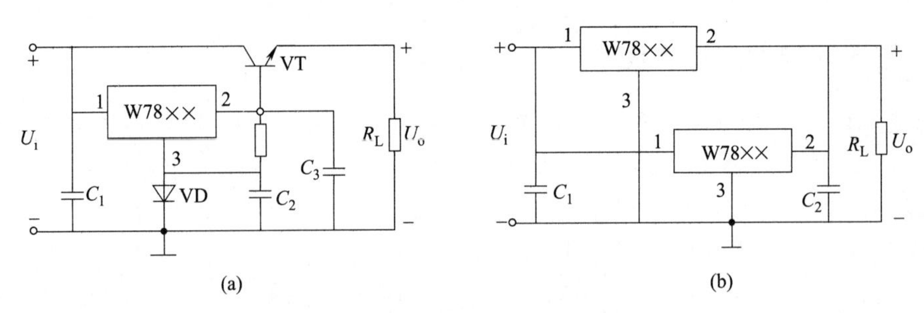

图 8-18 扩展输出电流电路

W117、W217、W317 系列是正电压输出，W317 应用电路如图 8-19(a) 所示。电位器 R_P 和电阻 R_1 组成取样分压器，取样电压送稳压器的调整端正 1 脚，改变 R_P 可调节输出电压的大小，输出电压 U_o 在 1.25～37V 范围内连续可调。

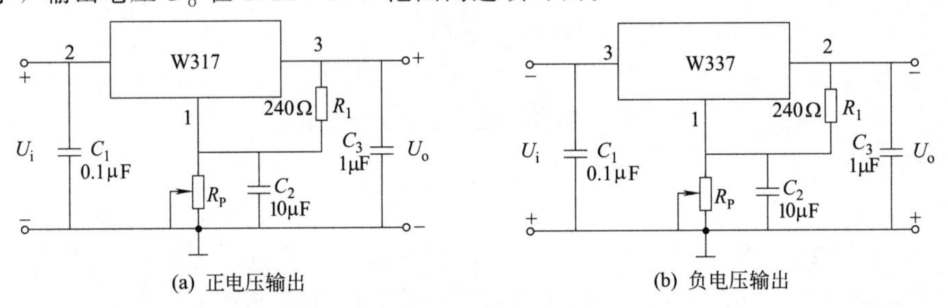

图 8-19 三端可调式稳压电路

电容 C_1 旁路整流电路输出的高频干扰信号，电容 C_2 可消除 R_P 上的纹波电压，使取样电压稳定，C_3 起滤波作用。

W137、W237、W337 系列是负电压输出，W337 应用电路如图 8-19（b）所示。

模块总结

① 单相半波整流电路输出电压平均值与副绕组电压有效值之间的关系是 $U_\text{o}=0.45U_2$。二极管截止时承受的最高反向电压是 $U_\text{DRM}=\sqrt{2}U_2$，通过二极管的电流等于负载电流，$I_\text{D}=I_\text{L}$。仅利用了交流电的半个周期，变压器存在单向磁化现象。

② 单相桥式整流电路输出电压平均值与副绕组电压有效值之间的关系是 $U_\text{o}=0.9U_2$。二极管截止时承受的最高反向电压是 $U_\text{DRM}=\sqrt{2}U_2$，通过二极管的电流等于负载电流的一半，$I_\text{D}=\dfrac{1}{2}I_\text{L}$。利用了交流电的整个周期，变压器无单向磁化现象。

③ 采用电容器滤波的整流电路二极管中通过的是冲击电流。对于半波整流电容器滤波的电路，二极管在截止时承受的最高反向电压是 $U_\text{DRM}=2\sqrt{2}U_2$。半波整流电容器滤波电路输出电压的平均值 $U_\text{o}=U_2$，桥式整流电容器滤波电路输出电压的平均值 $U_\text{o}=1.2U_2$。根据 $R_\text{L}C\geqslant(3\sim5)\dfrac{T}{2}$ 来选择电容器的容量，根据整流输出电压可能出现的最大值，选择电容器的耐压。

④ 采用稳压二极管稳压电路时，可根据稳压二极管的稳定电压等于负载电压，最大稳定电流等于 2 倍负载最大电流的条件，选择稳压二极管，稳压电路输入电压至少大于 2 倍负载电压。

⑤ 三端稳压器有正极性和负极性输出两种，有固定输出电压和可调输出电压两种。三端稳压器的输出电压应高于输出电压 2V 以上，但又不能太大，因为在同样的负载电流的条件下，这

个电压差越大，三端稳压器的功耗就越大。采用附加器件可以扩大输出电压和输出电流。

模块检测

模块八
检测答案

1. 填空题

（1）直流电源主要是由________、________、________和________等四个部分组成。

（2）整流电路是利用二极管的单向导电性，将________电转换成脉动的________电。

（3）滤波电路有________滤波、________滤波和________滤波。

（4）稳压电路的功能是使直流电压在________波动和________变化时保持稳定不变。基本电路有________型、________型，应用最广泛的是________。

2. 单项选择题

（1）在单相桥式整流电路中，已知交流电压 $u_2=100\sin\omega t$ V，若有一个二极管损坏（断开），输出电压的平均值 U_o 为（　　）。

A. 31.82V　　B. 45V　　C. 0V

（2）图 8-20 所示电路中，正确的单相桥式整流电路是（　　）图。

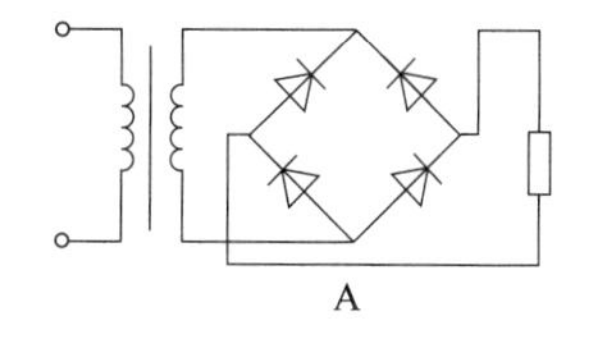
A

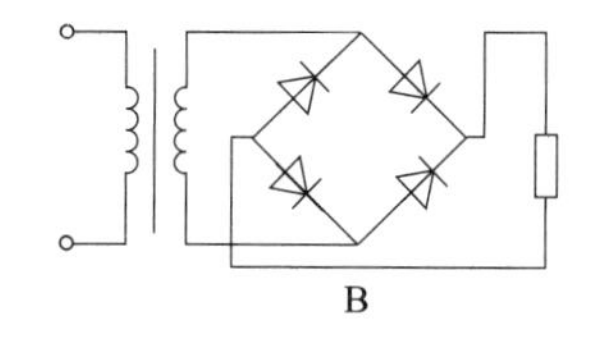
B

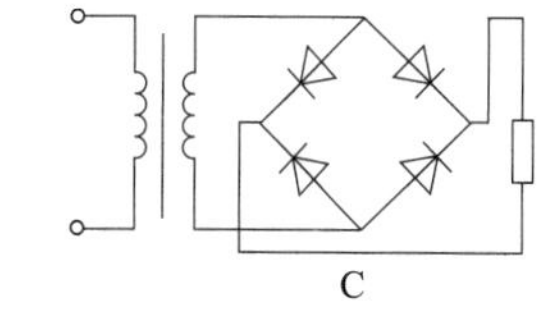
C

图 8-20

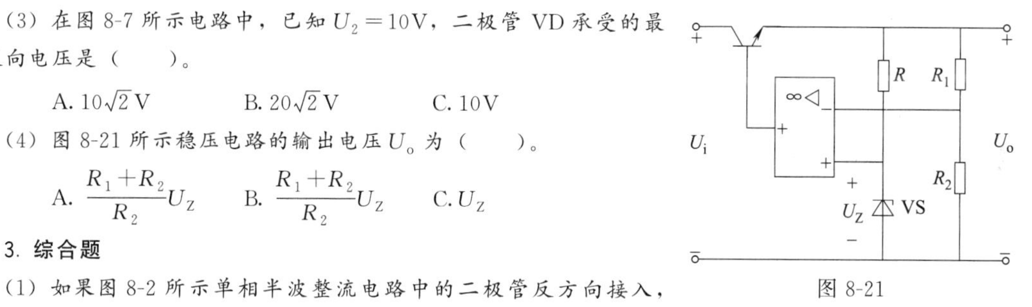

图 8-21

（3）在图 8-7 所示电路中，已知 $U_2=10$V，二极管 VD 承受的最大反向电压是（　　）。

A. $10\sqrt{2}$ V　　B. $20\sqrt{2}$ V　　C. 10V

（4）图 8-21 所示稳压电路的输出电压 U_o 为（　　）。

A. $\frac{R_1+R_2}{R_2}U_Z$　　B. $\frac{R_1+R_2}{R_2}U_Z$　　C. U_Z

3. 综合题

（1）如果图 8-2 所示单相半波整流电路中的二极管反方向接入，能否起到整流作用？试用波形图进行分析，并指出负载电压极性。

（2）在图 8-4 所示的单相桥式整流电路中，试分别说明下列情况电路发生的后果：

① VD_3 接反；

② 因过电压 VD_3 被击穿短路；

③ VD_3 虚焊（断开）；

④ 4 个二极管都接反。

（3）有一单相半波整流电路如图 8-2 所示，负载电阻 $R_L=2\text{k}\Omega$，变压器二次绕组电压 $U_2=30$V，试求：①输出直流电压、电流的平均值 U_o、I_o；②选择二极管。

（4）在图 8-4 所示单相桥式整流电路中，要求 $U_o=80$V，$R_L=1\text{k}\Omega$。试求：①变压器二次绕组电压 U_2；②选择适当型号的二极管。

（5）要求负载电压 $U_o=100$V，负载电流 $I_o=100$mA，采用单相桥式整流、电容滤波，交流电源频率为 50Hz，试选用二极管的型号和滤波电容器。

（6）有一并联型稳压电路如图 8-12 所示。负载电阻 $R_L=2\text{k}\Omega$，整流滤波后的输出电压 $U_i=30$V。今要求输出直流电压 $U_o=10$V，试选择稳压管 VS。

（7）如图 8-14 所示串联型稳压电路，试求当 $U_Z=6$V，$R_1=R_2=1\text{k}\Omega$ 时输出电压的范围。

笔记

模块九

数字逻辑电路

知识目标

1. 了解晶体管作为开关使用的特点及等效模型、数制与编码。
2. 熟悉分立元件门电路、TTL门电路的工作原理及外特性。
3. 掌握逻辑代数的运算法则及基本定律。
4. 理解集成门电路的逻辑功能。
5. 掌握组合逻辑电路的基本分析方法。
6. 熟悉编码器和译码器的功能和使用方法。

能力目标

1. 会进行数制之间的相互转换。
2. 能对基本逻辑电路进行分析。
3. 能设计简单的逻辑电路。
4. 会测试集成逻辑门电路的逻辑功能。

素养目标

1. 介绍莱特兄弟的故事，培养学生的创新能力。
2. 讲授组合逻辑电路的分析和设计时，每个门电路只能实现一个基本功能，只有所有功能加在一起，才能构成一套完整的逻辑，引导学生正确看待个体与整体的辩证关系，充分发挥个人在创新团队中的作用，在提高团队凝聚力和综合性创新能力的同时实现个人创造力和核心力。

学习单元一　数字电路基础

电子电路中的信号可分为两大类：一类是随时间连续变化的信号，称为模拟信号，如模拟语音的音频信号，热电偶得到的反应温度变化的电压信号等都属于模拟信号；另一类是时间和数值上都不连续的信号，多以脉冲信号的形式出现，称为数字信号，如当用电子电路记录自动生产线上输出的零件数目时，每送出一个零件给电子电路一个信号，使之记为1（或加1），没有零件通过时记0（或不记数）。

按照电子电路中工作信号的不同，通常把电路分为模拟电路和数字电路。用于传递和处理模拟信号的电子电路称为模拟电路，如各类放大电路、稳压电路等都属于模拟电路。用于处理数字信号的电子电路称为数字电路，如后面介绍的各类门电路、触发器、译码器、计数器等都属于数字电路。

一、数字电路的特点

数字电子技术正在日新月异地飞速发展，各种类型的数字电路广泛应用于数字通信、自动控制、计算机、数字测量仪器以及家用电器等各个领域。

数字电路包含的内容十分广泛。它包括了信号的放大与整形、脉冲的产生与控制以及计数、译码、显示等典型的数字单元电路。与模拟信号相比较，数字电路有以下特点：

① 数字电路在计数和进行数值运算时采用二进制数，是利用脉冲信号的有无来代表和传输 0 和 1 这样的数字信息的，读作高电平（或高电位）和低电平（或低电位）；

② 数字电路不仅能完成数值运算，而且能进行逻辑判断和逻辑运算，因此也把数字电路称为“逻辑电路”；

③ 数字电路的分析方法重点在于研究各种数字电路输出与输入之间的相互关系，即逻辑关系，因此分析数字电路的数学工具是逻辑代数，表达数字电路逻辑功能的方式主要是真值表、逻辑表达式和波形图等；

④ 数字电路有抗干扰能力强、功耗低、对电路元件精度要求不高、可靠性强、便于集成化和系列化生产等优点；

⑤ 数字电路保密性好，信息能长期在电路中加以存储。

二、数制与编码

1. 数制

在日常生活中，人们习惯采用十进制数，而数字电路中的基本工作信号是数字信号，只能表示 0 和 1 两个基本数字。因此，在数字系统中进行数字运算和处理时，采用的都是二进制数。但二进制数有时表示起来不太方便，位数太多，所以也经常采用十六进制（每位代替四位二进制数）。

（1）数的表示方法

① 十进制　十进制是最常用计数体制。

a. 基数是 10。十进制数采用 10 个基本数码：0、1、2、3、4、5、6、7、8、9，任何数值都可以用上述 10 个数码按一定规律排列起来表示。

b. 计数规律是“逢十进一”，即 $9+1=10$。0～9 可以用一位基本数码表示，10 以上的数则要用两位以上的数码表示。每一数码处于不同的位置时，它代表的数值是不同的，即不同的数位有不同的位权。如十进制数 2009 代表的数值为：

$$2009=2\times10^3+0\times10^2+0\times10^1+9\times10^0$$

每位的位权分别为 10^3、10^2、10^1、10^0。

任意一个 n 位十进制正整数 N 所表示的数值，等于其各位权系数之和，可表示为

$$[N]_{10}=k_{n-1}\times10^{n-1}+k_{n-2}\times10^{n-2}+\cdots+k_1\times10^1+k_0\times10^0=\sum_{i=0}^{n-1}k_i\times10^i$$

式中的下标 10 表示 N 是十进制数。

$$[123]_{10}=1\times10^2+2\times10^1+3\times10^0$$

笔记

② 二进制　数字电路中应用最为广泛的是二进制。二进制只有0和1两个数码，很容易与电路的状态对应起来。如电路的“通”与“断”，照明灯的“亮”与“暗”，晶体管“导通”与“截止”等，均可以用0和1两个数码来表示。

a. 基数是2，采用两个数码0和1；

b. 计数规律是“逢二进一”。

二进制的位权分别为2^0、2^1、2^2…。任何一个n位二进制正整数N，可表示为

$$[N]_2=k_{n-1}\times 2^{n-1}+k_{n-2}\times 2^{n-2}+L+k_1\times 2^1+k_0\times 2^0=\sum_{i=0}^{n-1}k_i\times 2^i$$

式中的下标2表示N是二进制数。

二进制数表示的数值也等于其各位加权系数之和。例如：

$$[1111]_2=1\times 2^3+1\times 2^2+1\times 2^1+1\times 2^0=[15]_{10}$$

③ 十六进制数　二进制数的位数通常很多，不便于书写和记忆。例如，要表示十进制数157，若用二进制数表示则为10011101，而若用十六进制表示则为9D，因此在数字系统的资料中常采用十六进制来表示二进制数。

a. 基数是16。采用16个数码：0、1、2、3、4、5、6、7、8、9、A、B、C、D、E、F，其中10～15分别用A～F表示。

b. 计数规律是“逢十六进一”。每位的位权是16的幂。N位十六进制正整数N可表示为

$$[N]_{16}=\sum_{i=0}^{n-1}k_i\times 16^i$$

例如：$[FB4]_{16}=15\times 16^2+11\times 16^1+4\times 16^0=[4020]_{10}$

(2) 不同进制数间的转换

① 二进制、十六进制数转换为十进制数　方法：把二进制或十六进制数按权展开，再把每位的位值相加，即得相应的十进制数。

【例9-1】 将二进制数100101、十六进制数9A2分别转换成对应的十进制数。

解：
$$[100101]_2=1\times 2^5+0\times 2^4+0\times 2^3+1\times 2^2+0\times 2^1+1\times 2^0=32+0+0+4+0+1=[37]_{10}$$

$$[9A2]_{16}=9\times 16^2+10\times 16^1+2\times 16^0=2304+160+2=[2466]_{10}$$

② 十进制数转换为二进制数　将十进制正整数转换为二进制，可以采用除2倒取余法，转换步骤如下：

第一步，把给定的十进制数除以2，取出余数（0或1），即二进制数最低数位的数码K_0；

第二步，将前一步得到的商再除以2，再取出余数，即得到次低位的数码K_1；

以下各步类推，直到商为0为止，最后取出的余数为二进制数最高位的数码K_{n-1}。

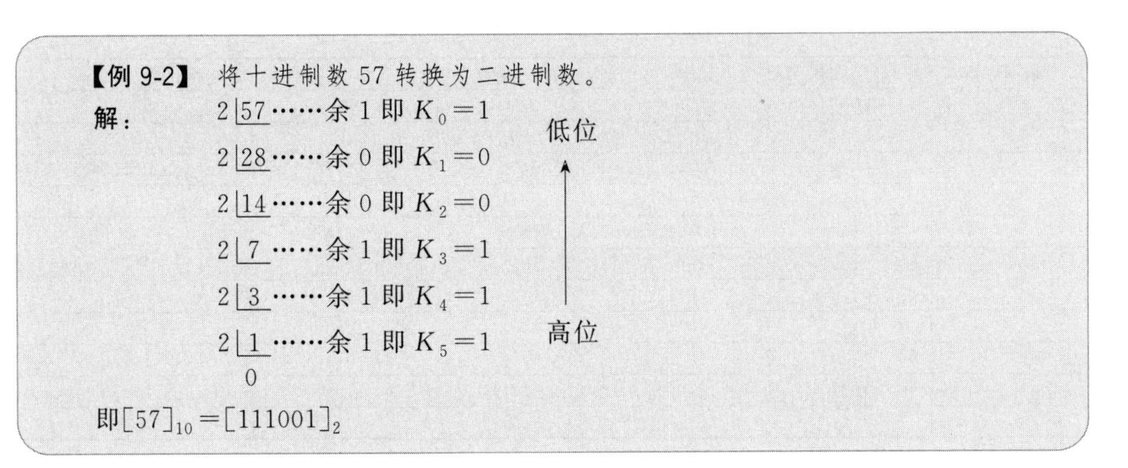

【例 9-2】 将十进制数 57 转换为二进制数。

解：
2|57……余 1 即 $K_0=1$ 低位
2|28……余 0 即 $K_1=0$
2|14……余 0 即 $K_2=0$
2|7……余 1 即 $K_3=1$
2|3……余 1 即 $K_4=1$
2|1……余 1 即 $K_5=1$ 高位
0

即$[57]_{10}=[111001]_2$

③ 二进制与十六进制数的相互转换

a. 将二进制正整数转换为十六进制数。将二进制数从最低位开始，每 4 位分为一组（最高位可补 0），每组都转换为 1 位相应的十六进制数码即可。

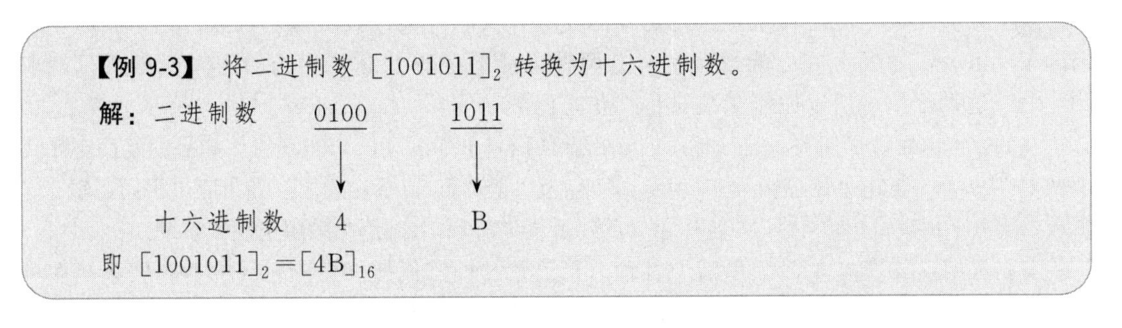

【例 9-3】 将二进制数 $[1001011]_2$ 转换为十六进制数。

解：二进制数 0100 1011
↓ ↓
十六进制数 4 B

即 $[1001011]_2=[4B]_{16}$

b. 将十六进制正整数转换为二进制数。将十六进制数的每一位转换为相应的 4 位二进制数即可。

【例 9-4】 将 $[6B]_{16}$ 转换为二进制数。

解：由十六进制与二进制的对应关系可知，因为 6⟷0110，B⟷1011，即：

$[6B]_{16}=[01101011]_2=[1101011]_2$

2. 码制

数字电路中，数码不仅可以表示数量的大小，而且还能用来表示不同的事物。在后一种情况下，这些数码已不再表示数量的大小差别，而只是不同事物的代号而已。将这些表示各种文字、符号等信息的二进制数码称为代码。这如同运动会上，给所有参加运动会的运动员编上不同的号码一样，不同的号码仅代表不同的运动员，而失去了数量大小的含义。建立这种代码与文字、符号或是特定对象之间一一对应关系的过程，称为编码。

最常用的编码关系是：在数字系统中，用 4 位二进制数码来表示 0～9 这十个 1 位十进制数码，这种编码方法叫二 - 十进制编码，简称 BCD 码。表 9-1 列出了常见的几种 BCD 编码，其中 8421 码应用最广，余三码和格雷码为无权码。

表 9-1 常用的 BCD 编码

十进制数码	8421 编码	5421 编码	2421 编码	余三码(无权码)	格雷码(无权码)
0	0000	0000	0000	0011	0000
1	0001	0001	0001	0100	0001
2	0010	0010	0010	0101	0011
3	0011	0011	0011	0110	0010
4	0100	0100	0100	0111	0110
5	0101	1000	1011	1000	0111
6	0110	1001	1100	1001	0101
7	0111	1010	1101	1010	0100
8	1000	1011	1110	1011	1100
9	1001	1100	1111	1100	1000
权	8421	5421	2421	无权	无权

学习单元二 基本逻辑关系

因为数字电路研究输入、输出信号之间的逻辑关系，所以先讨论逻辑代数的基本概念。

逻辑代数是按一定逻辑规律进行运算的代数，又叫开关代数或布尔代数，用来判断在一定的条件下，事件发生的可能性。它只有两种可能的逻辑状态，相应的逻辑变量也只能取“0”“1”这两个值，所以逻辑函数又称二状态函数。

在数字电路中，逻辑关系是以输入、输出脉冲信号电平的高低来实现的。如果约定高电平用逻辑“1”表示，低电平用逻辑“0”表示，便称为“正逻辑系统”；反之，如果高电平用逻辑“0”表示，低电平用逻辑“1”表示，便称为“负逻辑系统”。本书讨论时采用正逻辑系统。

逻辑关系是渗透在生产和生活中各种因果关系的抽象概括。事物之间的逻辑关系是多种多样的，也是十分复杂的，但最基本的逻辑关系却只有三种，即“与”逻辑关系、“或”逻辑关系和“非”逻辑关系。

笔记

一、“与”逻辑关系

当决定某一种结果的所有条件都具备时，这个结果才能发生，这种逻辑关系称为“与”逻辑关系，简称与逻辑，又称逻辑乘、逻辑与。

如图 9-1 中，以 L 代表电灯，A、B、C 代表各个开关，若以 Y 表示灯泡的状态——亮与灭，规定灯亮 Y 为 1，灯灭 Y 为 0；以 A、B、C 表示开关的状态——闭合与断开，规定开关闭合 A、B、C 为 1，开关断开 A、B、C 为 0；由于 A、B、C 三个开关串联接入电路，只有当开关 A、B、C 都闭合时灯 L 才会亮，这时 Y 和 A、B、C 之间便存在“与”逻辑关系。

与逻辑关系的表示方法如下。

(1) 用逻辑符号表示　“与”逻辑关系的逻辑符号如图 9-2 所示。

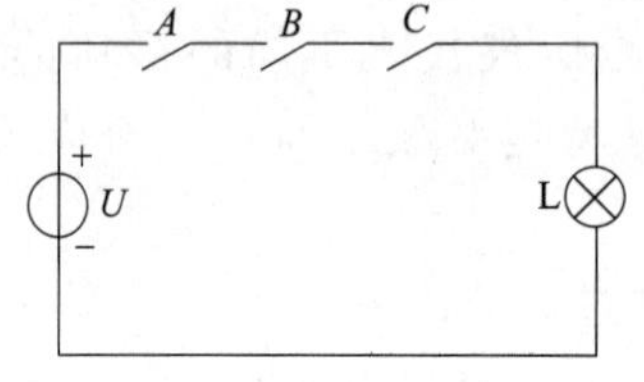

图 9-1 “与”逻辑关系

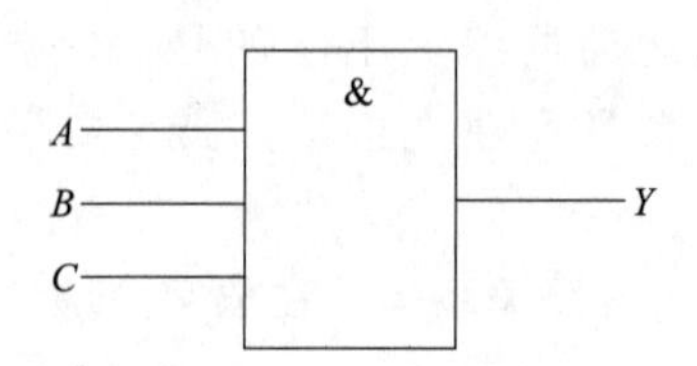

图 9-2 “与”逻辑符号

（2）用逻辑关系式表示 “与”逻辑关系可以用输入、输出的逻辑关系式来表示，若输出（判断结果）用 Y 表示，输入（条件）分别用 A、B、C 等表示，则记成：

$$Y=ABC$$

（3）用真值表表示 如果把输入变量 A、B、C 的所有可能取值的组合列出后，对应地列出它们的输出变量 Y 的逻辑值，如表 9-2 所示。这种用“1”“0”表示“与”逻辑关系的表称为真值表。

表 9-2 “与”逻辑关系真值表

A	B	C	Y
0	0	0	0
0	0	1	0
0	1	0	0
0	1	1	0
1	0	0	0
1	0	1	0
1	1	0	0
1	1	1	1

从表 9-2 中可见，“与”逻辑关系可采用“全高出高，有低出低”的口诀来记忆。

二、“或”逻辑关系

当决定某一结果的几个条件中，只要有一个或一个以上的条件具备，结果就发生，这种逻辑关系称为“或”逻辑关系，简称或逻辑，又称逻辑加。

如图 9-3 所示，由于各个开关是并联的，只要开关 A、B、C 中任一开关闭合（条件具备），灯就会亮（事件发生），$Y=1$，这时 Y 与 A、B、C 之间就存在“或”逻辑关系。

“或”逻辑关系的表示方法如下。

（1）用逻辑符号表示 “或”逻辑关系的逻辑符号如图 9-4 所示。

（2）用逻辑关系式表示 “或”逻辑关系也可以用输入输出的逻辑关系式来表示，若输出（判断结果）用 Y 表示，输入（条件）分别用 A、B、C 等表示，则记成：

笔记

$$Y=A+B+C$$

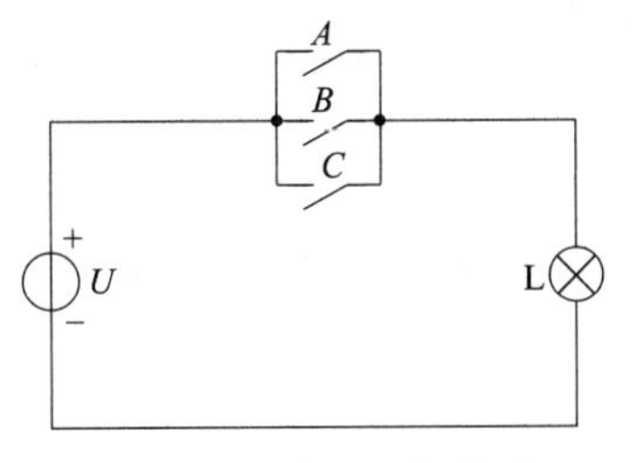

图 9-3 “或”逻辑关系

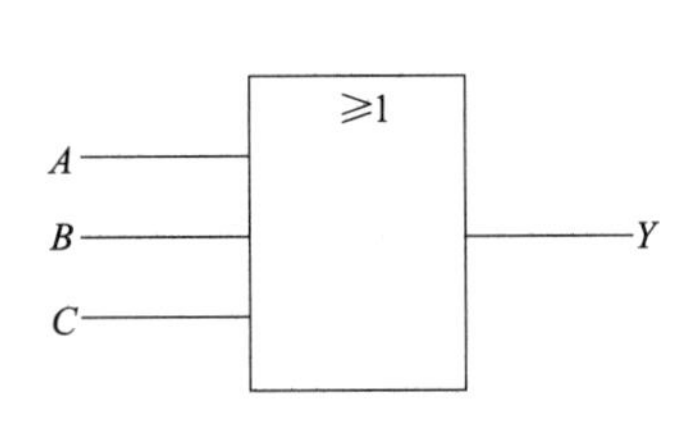

图 9-4 “或”逻辑符号

（3）用真值表表示 如果把输入变量 A、B、C 的所有取值的组合列出后，对应地列出它们的输出变量 Y 的逻辑值，就得到“或”逻辑关系的真值表如表 9-3 所示。

表 9-3 “或”逻辑关系真值表

A	B	C	Y
0	0	0	0
0	0	1	1

续表

A	B	C	Y
0	1	0	1
0	1	1	1
1	0	0	1
1	0	1	1
1	1	0	1
1	1	1	1

从表 9-3 中可见，“或”逻辑关系可采用“有高出高，全低出低”的口诀来记忆。

三、“非”逻辑关系

“非”逻辑关系是指决定事件只有一个条件，当这个条件具备时事件就不会发生；条件不存在时，事件就会发生。这样的关系称为“非”逻辑关系。如图 9-5 中，只要开关 A 闭合（条件具备），灯就不会亮（事件不发生），$Y=0$，开关断开 $A=0$，灯就亮 $Y=1$。这时 A 与 Y 之间存在“非”逻辑关系。

表示“非”逻辑关系的方法同样有：

（1）用逻辑符号表示　“非”逻辑关系的逻辑符号如图 9-6 所示；

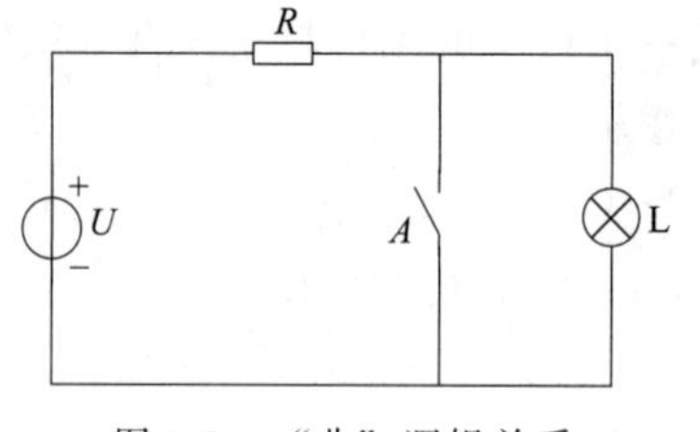

图 9-5　“非”逻辑关系

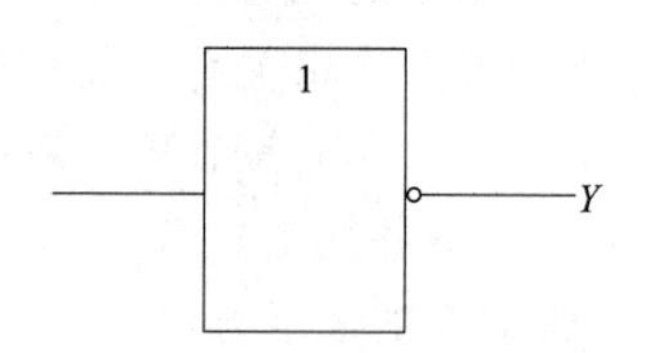

图 9-6　“非”逻辑符号

（2）“非”逻辑关系式　$Y=\overline{A}$，读作 A 非或 A 反。

（3）“非”逻辑关系的真值表　如表 9-4 所示。

表 9-4　“非”逻辑关系真值表

A	Y	A	Y
0	1	1	0

“与”“或”“非”是三种最基本的逻辑关系，其他任何复杂的逻辑关系都可以在这三种逻辑关系的基础上得到。

学习单元三　门电路

开关元件经过适当组合构成的电路，可以实现一定的逻辑关系，这种实现一定逻辑关系的电路称为逻辑门电路，简称门电路。

一、分立元件门电路

由电阻、电容、二极管和三极管等构成的各种逻辑门电路，称作分立元件门电路。

1. 二极管“与”门电路

二极管“与”门电路如图 9-7 所示。当 3 个输入端都是高电平时（$A=B=C=1$），设三者电位都是 3V，则电源 U 向这 3 个输入端流入电流，3 个二极管均正向导通，输出端电位比输入端高一个正向导通压降，锗管（一般采用锗管）为 0.2V，输出电压为 3.2V，仍属于“3V 左右”，所以 $Y=1$。

3 个输入端中有一个或两个是低电平，设 $A=0$V，其余是高电平。由二极管的导通特性可知，二极管正端并联时，负端电平最低的二极管导通（VD_A 导通），其他二极管（VD_B、VD_C 导通）截止，输出端电位比 A 端电位高一个正向导通压降，$U_Y=0.2$V，属于“0V 左右”，所以，$Y=0$。输入端和输出端的逻辑关系和“与”逻辑关系相符，故称作“与”门电路。

2. 二极管“或”门电路

二极管“或”门电路如图 9-8 所示。比较图 9-7，此时采用了负电源，且二极管采用负极并联，经电阻 R 接到负电源 U。

当 3 个输入端中只要有一个是高电平（设 $A=1$，$U_A=3$V），则电流从 A 经 VD_A 和 R 流向 U，VD_A 这个二极管导通，其他两个二极管截止，输出端 Y 的电位比输入端 A 低一个正向导通压降，锗管（一般采用锗管）为 0.2V，输出电压为 2.8V，仍属于“3V 左右”，所以 $Y=1$。

当 3 个输入端输入全为低电平时（$A=B=C=0$），设三者电位都是 0V，则电流从 3 个输入端经 3 个二极管和 R 流向 U，3 个二极管均正向导通，输出端 Y 的电位比输入端低一个正向导通压降，输出电压为 −0.2V，仍属于“0V 左右”，所以 $Y=0$。

输入端和输出端的逻辑关系和“或”逻辑关系相符，故称作“或”门电路。

3. 三极管“非”门电路

三极管“非”门电路如图 9-9 所示。

三极管此时工作在开关状态，当输入端 A 为高电平，即 $U_A=3$V 时，适当选择 U_{B1} 的大小，可使三极管饱和导通，输出饱和压降 $U_{CES}=0.3$V，$Y=0$；当输入端 A 为低电平时，三极管截止，这时输出高电平，这时钳位二极管 VD 导通，所以输出为 $U_A=3.2$V，$Y=1$。

笔记

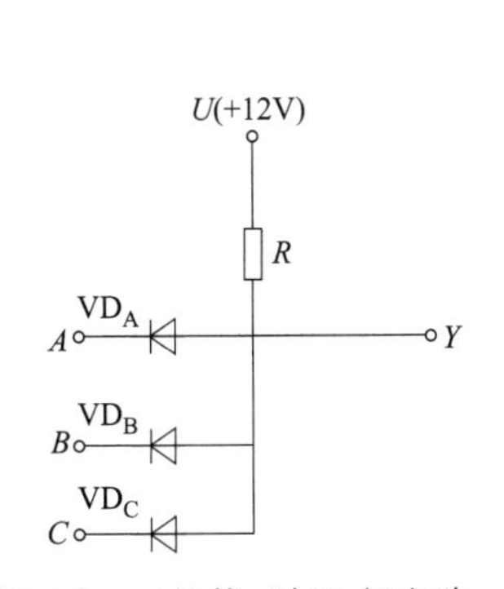

图 9-7　二极管“与”门电路

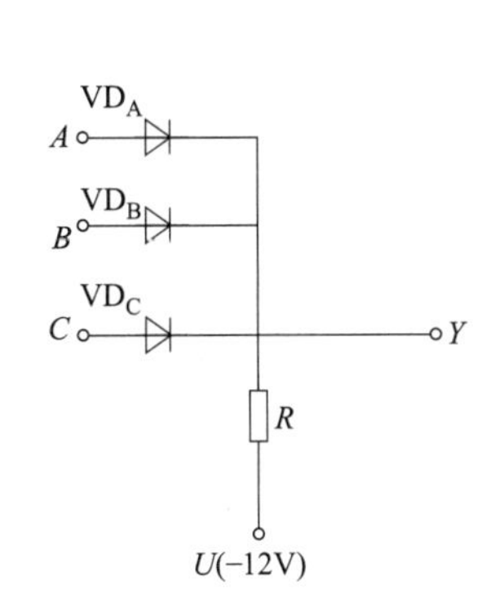

图 9-8　二极管“或”门电路

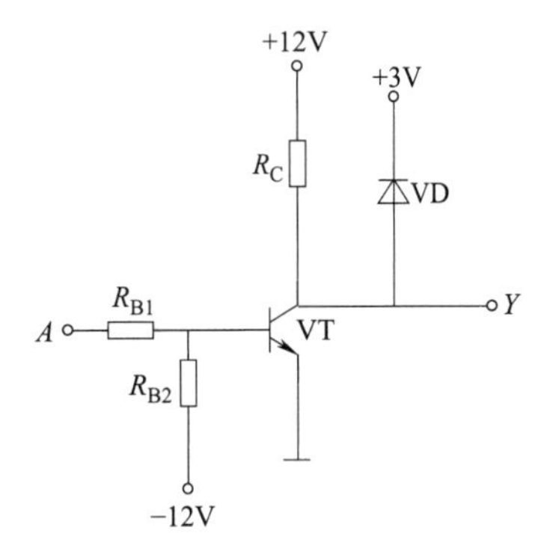

图 9-9　三极管“非”门电路

二、复合逻辑门电路

所谓复合门，就是把与门、或门和非门结合起来作为一个门电路来使用。在实际工作中，还经常使用与非门、或非门、与或非门、异或门等复合门电路作为基本单元来组成各种逻辑电路。

1. 与非门

（1）定义　将一个与门和一个非门连接起来，就构成了一个与非门。

（2）与非门的逻辑函数表达式　$Y=\overline{AB}$

（3）与非门的逻辑结构及符号　如图 9-10 所示。

（4）与非门的真值表　见表 9-5。

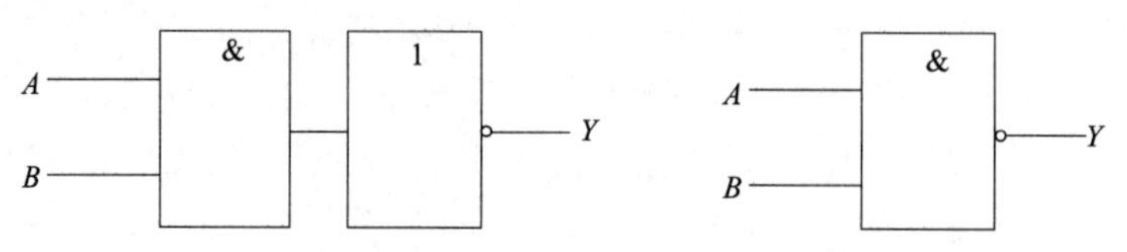

图 9-10　与非门逻辑结构及符号

表 9-5　与非门真值表

A	B	AB	Y
0	0	0	1
0	1	0	1
1	0	0	1
1	1	1	0

与非门的逻辑功能是：有 0 出 1，全 1 为 0。

2. 或非门

（1）定义　在或门后面接一个非门，就构成了或非门。

（2）或非门的逻辑函数表达式　$Y=\overline{A+B}$

（3）或非门的逻辑结构及符号　如图 9-11 所示。

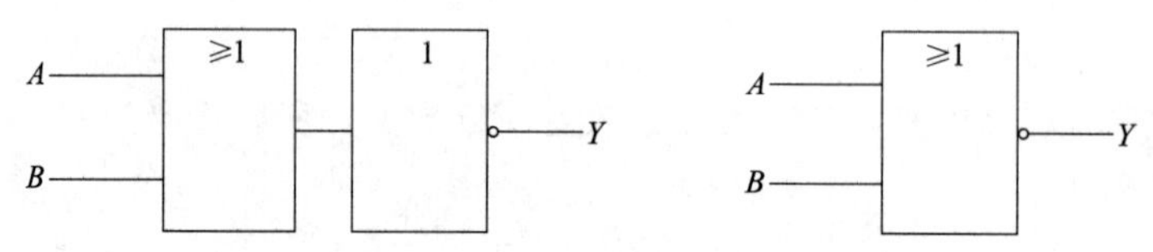

图 9-11　或非门逻辑结构及符号

（4）或非门的真值表　见表 9-6

表 9-6　或非门真值表

A	B	$A+B$	Y
0	0	0	1
0	1	1	0
1	0	1	0
1	1	1	0

或非门的逻辑功能是：有 1 出 0，全 0 为 1。

3. 与或非门

（1）定义　与或非门是由多个基本门组合在一起所构成的复合逻辑门，一般由两个或多个与门和一个或门，再和一个非门串联而成。

（2）与或非门的逻辑结构及符号　如图 9-12 所示。

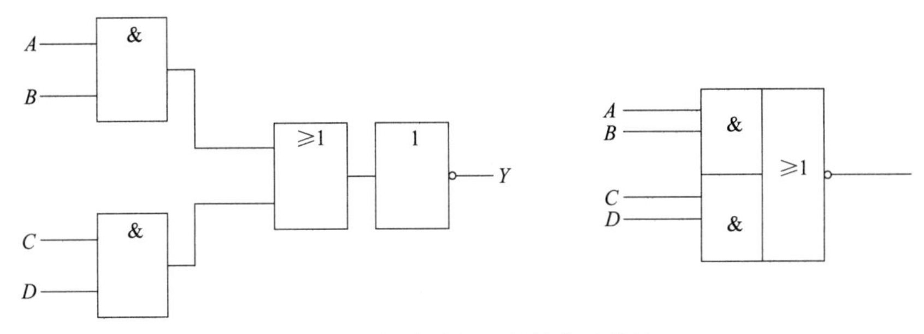

图 9-12　与或非门逻辑结构及符号

与或门的逻辑关系是，输入端分别先与，然后再或，最后是非。

（3）与或非门的逻辑函数表达式　$Y=\overline{AB+CD}$。

（4）与或非门的真值表　见表 9-7。

表 9-7　与或非门真值表

A	B	C	D	Y
0	0	0	0	1
0	0	0	1	1
0	0	1	0	1
0	0	1	1	0
0	1	0	0	1
0	1	0	1	1
0	1	1	0	1
0	1	1	1	0
1	0	0	0	1
1	0	0	1	1
1	0	1	0	1
1	0	1	1	0
1	1	0	0	0
1	1	0	1	0
1	1	1	0	0
1	1	1	1	0

与或非门的逻辑功能是：1 组全 1 出 0，各组有 0 出 1。

4. 异或门

异或门在数字电路中作为判断两个输入信号是否相同的门电路，是一种常用的门电路。

（1）异或门的逻辑结构及符号　如图 9-13 所示。

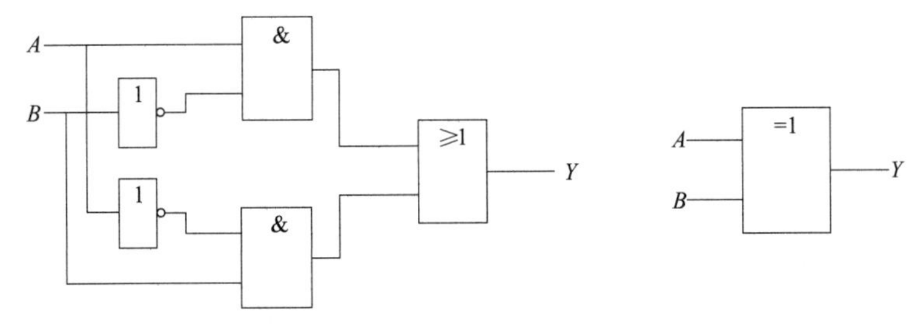

图 9-13　异或门逻辑结构及符号

（2）异或门的逻辑函数表达式　$Y=\overline{A}B+A\overline{B}$ 或 $Y=A\oplus B$。

（3）异或门的真值表　见表 9-8。

表 9-8 异或门真值表

A	B	Y
0	0	0
0	1	1
1	0	1
1	1	0

异或门的逻辑功能是：当两个输入端一个为 0，另一个为 1 时，输出为 1；而两个输入端均为 0 或均为 1 时，输出为 0（同出 0，异出 1）。

三、集成逻辑门电路

前面所介绍的门电路可以由分立元件组成，但实际使用时一般采用集成逻辑门。常用的集成逻辑门有两种类型：TTL 电路和 CMOS 电路。

1. 晶体管-晶体管集成逻辑门电路（TTL 电路）

TTL 电路全称为晶体管-晶体管集成逻辑门电路，简称 TTL 电路。TTL 电路有不同系列的产品，各系列产品的参数不同，其中 LSTTL 系列产品综合性能较好，应用广泛。下面以 LSTTL 电路为例，介绍 TTL 电路。

（1）TTL 与非门电路

① 电路组成　TTL 的基本电路形式是与非门，74LS00 是一种四 2 输入的与非门，其内部有四个两输入端的与非门，其电路图和引脚图如图 9-14 所示。

在图 9-14（b）中，引脚 7 和 14 分别接地（GND）和电源（+5V 左右）。

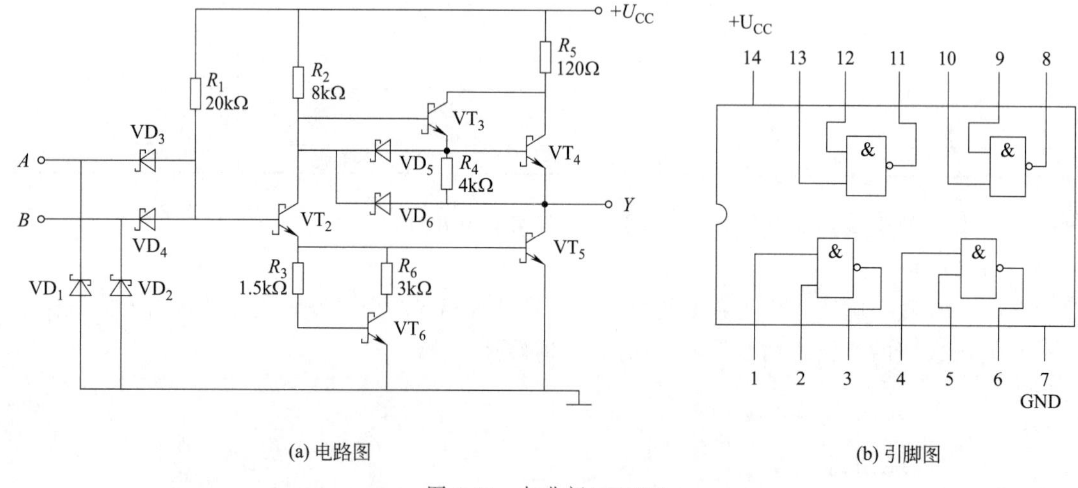

(a) 电路图　(b) 引脚图

图 9-14 与非门 74LS00

在 LSTTL 电路内部，为了提高工作速度，采用了肖特基晶体管。肖特基晶体管的符号如图 9-15 所示。肖特基晶体管的主要特点是开关时间短，工作速度高。

LSTTL 与非门电路由输入级、中间倒相级和输出级三部分组成。

当电路的任一输入端有低电平时，输出为高电平；当输入全为高电平时，输出为低电平。即有 0 出 1，全 1 出 0。电路输出与输入法之间为与非逻辑关系，即 $Y=\overline{AB}$。

② TTL 门电路的主要参数　门电路的参数反映着门电路的特性，是合理使用门电路的

重要依据。在使用中，若超出了参数规定的范围，就会引起逻辑功能混乱，甚至损坏集成块。现以 TTL 与非门为例说明 TTL 电路参数的含义。

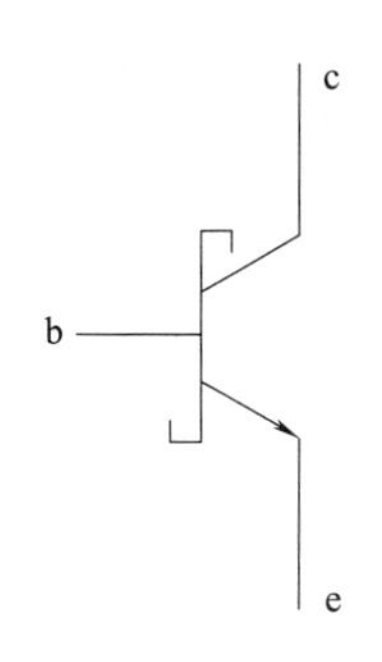

图 9-15 肖特基晶体管符号

a. 输出高电平 U_{OH} U_{OH} 是指输入端有一个或一个以上为低电平时的输出高电平值。性能较好的器件空载时 U_{OH} 约为 4V 左右。手册中给出的是在一定测试条件下（通常是最坏的情况）所测量的最小值。正常工作时，U_{OH} 不小于手册中给出的数值。74LS00 的 U_{OH} 为 2.7V。

b. 输出低电平 U_{OL} U_{OL} 是指输入端全部接高电平时的输出低电平值。U_{OL} 是在额定的负载条件下测试的，应注意手册中的测试条件。手册中给出的通常是最大值。74LS00 的 $U_{OL} \leqslant 0.5$V。

c. 输入短路电流 I_{IS} I_{IS} 是指输入端有一个接地，其余输入端开路时，流入接地输入端的电流。在多级电路连接时，I_{IS} 实际上就是灌入前级的负载电流。显然，I_{IS} 大，则前级带同类与非门的能力下降。74LS00 的 $I_{IS} \leqslant 0.4$mA。

d. 高电平输入电流 I_{IH} I_{IH} 是指一个输入端接高电平，其余输入端接地时，流入该输入端的电流。对前级来讲，是拉电流。74LS00 的 $I_{IH} \leqslant 20\mu$A。

e. 输入高电平最小值 U_{IHmin} 当输入电平高于该值时，输入的逻辑电平即为高电平。74LS00 的 $U_{IHmin}=2$V。

f. 输入低电平最大值 U_{IHmax} 只要输入电平低于 U_{IHmax}，输入端的逻辑电平即为低电平。74LS00 的 $U_{IHmax}=0.8$V。

g. 平均传输时间 t_{pd} TTL 电路中的二极管和晶体管在进行状态转换时，即由导通状态转换为截止状态，或由截止状态转换为导通状态时，都需要一定的时间，这段时间叫二极管和晶体管的开关时间。同样，门电路的输入状态改变时，其输出状态的改变也要滞后一段时间。t_{pd} 是指电路在两种状态间相互转换时所需时间的平均值。

【例 9-5】 图 9-16 所示为 74LS00 与非门构成的电路，A 端为信号输入端，B 端为控制端，试根据其输入波形画出其输出波形。

解： 图 9-16(a) 中，当控制端 B 为 0 时，不论 A 是什么状态，输出端 L 总为高电平，Y 总为低电平，信号不能通过；当控制端 B 为 1 时，$\overline{L}=\overline{AB}=\overline{A}\times 1=\overline{A}$，$Y=\overline{L}=\overline{\overline{A}}=A$，输入端 A 的信号可能通过，其输出波形如图 9-16(d) 所示。

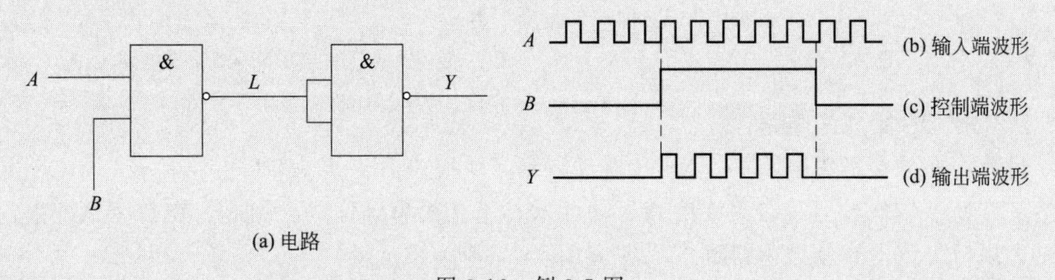

图 9-16 例 9-5 图

可以看出，在 $B=1$ 时，输出信号和输入信号的波形相同，所以该电路可作为数字频率计的受控传输门。当控制信号 B 的脉宽为 1s 时，该与非门的脉冲个数等于 A 输入端输入信号的频率 f。

（2）TTL 其他类型的门电路　为实现多种多样的逻辑功能及控制，除与非门以外，生产厂家还生产了多种类型的 TTL 单元电路。这些电路的参数和与非门相似，只是逻辑功能不同。下面介绍几种常见的其他类型的 LSTTL 门电路，其内部电路不再给出。

① 或非门 74LS27　　74LS27 是一种三 3 输入或非门。内部有 3 个独立的或非门，每个或非门有 3 个输入端，图 9-17（a）、（b）分别为它的逻辑符号与引脚图。

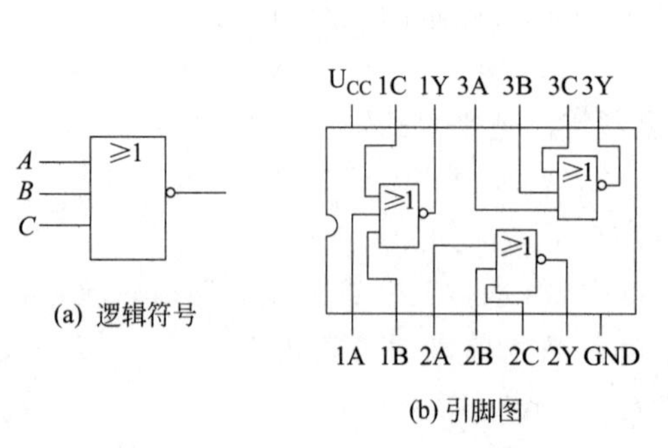

(a) 逻辑符号　(b) 引脚图

(c) 或非门无用端的处理

图 9-17　74LS27 或非门电路

或非门的逻辑关系为：有高出低，全低出高，即 $Y=\overline{A+B+C}$。

74LS27 中每个或非门有 3 个输入端，若用它实现 $Y=\overline{A+B}$，对多余的输入端可以接地或与有用端并接，另外，也可以把它当作非门使用，如图 9-17（c）所示。图中：$Y_1=\overline{A+B+0}=\overline{A+B}$；$Y_2=\overline{C+C+D}=\overline{C+D}$；$Y_3=\overline{E+E+E}=\overline{E}$。

② 异或门 74LS86　74LS86 是一种四异或门，内部有 4 个异或门。其逻辑符号如图 9-18 所示。异或门的逻辑功能为 $Y=A\overline{B}+\overline{A}B=A\oplus B$，其输入相异（一个为 0，一个为 1）时，输出为 1；输入相同时，输出为 0。

图 9-19 所示电路为一异或门构成的正码/反码电路。当控制端 B 为低电平时，输出 $Y_i=A_i\overline{B}+\overline{A}_iB=A_i\overline{0}+\overline{A}_i\times 0=A_i$，输出与输入相等，输出为二进制码的原码（即正码）。当控制端 B 为高电平时，输出 $Y_i=A_i\overline{B}+\overline{A_i}B=A_i\overline{1}+\overline{A}_i\times 1=\overline{A}_i$，输出与输入相反，输出为输入二进制码的反码。

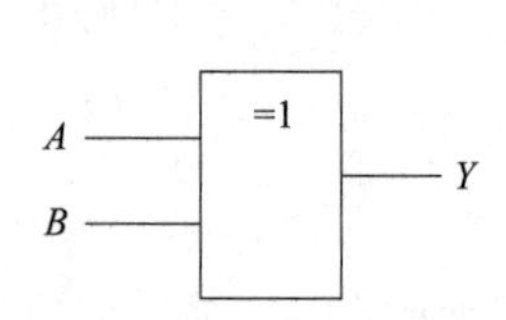

图 9-18　异或门逻辑符号

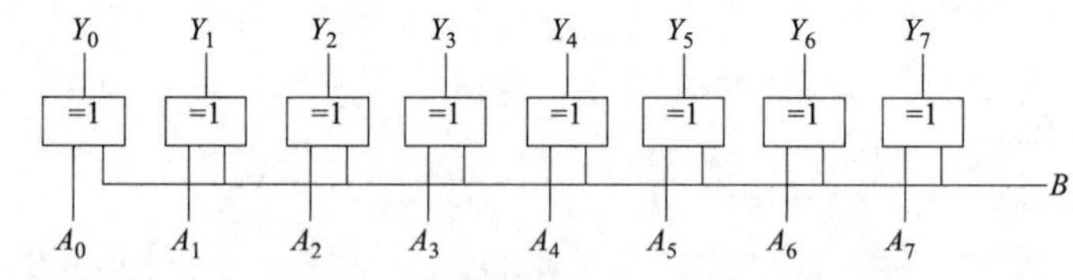

图 9-19　异或门构成的正码/反码电路

2. CMOS 集成门电路

目前，在数字逻辑电路中，MOS 器件得到了大量应用。与 TTL 电路比较，MOS 电路虽然工作速度较低，但具有集成度高、功耗低、工艺简单等优点。因此，在数字系统中，特别是大规模集成电路领域内得到广泛的应用。

在 MOS 电路中，应用最广泛的是 CMOS 电路，下面介绍 CMOS 集成门电路。

（1）CMOS 反相器　CMOS 反相器电路如图 9-20 所示，由一个 N 沟道增强型 MOS 管 V_N 和一个 P 沟道增强型 MOS 管 V_P 组成。图中 CMOS 反相器的电源电压 U_{DD} 需大于 V_N 和 V_P 管的开启电压绝对值之和，一般两管开启电压的绝对值相等。

当输入低电平时，V_N 管截止，V_P 管导通，等效电路如图 9-20（b）所示，输出为高电平；当输入为高电平时，V_N 管导通，V_P 管截止，等效电路如图 9-20（c）所示，输出为低电平。

CMOS 反相器中常用的有六反相器 CD4069，其内部由 6 个反相器单元组成。

（2）其他逻辑功能的 CMOS 门

① CMOS 与非门　CD4011 是一种四 2 输入与非门，其内部有 4 个与非门，每个与非门有两个输入端，引脚图及参数可参见有关手册。

② CMOS 或非门　CD4025 是一种三 3 输入或非门，它内部有 3 个或非门，每个或非门有 3 个输入端，其引脚图及参数可见有关手册。

③ CMOS 与或非门　CD4085 是一种 CMOS 双 2-2 输入与或非门，并带有禁止端，其逻辑图如图 9-21 所示。其中禁止端的作用是：当禁止端有效时，输出状态被锁定为 0；禁止端无效时，电路正常工作。即当 INH＝0 时，$Y=\overline{AB+CD}$；当 INH＝1 时，$Y=0$，此时输出状态被锁定为 0。

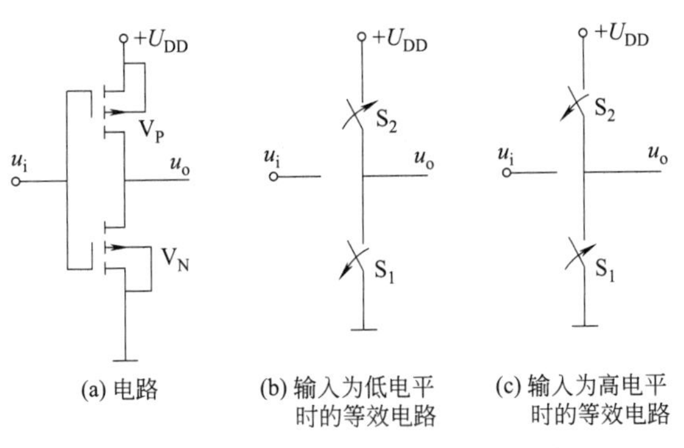

图 9-20　CMOS 反相器及其等效电路

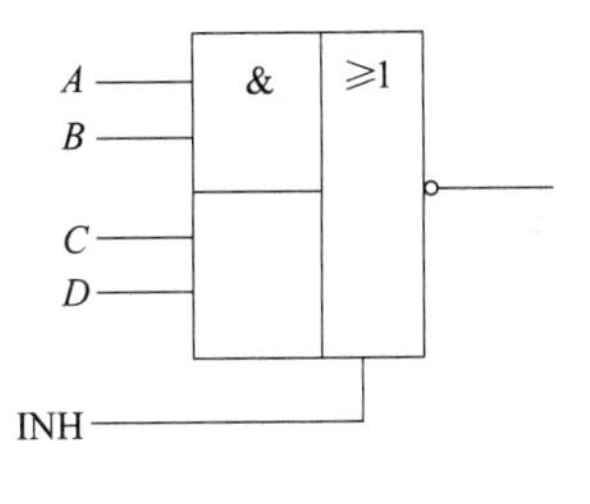

图 9-21　带禁止端的 CMOS 与或非门逻辑图（1/2 CD4085）

素质教育案例 9-实践创新

笔记

学习单元四　组合逻辑电路

有了基本的逻辑电路后，在实际中将这些基本逻辑电路组合起来，构成组合逻辑电路，以实现各种逻辑功能。在设计逻辑电路时，为了达到同一种逻辑关系，可以有多种逻辑电路的构成方法，实际中要结合器件的特点，尽可能化简逻辑电路，或使用尽可能少的集成电路。为使组合逻辑电路尽可能合理，先讨论逻辑代数的基本规律，用它来化简逻辑电路。

一、逻辑代数的基本定律

1. 基本运算法则

与：$0\cdot 0=0$；　$0\cdot 1=1\cdot 0=0$；　$1\cdot 1=1$

或：$0+0=0$；　$0+1=1+0=1+1=1$

① $0\cdot A=0$　　② $1\cdot A=A$　　③ $A\cdot A=A$

④ $A\cdot \overline{A}=0$　　⑤ $0+A=A$　　⑥ $1+A=1$

⑦ $A+A=A$　　⑧ $A+\overline{A}=1$　　⑨ $\overline{\overline{A}}=A$

2. 基本代数规律

① 交换律

$$A \cdot B = B \cdot A$$
$$A + B = B + A$$

② 结合律

$$ABC = (AB)C = A(BC)$$
$$A + B + C = A + (B + C) = (A + B) + C$$

③ 分配律

$$A(B + C) = AB + AC$$
$$A + BC = (A + B)(A + C)$$

证明： $(A+B)(A+C) = AA + AC + AB + BC = A + A(B+C) + BC$
$= A[1 + (B+C)] + BC = A + BC$

④ 反演律（摩根定理） 在化简比较复杂的逻辑关系时，这个定理很有用。

$$\overline{AB} = \overline{A} + \overline{B} \qquad \overline{A+B} = \overline{A}\,\overline{B}$$

⑤ 吸收律（逻辑表达式和普通代数表达式的一个重要区别是，逻辑表达式中的某些项可能被其他项所吸收。）

$$A(A+B) = A \qquad A + AB = A$$
$$A(\overline{A}+B) = AB \qquad A + \overline{A}B = A + B$$

【例 9-6】 应用逻辑代数证明下面等式成立

$$ABC + \overline{A} + \overline{B} + \overline{C} = 1$$

证：

$$ABC + \overline{A} + \overline{B} + \overline{C}$$
$$= ABC + \overline{ABC} \text{（反演律）}$$
$$= 1$$

笔记

【例 9-7】 应用逻辑代数化简下面等式

$$AB + \overline{A}\,\overline{C} + B\overline{C}$$

解：

$$AB + \overline{A}\,\overline{C} + B\overline{C} = AB + \overline{A}\,\overline{C} + (A + \overline{A})B\overline{C} \text{（配项法 } A + \overline{A} = 1\text{）}$$
$$= AB + \overline{A}\,\overline{C} + AB\overline{C} + \overline{A}\,B\overline{C} \text{（分配法）}$$
$$= (AB + AB\overline{C}) + (\overline{A}\,\overline{C} + \overline{A}B\overline{C}) \text{（吸收律）}$$
$$= AB + \overline{A}\,\overline{C}$$

二、组合逻辑电路的分析

综上所述，数字电路的逻辑关系可以用真值表、逻辑表达式及逻辑图（用基本逻辑符号构成的逻辑电路图）来表示。真值表直观，可以清楚表明在各种输入情况下的输出，但当输入变量较多时，比较烦琐；逻辑表达式简单，且可通过逻辑代数的基本定律进行化简，达到最简表达式；逻辑图则与硬件直接相关，根据逻辑图可以方便地接线，组成实际电路。分析电路时，也是从实际逻辑电路图出发，故在实际应用中，要求能熟练地对这三种表达方法进行转换。

组合逻辑电路的分析是指分析实际构成的逻辑电路的输入输出之间的关系，判断其逻辑功能。

组合逻辑电路的分析步骤如下。

① 根据已知的逻辑电路图写出逻辑表达式。要按门电路逻辑关系从前向后逐级写出。

② 根据表达式列出真值表。将输入的各种状态代入表达式，求出对应的输出。将输入状态及对应的输出结果列成真值表。

③ 通过分析真值表，确定电路的逻辑功能。

【例 9-8】 分析图 9-22 所示电路的逻辑功能。

解：（1）写出输出 Y 的表达式

各与门的表达式：

$$Y_1=\overline{A}C \qquad Y_2=B\overline{C} \qquad Y_3=A\overline{B}$$

输出或门的表达式：

$$Y=Y_1+Y_2+Y_3=\overline{A}C+B\overline{C}+A\overline{B}$$

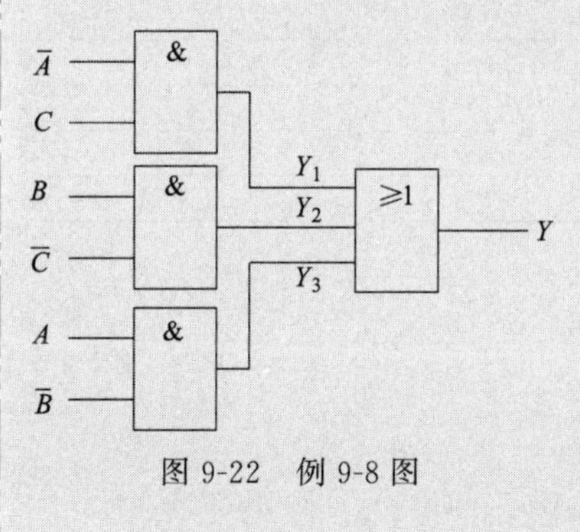

图 9-22 例 9-8 图

（2）列出真值表 该电路有 3 个输入端 A、B、C，它们有 000～111 八种可能的输入状态，只有一个输出端 Y。因此该真值表应有 9 行、4 列，如表 9-9 所示，输入状态按二进制数的规律排列。将每一种输入状态的值代入表达式 Y，则可求得对应 Y 的值并将其填写在表中。

（3）确定电路的逻辑功能 从真值表看出，当输入变量 A、B、C 一致（全为 0 或全为 1）时，输出 $Y=0$；输出不一致时，$Y=0$。该电路可用于检查输入信号是否一致，也称为“输入不一致鉴别器”。

表 9-9 例 9-8 真值表

A	B	C	Y
0	0	0	0
0	0	1	1
0	1	0	1
0	1	1	1
1	0	0	1
1	0	1	1
1	1	0	1
1	1	1	0

三、组合逻辑电路的设计

组合逻辑电路的设计就是根据逻辑功能的要求设计逻辑电路。组合逻辑电路的设计步骤与分析相反。

① 首先对命题要求的逻辑功能进行分析，确定哪些是输入变量，哪些是输出变量，以

笔记

及它们的相互关系，并对逻辑变量赋值。

② 根据逻辑功能列出真值表。逻辑变量的赋值不同，真值表也不一样。

③ 由真值表写出相应的逻辑表达式，并进行化简。最后转换成命题所要求的逻辑函数表达式。

④ 画逻辑图。根据最简逻辑表达式，画出相应的逻辑电路图。

【例 9-9】 举重比赛有三个裁判。一个主裁判 A，两个副裁判 B、C。杠铃举起的裁决，由每个裁判按一下自己面前的按钮来决定。只有两个以上裁判（其中要求必须有主裁判）判明成功时，表明“成功”的灯才亮。如何设计这个逻辑电路？

解：（1）根据以上实际问题，设 Y 为指示灯，1 表示灯亮，0 表示不亮，A 为主裁判，B、C 为副裁判，则可列出真值表，如表 9-10 所示。

表 9-10 例 9-9 真值表

A	B	C	Y
0	0	0	0
0	0	1	0
0	1	0	0
0	1	1	0
1	0	0	0
1	0	1	1
1	1	0	1
1	1	1	1

（2）根据真值表写出逻辑函数表达式

$$Y=A\overline{B}C+AB\overline{C}+ABC$$

（3）化简逻辑式

$$Y=A\overline{B}C+AB\overline{C}+ABC=A\overline{B}C+AB(\overline{C}+C)$$
$$=A\overline{B}C+AB=A(\overline{B}C+B)=A(B+C)$$

（4）由简化后的逻辑表达式画出逻辑图，如图 9-23 所示。

若用电键实现上述逻辑功能，则可用图 9-24 的电路。

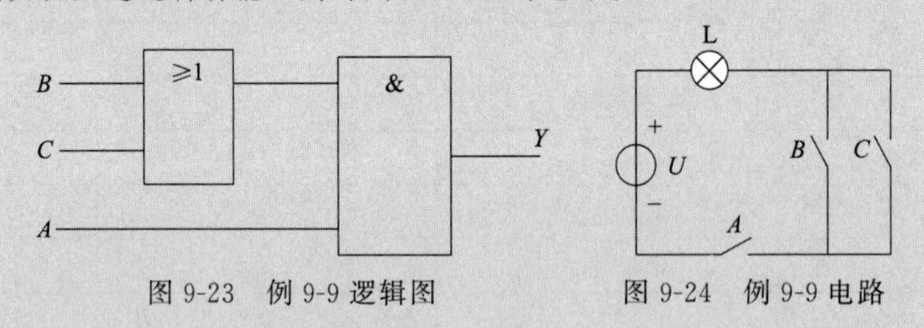

图 9-23 例 9-9 逻辑图 图 9-24 例 9-9 电路

【例 9-10】 设计一个楼梯开关的控制逻辑电路，以控制楼梯灯，使之在上楼前，用楼下开关开灯；上楼后，用楼上开关关灯；或者在下楼前，用楼上开关开灯，下楼后再用楼下开关关灯。

解：（1）由逻辑要求列出真值表。

设楼上开关为 A，楼下开关为 B，灯泡为 Y，并假设 A、B 闭合时为 1，断开时为 0，灯泡 $Y=1$ 表示灯亮，$Y=0$ 表示灯灭。根据逻辑要求列出的真值表，见表 9-11。

表 9-11 例 9-10 真值表

A	B	Y
0	0	0
0	1	1
1	0	1
1	1	0

(2) 由表 9-11 可直接写出逻辑表达式如下

$$Y=A\overline{B}+\overline{A}B=A\oplus BY=A\overline{B}+\overline{A}B=A\oplus B$$

(3) 由逻辑函数表达式 Y，画逻辑电路图，如图 9-25（a）所示。在实际应用时，可用两个单刀双掷开关完成这一逻辑功能，如图 9-25（b）所示。

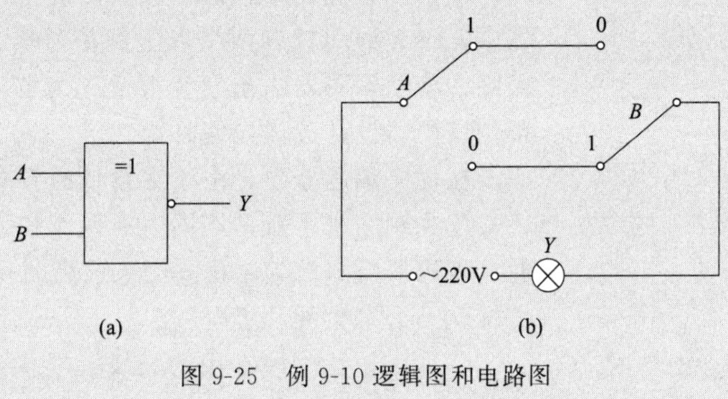

图 9-25 例 9-10 逻辑图和电路图

学习单元五 常用集成组合逻辑电路

有一些组合逻辑电路在各类数字电路系统中经常被大量地使用。为了方便，目前已将这些电路的设计标准化，并由厂家制成了中、小规模单片集成电路产品，其中包括编码器、译码器、数字选择器、数字比较器等。这些集成电路具有通用性强、兼容性好、功耗小、工作稳定等优点，所以被广泛采用。应当了解其工作原理，掌握其功能和使用方法。

笔记

一、编码器

在数字系统中，常常需要把某种具有特定意义的输入信号（如数字、字符或某种控制信号等），编成相应的若干位二进制代码来处理，这一过程称为编码。能够实现编码的电路称为编码器。

1. 二进制编码器

(1) 二进制编码器的基本要求 以三位二进制编码器为例，其编码器示意图如图 9-26 所示。三位二进制编码器有 8 个输入端 $I_0\sim I_7$（可与 8 个开关或其他逻辑电路相连）和 3 个输出端 $Y_0\sim Y_2$，因此，它也称为 8 线-3 线编码器。图 9-26 要求 8 个输入中只能有一个输入为 1，其余输入为 0。

图 9-26 三位二进制编码器示意图

例如，当输入 I_4 为 1 时，其他都为 0 时，输出 $Y_2Y_1Y_0=100$；当输入 I_6 为 1，其余都为 0 时，输出 $Y_2Y_1Y_0=110$，其真值表见表 9-12。

表 9-12 三位二进制编码器真值表

输入								输出		
I_0	I_1	I_2	I_3	I_4	I_5	I_6	I_7	Y_2	Y_1	Y_0
0	0	0	0	0	0	0	1	1	1	1
0	0	0	0	0	0	1	0	1	1	0
0	0	0	0	0	1	0	0	1	0	1
0	0	0	0	1	0	0	0	1	0	0
0	0	0	1	0	0	0	0	0	1	1
0	0	1	0	0	0	0	0	0	1	0
0	1	0	0	0	0	0	0	0	0	1
1	0	0	0	0	0	0	0	0	0	0

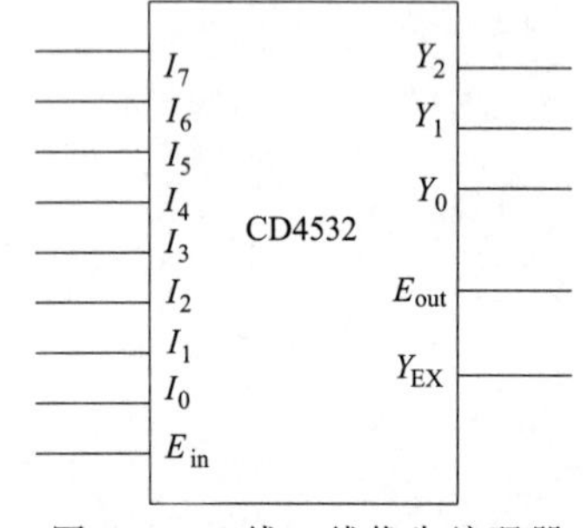

图 9-27 8 线-3 线优先编码器 CD4532 逻辑框图

（2）八位优先编码器 在上面所讨论的 8 线-3 线编码器中，不允许同时有两个以上的信号输入（输入端为 1），否则，将使编码器输出发生混乱。为解决这一问题，一般都把编码器设计成优先编码器。

在优先编码器中，由于在设计时预先对所有的编码输入按优先顺序排了队，当同时有两个以上的编码信号输入时，编码器将只对其中优先等级最高的一个输入进行编码，这样就不会发生混乱了。

CD 4532 是一种常用的 8 线-3 线优先编码器，其真值表见表 9-13，逻辑框图如图 9-27 所示。

表 9-13 CD4532 真值表

输入									输出				
E_{in}	I_7	I_6	I_5	I_4	I_3	I_2	I_1	I_0	Y_{EX}	Y_2	Y_1	Y_0	E_{out}
0	×	×	×	×	×	×	×	×	0	0	0	0	0
1	0	0	0	0	0	0	0	0	0	0	0	0	1
1	1	×	×	×	×	×	×	×	1	1	1	1	0
1	0	1	×	×	×	×	×	×	1	1	1	0	0
1	0	0	1	×	×	×	×	×	1	1	0	1	0
1	0	0	0	1	×	×	×	×	1	1	0	0	0
1	0	0	0	0	1	×	×	×	1	0	1	1	0
1	0	0	0	0	0	1	×	×	1	0	1	0	0
1	0	0	0	0	0	0	1	×	1	0	0	1	0
1	0	0	0	0	0	0	0	1	1	0	0	0	0

从它的真值表可以看出，除 8 个编码输入信号 $I_0 \sim I_7$ 外，还有一个使能输入端 E_{in}。当 $E_{in}=0$ 时，禁止编码，此时不论输入 $I_0 \sim I_7$ 为何种状态，输出 $Y_2Y_1Y_0=000$；当 $E_{in}=1$ 时，允许编码。从它的真值表还可以看出，I_7 的优先等级最高，依次降低，I_0 的优先等级最低。当 $I_7=1$ 时，不管其他输入端是 0 还是 1（图中用×表示），只要允许编码，输出都是 1，$Y_2Y_1Y_0=111$。

E_{out} 为使能输出端，Y_{EX} 为扩展输出端，它们受控制。当 $E_{in}=0$ 时，$E_{out}=0$，$Y_{EX}=0$。当 $E_{in}=1$ 时，有两种情况：当 $I_0 \sim I_7$ 端无信号时（全部为 0），$E_{out}=1$，$Y_{EX}=0$，表示本级电路无输入信号，输出不是输入信号的编码；当 $I_0 \sim I_7$ 有信号时，表示本级输出为输入信号的编码输出，$E_{out}=0$，$Y_{EX}=1$。

2. 10线-4线8421BCD码优先编码器

10线-4线8421BCD码优先编码器有10个输入端，每一个输入端对应着一个十进制数（0～9），其输出端输出的是输入信号相应的BCD码。为防止输出产生混乱，该编码器通常都设计成优先编码器。

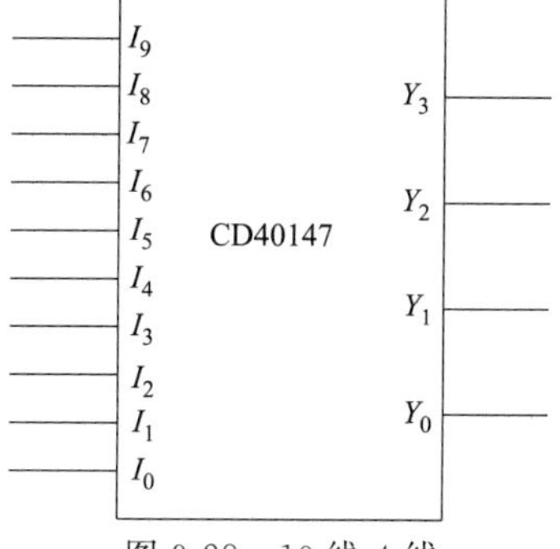

图 9-28 10线-4线8421BCD码优先编码器逻辑框图

CD40147是一种标准型CMOS集成10线-4线8421BCD码优先编码器。其逻辑框图如图9-28所示，其真值表见表9-14。

CD40147有10个输入端 $I_0 \sim I_9$，4个输出端 Y_3、Y_2、Y_1、Y_0，优先等级是从9到0。例如当 $I_9=1$ 时，无论其他输入端为何种状态，输出 $Y_3Y_2Y_1Y_0=1001$；当 $I_9=I_8=0$，$I_7=1$ 时，输出 $Y_3Y_2Y_1Y_0=0111$；当其他输入端等于0，$I_0=1$ 时，输出 $Y_3Y_2Y_1Y_0=0000$。当10个输入信号全为0时，输出 $Y_3Y_2Y_1Y_0=1111$，这是一种伪码，表示没有编码输入。

10线-4线编码器可用于键盘编码。

表 9-14 CD40147 真值表

输入										输出			
I_0	I_1	I_2	I_3	I_4	I_5	I_6	I_7	I_8	I_9	Y_3	Y_2	Y_1	Y_0
0	0	0	0	0	0	0	0	0	0	1	1	1	1
1	0	0	0	0	0	0	0	0	0	0	0	0	0
×	1	0	0	0	0	0	0	0	0	0	0	0	1
×	×	1	0	0	0	0	0	0	0	0	0	1	0
×	×	×	1	0	0	0	0	0	0	0	0	1	1
×	×	×	×	1	0	0	0	0	0	0	1	0	0
×	×	×	×	×	1	0	0	0	0	0	1	0	1
×	×	×	×	×	×	1	0	0	0	0	1	1	0
×	×	×	×	×	×	×	1	0	0	0	1	1	1
×	×	×	×	×	×	×	×	1	0	1	0	0	0
×	×	×	×	×	×	×	×	×	1	1	0	0	1

二、译码器及显示电路

译码是编码的逆过程，也就是把二进制代码所表示的特定含义"翻译"出来的过程。

实现译码功能的电路称为译码器，目前主要采用集成电路来构成。译码器按用途大致分为三大类：一是"二进制译码器"，也叫变量译码器，是表示输入变量状态的译码器；二是"码制变换译码器"，常见的是把BCD码转换成十进制的译码器，简称二-十进制译码器；三是"显示译码器"，是用来驱动数码管等显示器件的译码器。

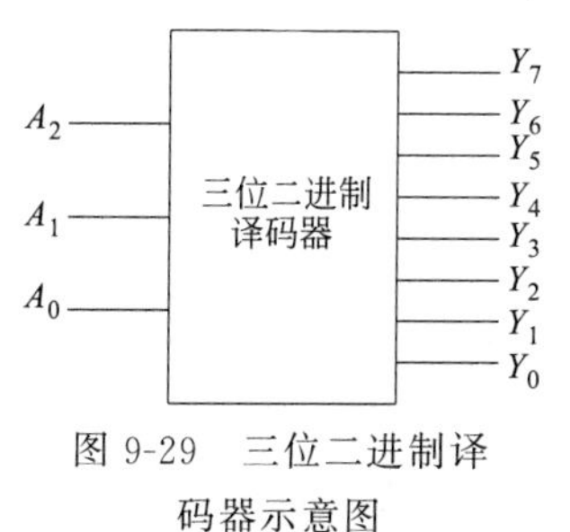

图 9-29 三位二进制译码器示意图

1. 二进制译码器

（1）二进制译码器的基本要求 以三位二进制译码为例，其译码器的示意图如图9-29所示，它有3个输入端 A_2、A_1、A_0，有8种输入状态的组合，分别对应着8个输出端 $Y_0 \sim Y_7$。因此，它也称为3线-8线译码器。其真值表见表9-15。

表 9-15 3 线-8 线译码器真值表

输入			输出							
A_2	A_1	A_0	Y_0	Y_1	Y_2	Y_3	Y_4	Y_5	Y_6	Y_7
0	0	0	0	0	0	0	0	0	0	0
0	0	1	0	1	0	0	0	0	0	0
0	1	0	0	0	1	0	0	0	0	0
0	1	1	0	0	0	1	0	0	0	0
1	0	0	0	0	0	0	1	0	0	0
1	0	1	0	0	0	0	0	1	0	0
1	1	0	0	0	0	0	0	0	1	0
1	1	1	0	0	0	0	0	0	0	1

在输入的任一取值下，8 个输出中总有一个也只有一个为 1，其余 7 个输出都为 0，即每一个输出都对应着一种输入状态的组合，所以也叫状态译码器。

（2）3 线-8 线译码器　下面介绍一种高速 CMOS 集成 3 线-8 线译码器 74HC138，其逻辑框图如图 9-30 所示，其真值表见表 9-16。

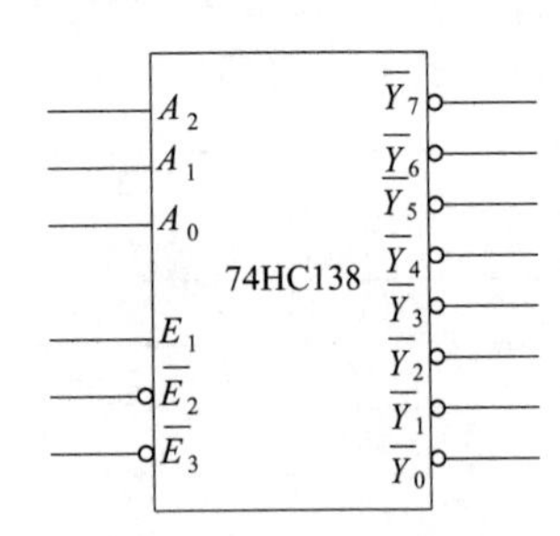

图 9-30　74HC138 逻辑框图

与前面论述的基本电路相比，74HC138 主要有以下两点不同。

① 在正常译码（称为“使能”）情况下，8 个译码输出端$\overline{Y}_0$～$\overline{Y}_7$ 中只有一个输出端为低电平，其余输出端为高电平。由此可见，其译码输出$\overline{Y}_0$～$\overline{Y}_7$ 为低电平有效，即低电平表示有信号，高电平表示没有信号。若框图的符号上已有非号，图中圆圈可加也可不加。

② 增设了 3 个使能输入端 E_1、$\overline{E}_2$、$\overline{E}_3$。只有当 E_1、$\overline{E}_2$、$\overline{E}_3$ 分别为 1、0、0 时，译码器才能正常译码，否则译码器不能译码，所有输出$\overline{Y}_0$～$\overline{Y}_7$ 全为高电平。

74HC138 的基本用途是实现 3 线-8 线译码，即以三位二进制数作为译码输入，以$\overline{Y}_0$～$\overline{Y}_7$ 作为译码输出。为使其能正常译码，E_1、$\overline{E}_2$、$\overline{E}_3$ 应输入 1、0、0，这样，每输入一个二进制数，就总有一个且只有一个输出为低电平，其余输出端为高电平。例如 $A_2A_1A_0=101$ 时，$\overline{Y}_5=0$，其他输出端均为 1。

表 9-16　74HC138 真值表

输入						输出							
E_1	$\overline{E}_2$	$\overline{E}_3$	A_2	A_1	A_0	$\overline{Y}_0$	$\overline{Y}_1$	$\overline{Y}_2$	$\overline{Y}_3$	$\overline{Y}_4$	$\overline{Y}_5$	$\overline{Y}_6$	$\overline{Y}_7$
0	×	×	×	×	×	1	1	1	1	1	1	1	1
×	1	×	×	×	×	1	1	1	1	1	1	1	1
×	×	1	×	×	×	1	1	1	1	1	1	1	1
1	0	0	0	0	0	0	1	1	1	1	1	1	1
1	0	0	0	0	1	1	0	1	1	1	1	1	1
1	0	0	0	1	0	1	1	0	1	1	1	1	1
1	0	0	0	1	1	1	1	1	0	1	1	1	1
1	0	0	1	0	0	1	1	1	1	0	1	1	1
1	0	0	1	0	1	1	1	1	1	1	0	1	1
1	0	0	1	1	0	1	1	1	1	1	1	0	1
1	0	0	1	1	1	1	1	1	1	1	1	1	0

利用 74HC138 的使能端 E_1、$\overline{E}_2$、$\overline{E}_3$，可以扩展译码器输入变量数。图 9-31 所示电路是由两片 74HC138 构成的 4 线-16 线译码器。另外，74HC138 还可以构成其他功能的组合

逻辑电路。

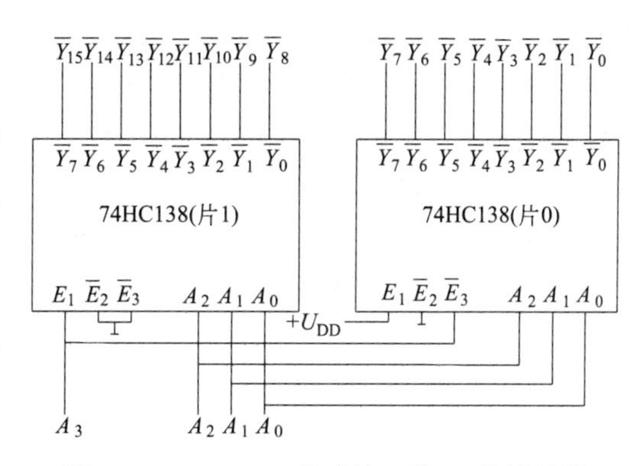

图 9-31 74HC138 构成的 4 线-16 线译码器

2. 二-十进制译码器

二-十进制译码器就是能把某种二-十进制代码（即 BCD 码）变换为相应的十进制数码的组合逻辑电路，也称为 4 线-10 线译码器，也就是把代表四位二-十进制代码的四个输入信号的每一种组合，变换成对应的十进制输出信号。二-十进制译码器有 10 个输出信号，每一个对应着一个十进制数。

74HC42 是一种 4 线-10 线译码器，其真值表和逻辑框图如表 9-17 和图 9-32 所示。当输入为 1010～1111 时，输出端$\overline{Y}_0$～$\overline{Y}_9$ 均为 1，能自动拒绝伪码输入。

另外，74LS45、CD4028 等也都是 4 线-10 线译码器。

表 9-17 74HC42 真值表

十进制数	输入				输出									
	A_3	A_2	A_1	A_0	$\overline{Y}_0$	$\overline{Y}_1$	$\overline{Y}_2$	$\overline{Y}_3$	$\overline{Y}_4$	$\overline{Y}_5$	$\overline{Y}_6$	$\overline{Y}_7$	$\overline{Y}_8$	$\overline{Y}_9$
0	0	0	0	0	0	1	1	1	1	1	1	1	1	1
1	0	0	0	1	1	0	1	1	1	1	1	1	1	1
2	0	0	1	0	1	1	0	1	1	1	1	1	1	1
3	0	0	1	1	1	1	1	0	1	1	1	1	1	1
4	0	1	0	0	1	1	1	1	0	1	1	1	1	1
5	0	1	0	1	1	1	1	1	1	0	1	1	1	1
6	0	1	1	0	1	1	1	1	1	1	0	1	1	1
7	0	1	1	1	1	1	1	1	1	1	1	0	1	1
8	1	0	0	0	1	1	1	1	1	1	1	1	0	1
9	1	0	0	1	1	1	1	1	1	1	1	1	1	0
无效输入	1	0	1	0	1	1	1	1	1	1	1	1	1	1
	1	0	1	1	1	1	1	1	1	1	1	1	1	1
	1	1	0	0	1	1	1	1	1	1	1	1	1	1
	1	1	0	1	1	1	1	1	1	1	1	1	1	1
	1	1	1	0	1	1	1	1	1	1	1	1	1	1
	1	1	1	1	1	1	1	1	1	1	1	1	1	1

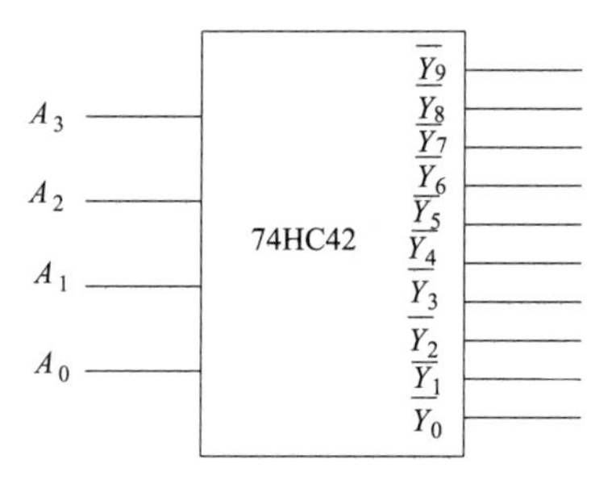

图 9-32 74HC42 逻辑框图

3. 显示译码器

在数字测量仪表和各种数字系统中，常常需要显示译码器将二-十进制代码译成十进制数，并驱动数字显示器显示数码。因此，显示译码器由两大部分组成：一部分为译码器；另一部分是与显示器相连接的功率驱动器。在讨论显示译码器之前，应先了解数字显示器（即数码显示器或数码管）。

（1）数码显示器 在各种数码管中，分段式数码管利用不同的发光段组合来显示不同的数字，其应用很广泛。下面介绍最常见的分段式数码管——半导体数码管和其驱动电路。

半导体发光二极管是一种能将电能或电信号转换成光信号的发光器。其内部是由特殊的半导体材料组成的 PN 结。当 PN 结正向导通时，能辐射发光。辐射波长决定了发光颜色，通常有红、绿、橙、黄等颜色。单个 PN 结封装而成的产品就是发光二极管，而多个 PN 结可以封装成半导体数码管（也称 LED 数码管）。

半导体数码管内部有两种接法，即共阳极接法和共阴极接法。例如 BS201 就是一种七段共阴极半导体数码管（带有一个小数点），其引脚排列图和内部接线图如图 9-33 所示。BS204 内部是共阳极接法，其引脚排列图和内部接线图如图 9-34 所示，其外引脚排列图与图 9-33 基本相同（共阴极输出变为共阳极输出）。

各段笔画的组合能显示出十进制数 0～9 及某些英文字母，如图 9-35 所示。

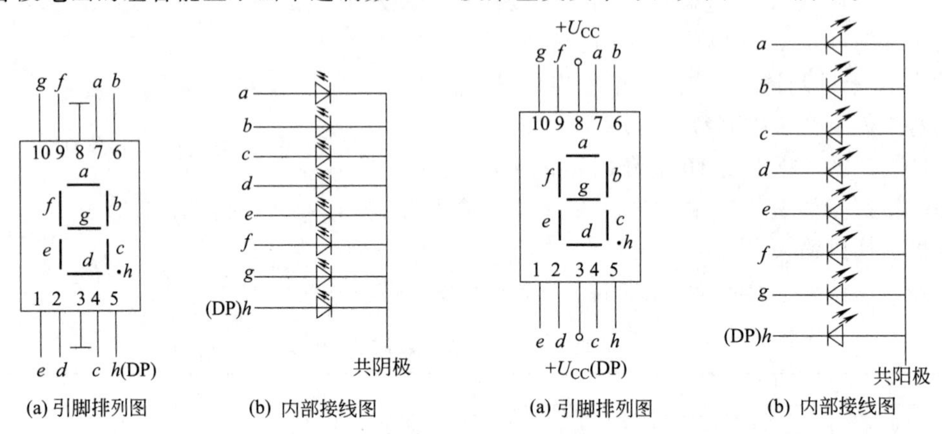

(a) 引脚排列图　(b) 内部接线图　(a) 引脚排列图　(b) 内部接线图

图 9-33　共阴极半导体 7 段数码管 BS201　　图 9-34　共阳极 LED 数码管 BS204

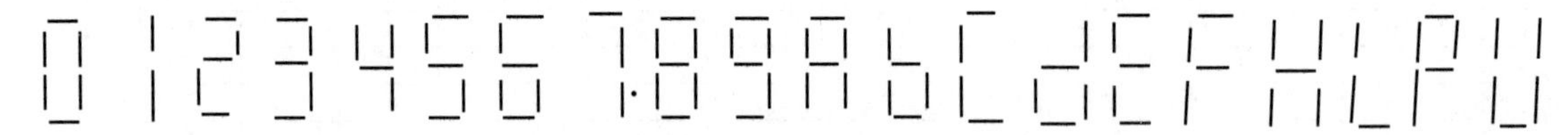

图 9-35　七段显示的数字及英文字母图形

半导体数码管的优点是工作电压低（1.7～1.9V），体积小，可靠性高，寿命长（大于 1 万小时），响应速度快（优于 10ns），颜色丰富等，目前已有高亮度产品；缺点是耗电较大，工作电流一般为几毫安至几十毫安。

笔记

半导体数码管的工作电流较大，可以用半导体三极管驱动，也可以用带负载能力比较强的译码/驱动电路直接驱动。图 9-36 所示是两种 LED 数码管的驱动电路，较常用的方法是采用译码/驱动器直接驱动。

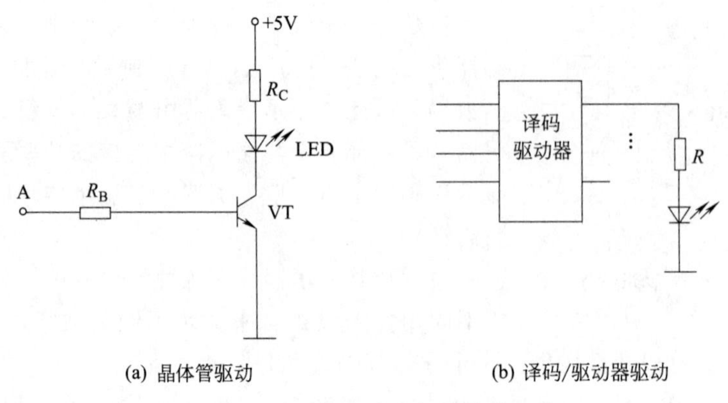

(a) 晶体管驱动　(b) 译码/驱动器驱动

图 9-36　半导体发光二极管驱动电路

另外，液晶数码管也是一种分段式数码管，但驱动电路比较复杂。

（2）七段显示译码器　如上所述，分段式数码管是利用不同发光段的组合来显示不同的数字，因此，为了使数码管能将数码所代表的数显示出来，必须首先将数码译出，然后经驱动电路控制对应的显示段的状态。例如，对于 8421BCD 码的 0101 状态，对应的十进制数为 5，译码驱动器应使分段式数码管的 a、c、d、f、g 各段为一种电平，而 b、e 两段为另一种电平。即对应某一数码，译码器应有确定的几个输出端有规定信号输出，这就是分段式数码管显示译码器电路的特点。

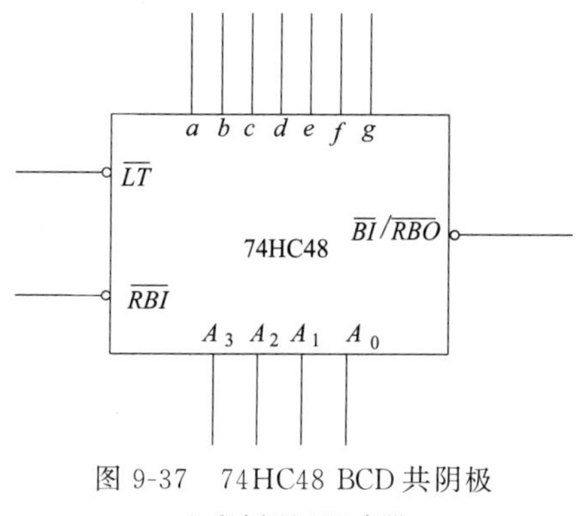

图 9-37　74HC48 BCD 共阴极七段译码/驱动器

现在，以共阴极 BCD 七段译码/驱动器 74HC48 为例，说明集成译码器的使用方法。74HC48 的逻辑框图如图 9-37 所示，其真值表见表 9-18。从 74HC48 的真值表可以看出，74HC48 应用于高电平驱动的共阴极显示器。当输入信号 $A_3A_2A_1A_0$ 为 0000～1001 时，分别显示 0～9 数字信号；而当输入 1010～1110 时，显示稳定的非数字信号；当输入为 1111 时，七个显示段全暗。可以从显示段出现非 0～9 数字符号或各段全暗，推出输入已出错，即检查输入情况。

74HC48 除基本输入端和基本输出端外，还有几个辅助输入输出端：试灯输入端 $\overline{LT}$，灭零输入端 $\overline{RBI}$，灭灯输入/灭零输出端 $\overline{BI}/\overline{RBO}$，其中 $\overline{BI}/\overline{RBO}$ 比较特殊，它既可以作输入用，也可作输出用。现根据其真值表，将它们的功能说明如下。

表 9-18　74HC48 真值表

数字功能	输入							输出							显示
	$\overline{LT}$	$\overline{RBI}$	A_3	A_2	A_1	A_0	$\overline{BI}/\overline{RBO}$	a	b	c	d	e	f	g	
0	1	1	0	0	0	0	1	1	1	1	1	1	1	0	
1	1	×	0	0	0	1	1	0	1	1	0	0	0	0	
2	1	×	0	0	1	0	1	1	1	0	1	1	0	1	
3	1	×	0	0	1	1	1	1	1	1	1	0	0	1	
4	1	×	0	1	0	0	1	0	1	1	0	0	1	1	
5	1	×	0	1	0	1	1	1	0	1	1	0	1	1	
6	1	×	0	1	1	0	1	0	0	1	1	1	1	1	
7	1	×	0	1	1	1	1	1	1	1	0	0	0	0	
8	1	×	1	0	0	0	1	1	1	1	1	1	1	1	
9	1	×	1	0	0	1	1	1	1	1	0	0	1	1	
10	1	×	1	0	1	0	1	0	0	0	1	1	0	1	
11	1	×	1	0	1	1	1	0	0	1	1	0	0	1	
12	1	×	1	1	0	0	1	0	1	0	0	0	1	1	

笔记

续表

数字功能	输入							输出							显示
	$\overline{LT}$	$\overline{RBI}$	A_3	A_2	A_1	A_0	$\overline{BI}/\overline{RBO}$	a	b	c	d	e	f	g	
13	1	×	1	1	0	1	1	1	0	0	1	0	1	1	
14	1	×	1	1	1	0	1	0	0	0	1	1	1	1	
15	1	×	1	1	1	1	1	0	0	0	0	0	0	0	全暗
$\overline{BI}$	×	×	×	×	×	×	0	0	0	0	0	0	0	0	全暗
$\overline{RBI}$	1	0	0	0	0	0	0	0	0	0	0	0	0	0	全暗
$\overline{LT}$	0	×	×	×	×	×	1	1	1	1	1	1	1	1	

① 灭灯功能　只要将$\overline{BI}/\overline{RBO}$端作输入用，并输入 0，即$\overline{BI}=0$时，无论$\overline{LT}$、$\overline{RBI}$及$A_3$、$A_2$、$A_1$、$A_0$状态如何，$a\sim g$均为 0，显示管熄灭。因此，灭灯输入端$\overline{BI}$可用作显示控制。例如，用一个矩形脉冲信号来控制灭灯（消隐）输入端时，显示的数字将在数码管上间歇地闪亮。

② 试灯功能　在$\overline{BI}/\overline{RBO}$作为输出端（不加输入信号）的前提下，当$\overline{LT}=0$时，不论$\overline{RBI}$、$A_3$、$A_2$、$A_1$、$A_0$输入为什么状态，$\overline{BI}/\overline{RBO}$为 1（此时$\overline{BI}/\overline{RBO}$作输出用），$a\sim g$全为 1，所有段全亮。可以利用试灯输入信号来测试数码管的好坏。

③ 灭零功能　在$\overline{BI}/\overline{RBO}$作为输出端（不加输入信号）的前提下，当$\overline{LT}=1$，$\overline{RBI}=0$时，若$A_3A_2A_1A_0$为 0000 时，$a\sim g$均为 0，实现灭零功能。此时，$\overline{BI}/\overline{RBO}$输出低电平（此时$\overline{BI}/\overline{RBO}$作输出用），表示译码器处于灭零状态。若$A_3A_2A_1A_0$不为 0000 时，则照常显示，$\overline{BI}/\overline{RBO}$输出高电平，表示译码器不处于灭零状态。因此当输入是数字零的代码而又不需要显示零的时候，可以利用灭零输入端的功能来实现。

$\overline{RBO}$与$\overline{RBI}$配合使用，可消去混合小数的前零和无用的尾零。例如一个七位数显示器，如要将 006.0400 显示成 6.04，可按图 9-38 连接，这样既符合人们的阅读习惯，又能减少电能的消耗。图中各片电路$\overline{LT}=1$，第一片电路$\overline{RBI}=0$，第一片$\overline{RBO}$接第二片的$\overline{RBI}$，当第一片的输入$A_3A_2A_1A_0$为 0000 时，灭零且$\overline{RBO}=0$，使第二片也有了灭零条件，只要片 2 输入零，数码管也可熄灭。片 6、片 7 的原理与此相同。图中，片 4 的$\overline{RBI}=1$时，不处在灭零状态，因此 6 与 4 中间的 0 得以显示。

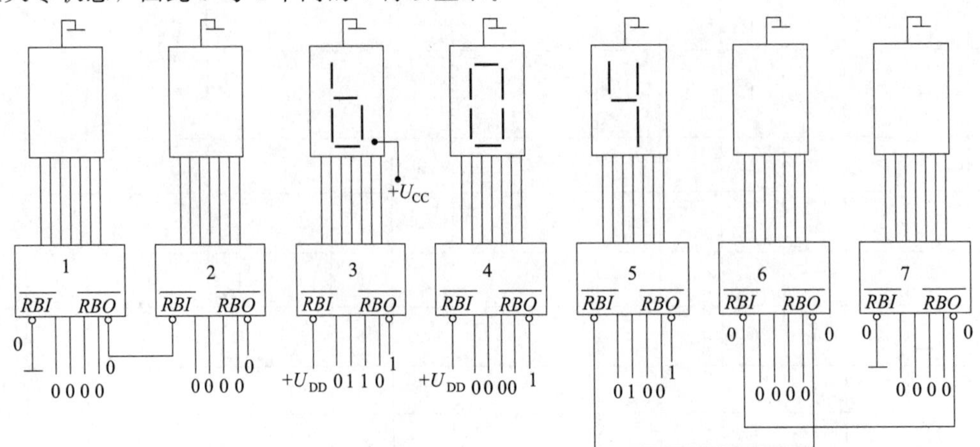

图 9-38　具有灭零控制的七位数码显示系统

由于 74HC48 内部已设有限流电阻，所以图 9-38 中的共阴极数码管的共阴极端可以直接接地，译码器的输出端也不用接限流电阻。

对于共阴极接法的数码管，还可以采用 CD4511 等七段锁存译码驱动器。对于共阳极接法的数码管，可以采用共阳极数码管的字型译码器，如 74HC247 等，在相同的输入条件下，其输出电平与 74HC48 相反，但在共阳极数码管上显示的结果一样。

另外，在为半导体数码管选择译码驱动电路时，还需要注意根据半导体数码管工作电流的要求，来选择适当的限流电阻。

三、数据选择器

能够实现从多路数据输入端中选择一路进行传输的电路，称为数据选择器，又称多路选择器或多路开关。

1. 数据选择器的功能及工作原理

数据选择器的基本功能相当于一个单刀多掷开关，如图 9-39 所示。通过开关的转换（由选择输入信号控制），在输入信号 D_3、D_2、D_1、D_0 中选择一个信号传送到输出端。

选择输入信号又称地址控制信号或地址输入信号。如果有两个地址输入信号和 4 个数据输入信号，就称为四选一数据传送器，其输出信号：

$$Y=(\overline{A}_1\overline{A}_0)D_0+(\overline{A}_1A_0)D_1+(A_1\overline{A}_0)D_2+(A_1A_0)D_3$$

由上式可知，对于 A_1A_0 的不同取值，Y 只能等于 D_0～D_3 中唯一的一个。例如 A_1A_0 为 00，则 D_0 信号被选通到 Y 端，A_1A_0 为 11 时，D_3 被选通。

如果有 3 个地址输入信号，8 个数据输入信号，就称为八选一数据选择器，或者八路数据选择器。

2. 八路数据选择器

74HC151 是一种有互补输出的八路数据选择器，其逻辑框图如图 9-40 所示，其真值表见表 9-19。

笔记

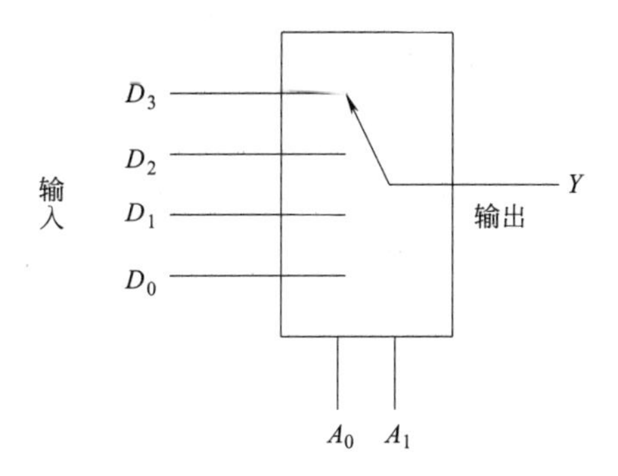

图 9-39 数据选择器原理框图

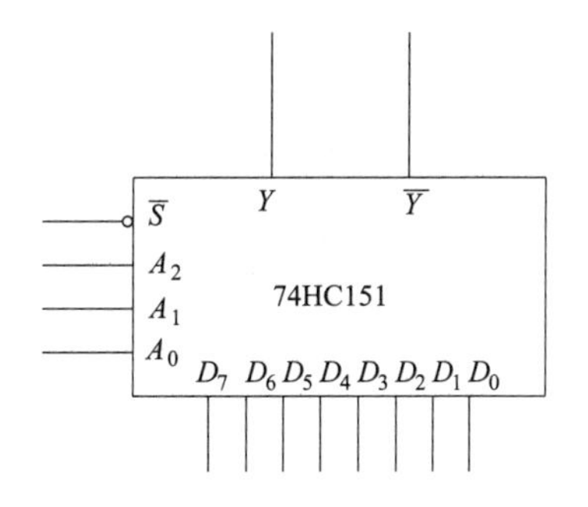

图 9-40 八路数据选择器 74HC151 逻辑符号

表 9-19 74HC151 真值表

使能	输入			输出	
$\overline{S}$	A_2	A_1	A_0	Y	$\overline{Y}$
1	×	×	×	0	1
0	0	0	0	D_0	$\overline{D}_0$

续表

使能	输入			输出	
0	0	0	1	D_1	$\overline{D_1}$
0	0	1	0	D_2	$\overline{D_2}$
0	0	1	1	D_3	$\overline{D_3}$
0	1	0	0	D_4	$\overline{D_4}$
0	1	0	1	D_5	$\overline{D_5}$
0	1	1	0	D_6	$\overline{D_6}$
0	1	1	1	D_7	$\overline{D_7}$

当$\overline{S}=1$时，选择器不工作，$Y=0$，$\overline{Y}=1$。

当$\overline{S}=0$时，选择器正常工作，对于地址输入信号的任何一种状态组合，都有一路输入数据被送到输出端。例如，当$A_2A_1A_0=000$时，$Y=D_0$；当$A_2A_1A_0=101$时，$Y=D_5$等。

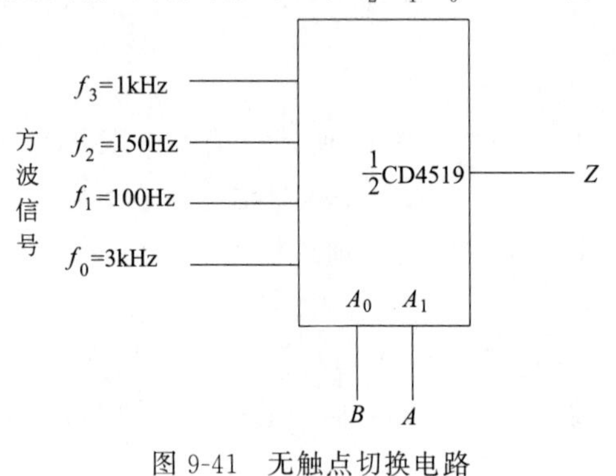

图 9-41 无触点切换电路

3. 数据选择器的应用

数据选择器的典型应用电路如图 9-41 所示。该电路是由数据选择器构成的无触点切换电路，用于切换四种频率的输入信号。图中CD4529是双四选一数据选择器，只利用其中的一半。四路信号由$X_0 \sim X_3$输入，Z端的输出由A、B端来控制。例如，当$BA=11$时，X_3被选中，$f_3=1\text{kHz}$的方波信号由Z端输出；当$BA=10$时，$f_2=150\text{Hz}$的方波信号由Z端输出。

四、数值比较器

笔记

在数字系统中，经常需要对两组二进制数或二-十进制数进行比较，用来比较两组数字的电路称为数字比较器。只比较两组数字是否相等的数字比较器，称同比较器。不但比较两组数是否相等，而且还比较两组数的大小的数字比较器，称大小比较器或称数值比较器。下面只介绍数值比较器。

1. 一位二进制数值比较器

比较两个一位二进制数很容易，其真值表见表 9-20，输入变量是A和B，输出变量$Q_{A>B}$、$Q_{A<B}$、$Q_{A=B}$分别表示$A>B$、$A<B$、$A=B$三种比较结果。

表 9-20 一位二进制数值比较器的真值表

输入		输出		
A	B	$Q_{A>B}$	$Q_{A=B}$	$Q_{A<B}$
0	0	0	1	0
0	1	0	0	1
1	0	1	0	0
1	1	0	1	0

2. 多位数值比较器

对于多位数码的比较，应先比较最高位。如果A数最高位大于B数最高位，则不论其他各位情况如何，定有$A>B$；如果A数最高位小于B数最高位，则$A<B$；如果A数最高位等于B数最高位，再比较次高位，依次类推。

多位数值比较器的种类很多，下面介绍四位数值比较器 74HC85。

74HC85 的逻辑框图如图 9-42 所示，其真值表见表 9-21。74HC85 有 8 个数码输入端 $A_3A_2A_1A_0$ 和 $B_3B_2B_1B_0$，3 个级联输入端（也称控制端，用于增加比较的位数）$I_{A>B}$、$I_{A<B}$、$I_{A=B}$ 和 3 个输出端 $Q_{A>B}$、$Q_{A<B}$、$Q_{A=B}$。

从表 9-21 可知，当 $A_3A_2A_1A_0 = B_3B_2B_1B_0$ 时，必须考虑级联输入端的状态。

另外，CD4585 也是四位数值比较器，其真值表和 74HC85 完全一样。

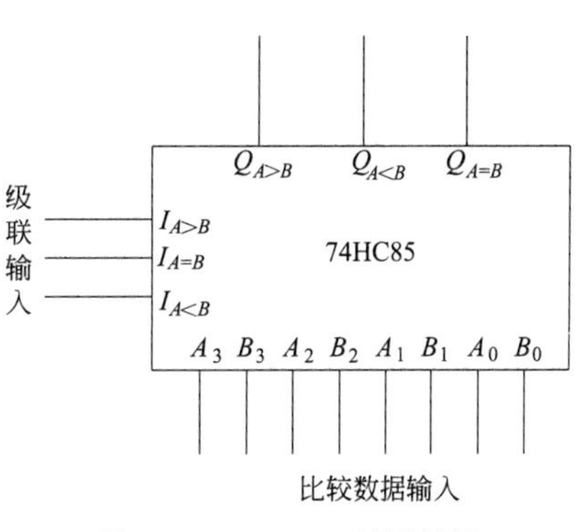

图 9-42 74HC85 逻辑框图

3. 数值比较器的典型应用

① 利用四位数值比较器组成四位并行比较器，如图 9-43 所示。只要把级联输入端 $I_{A>B}$、$I_{A<B}$ 接 0，$I_{A=B}$ 接 1 即可。

表 9-21 74HC85 真值表

输入							输出		
A_3B_3	A_2B_2	A_1B_1	A_0B_0	$I_{A>B}$	$I_{A<B}$	$I_{A=B}$	$Q_{A>B}$	$Q_{A<B}$	$Q_{A=B}$
$A_3>B_3$	×	×	×	×	×	×	1	0	0
$A_3<B_3$	×	×	×	×	×	×	0	1	0
$A_3=B_3$	$A_2>B_2$	×	×	×	×	×	1	0	0
$A_3=B_3$	$A_2<B_2$	×	×	×	×	×	0	1	0
$A_3=B_3$	$A_2=B_2$	$A_1>B_1$	×	×	×	×	1	0	0
$A_3=B_3$	$A_2=B_2$	$A_1<B_1$	×	×	×	×	0	1	0
$A_3=B_3$	$A_2=B_2$	$A_1=B_1$	$A_0>B_0$	×	×	×	1	0	0
$A_3=B_3$	$A_2=B_2$	$A_1=B_1$	$A_0<B_0$	×	×	×	0	1	0
$A_3=B_3$	$A_2=B_2$	$A_1=B_1$	$A_0=B_0$	1	0	0	1	0	0
$A_3=B_3$	$A_2=B_2$	$A_1=B_1$	$A_0=B_0$	0	1	0	0	1	0
$A_3=B_3$	$A_2=B_2$	$A_1=B_1$	$A_0=B_0$	0	0	1	0	0	1

② 数值比较器的级联输入端是供各片之间级联使用的，当需要扩大数码比较的位数时，可将低位比较器片的输出端分别接到高位比较器片的级联输入端上。图 9-44 所示电路是由两片 74HC85 构成的八位数值比较器。当高四位的 A 和 B 均相等时，三个 Q 端的状态就改由三个级联输入端来决定。而三个级联输入端是与低四位的三个 Q 端相连的，它们的状态又由低四位的 A 和 B 的大小来决定。

笔记

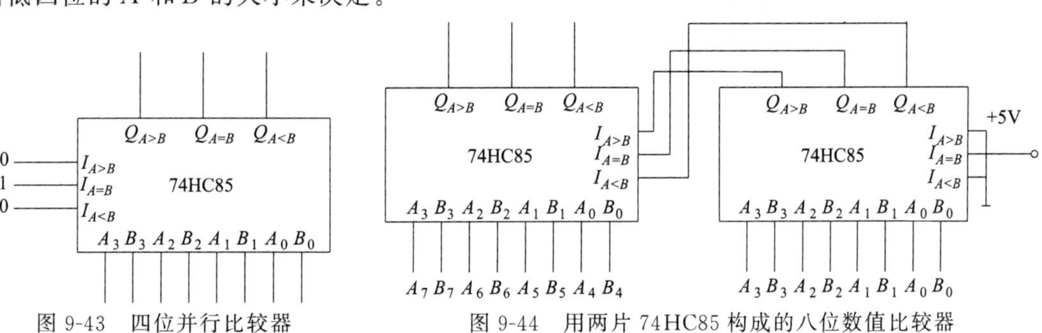

图 9-43 四位并行比较器

图 9-44 用两片 74HC85 构成的八位数值比较器

图 9-45 所示电路是一个由 74HC85 构成的报警电路，其功能是将输入的 BCD 码与设定的 BCD 码进行比较，当输入值大于设定值时报警。

例如，当 S_2、S_1、S_0 闭合，S_3 断开时，$B_3B_2B_1B_0=0111$。若输入值 $A_3A_2A_1A_0=$

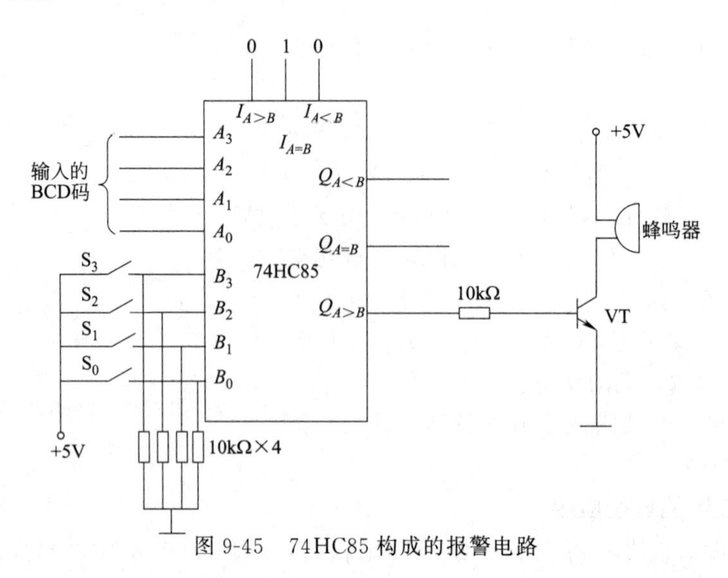

图 9-45 74HC85 构成的报警电路

0110 时，$Q_{A<B}=1$，其余两端输入端为 0，晶体管 VT 截止，报警器不报警。若输入值 $A_3A_2A_1A_0=0111$ 时，$Q_{A=B}=1$，其余两端输入端为 0，报警器也不报警。若输入值 $A_3A_2A_1A_0=1000$ 时，$Q_{A>B}=1$，其余两端输入端为 0，晶体管 VT 导通，蜂鸣器发出报警声。改变 S_0～S_3 的状态，可以改变报警的下限值。

实验十五 集成逻辑门电路逻辑功能的测试

实验目的

① 熟悉“与非”门和“或非”门的逻辑功能。

② 掌握门电路的逻辑功能测试方法。

③ 学习用“与非”门构成其他门电路。

原理说明

一个集成门电路通常集成有几个基本门电路，一般用 A、B、C、D 这样的字母表示门电路的输入，Y 这样的字母表示门电路的输出。如 74LS00 上集成了 4 个“与非”门，1、2 脚为“与非”门 1 的输入，3 脚为“与非”门 1 的输出。

（1）“与非”门的逻辑功能 有“0”得“1”，全“1”得“0”。逻辑表达式为 $Y=\overline{AB}$。

（2）“或非”门的逻辑功能 有“1”得“0”，全“0”得“1”。逻辑表达式为 $Y=\overline{A+B}$。

（3）“与”门的逻辑功能 有“0”得“0”，全“1”得“1”。逻辑表达式为 $Y=AB$。

（4）“或”门的逻辑功能 有“1”得“1”，全“0”得“0”。逻辑表达式为 $Y=A+B$。

实验设备

实验设备及元件见实验表 9-22。

表 9-22 与非门实验设备及元件

序号	设备名称	型号或规格	数量	备注
1	数字电路实验箱	自定	1	
2	“与非”门	74LS00	1	四 2 输入“与非”门
3	“或非”门	74LS02	1	四 2 输入“或非”门
4	“与非”门	74LS20	1	二 4 输入“与非”门

实验内容

（1）“与非”门 74LS00 和“或非”门 74LS02 的逻辑功能测试 “与非”门 74LS00 和

“或非”门 74LS02 的引脚图如图 9-46 所示。

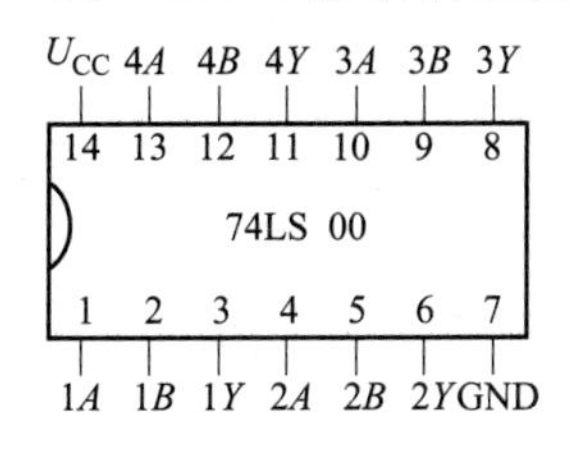

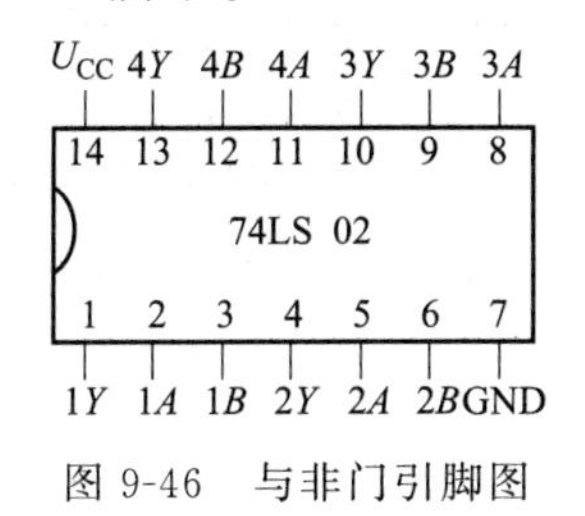

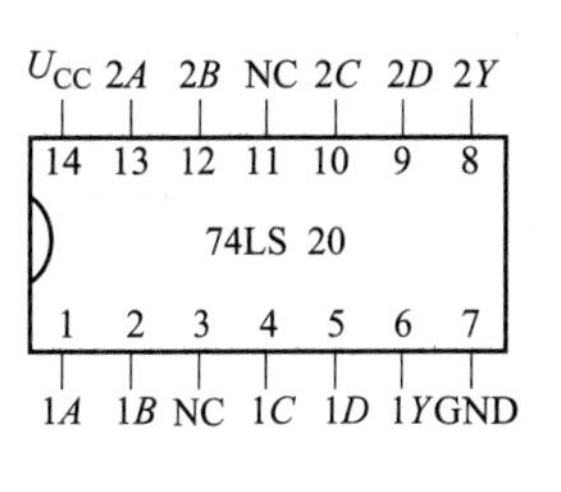

图 9-46　与非门引脚图

集成门电路的逻辑功能反映在它的输入、输出的逻辑关系上。逻辑图如图 9-47 所示。将“与非”门、“或非”门的输入端（如 1A、1B 端）分别接逻辑开关，输出端（如该门的 1Y 端）接发光二极管，改变输入状态的高低电平，观察发光二极管的亮灭情况，发光二极管点亮记作“1”，发光二极管熄灭记作“0”。将输出状态填入实验表 9-23 中。

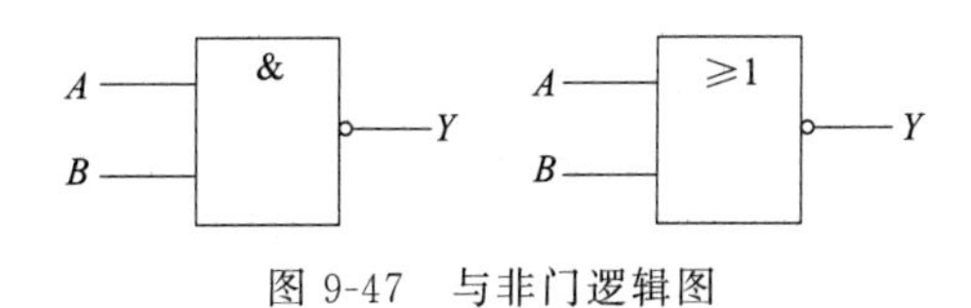

图 9-47　与非门逻辑图

表 9-23　输出状态

输入		输出	
A	B	Y(74LS00)	Y(74LS02)
0	0		
0	1		
1	0		
1	1		

（2）用“与非”门（74LS00）构成“与”门电路

①“与”门的逻辑功能测试　按图 9-48 连接好电路，将“与”门的输入端 A、B 分别接逻辑开关，输出端接发光二极管，并接实验表 9-24 进行测试记录。

② 观察“与”门的开关控制作用　按图 9-49 连接电路，将“与”门的输入端 A 接逻辑开关为控制信号，输入端 B 接 1s 脉冲作为输入信号，输出端 Y 接发光二极管，并按表 9-25 进行测试记录。

笔记

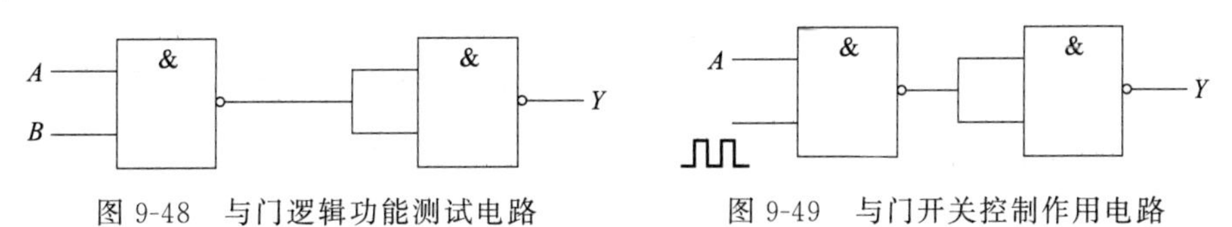

图 9-48　与门逻辑功能测试电路　　图 9-49　与门开关控制作用电路

表 9-24　与非门逻辑功能测试

输入		输出
A	B	Y
0	0	
0	1	
1	0	
1	1	

（3）用“与非”门（74LS00）构成“或”门电路　按图 9-50 连接电路，将“或”门的输入端 A、B 分别接逻辑开关，输出端 Y 接发光二极管，并按表 9-26 进行测试记录。

表 9-25 与门开关控制作用测试记录

A 控制信号	B 输入信号	Y 输出信号
0	1s 脉冲	
1	1s 脉冲	

表 9-26 或非门测试记录

输入		输出
A	B	Y
0	0	
0	1	
1	0	
1	1	

（4）用“与非”门构成三变量表决器　按图 9-51 连接电路，将表决器的输入端 A、B、C 分别接逻辑开关，输出端 Y 接发光二极管，并按表 9-27 进行测试记录，叙述其工作原理。

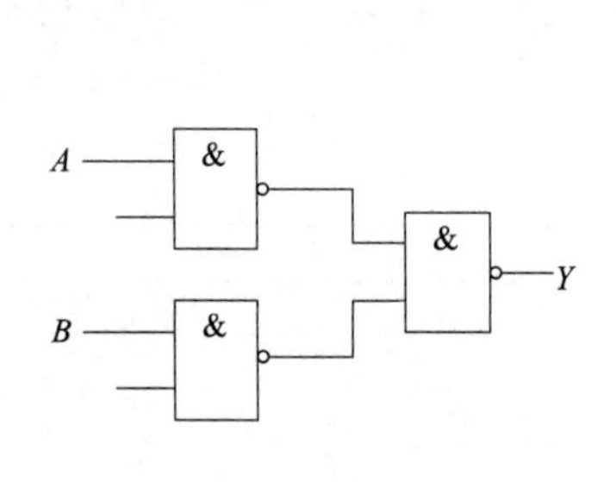

图 9-50　或门逻辑电路

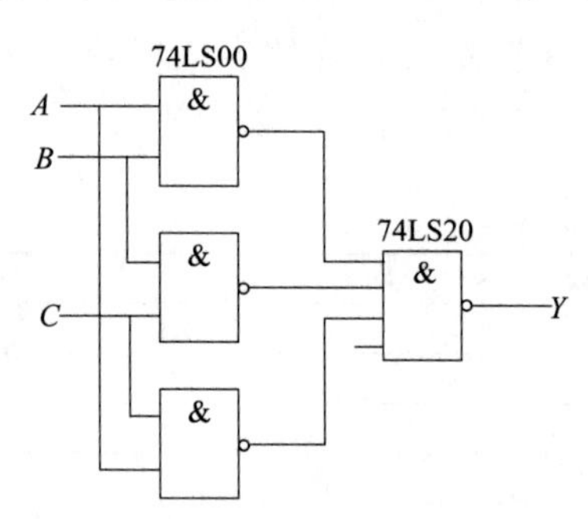

图 9-51　三变量表决器电路

表 9-27 三变量表决器测试记录

输入			输出
A	B	C	Y
0	0	0	
0	0	1	
0	1	0	
0	1	1	
1	0	0	
1	0	1	
1	1	0	
1	1	1	

实验报告

① 按实验内容的顺序记录结果。

② 写出实验图、实验图所示电路的逻辑表达式。

③ 集成芯片的电源连接，是否可以将电源和地接反？

④ 注意集成芯片的型号不同功能是否相同？

模块总结

① 组合逻辑电路　在任一时刻，逻辑电路的输出状态只取决于输入各状态的组合，而与电路原来的状态无关。其输入、输出逻辑关系按照逻辑函数的运算法则。

② 组合逻辑电路的分析方法　由所给定的逻辑图写出逻辑表达式；用逻辑代数法化简，求出最简函数式；列出真值表；最后写出输出与输入的逻辑功能说明。

③ 组合逻辑电路的设计方法　根据实际问题所要求的逻辑功能，首先确定组合逻辑电路的输入变量和输出变量，并对它们进行逻辑状态赋值，确定逻辑 1 和逻辑 0 所对应的状态；然后准确列写真值表；根据真值表写出逻辑表达式，并用逻辑代数法进行化简，求出最简逻辑表达式；按照最简逻辑表达式，画出相应的逻辑图。

④ 用中规模集成电路组成的译码器、编码器、数据选择器等，是常用的典型组合逻辑电路，重点掌握它们的逻辑功能及基本应用。

模块检测

模块九
检测答案

1. 填空题

(1) 用四位二进制数码来表示一位十进制数码的方法，称为二-十进制编码，简称________码。

(2) 基本逻辑关系有________、________和________三种逻辑关系。

(3) 逻辑函数常用的表达方式有________、________和________等。

(4) 集成逻辑门电路中最常见的是________电路和________电路。

(5) 常用的组合逻辑单元电路有________、________和________。

(6) 在数字电路系统中，译码是指将编码形成的________翻译成相应符号的过程。

(7) 在数字电路中，将________按一定的规律组合起来，让每组代码代表________的过程称为编码。

(8) 数据选择器又称为________，其功能是在________信号的作用下，能从________输入的数据中选择其中________输出。

2. 选择题

(1) 在 5421 编码中，表示数字 9 的 BCD 码是（　　）。

A. 1001　　B. 1100　　C. 1111

(2) 下面给出的是三种逻辑门电路的输出高电平 U_{OH}，其他参数相同，性能最好的逻辑门电路是（　　）。

A. 3.4V　　B. 3.6V　　C. 4V

(3) 与非门多余的输入端可以采用下列哪些处理办法（　　）。

A. 接地　　B. 接电源正极　　C. 和其他输入端并联

(4) 或非门多余的输入端可以采用下列哪些处理方法（　　）。

A. 接地　　B. 接电源正极　　C. 和其他输入端并联

(5) 用译码器 74HC48 组成数码显示系统，如果不想显示最高位的零，最高位的译码器 74HC48 的灭零输入端 $\overline{RBI}$ 的处理方法是（　　）。

A. 接电源正极

B. 接地

C. 接低位译码器的灭零输出端 $\overline{BI}/\overline{RBO}$

3. 综合题

(1) 将下列十进制数转换为二进制数

3、12、30、51、365、549

(2) 将下列二进制数转换成十进制数

1001、011010、110101、10010010、10100011

(3) 将下列二进制数转换成十六进制数

10101111、1001011、10101001101、1001110110

(4) 应用逻辑代数证明下列各式

① $AB+A\overline{B}+\overline{A}B+\overline{A}\,\overline{B}=1$　　② $AB+\overline{A}C+BCD+A=A+C$

③ $\overline{A}B+\overline{A}BCD(E+F)=\overline{A}B$　　④ $A(\overline{A}+B)+B(B+C)+B=B$

笔记

（5）试写出如图9-52所示各逻辑图输出 Y 的逻辑表达式。

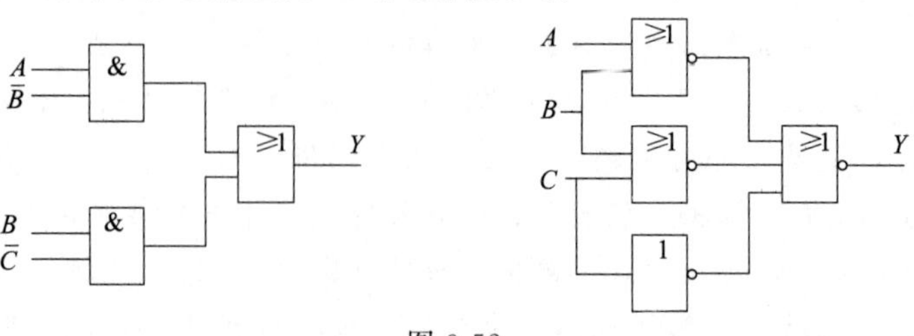

图 9-52

（6）电路如图9-53（a）、（b）所示，已知 A、B、C 波形如图9-53（c）所示，试画出相应的输出 Y_1、Y_2 波形。

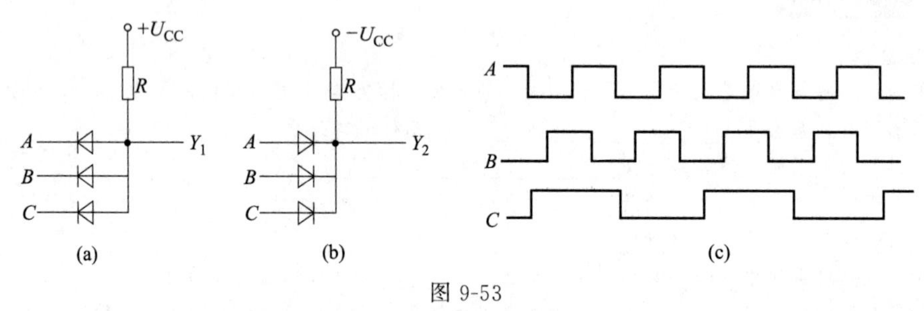

图 9-53

（7）如图9-54所示TTL门电路，输入端1、2、3为多余输入端，试问哪些接法是正确的？（提示：TTL门电路的输入端悬空时，可视为高电平。）

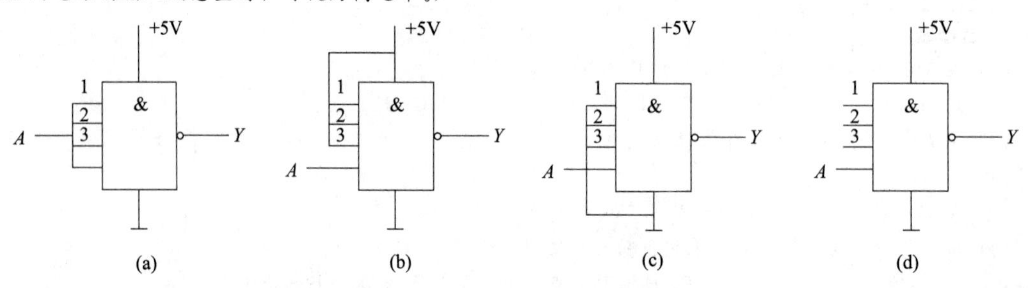

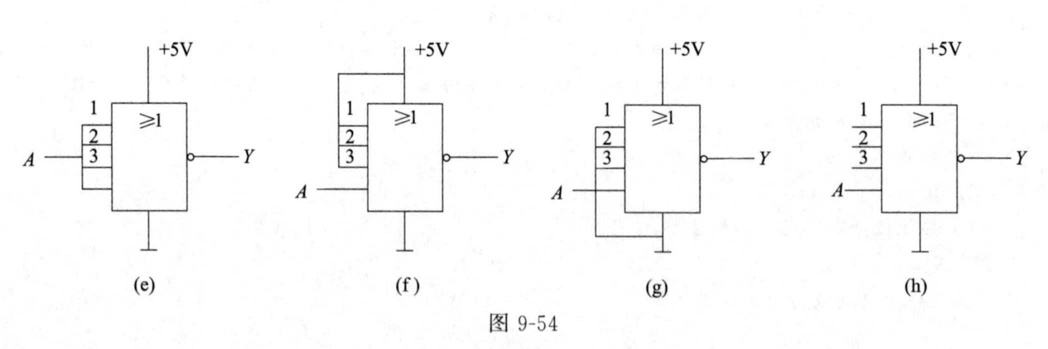

图 9-54

（8）当10线-4线优先编码器CD40147的输入端 D_8、D_3、D_1 接1，其他输入端接0时，输出编码是什么？当 D_3 改接0后，输出编码有何改变？若再将 D_8 改接0后，输出编码又有何变化？最后全部接0时，输出编码又是什么？

附录

附录 A 常用阻容元件的标称值

电阻的标称阻值符合表中所列标称值（或表列数值乘以 10^n，其中 n 为正整数或负整数）。

E24	E12	E6	E24	E12	E6
允许误差±5%	允许误差±10%	允许误差±20%	允许误差±5%	允许误差±10%	允许误差±20%
1.0	1.0	1.0	3.3	3.3	3.3
1.1			3.6		
1.2	1.2		3.9	3.9	
1.3			4.3		
1.5	1.5	1.5	4.7	4.7	4.7
1.6			5.1		
1.8	1.8		5.6	5.6	
2.0			6.2		
2.2	2.2	2.2	6.8	6.8	6.8
2.4			7.5		
2.7	2.7		8.2	8.2	
3			9.1		

笔记

电阻器的阻值及等级一般用文字或数字印在电阻器上，也可由色点或色环表示。对不标明等级的电阻器，一般为±20%的偏差。

附录 B 国产部分检波与整流二极管的主要参数

参数 部标型号　旧型号	最大整流电流 I_{FM}/mA	最大整流电流时的正向压降 U_F/V	反向工作峰值电压 U_{RM}/V
2AP1	16	≤1.2	20
2AP2	16		30
2AP3	25		30
2AP4	16		50
2AP5	16		75
2AP6	12		100
2AP7	12		100

续表

部标型号 \ 旧型号 \ 参数		最大整流电流 I_{FM}/mA	最大整流电流时的正向压降 U_F/V	反向工作峰值电压 U_{RM}/V
2CZ52A	2CP10			25
2CZ52B	2CP11			50
2CZ52C	2CP12			100
	2CP13			150
2CZ52D	2CP14			200
	2CP15	100	≤1.5	250
2CZ52E	2CP16			300
	2CP17			350
2CZ52F	2CP18			400
2CZ52G	2CP19			500
2CZ52H	2CP20			600
2CZ55C	2CZ11A			100
2CZ55D	2CZ11B			200
2CZ55E	2CZ11C			300
2CZ55F	2CZ11D	1000	≤1	400
2CZ55G	2CZ11E			500
2CZ55H	2CZ11F			600
2CZ55J	2CZ11G			700
2CZ55K	2CZ11H			800
	2CZ12A			50
2CZ56C	2CZ12B			100
2CZ56D	2CZ12C			200
2CZ56E	2CZ12D	3000	≤0.8	300
2CZ56F	2CZ12E			400
2CZ56G	2CZ12F			500
2CZ56H	2CZ12G			600

笔记

附录 C 国产部分硅稳压管的主要参数

部标型号 \ 旧型号 \ 测试条件 \ 参数		稳定电压 U_Z/V	稳定电流 I_{FM}/mA	耗散功率 P_Z/mW	最大稳定电流 I_{ZM}/mA	动态电阻 r_z/Ω
		工作电流等于稳定电流	工作电流等于稳定电流	−60～+50℃	−60～+50℃	工作电流等于稳定电流
2CW52	2CW11	3.2～4.5	10	250	55	≤70
2CW53	2CW12	4～5.5	10	250	45	≤50
2CW54	2CW13	5～6.5	10	250	38	≤30
2CW55	2CW14	6～7.5	10	250	33	≤15
2CW56	2CW15	7～8.5	5	250	29	≤15
2CW57	2CW16	8～9.5	5	250	26	≤20
2CW58	2CW17	9～10.5	5	250	23	≤25

续表

部标型号 / 旧型号 / 测试条件 \ 参数		稳定电压 U_Z/V	稳定电流 I_{FM}/mA	耗散功率 P_Z/mW	最大稳定电流 I_{ZM}/mA	动态电阻 r_z/Ω
	测试条件	工作电流等于稳定电流	工作电流等于稳定电流	−60～+50℃	−60～+50℃	工作电流等于稳定电流
2CW60	2CW18	10～12	5	250	20	≤30
	2CW19	11.5～14	5	250	18	≤40
	2CW20	13.5～17	5	250	15	≤50
2DW230	2DW7A	5.8～6.6	10	200	30	≤25
2DW231	2DW7B	5.8～6.6	10	200	30	≤15
2DW232	2DW7C	6.1～6.5	10	200	30	≤10

注：型号

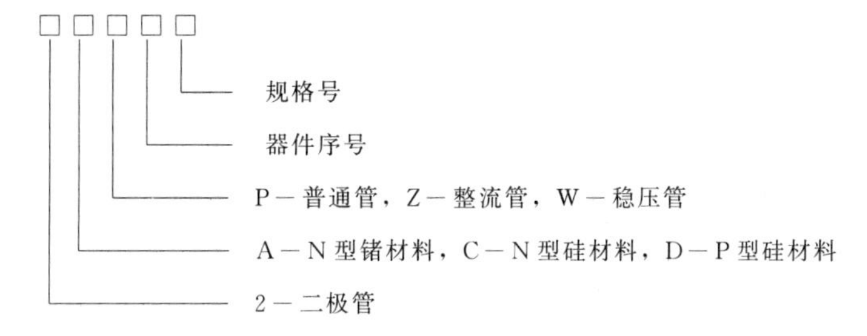

附录D　1+X试题库

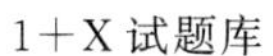

1+X试题库

1+X试题库答案

笔记

参考文献

[1] 申凤琴. 电工电子技术基础 [M]. 北京：机械工业出版社，2006.
[2] 刘国林. 电工技术教程与实训 [M]. 北京：清华大学出版社，2006.
[3] 于占河. 电工技术基础 [M]. 2 版. 北京：化学工业出版社，2006.
[4] 付植桐. 电子技术 [M]. 2 版. 北京：高等教育出版社，2004.
[5] 易沅屏. 电工学 [M]. 北京：高等教育出版社，1993.
[6] 林平勇. 电工电子技术（少学时）[M]. 2 版. 北京：高等教育出版社，2004.
[7] 陈小虎. 电工电子技术（多学时）[M]. 北京：高等教育出版社，2000.
[8] 张龙兴. 电子技术基础 [M]. 2 版. 北京：高等教育出版社，2000.
[9] 巴扬. 电工与电子技术 [M]. 长沙：湖南科学技术出版社，2003.
[10] 周绍敏. 电工基础 [M]. 北京：高等教育出版社，2001.
[11] 肖耀南. 电子技术 [M]. 北京：高等教育出版社，2001.
[12] 林平勇，高嵩. 电工电子技术（少学时）[M]. 4 版. 北京：高等教育出版社，2016.
[13] 崔政敏，钟磊. 汽车电工电子技术 [M]. 上海：上海交通大学出版社，2015.
[14] 杨利军，段树华. 电子基础 [M]. 3 版. 北京：高等教育出版社，2019.

笔记